航天科技图书出版基金资助出版

飞行器低雷诺数空气动力学

李锋 白鹏 等 著

中国宇航出版社
·北京·

图书在版编目(CIP)数据

飞行器低雷诺数空气动力学 / 李锋等著. -- 北京：中国宇航出版社，2017.3

ISBN 978-7-5159-1270-7

Ⅰ.①飞… Ⅱ.①李… Ⅲ.①飞行器—空气动力学 Ⅳ.①V211

中国版本图书馆 CIP 数据核字(2017)第 020748 号

责任编辑 彭晨光
责任校对 祝延萍 封面设计 宇星文化

出版发行 中国宇航出版社

社址 北京市阜成路 8 号 邮编 100830
(010)60286808 (010)68768548

网址 www.caphbook.com

发行部 (010)60286888 (010)68371900
(010)60286887 (010)60286804(传真)

零售店 读者服务部
(010)68371105

承印 北京画中画印刷有限公司

版次 2017 年 3 月第 1 版
2017 年 3 月第 1 次印刷

规格 787×1092

开本 1/16

印张 16.75

字数 408 千字

书号 ISBN 978-7-5159-1270-7

定价 168.00 元

航天科技图书出版基金简介

航天科技图书出版基金是由中国航天科技集团公司于2007年设立的，旨在鼓励航天科技人员著书立说，不断积累和传承航天科技知识，为航天事业提供知识储备和技术支持，繁荣航天科技图书出版工作，促进航天事业又好又快地发展。基金资助项目由航天科技图书出版基金评审委员会审定，由中国宇航出版社出版。

申请出版基金资助的项目包括航天基础理论著作，航天工程技术著作，航天科技工具书，航天型号管理经验与管理思想集萃，世界航天各学科前沿技术发展译著以及有代表性的科研生产、经营管理译著，向社会公众普及航天知识、宣传航天文化的优秀读物等。出版基金每年评审1～2次，资助20～30项。

欢迎广大作者积极申请航天科技图书出版基金。可以登录中国宇航出版社网站，点击“出版基金”专栏查询详情并下载基金申请表；也可以通过电话、信函索取申报指南和基金申请表。

网址：http：//www.caphbook.com

电话：(010) 68767205，68768904

序

近年来，随着临近空间低速飞行器、高空无人机和微型飞行器的快速发展，针对这类飞行器的低雷诺数空气动力学和相关力学问题的研究日益受到重视。这类飞行器的机翼、安定面、舵面、螺旋桨等部件的雷诺数在 10^4～10^5 范围，这时在翼面往往会形成不同形态的层流分离泡，流场结构变化及其非常效应严重影响了飞行器的升阻比、推进效率和可操纵性。与这个雷诺数范围对应的气动问题较为复杂，特别是涉及到层流分离和分离诱导转捩等这些核心基础科学问题。另一方面，以太阳能动力飞行器为例，这个范围的飞行器往往还面临一些共性问题，即由于飞行速度低，翼载小，并采用轻质大展弦比机翼设计，不仅气动弹性和流固耦合效应不可忽视，而且对大气扰动的运动响应也同常规飞行器截然不同，需要有新的飞行控制策略。

因流速低、气动载荷小和转捩/湍流模型不成熟等因素，使得低雷诺数流动的精细计算和精密测试较为困难，模拟和测量结果分散。所以，飞行器低雷诺数空气动力学仍然是一门富有挑战性空气动力学前沿学科。同时，这个雷诺数范围的空气动力学问题同样广泛存在于民用工业和日常生活中，如：风力发电、风机、风扇、空调等，这方面的研究对于相关产业的增效、节能、降噪有重要的应用价值。

本书作者以飞行器低雷诺数空气动力学及其工程设计中的关键力学问题为主线，在充分调研国内研究进展，尤其是在总结了作者研究团队近十几年来理论研究和各种无人机研发成果的基础上，系统整理成专著。专著涉及低雷诺数流动结构与气动特性；螺旋桨低雷诺数空气动力学；低雷诺数飞行器气动弹性问题；低雷诺数飞行器飞行力学问题；低雷诺数空气动力学数值方法和实验技术等诸多方面，内容丰富、结构完整，紧密结合工程实际。

现有的有关低雷诺数流动的专著研究颗粒、细胞、微生物运动，涉及极低雷诺数的流动范围。这时，粘性效应更加显著，还需关注流体动力学干扰和相关物理、化学、生物现象。迄今，还没有一本系统论述雷诺数范围在 10^4～10^5 飞行器的低雷诺数空气动力学的著作，深信本书的出版可以弥补上述不足，对开展低雷诺数空气动力学基础研究的科研人员、高等院校师生和从事低雷诺数飞行器、流体机械、家用电器等应用研究和工程设计的人员具有重要参考价值。

李家春

2017 年 3 月

前　　言

临近空间低速飞行器和微小型飞行器由于飞行速度低、空气稀薄或是尺寸小、速度低，其飞行雷诺数较常规飞行器低1～2个量级，属于低雷诺数飞行器。由于低雷诺数空气动力学的自身特点，两类飞行器飞行时面临着气动特性恶化和飞行控制两大难题，这两大问题已成为这两类飞行器研制的主要技术瓶颈。21世纪以来，随着高空长航时太阳能无人机、平流层飞艇、升浮一体飞行器等低速临近空间飞行器和微小型无人机成为热点，有关飞行器低雷诺数空气动力学的研究逐渐增多，但目前针对该领域的综合性论著国内外还非常缺乏。特别是我国针对飞行器低雷诺数气动及相关学科交叉问题开展系统研究论述的专著还没有见到。本书的写作目的是根据作者此方面的大量研究工作，论述相关的最新进展和探索，同时结合国内外相关成果，对飞行器低雷诺数空气动力学及相关问题进行了较为系统的阐述和梳理，致力于满足从事低雷诺数飞行器的空气动力学学者和设计师们在该领域的需要，同时为该领域的理论研究工作者和工程技术人员提供指导和参考。

本书主要分为6章：第1章是绪论，该部分统领全书，论述了低雷诺数流动的主要空气动力学及低雷诺数飞行器相关的多学科交叉问题和挑战，为后5章的展开提供研究背景和问题的来源；第2章是低雷诺数空气动力学研究方法，该章着重针对相应的方法和技术开展系统的论述，主要包括数值模拟技术和地面风洞试验技术；第3章是低雷诺数流动结构与气动特性，该部分将详细阐述低雷诺数下气动特性恶化、强非定常非线性效应、来流湍流度和表面粗糙度及蒙皮振动对低雷诺数气动特性的影响等问题，较为系统地介绍了作者在低雷诺数流动结构和气动特性演化规律及作用机理方面的研究成果；第4章是临近空间飞行器螺旋桨技术，该章主要介绍了低雷诺数螺旋桨气动特性及分析方法、螺旋桨气动及宽工况优化设计、高空低雷诺数螺旋桨地面试验验证技术等；第5章为低雷诺数飞行器相关飞行力学特性，以临近空间太阳能飞行器为例讨论这类飞行器特有的飞行力学响应特性、作用机理和抑制技术。第6章为低雷诺数流动相关的气动弹性力学，该部分主要论述低雷诺数气弹相关的非定常气动力和建模技术、大展弦比柔性结构建模与试验技术、柔性结构气动弹性等问题。

本书的每一章内容既自成体系，又统一于飞行器低雷诺数空气动力学的主题，全书各章节相互支撑，较为系统全面地论述了飞行器低雷诺数气动及相关交叉问题。本书着眼于应用，同时适当地给出了相关研究方法的理论基础，并尽可能反映作者关于飞行器低雷诺数空气动力学当前研究工作的最新成果，希望本书有助于读者今后的研究工作。

本书主体是作者在长期针对以临近空间太阳能无人机和微小型无人机为代表的低雷诺数飞行器总体和气动设计及预测分析的研究成果基础上创作而成的。李锋作为该书的第一作者，完成对本书的策划与统稿；李锋、白鹏完成了主要的著作工作。各章作者主要包括：第 1 章 李锋；第 2 章 白鹏、刘强；第 3 章 白鹏、李锋；第 4 章 李喜乐、李锋；第 5 章 李锋、叶川；第 6 章 刘子强。另外，周伟江和纪楚群研究员对全书章节结构和内容进行了认真审查，并提出了大量有价值的宝贵意见；黄浩、刘强、詹慧玲、刘周、朱志斌、李健华、康传明、付志超、陈占军、吕计男、侯英昱、朱剑等为本书提供了很多有价值的素材和资料；刘强对全书公式、图表、文献等进行了整理与标校；李家春院士和陈十一院士为本书做出了客观的评价与推介。在这些同志的共同努力下，本书得以顺利出版，在此统致感谢！

由于作者水平所限，本书难免存在不足之处，请广大读者及时给予指正。

李锋　白鹏

2016 年 11 月

目　　录

第1章　绪　论

雷诺数是飞行的一个十分重要的参数，常规飞行器一般飞行雷诺数在10^6量级或更高。针对低速飞行器，若在高空及临近空间大气密度较低的环境下飞行，如临近空间太阳能飞行器和飞艇[1]，或是本身尺寸较小，如微小型飞行器等[2-3]，则飞行雷诺数将处于10^4～10^5量级，与之相应的螺旋桨推进器也将面临相同或更低的雷诺数范围。航空领域将飞行器低雷诺数范围定义在10^4～10^5量级或更低。从雷诺数的理论定义上可见，在低雷诺数范围，气体惯性力同黏性力之比减小，黏性力占比将增大；研究和飞行试验发现，飞行器在低雷诺数下飞行，升阻比大幅降低，相应螺旋桨效率也大幅下降；其气动特性还表现出非定常非线性以及流动结构稳定性差等现象。同低雷诺数飞行器紧密相关的另一个共性问题是低翼载，这一特点导致这类飞行器运动响应和气动弹性同常规飞行器存在很大不同。由上分析，低雷诺数飞行器面临的气动特性恶化和飞行控制两个主要问题，已成为这类飞行器研制的主要技术瓶颈[1]。虽然低雷诺数流动在空气动力学领域是一个分支，但由于以往在低雷诺数环境下飞行的飞行器较少，工程应用需求不足，加之低雷诺数流动较常规雷诺数流动复杂，所以国内外针对飞行器低雷诺数空气动力学方面的研究相对较少。目前低雷诺数空气动力学领域的理论基础是霍顿（Horton）等人的经典层流分离泡理论，其核心思想是由于层流抗逆压梯度能力较弱，壁面上层流边界层发生层流分离，之后通过转捩引入能量发生再附，形成较大尺寸的层流分离泡，从而引起气动特性的较大改变。Horton本人提出的层流分离主要是针对短泡，后来一些学者又将其扩展至长泡，本书将其统称为经典层流分离泡理论。相应的分离泡模型也称之为经典层流分离泡。通过作者研究团队的长期研究发现，层流分离泡物理上是不存在的，它是非定常流动时均化的结果；另外，低雷诺数流动还存在另一种新的结构，即时均化的后缘分离泡，这一新的流动结构同经典流动结构有着明显差异，因此这一经典理论尚存在一些地方需要完善和深入探讨。

进入21世纪，随着临近空间低速飞行器和微小型无人机成为热点，对飞行器低雷诺数空气动力学的研究逐渐增多，但目前尚未有此领域的综合性论著。本书主要根据作者在此方面的大量研究工作，论述相关的最新进展和探索，同时结合国内外相关成果，对飞行器低雷诺数空气动力学及相关问题进行系统的阐述，为从事该领域研究的学者和工程技术人员提供参考。

1.1　飞行器低雷诺数空气动力学的范畴和相关特性

首先什么是低雷诺数？

雷诺数表示流体微团所受的惯性力与黏性力的比值，可表示为

$$Re=\frac{\rho VL}{\mu}\propto\frac{\text{惯性力}}{\text{黏性力}} \tag{1-1}$$

式中 ρ ——来流密度；

V ——来流速度；

L ——飞行器特征尺度；

μ ——流体黏性系数。

低雷诺数流动是流体力学的一个分支学科，且于近 30 年来发展成为一个活跃的分支领域。它一般指特征尺寸小、速度缓慢或者环境密度低的流动。

低雷诺数并不是一个唯一确定的概念，不同研究领域，雷诺数高低区分大不相同。对于在化工、环境、采矿、物理化学、生物力学、地球物理和气象学中的某些问题，常常需要讨论微小粒子、液滴或气泡在黏性流体中的缓慢运动，其关心的雷诺数范畴为 1 附近，甚至远小于 1 而接近于 0，相应的流动问题称为欧辛（Oseen）流动和斯托克斯（Stokes）流动。此类问题具有专门的研究方法，Happel 和 Brenner 的专著[4]很好总结了此类问题在 20 世纪 60 年代中期以前的工作。严宗毅教授则在其著作[5]中以此类低雷诺数问题在 20 世纪 70 年代之后发展的四种新方法为重点，系统介绍了此类低雷诺数流动的基本理论、精确解和各种半解析半数值近似解法。

对于航空航天而言，常规飞行器雷诺数范围基本都在 10^6 量级或以上，其定义的低雷诺数范围与 Happel、Brenner[4]和严宗毅等[5]的定义不同。Lissaman[6]曾在 1983 年撰文指出飞行器雷诺数范围在 10^4～10^5 量级为低雷诺数。在此范围内由于黏性力所占的比重增加，飞行器气动效率急剧恶化，流动非线性效应显著。临近空间低速飞行器和微小型飞行器的飞行雷诺数就在这一范畴。对临近空间低速飞行器来说，其主翼、安定面的雷诺数范围大致为 10^4～10^5 量级，推进系统螺旋桨雷诺数范围也基本如此；对于微小型飞行器而言，雷诺数也在这一范围，甚至更低。与此同时，低雷诺数飞行器通常翼载较小，比常规飞行器小 1～2 个量级，见图 1-1 飞行器雷诺数和翼载分布示意图。飞行器翼载低一般也具有轻质结构的特点，这种质量分布特点同气动特性耦合会使相关飞行力学和流固耦合问题变得十分复杂。

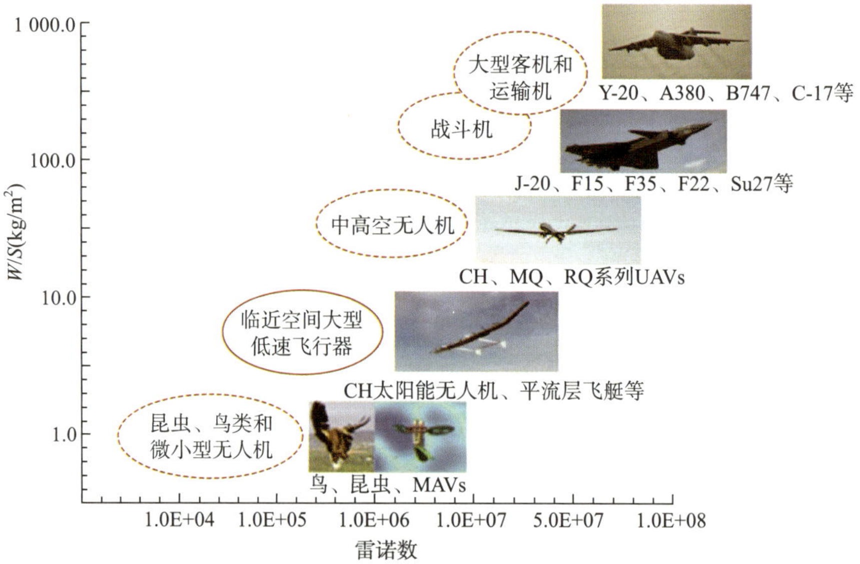

图 1-1 飞行器雷诺数和翼载分布示意图

1.2　低雷诺数空气动力学的主要问题

在低雷诺数范畴，空气黏性效应显著，升阻特性急剧恶化，气动特性和流动结构表现出与中高雷诺数显著不同的特点，明显的差异主要体现在层流分离和分离诱导转捩、气动特性的非线性、数值模拟和风洞试验精准度低、流动的三维效应四个方面。

1.2.1　低雷诺数层流分离与转捩

层流分离和转捩对低雷诺数气动特性和流场结构演化至关重要。正是由于它们的存在造成翼型和机翼阻力系数快速增大，升力系数和升阻比急剧下降，导致飞行器升阻特性和螺旋桨推进效率大幅降低。同时，由于操纵面一般布置在机翼后缘，处于层流分离影响显著的区域，低雷诺数流动对于舵面的气动特性和操纵效率也会产生很大影响。

低雷诺数流动机理研究的奠基性和开创性工作可以追溯到 20 世纪 60 年代 Horton 等人提出的经典层流分离泡模型[7-8]，他们首次系统地提出层流分离泡理论。该理论认为低雷诺数情况下层流边界层在逆压梯度的作用下产生分离离开物面，层流流动在空间发生转捩演化成为湍流，将外层高能量的气流引入边界层从而产生再附，形成层流分离泡，如图 1-2 所示，并认为层流分离泡再附点后的边界层是湍流边界层。层流分离泡按位置和长度可分为短泡和长泡，短泡发生在翼型前缘附近，长度为弦长的百分之几；长泡发生在翼型中后部，长度占翼型弦长的百分之十几至百分之几十。并指出正是由于层流分离泡的存在造成光滑机翼低雷诺数气动特性急剧变坏，升力系数快速下降，阻力系数迅速增大，最大升阻比急剧降低。

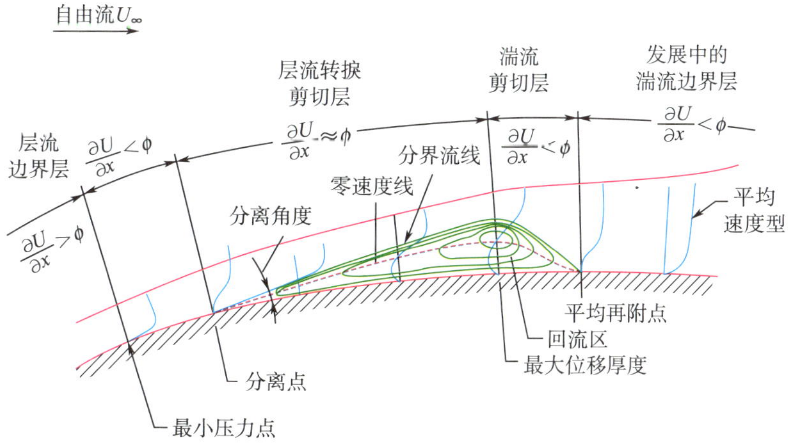

图 1-2　经典低雷诺数层流分离泡结构示意图

随后的风洞试验[9]和数值模拟研究[10]都表明层流分离泡存在很强的非定常和非线性特性，图 1-3 是 CFD 模拟翼型不同弦向位置（x/c）和距物面不同法向距离（y/c）点处流场流向速度 u 和翼型升力系数 C_L 随时间的变化。从图中可见在分离点之前（$x/c=0.3$），流动基本为定常，而分离点之后位置（$x/c=0.54$，0.65）流向速度分量产生周期性脉动。速度脉动幅值会随着弦向位置后移和距物面法向距离增大而增加，同时升力系数也呈现周期性变化的规律。同样试验观测所获得再附点区域往往存在很强的压力脉动。通过国内外大量的风洞试验和CFD获得的结果显示，分离区存在一系列脱落的分离旋涡，证实低雷诺数流动实质上是一种非定常流动。对该非定常流场进行时间平均可以获得明显的层流分离泡流场结构和压力分布形式，这同 Horton 等人提出的经典层流分离泡理论一致，但对层流分离泡存在很强的非定常和非线性特性的认知，显然是对经典层流分离泡理论的进一步深化。本书作者团队在研究低雷诺数流动翼型小攻角非线性特性时发现了一种新的流动分离结构，即后缘层流分离泡结构[11]，见图 1-4 经典层流分离泡同后缘分离泡对比。这一分离结构同经典层流分离泡存在显著的不同，主要区别表现在两方面：首先，时均化后缘分离泡始终停留在后缘上方，不随攻角变化，同时不存在像经典层流分离泡的再附点；第二，对应时均化后缘分离泡的非定常结构不同于经典层流分离泡，它的非定常区域较小，只是在后缘附近呈现非定常，而经典层流分离泡对应的非定常区域较大。基于这一新发现，通过大量的研究，表明这种时均化后缘层流分离泡具有普遍性，广泛存在于低雷诺数流场结构之中。更深入系统的研究结果表明，低雷诺数条件下这两种层流分离泡结构随攻角和雷诺数的变化发生演化，后缘层流分离泡的出现使翼型的升阻特性进一步恶化，简言之，经典层流分离泡主要使阻力增加，而后缘层流分离泡使阻力增加的同时升力大幅下降。图 1-4 表明，随雷诺数的下降，经典层流分离泡演化为后缘层流分离泡。同样，相同雷诺数下随攻角的变化，经典层流分离泡与后缘层流分离泡之间也会发生演化（见第 3 章论述）。两种不同流动结构之间的演化除导致升阻力特性差异较大外，也使得演化前后流场的非定常特性差别十分明显。图 1-5 为非定常升力系数的斯特劳哈尔数。从图中可见，演化前流动结构为后缘分离泡，在某一攻角突然演化为经典层流分离泡，流场的脉动频率突然降低。后缘层流分离泡的存在及同经典层流分离泡之间的演化这一新发现很容易解释低雷诺数流动的很多特殊现象，如小攻角升力系数的非线性和升力及阻力恶化对应的攻角及雷诺数不同等。关于这一发现的相关研究内容，经典理论未曾论述，这可以说是对经典理论的拓展和完善。

在科学技术的发展史上，许多理论都经历了一个不断完善和发展的过程，低雷诺数流动理论上的进步也正在经历这一过程。低雷诺数经典层流分离泡理论在低雷诺数流动领域无疑起到了奠基性的作用，其时均层流分离泡概念仍是指导低雷诺数流动研究的基础和工具。然而随着研究的不断深入，经典理论也需拓展和完善。实际上低雷诺数流动是一种非定常流动，不存在经典理论描述的层流分离泡，它是非定常流动时均化的结果；低雷诺数流场存在两种不同特征的流动分离，以时均化概念则表征为经典层流分离泡和后缘层流分离泡，这两种不同的分离结构会随攻角和雷诺数变化而相互演化。层流分离流动非定常特征的发现，时均化后缘层流分离泡概念的提出；以及两种分离结构之间演化对气动特性影响规律的研究正是对经典层流分离泡理论进一步的完善。

层流转捩效应研究方面，前人已经发展了不同的数值模拟和试验研究方法，同时已经

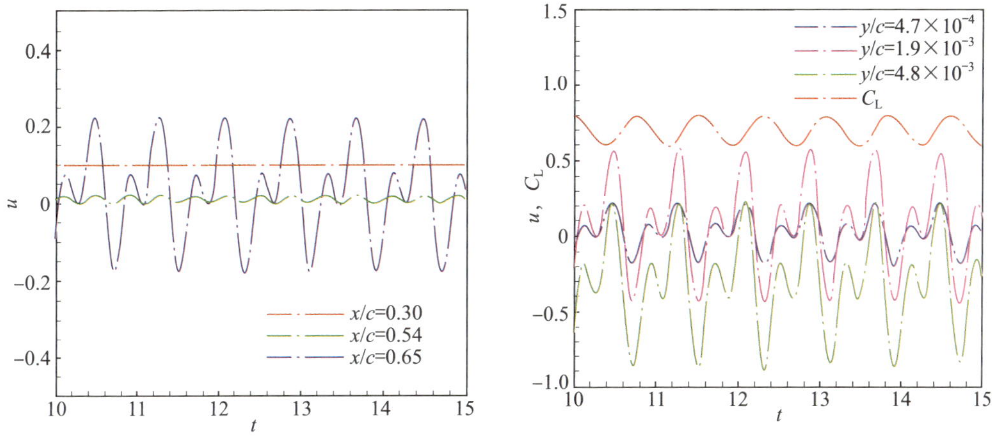

(a) $y/c=4.7\times10^{-4}$时不同流向站位流向速度　　(b) 升力系数和$x/c=0.65$时，不同法向位置流向速度脉动

图 1－3　$Re=6.0\times10^{4}$，$\alpha=4^{\circ}$ 翼型上表面不同位置流向速度及升力系数随时间脉动曲线

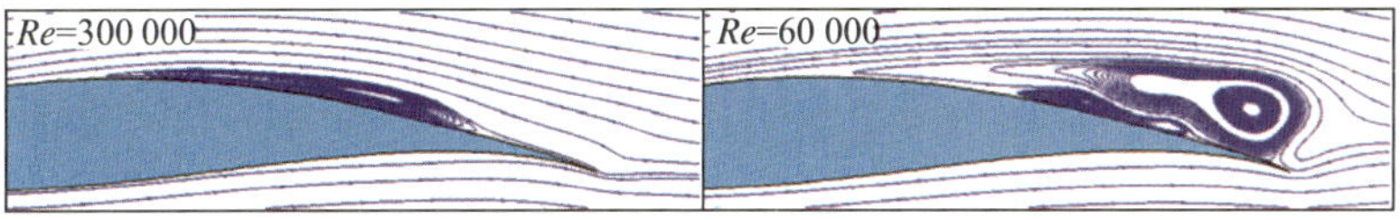

(a) 经典层流分离泡　　(b) 后缘层流分离泡

图 1－4　攻角 4°条件下，不同雷诺数时均化流动结构

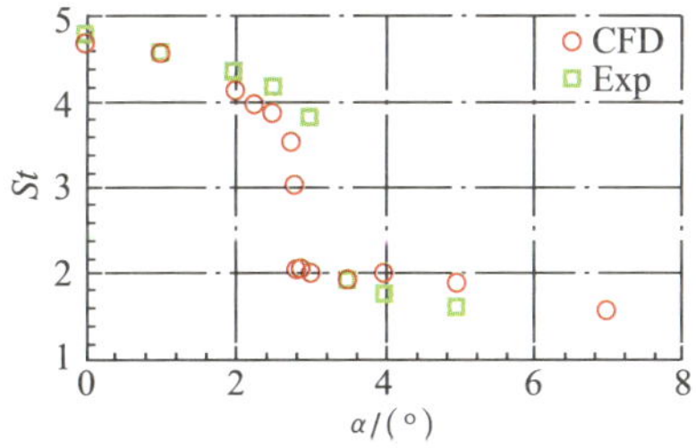

图 1－5　非定常升力系数斯特劳哈尔数（St）随攻角变化情况

开展了大量的研究工作，但对低雷诺数流动的转捩机制并没有完全认识清楚。一般来说，转捩机制主要可以分为自然转捩、旁路（bypass）转捩和分离诱导转捩三种类型，人们往往将低雷诺数的转捩机制归结为分离诱导转捩。由于层流分离和分离诱导转捩并存及相互影响使得低雷诺数转捩流动的机理研究非常复杂，截至目前，大量的文献都仅是提出分离诱导转捩的术语或概念，真正对低雷诺数条件下的转捩机制开展机理性研究的工作还基本空缺，但正是由于这部分机理研究工作的不足，造成低雷诺数流动转捩位置难以准确预测。

近期关于低雷诺数流动结构稳定性的研究工作已逐步展开，Zhou 等[12]采用高阶谱差分方法，计算了 SD7003 翼型在中等攻角时的绕流。他们的研究发现，边界层存在的低频振荡是导致流动失稳的一个主要因素。这种低频振荡不稳定性的增长不同于平行流的稳定性理论，也不同于前缘的感受性理论，具有比 $T-S$ 波更高的增长率。这部分的工作刚刚开展不久，不够系统，但对于研究低雷诺数层流分离和转捩流动的作用机制很有意义。

1.2.2　低雷诺数气动特性的非线性特征

在低雷诺数情况下，对称翼型在 0°攻角附近，升力线斜率不再保持 2π，升力系数随攻角变化曲线会出现平台甚至反向，可能造成小攻角气动特性的非线性从而引起操纵反效。翼型在中等至大攻角范围，气动力系数出现与层流分离泡发展密切相关的“静态滞回”效应（如图 1－6 所示）。与翼型“动态滞回”为飞行器提供更高失速攻角及升力和力矩系数不同，“静态滞回”效应会影响翼型的最大升力系数和最大升阻比，并使之在很大的范围内变化，会造成低雷诺数飞行器机动能力和失速改出的困难及延迟恢复。

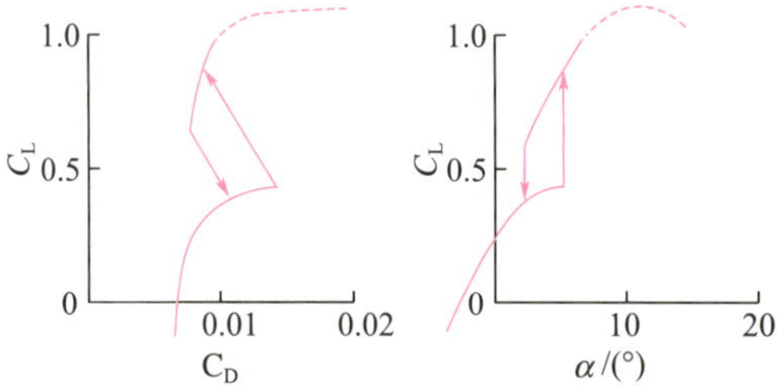

(a) 失速前滞回

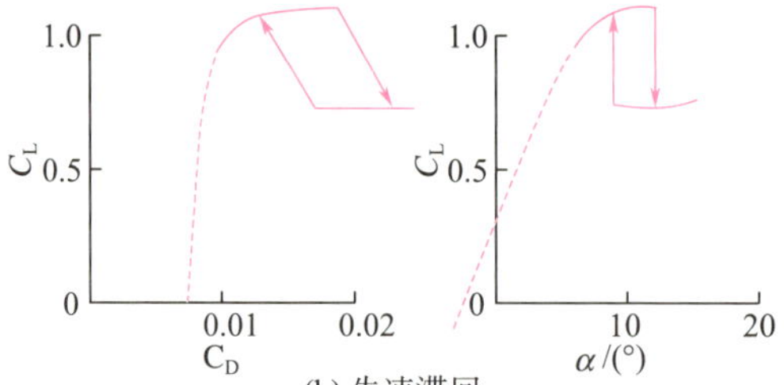

(b) 失速滞回

图 1－6　静态滞回效应

小攻角非线性效应的研究工作开展得较晚，2006 年后，白鹏等[11,13]采用非定常数值模拟和水洞 PIV 流动显示试验相结合的研究手段，以 SD8020 对称翼型为对象，较为系统地研究了翼型低雷诺数中等攻角以下的时均化和非定常层流分离效应与气动力特性，提出了不同于经典的“长层流分离泡”（LLSB，Long Laminar Separation Bubble）模型的时均化“后缘层流分离泡”（TLSB，Trailing－edge Laminar Separation Bubble）模型。其外部形态、内部结构和演化规律均与经典层流分离泡模型存在显著差异。后缘层流分离泡外形为棒槌形，显著特征为随着攻角增加，分离点前移、分离区变大，主涡的中心位置始终停留在翼型后缘点上方，不存在分离再附点，其层流分离时均化结果使翼型等效弯度发生改变，带来了升力随攻角增加的非线性。正是由于上述两类层流分离涡结构之间的演化造成了对称翼型低雷诺数小攻角升力系数非线性效应，细致研究表明其非定常气动特性和压力分布也存在显著差异。2013 年，日本的 Kojima 等[14]采用 LES 大涡模拟方法模拟了 $Re=2.3\times10^4$ 下的 NACA0012 和 NACA0002 翼型流动并进行了分析，计算显示较厚的

NACA0012 翼型会出现升力的非线性，而薄翼型 NACA0002 则不会出现。

翼型低雷诺数气动特性另一个非线性效应方面突出表现在中等到大攻角的“静态滞回”效应。Mueller[15] 在 20 世纪 80 年代中期针对静态滞回开展了较为细致的研究工作，发现存在两种形式：顺时针形式，研究发现其与长分离泡有关，一般发生在最大升力下，又称为失速滞回；逆时针形式，与短分离泡和长分离泡都有关，一般发生在中等升力下，也称为失速前滞回（如图 1－6 所示）。“静态滞回”效应对应攻角不断增加和下降的不同行程中，相同攻角下的流态存在很大差别。

失速前滞回是在攻角增加时，位于弦中部的长分离泡变长并最后进入尾流，这如同尾缘失速，升力系数趋于变平，阻力系数突然增加；再增加攻角，尚未达到静态失速的翼型上长泡受压制变成近前缘的短泡，使阻力系数明显下降而升力系数提高，长泡压制成短泡。减小攻角到原应有长泡的攻角处并未出现长泡，再减小攻角，长泡出现，升力系数急减，阻力系数突增，形成逆时针方向的滞回。由长泡增长形成一个高阻力的弯头是失速前滞回的特征。失速滞回则是攻角已增至翼型的失速攻角附近，再增加攻角，升力系数突降阻力系数突增，流动从经典时均化层流分离泡状态突变为大区域大尺度失速分离状态。当攻角减小时，这种状态将保持一定攻角范围，直至某个攻角时恢复经典层流分离泡状态，这时升力系数突增阻力系数突降。不同方向行程，这两个临界攻角不同，前者攻角较大，后者攻角相对小一些，形成顺时针方向的滞回。失速前滞回和失速滞回比较，两者发生流动结构突变的攻角不同，相应的升力系数一个由低到高，一个由高到低，从而滞回线回转方向不同。

1.2.3　低雷诺数流动的数值模拟和风洞试验

雷诺数处于 $10^4 \sim 10^5$ 量级，流场中可能存在层流边界层、层流分离、转捩、湍流边界层和湍流分离。流动容易受来流湍流度、背景噪声和表面粗糙度的影响，使得其流态、流动结构和气动特性发生很大变化。也就是说流动本身稳定性较差，易受外界各种因素的干扰，这给风洞试验和 CFD 预测低雷诺数气动特性带来很大困难。同时，低雷诺数条件下的动压低，作用在模型上的气动力小，难于在风洞中精确测量，对于风洞试验条件和测试设备的能力提出严苛要求。这些因素导致不同风洞获得的低雷诺数试验结果差异较大，存在很大的不确定性。数值模拟方面受特征矩阵刚性、方程性质、数值方法、网格黏性、低雷诺数转捩模型和湍流模型发展程度的限制，精确预测低雷诺数气动特性也存在较大困难。

数值模拟是低雷诺数气动特性和流场结构研究的重要技术手段，便于研究人员对流场结构的演化进行细致的时空结构分析以及对其形成机理进行深入研究。低雷诺数气动问题数值求解的有效性、时空精度和所研究问题的复杂程度，是随着数值求解技术和计算机技术的不断发展而深入的。从早期的简化流动方程、面元法到 RANS 方程，进一步发展到 LES、DNS 等高精度模拟方法，同时结合相应的湍流/转捩模型，用于研究低速低雷诺数气动问题的数值方法在不断进步。

20 世纪 70 年代，Briley[16] 采用涡量和流函数形式的简化二维 N－S 方程，数值模拟了平板上的层流分离，模拟到了层流分离泡的现象。20 世纪 80 年代，德国斯图加特（Stuttgart）大学的 Eppler 教授发展了适用于低速翼型气动分析和设计的考虑边界层修正的面元法 Eppler 计算程序。80 年代后期至 90 年代，随着针对低速不可压流动的拟压缩方法和预处理方法的发展和完善，以及计算机技术的飞速发展，基于 N－S 方程数值模拟的层流分离研究开始蓬勃发展。代表性的工作如宾夕法尼亚州州立大学的 Pauley[17] 采用拟压缩的数值模拟方法，较为系统地研究了二维层流分离，集中于分离泡的非定常特性，特别分析了分离泡的时均化特性同试验结果的比较。随后，90 年代中后期至今，大涡模拟（LES）和直接数值模拟（DNS）等高精度数值模拟方法的成熟度不断提高，同时也为了更细致地了解研究层流分离的流动结构、时空演化规律和分离流动的稳定性，这些方法开始应用于低速低雷诺数气动问题的研究工作之中，如德国的 Rist[18] 对人工强制扰动下的层流分离泡作了直接数值模拟，计算了平板上的层流分离泡，考虑了不同的二维、三维扰动波的发展。

早期的转捩流动预测技术可分为两类：一是经验近似方法，一是基于稳定性理论的方法。前者通过大量试验，将转捩的起始位置与来流湍流度和压力梯度等参数联系起来，完全不考虑转捩的内在物理机制，因此它只能大致判断出转捩的起始位置。与之相对，基于稳定性理论的方法是通过对层流扰动的发展进行分析，包括线性稳定性理论方法（LST）和抛物化稳定性方程（PSE）方法等。

20 世纪五六十年代，Smith 在分析总结大量测量数据后，提出预测边界层转捩的扰动空间增大理论，即 e^N 方法。随后结合边界层方程，进行翼型的平均流场求解，结合 e^N 分析方法，进行翼型转捩流动的预测，其中的 N 值由大量风洞试验结果进行分析后标定给出，根据流场的品质分成不同的取值范围。该方法是一种半经验的方法，可以较准确地分析不同流动环境下翼型转捩位置。随着 RANS 方程的广泛应用，开始出现采用湍流模式理论研究转捩流动的方法。例如，Langtry 在 2004 年提出了基于当地关联的 $\gamma - Re_\theta$ 转捩模型[19]，该模型通过转捩动量厚度雷诺数 $Re_{\theta t}$ 控制边界层内间歇因子 γ 的生成，再通过间歇因子来控制湍流的生成，该模型可以较好地模拟各种外形的分离转捩与自然转捩现象，是目前低雷诺数转捩流动较为主流的模拟方法。LES 和 DNS 等方法可用于对低雷诺数转捩流动进行精细化模拟，但由于受到计算机发展水平的限制，只能应用于简单流场的模拟。

国内低雷诺数流动数值模拟工作起步较晚，但近些年国内不同研究团队也取得了较大进展，主要体现在使用 N－S 方程求解二维和三维低雷诺数流场方面，数值模拟精度有了较大提高。另一方面也发现了一些新的流动现象如后缘层流分离泡结构，通过对经典分离泡和后缘分离泡之间演化的细致刻化，系统地揭示了不同涡结构之间的演化引起的气动特性变化规律，为低雷诺数空气动力学经典理论的发展和完善做出了重要贡献。

总的来看，对低雷诺数层流分离效应数值模拟研究的发展过程是随着数值模拟和计算机技术的发展不断深入的。虽然数值模拟可以很方便地开展层流分离流动的研究，并且相应的方法也经过了相关的风洞试验定性和定量的校验，但是，更精细的定量模拟能力（小参量如阻力模拟能力）还存在困难。同时低雷诺数流动存在较大的不确定性，易受不同因素的干扰发生变化，虽然目前基于 CFD 技术开展了大量的低雷诺数流动结构和机理的研究工作，但是通过 CFD 技术准确模拟低雷诺数的气动特性还是存在一定的难度，特别是对于 $Re<3.0\times10^5$ 的情况。图 1-7 为 E387 翼型气动特性 CFD 结果的散布度分布，表明不同 CFD 方法之间结果的散布较大。

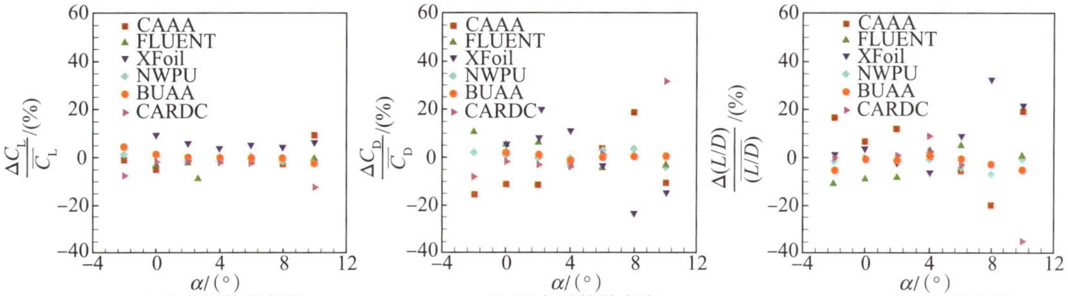

(a) 升力系数散布度　(b) 阻力系数散布度　(c) 升阻比散布度

图 1-7　E387 翼型 $Re=1.0\times10^5$ 气动特性数值计算散布度

低雷诺数流动风洞试验是低雷诺数流动数值模拟和机理研究的基础和前提。低雷诺数流动的基础理论和数值模拟研究工作往往首先源于风洞试验的观测，在其基础上进行深入分析，并最终要通过风洞试验对理论发现和数值结果完成验证。低雷诺数流动风洞试验技术同常规低速风洞试验技术并没有本质不同，其主要难点是由于流动稳定性差，易受风洞湍流度、噪声等因素的干扰。气动力测试有直接天平测力和测压法积分，气动力试验由于受模型尺寸和来流风速的限制，所受气动力为小量，常规试验所用的测试设备和传感器的测试精度及量程难以满足要求。国外不同研究机构采用不同风洞和试验方法给出的低雷诺数升阻极曲线表明，由于雷诺数降低试验数据之间差异较大，风洞试验同样存在不确定性。研究流场结构常采用烟线/油流和 PIV 等技术，这些流场显示技术可以很好地展现流场结构，是目前低雷诺数流动常用的研究方法。

截至目前，低雷诺数风洞试验技术主要是围绕精细测量二元翼型和小展弦比机翼升阻特性、力矩特性，研究层流分离、湍流再附特性等问题开展的。国外以 Mueller[15]、Lissaman[6]、Zimmerman[20]、Liebeck[21] 等为代表的学者对低雷诺数层流分离现象开展了较多的风洞试验研究，但由于低雷诺数气动特性的不确定性、模型缩比、粗糙度、来流湍流度等原因，不同的风洞和测试技术获得的气动特性曲线之间有一定的差别，且差别随雷诺数下降而增加。

1.2.4　低雷诺数流动三维效应

低雷诺数机翼流动三维效应及螺旋桨展向流动同常规雷诺数情况不同，有其显著的特点。主要表现在很强的展向流动和突出的三维层流分离效应。通常针对低雷诺数三维流动的研究主要是小展弦比和大展弦比两类机翼，在这两类机翼中小展弦比机翼的三维特点更明显[20,22]。由于展弦比相对较小，翼尖涡对流场的影响较大，在靠近翼尖的区域呈现三维流动特点，流动发生混合，使得主流能量增加，增强了克服逆压梯度的能力，因此低雷诺数效应的影响变小，只有机翼对称面附近较小区域有着和二维相似的现象；另外，由于翼尖涡的作用且随攻角增大加强，同经典二维层流分离泡或两个翼尖涡之间形成干扰，导致流场十分复杂，同时减弱前边所述的二维低雷诺数流动效应；最后由于翼面上涡系的相互作用，引起了机翼展向流动的非对称，从而产生滚转力矩，这一现象已在多次飞行试验中证实。关于大展弦比机翼，由于翼尖涡影响的区域相对较小，其机翼的气动特性主要由二维特性决定，但在翼尖区域气动影响同小展弦比机翼基本类似。在低雷诺数条件下，转速对螺旋桨也存在很大的影响；由于径向速度的存在，使桨叶上流动增加了能量，因此，层流边界层抗逆压梯度的能力增强，二维低雷诺数的效应相对减弱。同时螺旋桨根部和尖部的流动也存在非常复杂的三维效应，特别是桨尖，当转速较快时，甚至要考虑气体的可压缩效应。

1.3 低雷诺数问题带来的挑战

1.3.1 低雷诺数效应对飞行器性能的影响

对于 10^4～10^5 量级的雷诺数范围，翼型最大升力系数与升阻比特性严重恶化，最大升阻比甚至仅为常规情形的 1/10 左右。对于高空低速长航时和微小型飞行器而言，其航时、航程、爬升率、机动能力等均与升阻比密切相关，若受低雷诺数效应影响使升阻比下降20%～30%，则相应的总体设计性能也将下降 20%～30%。安定面的特征尺度较主翼更小，造成其工作雷诺数较主翼更低，更易受到低雷诺数效应的影响。另一方面，低雷诺数气动特性更容易出现非定常和非线性效应，从而对飞行器稳定性造成不利影响。同时由于操纵面都安装在机翼和安定面的后缘，受层流分离等低雷诺数效应的影响，造成其操纵效率下降，舵效不足常规雷诺数时的一半甚至反效。虽然目前对这些现象的形成机理、演化规律及行为特征已有所认识，但仍然缺乏有效的提升其气动效率的方法手段。这些问题给低雷诺数飞行器总体和气动布局设计、气动特性分析带来极大挑战，是严重制约低雷诺数飞行器性能和研制成败的重要基础科学问题。

螺旋桨是低速低雷诺数飞行器关键的动力推进装置，其高效率与宽工况性能是临近空间高空螺旋桨的核心设计要求之一。低雷诺数大幅度降低了螺旋桨的气动效率，这将严重影响临近空间飞行器的总体、能源、载荷、性能及研制成本等。对于临近空间螺旋桨动力系统所呈现的桨叶翼型最大升力与升阻比特性严重恶化、桨叶效率显著降低、高度非定常流动物理现象及强非线性气动特征、多工况适应性显著降低等问题，目前还未从导致上述现象的低雷诺数效应精确预测模型、作用机理、演变规律及力学特征等方面给出清晰的认识。此外，在最优物理解存在的极限范围内，借鉴主动/被动流动控制的思想与工作原理，最大程度地提高临近空间螺旋桨效率和宽工况适应性（宽的飞行高度、宽的飞行速度范围）也是核心难题之一。上述问题给临近空间螺旋桨理论分析、气动设计与试验带来极大的难度和挑战，成为制约临近空间低速飞行器发展的难题之一。

1.3.2 低雷诺数气动特性预测精度

飞行器气动性能的精确预测对于总体、气动、飞控、结构设计而言意义重大。雷诺数在10^4～10^5量级，层流分离和转捩占据主导作用。由于层流流动不稳定，很容易受到来流湍流度、背景噪声、模型表面粗糙度的干扰，而影响其流动结构和气动特性。此外，出于减小结构质量以及阵风减缓的目的，临近空间低速飞行器和微小型无人机常采用柔性蒙皮。在来流作用下，柔性蒙皮的变形和振动也会对低雷诺数流动和气动特性带来影响。这些因素存在本身就会对低雷诺数气动特性带来较大的不确定性。

基于现有的数值模拟方法和风洞试验技术，准确预测低雷诺数气动特性存在较大困难。对于风洞试验技术来说，首先，由于湍流度对低雷诺数气动特性影响较大，因此研究低雷诺数问题必须具备低湍流度和变湍流度的风洞，而目前国内外此类风洞设备从数量、尺度到能力都比较有限。现有大部分低雷诺数低湍流度风洞比较适合二维翼型的试验研究，对于大尺度的低速飞行器的三维试验难以胜任；其次，低速低雷诺数飞行器缩比模型的显著特点是小动压、小气动力、高升阻比，升力阻力不同分量之间存在1～2个量级的差异，对测力、测压等测试技术提出很大挑战。采用传统的天平结构和应变片已经无法满足所需指标和精度，需要在兼顾刚度/强度指标下，研制灵敏度更高的天平结构和半导体、光纤传感器。

对于数值模拟技术而言，首先数值求解低速低雷诺数流场面临的第一个问题就是特征矩阵的刚性问题。为了解决这个问题，需要采取拟压缩、预处理或Simple算法，但同时由于要求解非定常问题，需要引入双时间步方法，由此带来压缩因子设置、数值格式耗散等一系列问题。第二，对低雷诺数流动而言，转捩、湍流、来流湍流度的影响至关重要。因此相应的转捩模型、湍流模型及来流湍流度的数值模拟方法选取极为重要，对低雷诺数流动而言，这方面的研究工作还远远不够。第三，低雷诺数条件下网格对数值模拟结果的影响较常规雷诺数大出许多，特别是壁面附近网格分布和流向流动变化剧烈区域，这方面的研究工作还不成系统，没有相应的准则可供参考。

1.3.3 低雷诺数流动机理、演化规律及低雷诺数效应的有效抑制

低雷诺数流动中层流分离和转捩对流场结构和气动特性起主导作用。一方面层流边界层的摩擦阻力较湍流边界层的摩擦阻力小很多。但层流边界层不稳定易受逆压梯度的影响产生分离，一旦流动中出现了层流分离，必然造成压差阻力的大幅度增加和大尺度的旋涡脱落及压力脉动，严重影响其气动特性。特别对于低雷诺数流动来说，其层流分离的触发机理和影响因素的作用机制并不清晰。对这些触发机理和影响因素认识的不充分，会造成对低雷诺数层流分离流动的预测难以准确把握，难以定量分析不同因素和机制对气动特性和流场结构造成的影响和带来的偏差。

低雷诺数流动中另一个至关重要的要素是转捩。关于低雷诺数转捩机制，经典的层流

分离泡理论认为低雷诺数流动的转捩发生在层流分离泡顶端。转捩引入了外流的能量导致流态变为湍流，从而发生再附，形成封闭的层流分离泡。这种转捩机制同常规的自然转捩及旁路转捩机制存在显著的不同。同时，近期的研究表明，所谓层流分离泡是一系列大尺度非定常分离涡系时均化的结果，从大量的试验和数值结果看，并不存在稳定的层流分离泡。那么低雷诺数情况下的转捩机制到底是什么？目前仍然没有明确的答案。

对于常规雷诺数的飞行器来说，研究转捩的重要目的是推迟转捩的发生，以尽量延长翼面上层流流动的区域，借此降低摩擦阻力，从而达到减阻的效果。然而对于低雷诺数流动而言，转捩流动则具有明显不同的价值和作用。由于层流分离作用会显著增加压差阻力及造成升力损失，因此在出现低雷诺数层流分离之前，引入转捩使边界层变成湍流可以有效地抑制层流分离和非定常压力脉动，改善低雷诺数气动效率。但过早地触发转捩又会造成摩擦阻力的增加，不利于最佳气动效率的实现。因此研究低雷诺数层流分离和转捩机制对于有效提升其气动效率，实现增升减阻流动控制具有重要价值。

1.3.4 低雷诺数飞行器伴随的飞行力学响应和气动弹性问题

一般低速低雷诺数飞行器翼载都较低且使用较高的升力系数飞行，同时飞行速度也较低，因此外部风场干扰相对影响较大，纵横向耦合严重。这就带来一个问题，即常规的飞行力学分析方法是否依然适用？众所周知，基于线性小扰动假设得到的纵向/横航向解耦的线性化运动模型是目前分析飞行器运动特性的常用方法。结合常规飞行器的运动特性，对线性化模型进行高度简化，可以得到便于工程应用的飞行品质评估、操稳特性判据等方法，用于进行性能分析，并指导飞行器的总体设计。对于低雷诺数低翼载飞行器而言，由于速度低、尺寸大、气动力非线性，气流相对扰动量大，加之高升阻比和高升力布局引起的纵向/横航向严重耦合，对常规分析方法的适用性提出了挑战，是一个值得深入研究的问题。

低翼载飞行器往往面临运动耦合严重和响应异常问题[23]。纵向俯仰角速率和俯仰角运动的稳定性较好，会导致外界风场作用下攻角运动和轨迹运动都存在较大的波动，即攻角同姿态角强耦合；横航向上由于地速较低，遭遇逆风时地速更低，接近甚至小于零，使得航向、航迹难以控制，且由于横向与航向之间耦合作用明显，很小的滚转角运动就会引起航向和航迹的明显变化，即转弯半径很小。

由于巡航速度低且具有很高的升力系数，导致偏航角速率引起的滚转力矩系数的交感力矩导数很大，这使得螺旋模态的稳定性较差，一般是不稳定的，发散速度很快。同时其螺旋模态的稳定性不仅受纵向爬升角（下滑角）的影响，而且当攻角存在波动时螺旋模态的稳定性也会发生较大的变化，因此，此类飞行器的纵向与横航向之间存在着强耦合，这些给此类飞行器的稳定飞行带来了诸多困难，大大增加了飞行控制难度。

对于临近空间太阳能无人机而言，由于翼载低及大展弦比机翼布局，气动弹性问题将变得比常规飞行器严重[24]，在气动弹性分析、试验技术、阵风响应与减缓方面，都有着气动弹性发展历史上从未有的科学和技术内容。大展弦比低翼载，带来结构的柔性问题，所谓柔性结构是相对常规弹性飞行器结构而言的，通常表现为结构的变形位移大，超出了常规结构的线性假设范围。同时这样的结构振动频率低，有可能同飞行器运动模态频率接近而发生耦合。这些特点，使原有的线性系统方法不再适用，从而增加了结构设计的困难。

低雷诺数的流动特征同样影响气动弹性特性，这主要体现在低雷诺数流动的非定常特性、大的层流分离以及气动特性的非线性特点。这些不同于常规流动结构的变化现象，超出了常规气动弹性分析所采用的一般流动理论常用的范围。另外，一般低雷诺数飞行器翼载小、飞行速度低，因此阵风扰动和结构变形的影响相对较大，这给阵风响应预测和减缓以及飞行控制技术都带来了更大的挑战。

参考文献

[1] 李锋，白鹏，叶川，等．临近空间太阳能飞行器关键基础力学问题研究［J］．中国科学：物理学力学天文学，2015，45（12）：124708-1-12.

[2] 李锋，白鹏，石文，等．微型飞行器低雷诺数空气动力学［J］．力学进展，2007，37（2）：257-268.

[3] SHYY W，LIAN Y. Aerodynamics of Low Reynolds Number Flyers［M］. New York：Cambridge University Press，2008：78-85.

[4] HAPPEL J，BRENNER H. Low Reynolds Number Hydrodynamics［M］. Hague：Martinus Nijhoff Publishers，1965（1 ed.），1973，1983（reprint）.

[5] 严宗毅．低雷诺数流理论［M］．北京：北京大学出版社，2002.

[6] LISSAMAN P B S. Low-Reynolds-Number Airfoils［J］. Annual Review of Fluid Mechnics. 1983，15：223-239.

[7] GASTER M. The Structure and Behavior of Laminar Separation Bubbles［R］. AGARD CP-4，1966，813-854.

[8] HORTON H P. Laminar Separation Bubbles in Two-and Three-Dimensional Incompressible Flow［D］. Queen Mary University of London，1968.

[9] MCGHEE J，WALKER B S，MILLARD B F. Experimental Results for the Eppler387 Airfoil at Low Reynolds Numbers in the Langley Low-Turbulence Pressure Tunnel［R］. NASA TM4062，1988.

[10] 白鹏，崔尔杰，周伟江，等．翼型低雷诺数层流分离泡数值研究［J］．空气动力学学报，2006，24（4）：416-424.

[11] 白鹏，崔尔杰，李锋，等．对称翼型低雷诺数小攻角升力系数非线性现象研究［J］．力学学报，2006，38（1）：1-8.

[12] ZHOU Y，WANG Z J. Implicit Large Eddy Simulation of Transitional Flow Over a SD7003 Wing Using High-order Spectral Difference Method［R］. AIAA Paper 2010-4442，2010.

[13] 白鹏，李锋，詹慧玲，等．翼型低 Re 数小迎角非线性非定常层流分离现象研究［J］．中国科学：物理学 力学 天文学，2015，45（2）：024703-1-12.

[14] KOJIMA R，NONOMURA T，OYAMA A，et al. Large-Eddy Simulation of Low-Reynolds-Number Flow Over Thick and Thin NACA Airfoils［J］. Journal of Aircraft，2013，50（1）：187-196.

[15] MUELLER T J. The Influence of Laminar Separation and Transition On Low Reynolds Number Airfoil Hysteresis［J］. Journal of Aircraft，1985，22（9）：763-770.

[16] BRILEY W R. A Numerical Study of Laminar Separation Bubbles Using the Navier-Stokes Equations［J］. Journal of Fluid Mech. 1971，47（4）：713-736.

[17] PAULEY L L，MOIN P，REYNOLDS W L. The Structure of Two-Dimensional Separation［J］.

Journal of Fluid Mech. 1990, 200: 397 - 411.

[18] RIST U, MAUCHER U. Direct Numerical Simuation of 2 - D and 3 - D Instability Waves in A Laminar Separation Bubble. Application of Direct and Large Eddy Simulation to Transition and Turbulence [R]. AGARD CP - 551, 1994.

[19] MENTER F R, LANGTRY R B, LIKKI S R, et al. A Correlation - Based Transition Model Using Local Variables: Part I - Model Formulation [C]. // ASME Turbo Expo 2004: Power for Land, Sea, and Air. American Society of Mechanical Engineers, 2004: 57 - 67.

[20] ZIMMERMAN C H. Characteristics of Several Airfoils of Low Aspect Ratios [R]. NACA Tech Note 539, 1935.

[21] LIEBECK R H. Laminar Separation Bubbles and Airfoil Design at Low Reynolds Numbers [R]. AIAA Paper 1992 - 2735, 1992.

[22] 李建华，李锋．机翼低雷诺数流动数值模拟 [J]．空气动力学学报，2007，25 (2)：220 - 225.

[23] YE CHUAN, LI FENG, LI GUANGJIA, WANG YONGZHI. Lateral - Directional Stability of the Near - sapce Solar - powered Aircraft [R]. AIAA Paper 2016 - 0513, 2016.

[24] FU Z C, LV J N, LIU Z Q. Nonlinear Aeroelastic Analysis of Flexible Wings With High - Aspect - Ratio Considering Large Deflection [C] //. The Sixth International Conference of Nonlinear Mechanics (ICNM6), June, 2013, Shanghai.

第2章 低雷诺数空气动力学研究方法

数值模拟、风洞试验、飞行试验以及理论分析是飞行器空气动力学研究的基本方法。数值模拟是基于数学物理模型、数值方法和高性能计算机发展起来的研究空气动力学的有效手段。通过数值模拟方法求解相关的复杂流动问题，可获取细致的流场信息和流动结构。风洞试验主要依靠风洞及其相关测试设备，在满足完全或部分相似律条件下对所研究的问题进行试验和观测，得到的结果较为真实、可靠。飞行试验通过参数辨识方法获取真实飞行环境下的气动参数，为空气动力学研究提供最接近真实环境的数据。理论分析则往往通过合理的假设和适当的简化，突出其主要因素和特性，利用各种数学方法准确或近似地求解方程，分析总结主要规律。这四种手段各有所长，相互补充，形成了空气动力学的研究体系。

低雷诺数空气动力学作为空气动力学的一个分支，除了共性特征外，还存在特殊的问题，相应的研究方法也存在自身特有的难度。

数值模拟方面，低速低雷诺数流动数值模拟面临许多特有的困难，如 Navier - Stokes（N - S）方程组求解的刚性问题，造成数值求解收敛困难。为了解决这个难题，人们往往采用拟压缩性方法、预处理方法及适当放大马赫数的方法加以解决。低雷诺数流动模拟的另一个难题是层流分离与转捩的准确模拟。低雷诺数流场中层流分离与转捩现象广泛存在并且对飞行器气动特性影响显著，不同于常规及高雷诺数流动情况，低雷诺数层流分离及诱导的转捩与湍流分离有很大的不同。基于雷诺平均 N - S 方程（Reynolds Average Navier - Stokes，RANS）结合湍流及转捩模型的数值方法，能够大致定性定量地捕获到层流分离和转捩现象及气动特性的变化规律，但受其自身模型假设的限制，还无法精确获得层流分离及分离诱导转捩的精细过程和流动结构，对低雷诺数气动特性预测的不确定度要远大于常规雷诺数。基于大涡模拟（Large Eddy Simulation，LES）、直接数值模拟（Direct Numerical Simulation，DNS）等精细化模拟手段，则存在计算量大、边界条件精度下降及验证和确认不够等问题。此外，对于来流湍流度、表面粗糙度、噪声影响以及飞行器柔性蒙皮被动振动的数值模拟，尚无法给出非常准确的数学物理模型。

风洞试验方面，低雷诺数条件下受模型尺寸、空气来流速度和密度的影响，模型上所作用的气动力及压差分布均为小量。特别是在低雷诺数风洞试验中，为实现变雷诺数，往往通过调节风速或模型尺寸的方式实现，因此测量设备的精度和量程之间的矛盾尤为突出。此外，低雷诺数条件下流动稳定性差，气流易受到来流湍流度、噪声和模型表面粗糙度的影响而发生变化，并对其气动特性造成影响，而精确控制低雷诺数风洞试验的流场环境本身就是困难的工作。这两方面共同作用给低雷诺数风洞试验结果带来了较大的偏差和散布度。

飞行试验方面，低雷诺数飞行器飞行时，其空气动力学、飞行力学、结构力学特性之间紧密耦合，传感器难于精确捕获其运动轨迹、姿态及变形情况，对其气动数据的高精度准确获取造成很大困难。

理论分析方面，由于低雷诺数条件下（$Re=10^4\sim10^5$），惯性力占比下降，黏性力占比增加，层流分离及分离诱导转捩等复杂现象所导致的强非定常非线性效应，应用于常规雷诺数范围的线性分析理论及相应方法基本失效，给这一范畴内的空气动力学问题理论分析带来极大的困难。某种意义上，$Re=10^4\sim10^5$范围包含了最为复杂的流动现象和结构，目前理论分析还难以取得实质性进展。

综上所述，当前低雷诺数空气动力学研究主要基于数值模拟技术和地面风洞试验技术展开，本章将着重针对这两方面的方法和技术开展较为系统的论述。

2.1　低雷诺数气动问题数值模拟技术

数值模拟广义上是指依靠电子计算机，结合有限差分、有限元或有限体积等数值方法，通过数值计算和后处理方法，来模拟自然界各类问题和现象。在空气动力学研究领域，数值模拟的实质是通过数值的方法再现流动情景，从而获取流场信息，其核心是采用数值方法求解空气动力学控制方程组。随着计算机性能的快速提升，以及一系列有效的数值计算方法的不断发展，数值模拟技术已经成为空气动力学研究的一种重要的手段。

本书所述的数值模拟技术是将描述空气动力学现象的控制方程组在一定网格系统内离散，将原来在时间及空间上连续的物理量（如密度、速度、温度、压强等），用有限个离散点上的变量值来代替。通过一定的方式和方法，建立起关于这些离散点上变量之间关系的代数方程组，在引入边界条件后数值求解这些离散点上变量值。目前求解空气动力学的数值计算方法比较多，如有限差分法、有限体积法、有限元法、边界元法、特征线法、谱方法和格子类方法等[1]，每种数值方法都有各自的特点和适用范围，其中有限差分法和有限体积法应用最为广泛，这两种方法在本节都将被介绍。本节关于低雷诺数气动问题数值模拟技术的论述主要分为四个部分。

第一部分为低雷诺数空气动力学基本方程。Navier - Stokes（N - S）方程组作为低雷诺数空气动力学问题数值模拟的基本控制方程，方程的性质与形式对数值模拟方法影响巨大。如在处理低雷诺数流动问题时，若来流 $Ma<0.3$，可将可压缩 N - S 方程简化为不可压缩 N - S 方程，或者通过预处理技术改变可压缩 N - S 方程特征矩阵的特征根，相应的数值方法也有很大区别。N - S 方程不同形式，如微分形式、积分形式，也会导致数值方法的具体处理方式不同。本节将在第一部分对低雷诺数空气动力学控制方程进行较为详细的介绍和描述，包括可压缩 N - S 方程、不可压缩 N - S 方程，以及适用于数值求解的 N - S 方程形式。此外，在低速低雷诺数下，N - S 方程求解时会出现很强的刚性问题，方程的刚性问题也将在该部分进行细致的阐述。

第二部分为 RANS 数值模拟方法。飞行器低雷诺数空气动力学属于黏性流体力学的范畴，将面临复杂的层流分离、转捩及湍流问题。目前通过求解基于雷诺平均假设的RANS方程能够给出工程问题关心的平均流场和基本气动特性等信息。对低雷诺数流动，RANS方法可以较好地捕捉低雷诺数大尺度层流分离流动结构的非定常、非线性效应及其基本的气动特性，且计算效率高。本节将在第二部分着重叙述RANS方法，主要介绍求解不可压缩N-S方程的拟压缩性方法和求解可压缩N-S方程的预处理方法。两种方法各有特点，其相应的思想、理论、公式和讨论将在该部分详细介绍，同时还将介绍应用于低雷诺数流动的典型湍流模型、转捩模型等内容。

第三部分为精细化数值模拟方法。由于低雷诺数流动现象非常复杂，在面对低雷诺数流动失稳、层流分离诱导转捩、湍流分离等需精细化模拟的非定常多尺度复杂流动问题时，RANS方法存在不足，难以捕获层流分离诱导转捩及随后的湍流分离过程，无法对其深层次的触发机理和机制开展分析和研究。近年来，随着LES和DNS等精细化数值模拟技术的发展，为低雷诺数下这些复杂流动问题的研究找到了新的技术手段。本节将在该部分对近年来快速发展的LES方法、DNS方法等精细化数值模拟技术进行简要介绍，其中较为详细介绍了LES方法，DNS方法由于计算时空成本极高，现有计算机条件下难以普及，本书不展开论述。

第四部分为低雷诺数流动数值算例，该部分将介绍RANS方法和LES方法在低雷诺数流动方面的一些典型算例。通过这些低雷诺数算例，对前几部分介绍的方法的准确性和有效性进行验证。

2.1.1 低雷诺数空气动力学基本方程

流体运动所遵循的规律由物理学三大守恒定律确定，即质量守恒定律、动量守恒定律和能量守恒定律。这三大定律对流体运动的数学描述就是流动的控制方程组[2]。1826年纳维（Navier）从分子相互作用的角度出发推导出了黏性流体的运动方程，斯托克斯（Stokes）于1845年也独立地推导出了黏性流体运动方程，于是将该方程命名为Navier-Stokes（N-S）方程。起初该方程仅包含黏性运动的动量方程，然而在现代的计算空气动力学文献和专著中，N-S方程这一术语扩展到了整个黏性流动的所有方程组，即连续方程、动量方程和能量方程。N-S方程反映了黏性流体运动的基本力学规律，它是空气动力学理论分析和数值求解的本源，在空气动力学中具有十分重要的意义。

N-S方程作为低雷诺数空气动力学的基本控制方程组，是本书各章节从事具体低雷诺数空气动力学问题数值模拟的原始依据，各种数值方法都是从基本方程出发。因此首先对空气动力学基本方程进行具体的描述，为后面低雷诺数空气动力学问题的数值模拟提供理论基础。

2.1.1.1 流动控制方程

（1）可压缩N-S方程

N-S方程含有黏性应力项和非定常项，能够刻画低雷诺数流动的强黏性效应和非定常效应。三维非定常可压缩N-S方程如下。

连续方程

$$\frac{\partial\rho}{\partial t}+\nabla\cdot(\rho\mathbf{V})=0 \tag{2-1}$$

动量方程

$$\begin{aligned}
\frac{\partial(\rho u)}{\partial t}+\nabla\cdot(\rho u\mathbf{V})&=-\frac{\partial p}{\partial x}+\frac{\partial\tau_{xx}}{\partial x}+\frac{\partial\tau_{yx}}{\partial y}+\frac{\partial\tau_{zx}}{\partial z}+\rho f_x\\
\frac{\partial(\rho v)}{\partial t}+\nabla\cdot(\rho v\mathbf{V})&=-\frac{\partial p}{\partial y}+\frac{\partial\tau_{xy}}{\partial x}+\frac{\partial\tau_{yy}}{\partial y}+\frac{\partial\tau_{zy}}{\partial z}+\rho f_y\\
\frac{\partial(\rho w)}{\partial t}+\nabla\cdot(\rho w\mathbf{V})&=-\frac{\partial p}{\partial z}+\frac{\partial\tau_{xz}}{\partial x}+\frac{\partial\tau_{yz}}{\partial y}+\frac{\partial\tau_{zz}}{\partial z}+\rho f_z
\end{aligned} \tag{2-2}$$

能量方程

$$\begin{aligned}
\frac{\partial(\rho E)}{\partial t}+\nabla\cdot(\rho E\mathbf{V})=&\ \rho\dot{q}+\frac{\partial}{\partial x}\left(\kappa\frac{\partial T}{\partial x}\right)+\frac{\partial}{\partial y}\left(\kappa\frac{\partial T}{\partial y}\right)+\frac{\partial}{\partial z}\left(\kappa\frac{\partial T}{\partial z}\right)-\frac{\partial(up)}{\partial x}-\frac{\partial(vp)}{\partial y}-\frac{\partial(wp)}{\partial z}+\\
&\frac{\partial(u\tau_{xx})}{\partial x}+\frac{\partial(u\tau_{yx})}{\partial y}+\frac{\partial(u\tau_{zx})}{\partial z}+\frac{\partial(v\tau_{xy})}{\partial x}+\frac{\partial(v\tau_{yy})}{\partial y}+\frac{\partial(v\tau_{zy})}{\partial z}+\frac{\partial(w\tau_{xz})}{\partial x}+\frac{\partial(w\tau_{yz})}{\partial y}+\frac{\partial(w\tau_{zz})}{\partial z}+\rho\boldsymbol{f}\cdot\mathbf{V}
\end{aligned} \tag{2-3}$$

其中

$$E=e+\frac{1}{2}(u^2+v^2+w^2) \tag{2-4}$$

$$\boldsymbol{\tau}=\mu\begin{pmatrix}
\frac{4}{3}\frac{\partial u}{\partial x}-\frac{2}{3}\left(\frac{\partial v}{\partial y}+\frac{\partial w}{\partial z}\right) & \frac{\partial u}{\partial y}+\frac{\partial v}{\partial x} & \frac{\partial u}{\partial z}+\frac{\partial w}{\partial x}\\
\frac{\partial u}{\partial y}+\frac{\partial v}{\partial x} & \frac{4}{3}\frac{\partial v}{\partial y}-\frac{2}{3}\left(\frac{\partial w}{\partial z}+\frac{\partial u}{\partial x}\right) & \frac{\partial v}{\partial z}+\frac{\partial w}{\partial y}\\
\frac{\partial u}{\partial z}+\frac{\partial w}{\partial x} & \frac{\partial v}{\partial z}+\frac{\partial w}{\partial y} & \frac{4}{3}\frac{\partial w}{\partial z}-\frac{2}{3}\left(\frac{\partial u}{\partial x}+\frac{\partial v}{\partial y}\right)
\end{pmatrix} \tag{2-5}$$

式中　$\boldsymbol{f}=(f_x,\ f_y,\ f_z)$ ——单位质量流体所受的彻体力，本书中此量不予考虑，即 $\boldsymbol{f}=0$；

$\dot{q}$ ——单位时间内给单位质量流体传输的热能，本书中此量不予考虑，即 $\dot{q}=0$；

E ——单位质量流体的总能量；

κ ——热传导系数；

$\boldsymbol{\tau}$ ——黏性应力张量。

动力黏性系数 μ 与温度有关，对于空气而言，有许多近似的公式可用，其中最常用的是 Sutherland 公式

$$\frac{\mu}{\mu_\infty}=\left(\frac{T}{T_\infty}\right)^{1.5}\frac{T_\infty+C}{T+C} \tag{2-6}$$

式中　μ_∞ ——温度等于 T_∞ 时空气的动力黏性系数；

C ——常数，其值为 110.4 K。

以上方程组和公式包含的未知函数有 ρ，u，v，w，p，T，E，e，$\boldsymbol{\tau}$，μ，共 10 个

(这里把矢量、张量作为一个量看待)，但方程和公式只有八个，为此需要再建立热力学参数之间的关系。对于空气，常采用完全气体假设，满足状态方程和热能关系

$$p=\rho RT \tag{2-7}$$

$$e=c_V T \tag{2-8}$$

式中 c_V ——定容比热容；

R ——气体常数。

(2) 不可压缩 N-S 方程

空气在低速低雷诺数状态下流动时，很多时候气流的速度远远小于声速，当马赫数(Ma)小于0.3时，可忽略气体的可压缩性，于是可将可压缩 N-S 方程极大地简化为不可压缩 N-S 方程，如下

$$\begin{cases}\dfrac{\partial u}{\partial x}+\dfrac{\partial v}{\partial y}+\dfrac{\partial w}{\partial z}=0\\ \dfrac{\partial u}{\partial t}+u\dfrac{\partial u}{\partial x}+v\dfrac{\partial u}{\partial y}+w\dfrac{\partial u}{\partial z}=-\dfrac{1}{\rho}\dfrac{\partial p}{\partial x}+\dfrac{\mu}{\rho}(\dfrac{\partial^2 u}{\partial x^2}+\dfrac{\partial^2 u}{\partial y^2}+\dfrac{\partial^2 u}{\partial z^2})\\ \dfrac{\partial v}{\partial t}+u\dfrac{\partial v}{\partial x}+v\dfrac{\partial v}{\partial y}+w\dfrac{\partial v}{\partial z}=-\dfrac{1}{\rho}\dfrac{\partial p}{\partial y}+\dfrac{\mu}{\rho}(\dfrac{\partial^2 v}{\partial x^2}+\dfrac{\partial^2 v}{\partial y^2}+\dfrac{\partial^2 v}{\partial z^2})\\ \dfrac{\partial w}{\partial t}+u\dfrac{\partial w}{\partial x}+v\dfrac{\partial w}{\partial y}+w\dfrac{\partial w}{\partial z}=-\dfrac{1}{\rho}\dfrac{\partial p}{\partial z}+\dfrac{\mu}{\rho}(\dfrac{\partial^2 w}{\partial x^2}+\dfrac{\partial^2 w}{\partial y^2}+\dfrac{\partial^2 w}{\partial z^2})\end{cases} \tag{2-9}$$

不可压缩 N-S 方程作为可压缩 N-S 方程的一种特例，气体密度为常数 ρ_0，密度对时间和空间的偏导数在此也为零。对于低速低雷诺数不可压问题，若不涉及温度场，方程组(2-9)已经封闭，它们是具有四个独立变量 u、v、w、p 的四个方程，因而能量方程被排除在外。该简化不是必须的，可以在需要时考虑更为复杂的模型和方程形式。

2.1.1.2 适用于数值求解的控制方程形式

为了便于数值计算程序编写的便捷性，以可压缩 N-S 方程为例，将控制方程转化为适用于数值求解的统一形式，包括微分形式和积分形式。

(1) 微分形式 N-S 方程

将三维非定常可压缩 N-S 方程(2-1)～方程(2-3)写成通量微分形式如下

$$\frac{\partial \boldsymbol{Q}}{\partial t}+\frac{\partial(\boldsymbol{F}_x-\boldsymbol{G}_x)}{\partial x}+\frac{\partial(\boldsymbol{F}_y-\boldsymbol{G}_y)}{\partial y}+\frac{\partial(\boldsymbol{F}_z-\boldsymbol{G}_z)}{\partial z}=0 \tag{2-10}$$

其中

$$\boldsymbol{Q}=\begin{pmatrix}\rho\\ \rho u\\ \rho v\\ \rho w\\ \rho E\end{pmatrix};\boldsymbol{F}_x=\begin{pmatrix}\rho u\\ \rho u^2+p\\ \rho uv\\ \rho uw\\ (\rho E+p)u\end{pmatrix};\boldsymbol{F}_y=\begin{pmatrix}\rho v\\ \rho vu\\ \rho v^2+p\\ \rho vw\\ (\rho E+p)v\end{pmatrix};\boldsymbol{F}_z=\begin{pmatrix}\rho w\\ \rho wu\\ \rho wv\\ \rho w^2+p\\ (\rho E+p)w\end{pmatrix}$$

$$\boldsymbol{G}_x=\begin{pmatrix}0\\ \tau_{xx}\\ \tau_{xy}\\ \tau_{xz}\\ u\tau_{xx}+v\tau_{xy}+w\tau_{xz}+\kappa\dfrac{\partial T}{\partial x}\end{pmatrix};\boldsymbol{G}_y=\begin{pmatrix}0\\ \tau_{xy}\\ \tau_{yy}\\ \tau_{yz}\\ u\tau_{xy}+v\tau_{yy}+w\tau_{yz}+\kappa\dfrac{\partial T}{\partial y}\end{pmatrix};$$

$$\boldsymbol{G}_z=\begin{pmatrix}0\\ \tau_{xz}\\ \tau_{yz}\\ \tau_{zz}\\ u\tau_{xz}+v\tau_{yz}+w\tau_{zz}+\kappa\dfrac{\partial T}{\partial z}\end{pmatrix}$$

（2）积分形式 N－S 方程

可将控制方程写成积分形式，即对方程（2－10）在控制单元内进行积分，积分后的N－S方程形式

$$\frac{\partial}{\partial t}\int_{\Omega}\boldsymbol{Q}\,\mathrm{d}V+\int_{\partial\Omega}(\boldsymbol{F}-\boldsymbol{G})\,\mathrm{d}S=0 \tag{2-11}$$

其中

$$\boldsymbol{Q}=\begin{pmatrix}\rho\\ \rho u\\ \rho v\\ \rho w\\ \rho E\end{pmatrix};\boldsymbol{F}=\begin{pmatrix}\rho U\\ \rho Uu+pn_x\\ \rho Uv+pn_y\\ \rho Uw+pn_z\\ \rho UE+pU\end{pmatrix};\boldsymbol{G}=\begin{pmatrix}0\\ \tau_{xx}n_x+\tau_{xy}n_y+\tau_{xz}n_z\\ \tau_{yx}n_x+\tau_{yy}n_y+\tau_{yz}n_z\\ \tau_{zx}n_x+\tau_{zy}n_y+\tau_{zz}n_z\\ b_xn_x+b_yn_y+b_zn_z\end{pmatrix}$$

$$U=un_x+vn_y+wn_z,\boldsymbol{b}_j=\boldsymbol{u}_i\boldsymbol{\tau}_{i,j}-\boldsymbol{q}_j,\boldsymbol{q}_j=-\kappa\frac{\partial T}{\partial \boldsymbol{x}_j}$$

式中　n_x，n_y，n_z——单元边界面 $\partial\Omega$ 的外法向单位矢量在直角坐标系 x，y，z 轴上的投影；

$\boldsymbol{b}_j$，$\boldsymbol{u}_i$，$\boldsymbol{\tau}_{i,j}$，$\boldsymbol{q}_j$，$\boldsymbol{x}_j$——均为张量，计算遵循张量运算法则。

在数值求解过程中，针对方程（2－10）和方程（2－11）这两种不同形式，将会采用不同的数值方法。微分形式方程将采用有限差分法，而积分形式方程将采用有限体积法。作为数值模拟中两种重要的方法，有限差分法和有限体积法各有特点和优势。有限差分法简单成熟，易于实现，可构造高精度格式，但处理复杂网格不够灵活。有限体积法非常适合处理复杂网格，且通过有限体积法获得的离散方程中各项有明确的物理含义，但有限体积法在应用高精度格式方面存在困难，格式在二阶精度以上处理方法复杂。

由于低雷诺数流动现象非常复杂，可能存在层流边界层、层流分离、分离诱导转捩、湍流、湍流分离等非定常多尺度复杂流动，构造较高精度的数值格式对于模拟这些流动现象有较大优势。因此在20世纪八九十年代针对低雷诺数的数值模拟中，人们大多数采用

有限差分方法，以便构造较高精度的数值格式。近些年来，由于有限体积法在处理复杂外形上的巨大优势，一些较高精度的数值格式也逐渐应用到有限体积法中，成为模拟低雷诺数流动的有效方法。本节在对 RANS 数值模拟方法的论述中，有限差分法和有限体积法都将会涉及。

2.1.1.3　低速低雷诺数流动控制方程的刚性问题

在对控制方程（2-10）或方程（2-11）进行数值求解之前，首先介绍控制方程在低速低雷诺数条件下的刚性问题。刚性（stiff）来源于对微分方程初值问题的求解。当微分方程组所描述的物理或者化学过程包含多个相互作用但变化速度差异悬殊的子过程，这就导致相应微分方程的解中既包含变化十分迅速的分量，又包含变化相对缓慢的分量。变化快的分量将很快趋于它的稳定值，而变化慢的分量将缓慢地趋于它的稳定值。从数值求解的观点来看，当解变化快时应用小时间步长推进求解，等到变化快的分量趋于稳定后，就应该用较大时间步长推进。但理论和实践证明，由于引用了各种假设，即使是隐式方法，时间步长仍不能过大，否则就会出现不稳定现象，造成误差急剧增加以至结果偏离真值，使得时间推进求解无法继续进行。人们称这类现象具有刚性，将描述这类过程的微分方程初值问题称为刚性问题。刚性问题在航空航天、热核反应、自动控制、电子网络、生物学及化学动力学等许多重要科学技术领域的数值模拟中都是常见的[3]。

在求解可压缩 N-S 方程模拟低速低雷诺数问题时，就会出现较强的刚性问题。这是因为当地流动速度和声速相差很大时，N-S 方程中对流项的特征矩阵的最大和最小特征值会有量级的差别，造成不同信息在流场中传播速度差异巨大，使计算收敛很慢。为了清楚地说明问题，我们通过简单的一维非定常无黏流动来阐述该现象[4]。一维非定常无黏流动方程如下

$$\frac{\partial \boldsymbol{Q}}{\partial t}+\frac{\partial \boldsymbol{F}}{\partial x}=0 \tag{2-12}$$

其中

$$\boldsymbol{Q}=\begin{bmatrix}\rho\\ \rho u\\ \rho E\end{bmatrix},\boldsymbol{F}=\begin{bmatrix}\rho u\\ \rho u^2+p\\ (\rho E+p)u\end{bmatrix}$$

将方程（2-12）写成雅克比（Jacobian）矩阵形式

$$\frac{\partial \boldsymbol{Q}}{\partial t}+\boldsymbol{A}\frac{\partial \boldsymbol{Q}}{\partial x}=0 \tag{2-13}$$

其中，雅克比矩阵 $\boldsymbol{A}$

$$\boldsymbol{A}=\frac{\partial \boldsymbol{F}}{\partial \boldsymbol{Q}}=\begin{bmatrix}0 & 1 & 0\\ (\gamma-3)\dfrac{u^2}{2} & (3-\gamma)u & \gamma-1\\ (\gamma-1)u^3-\gamma uE & -\dfrac{3}{2}(\gamma-1)u^2+\gamma E & \gamma u\end{bmatrix} \tag{2-14}$$

雅克比矩阵 $\boldsymbol{A}$ 的特征值 λ 可通过 $|\boldsymbol{A}-\lambda\boldsymbol{I}|=0$ 获得，得到的 λ 有三个解：u，$u+a$，

$u-a$(a 为当地声速)。在物理上特征值 λ 给出了流动信息在物理平面（$x-t$ 空间）上的传播速度和方向，$\lambda=u$ 说明流体微团以速度 u 携带流场信息传播，而 $\lambda=u+a$ 、$\lambda=u-a$ 说明流体微团以速度 $u+a$ ，$u-a$ 携带流场信息传播，传播方向为物理平面中特征线的斜率。

雅克比矩阵特征值所给出的流场信息的传播特性是非常重要的，数值模拟技术中计算格式与流场信息的传播有关。对非定常可压缩 N－S 方程而言，采用时间推进方法所用的时间步长受到 CFL 数以及雅克比矩阵特征值的限制

$$\Delta t=\frac{2\mathrm{CFL}\cdot V}{\sum_{f}\lambda_{f}^{\max}A_{f}} \tag{2-15}$$

式中　V ——单元体积；

A_f——单元边界面的面积；

f ——单元边界面编号。

从公式（2－15）可以发现，最大特征值决定了时间推进的时间步长。在低速低雷诺数流动中，流体的运动速度与当地声速往往相差一到两个量级，其特征值 u 和 $u+a$ 或 $u-a$ 存在量级的差别，在时间推进求解过程中，时间步长由于大特征值（$u+a$ 或 $u-a$）的限制而不能取得过大，导致在求解由小特征值（u）控制的流场信息时效率太低，从而造成了整体流场求解的收敛困难。

可见时间推进方法求解可压缩 N－S 方程处理低速低雷诺数流场的刚性问题归结于控制方程对流项的特征矩阵的最大特征值（$\lambda=u+a$ 或 $u-a$）和最小特征值（$\lambda=u$）之间量级差别，导致流动信息在流场中传播速度差异巨大。在数值方法中即便采用变时间步长的方法，在流场解的慢变区间（$\lambda=u$）逐渐增加时间步长，此时快变区间（$\lambda=u+a$ 或 $u-a$）主导的分量虽已衰减到微不足道，但这种快速变化的干扰仍将严重影响数值解的稳定性和精度，给整个计算带来非常大的困难[3]。

为了克服低速低雷诺数下可压缩 N－S 方程时间推进求解的刚性问题，当前主要有两种解决方法：

1）一种是忽略流体压缩性，引入不可压缩假设，则刚性问题可以通过将可压缩 N－S 方程转换到不可压缩 N－S 方程而得到解决。目前计算不可压缩流动的方法主要有拟压缩性（Pseudocompressibility）方法、涡一流函数法、SIMPLE 系列算法、PISO 算法等。

2）另一种方法是通过在可压缩性 N－S 方程时间相关项前乘以预处理矩阵，从而有效消除可压缩性 N－S 方程在时间推进求解时的刚性问题，即所谓的预处理（Preconditioning）方法。该方法始于 20 世纪 80 年代末，由于可压缩算法在计算空气动力学中的巨大成功，预处理方法已成为处理全速域流场应用最为广泛的一种方法。

此外还有一类常用的方法，认为对于低速低雷诺数流动雷诺数相似比马赫数相似更为重要，因此，在保持雷诺数不变的前提下，适当地提高马赫数，从而一定程度上回避低速时的刚性问题，提高求解效率，该方法在大涡模拟等精细化的数值模拟方法中应用广泛。

2.1.2 RANS 数值模拟方法

RANS 方程是雷诺平均 N－S 方程的简称。迄今为止，RANS 方法是使用最为广泛的计算流体力学方法。RANS 方法基于雷诺平均假设，将流动基本物理量分解为平均量和脉动量，通过引入雷诺应力模型而封闭方程。RANS 方法可以获得湍流流动的平均信息，能够给出工程问题关心的平均流场、雷诺应力和基本气动力等信息。对低雷诺数流动，采用 RANS 方法可以较好地捕捉低雷诺数大尺度层流分离流动结构的非定常、非线性效应以及相应基本气动特性，且计算效率高。

2.1.1 节指出为了克服低速低雷诺数流动下数值求解的刚性问题，基于 RANS 方程的数值模拟方法主要有两类，基于不可压缩方程的方法和基于可压缩方程的预处理方法。它们在方程离散、通量计算、时间推进及其相关项的处理方式均有差异。本节将详细介绍这两类方法，其中不可压缩方程数值方法介绍具有代表性的拟压缩性方法[5-6]，而预处理方法介绍应用广泛的 Weiss－Smith 预处理方法[7-8]。同时为论述计算流体动力学中两类最为重要的处理方法：有限差分法和有限体积法，本节对拟压缩性方法和预处理方法分别采用有限差分法和有限体积法进行公式推演。当然这不是必须对应的，两种数值模拟方法均可用有限差分法或有限体积法处理。同时，本节还将论述数值格式、非定常时间推进、湍流和转捩模型等问题。

2.1.2.1 基于不可压缩 N－S 方程的拟压缩性方法

引入不可压缩假设，可以有效解决可压缩 N－S 方程的刚性问题，但不可压缩方程的椭圆性质，导致时间推进方法无法应用[4]。拟压缩性方法的核心是把不可压缩流体看成一种虚拟的可压缩流体，求解时对连续方程和动量方程引入一个时间导数项，这样便能够对流动问题进行时间推进求解。这种方法发展较早，较为成熟。对于全流场低速问题，拟压缩性方法是目前较为成熟且应用广泛的求解低速低雷诺数问题的数值方法。

（1）方程离散

本节以不可压缩微分形式方程（2－9）为例，从有限差分方法的角度，对拟压缩性方法进行详细的介绍。由于有限差分方法无法直接应用到非均匀的物理网格，需要对方程（2－9）形式进行坐标变换，由直角坐标系（x，y，z，t）下的方程变换为一般贴体曲线坐标系（ξ，η，ζ，τ）下的方程。变换后的方程形式如下

$$\begin{aligned}&\frac{\partial}{\partial\xi}\left(\frac{U}{J}\right)+\frac{\partial}{\partial\eta}\left(\frac{V}{J}\right)+\frac{\partial}{\partial\zeta}\left(\frac{W}{J}\right)=0\\&\frac{\partial\hat{\boldsymbol{u}}}{\partial t}=-\frac{\partial}{\partial\xi}(\hat{\boldsymbol{e}}-\hat{\boldsymbol{e}}_v)-\frac{\partial}{\partial\eta}(\hat{\boldsymbol{f}}-\hat{\boldsymbol{f}}_v)-\frac{\partial}{\partial\zeta}(\hat{\boldsymbol{g}}-\hat{\boldsymbol{g}}_v)=-\hat{\boldsymbol{r}}\end{aligned}\tag{2-16}$$

其中方程（2－16）上式为质量方程，下式为动量方程，$\hat{\boldsymbol{r}}$ 代表动量方程右端项，其他符号定义如下

$$\begin{cases} U = \xi_x u + \xi_y v + \xi_z w \\ V = \eta_x u + \eta_y v + \eta_z w \\ W = \zeta_x u + \zeta_y v + \zeta_z w \end{cases} \qquad \hat{\boldsymbol{u}} = \frac{1}{J}\begin{bmatrix} u \\ v \\ w \end{bmatrix}$$

$$\hat{\boldsymbol{e}} = \frac{1}{J}\begin{bmatrix} \xi_x p/\rho + uU + \xi_t u \\ \xi_y p/\rho + vU + \xi_t v \\ \xi_z p/\rho + wU + \xi_t w \end{bmatrix} \quad \hat{\boldsymbol{f}} = \frac{1}{J}\begin{bmatrix} \eta_x p/\rho + uV + \eta_t u \\ \eta_y p/\rho + vV + \eta_t v \\ \eta_z p/\rho + wV + \eta_t w \end{bmatrix} \quad \hat{\boldsymbol{g}} = \frac{1}{J}\begin{bmatrix} \zeta_x p/\rho + uW + \zeta_t u \\ \zeta_y p/\rho + vW + \zeta_t v \\ \zeta_z p/\rho + wW + \zeta_t w \end{bmatrix}$$

$$\hat{\boldsymbol{e}}_v = \frac{\mu}{\rho J}\begin{bmatrix} (\nabla\xi \cdot \nabla\xi) u_\xi + (\nabla\xi \cdot \nabla\eta) u_\eta + (\nabla\xi \cdot \nabla\zeta) u_\zeta \\ (\nabla\xi \cdot \nabla\xi) v_\xi + (\nabla\xi \cdot \nabla\eta) v_\eta + (\nabla\xi \cdot \nabla\zeta) v_\zeta \\ (\nabla\xi \cdot \nabla\xi) w_\xi + (\nabla\xi \cdot \nabla\eta) w_\eta + (\nabla\xi \cdot \nabla\zeta) w_\zeta \end{bmatrix}$$

$$\hat{\boldsymbol{f}}_v = \frac{\mu}{\rho J}\begin{bmatrix} (\nabla\eta \cdot \nabla\xi) u_\xi + (\nabla\eta \cdot \nabla\eta) u_\eta + (\nabla\eta \cdot \nabla\zeta) u_\zeta \\ (\nabla\eta \cdot \nabla\xi) v_\xi + (\nabla\eta \cdot \nabla\eta) v_\eta + (\nabla\eta \cdot \nabla\zeta) v_\zeta \\ (\nabla\eta \cdot \nabla\xi) w_\xi + (\nabla\eta \cdot \nabla\eta) w_\eta + (\nabla\eta \cdot \nabla\zeta) w_\zeta \end{bmatrix}$$

$$\hat{\boldsymbol{g}}_v = \frac{\mu}{\rho J}\begin{bmatrix} (\nabla\zeta \cdot \nabla\xi) u_\xi + (\nabla\zeta \cdot \nabla\eta) u_\eta + (\nabla\zeta \cdot \nabla\zeta) u_\zeta \\ (\nabla\zeta \cdot \nabla\xi) v_\xi + (\nabla\zeta \cdot \nabla\eta) v_\eta + (\nabla\zeta \cdot \nabla\zeta) v_\zeta \\ (\nabla\zeta \cdot \nabla\xi) w_\xi + (\nabla\zeta \cdot \nabla\eta) w_\eta + (\nabla\zeta \cdot \nabla\zeta) w_\zeta \end{bmatrix} \tag{2-17}$$

J 为两类坐标系变化的雅克比系数

$$J = \left|\frac{\partial(\xi, \eta, \xi)}{\partial(x, y, z)}\right| = \left|\left(\frac{\partial(x, y, z)}{\partial(\xi, \eta, \zeta)}\right)\right|^{-1} \tag{2-18}$$

详细变换过程可参见由傅德薰、汪翼云、马延文主编，宇航出版社 1994 年出版的《计算空气动力学》第 2 章[9]关于一般曲线坐标系下的基本方程的论述，这里不再赘述。

拟压缩性方法的关键在于通过在连续方程中添加关于压力的虚拟时间导数项，将整个 N－S 方程变为双曲型性质的方程组，这样便可直接应用时间推进方法进行数值求解。

引入人工可压缩性关系，在连续方程中引入压力的虚拟时间导数项

$$\frac{\partial p}{\partial \tau} = -\beta\left[\frac{\partial}{\partial \xi}\left(\frac{U}{J}\right) + \frac{\partial}{\partial \eta}\left(\frac{V}{J}\right) + \frac{\partial}{\partial \zeta}\left(\frac{W}{J}\right)\right] \tag{2-19}$$

其中虚拟时间 τ 是与物理时间 t 无关的变量。同样速度的虚拟时间导数也被加入到动量方程中

$$\frac{\partial \hat{\boldsymbol{u}}}{\partial t} + \frac{\partial \hat{\boldsymbol{u}}}{\partial \tau} = -\frac{\partial}{\partial \xi}(\hat{\boldsymbol{e}} - \hat{\boldsymbol{e}}_v) - \frac{\partial}{\partial \eta}(\hat{\boldsymbol{f}} - \hat{\boldsymbol{f}}_v) - \frac{\partial}{\partial \zeta}(\hat{\boldsymbol{g}} - \hat{\boldsymbol{g}}_v) = -\hat{\boldsymbol{r}} \tag{2-20}$$

对于定常问题，动量方程的物理时间导数项为 0，即 $\frac{\partial \hat{\boldsymbol{u}}}{\partial t} = 0$，于是不可压缩 N－S 方程添加虚拟时间导数项后形式为

$$\frac{\partial \hat{\boldsymbol{D}}}{\partial \tau} - -\frac{\partial}{\partial \xi}(\hat{\boldsymbol{E}} - \hat{\boldsymbol{E}}_v) - \frac{\partial}{\partial \eta}(\hat{\boldsymbol{F}} - \hat{\boldsymbol{F}}_v) - \frac{\partial}{\partial \zeta}(\hat{\boldsymbol{G}} - \hat{\boldsymbol{G}}_v) = -\hat{\boldsymbol{R}} \tag{2-21}$$

其中 $\frac{\partial \hat{\boldsymbol{D}}}{\partial \tau}$ 为虚拟时间导数项，$\hat{\boldsymbol{R}}$ 为通量残差项，各符号如下

$$\hat{\boldsymbol{D}}=\frac{1}{J}\begin{bmatrix}p\\u\\v\\w\end{bmatrix}\quad \hat{\boldsymbol{E}}=\begin{bmatrix}\beta\,\dfrac{U}{J}\\ \hat{\boldsymbol{e}}\end{bmatrix}\quad \hat{\boldsymbol{F}}=\begin{bmatrix}\beta\,\dfrac{V}{J}\\ \hat{\boldsymbol{f}}\end{bmatrix}\quad \hat{\boldsymbol{G}}=\begin{bmatrix}\beta\,\dfrac{W}{J}\\ \hat{\boldsymbol{g}}\end{bmatrix} \tag{2-22}$$

$$\hat{\boldsymbol{E}}_v=\begin{bmatrix}0\\ \hat{\boldsymbol{e}}_v\end{bmatrix}\quad \hat{\boldsymbol{F}}_v=\begin{bmatrix}0\\ \hat{\boldsymbol{f}}_v\end{bmatrix}\quad \hat{\boldsymbol{G}}_v=\begin{bmatrix}0\\ \hat{\boldsymbol{g}}_v\end{bmatrix}$$

在实际求解定常问题时，方程以虚拟时间步进行推进，虚拟压缩因子 β 的取值是影响收敛速度的主要因素之一，方程的瞬态解没有意义，只有到达收敛解才有意义，收敛时方程（2－21）右端项为 0。

对虚拟时间导数项采用隐式有限差分格式离散

$$\frac{\hat{\boldsymbol{D}}^{k+1}-\hat{\boldsymbol{D}}^{k}}{\Delta\tau}=-\hat{\boldsymbol{R}}^{k+1} \tag{2-23}$$

其中 k 表示第 k 层虚拟时间步。对方程（2－23）右端项进行线性化处理得到下式

$$\frac{\hat{\boldsymbol{D}}^{k+1}-\hat{\boldsymbol{D}}^{k}}{\Delta\tau}=-\left[\hat{\boldsymbol{R}}^{k}+\frac{\partial\hat{\boldsymbol{R}}^{k}}{\partial\hat{\boldsymbol{D}}^{k}}(\hat{\boldsymbol{D}}^{k+1}-\hat{\boldsymbol{D}}^{k})\right] \tag{2-24}$$

于是方程最终化为如下形式

$$\left[\frac{1}{\Delta\tau}\boldsymbol{I}+\left(\frac{\partial\hat{\boldsymbol{R}}}{\partial\hat{\boldsymbol{D}}}\right)^{k}\right](\hat{\boldsymbol{D}}^{k+1}-\hat{\boldsymbol{D}}^{k})=-\hat{\boldsymbol{R}}^{k} \tag{2-25}$$

其中 $\boldsymbol{I}$ 为 4×4 单位矩阵。

对于非定常问题，动量方程（2－20）的物理时间导数项 $\dfrac{\partial\hat{\boldsymbol{u}}}{\partial t}$ 采用二阶精度，三点向后差分格式离散，于是方程（2－20）可化为

$$\frac{3\hat{\boldsymbol{u}}^{n+1}-4\hat{\boldsymbol{u}}^{n}+\hat{\boldsymbol{u}}^{n-1}}{2\Delta t}+\frac{\partial\hat{u}}{\partial\tau}=-\hat{\boldsymbol{r}}^{n+1} \tag{2-26}$$

n 表示物理时间步，物理时间 $t=n\times\Delta t$ 。最后非定常 N－S 方程可化为统一的求解形式

$$\frac{1}{2\Delta t}\begin{bmatrix}0\\3\hat{\boldsymbol{u}}^{n+1}-4\hat{\boldsymbol{u}}^{n}+\hat{\boldsymbol{u}}^{n-1}\end{bmatrix}+\frac{\partial\hat{\boldsymbol{D}}}{\partial\tau}=-\hat{\boldsymbol{R}}^{n+1} \tag{2-27}$$

将物理时间和虚拟时间导数项写成隐式差分格式

$$\frac{1.5}{\Delta t}\begin{bmatrix}0\\ \hat{\boldsymbol{u}}^{n+1,k+1}\end{bmatrix}-\frac{2}{\Delta t}\begin{bmatrix}0\\ \hat{\boldsymbol{u}}^{n}\end{bmatrix}+\frac{0.5}{\Delta t}\begin{bmatrix}0\\ \hat{\boldsymbol{u}}^{n-1}\end{bmatrix}+\frac{\hat{\boldsymbol{D}}^{n+1,k+1}-\hat{\boldsymbol{D}}^{n+1,k}}{\Delta\tau}=-\hat{\boldsymbol{R}}^{n+1,k+1} \tag{2-28}$$

方程（2－28）两端同时减去 $\dfrac{1.5}{\Delta t}\begin{bmatrix}0\\ \hat{\boldsymbol{u}}^{n+1,k}\end{bmatrix}$ 易推出

$$\frac{1.5}{\Delta t}\begin{bmatrix}0\\ \hat{\boldsymbol{u}}^{n+1,k+1}\end{bmatrix}-\frac{1.5}{\Delta t}\begin{bmatrix}0\\ \hat{\boldsymbol{u}}^{n+1,k}\end{bmatrix}+\frac{\hat{\boldsymbol{D}}^{n+1,k+1}-\hat{\boldsymbol{D}}^{n+1,k}}{\Delta\tau}=-\hat{\boldsymbol{R}}^{n+1,k+1}-\left(\frac{1.5}{\Delta t}\begin{bmatrix}0\\ \hat{\boldsymbol{u}}^{n+1,k}\end{bmatrix}-\frac{2}{\Delta t}\begin{bmatrix}0\\ \hat{\boldsymbol{u}}^{n}\end{bmatrix}+\frac{0.5}{\Delta t}\begin{bmatrix}0\\ \hat{\boldsymbol{u}}^{n-1}\end{bmatrix}\right) \tag{2-29}$$

于是方程最终可化为如下形式

$$\boldsymbol{I}_{tr}(\hat{\boldsymbol{D}}^{n+1,k+1}-\hat{\boldsymbol{D}}^{n+1,k})=-\hat{\boldsymbol{R}}^{n+1,k+1}-\frac{\boldsymbol{I}_m}{\Delta t}(1.5\hat{\boldsymbol{D}}^{n+1,k}-2\hat{\boldsymbol{D}}^{n}+0.5\hat{\boldsymbol{D}}^{n-1}) \tag{2-30}$$

其中

$$\begin{aligned}\boldsymbol{I}_{tr}&=\mathrm{diag}\left[\frac{1}{\Delta\tau},\frac{1}{\Delta\tau}+\frac{1.5}{\Delta t},\frac{1}{\Delta\tau}+\frac{1.5}{\Delta t},\frac{1}{\Delta\tau}+\frac{1.5}{\Delta t}\right]\\ \boldsymbol{I}_m&=\mathrm{diag}[0,1,1,1]\end{aligned} \tag{2-31}$$

最终线性化方程（2-30）后得到

$$\left[\boldsymbol{I}_{tr}+\left(\frac{\partial\hat{\boldsymbol{R}}}{\partial\hat{\boldsymbol{D}}}\right)^{n+1,k}\right](\hat{\boldsymbol{D}}^{n+1,k+1}-\hat{\boldsymbol{D}}^{n+1,k})=-\hat{\boldsymbol{R}}^{n+1,k}-\frac{\boldsymbol{I}_m}{\Delta t}(1.5\hat{\boldsymbol{D}}^{n+1,k}-2\hat{\boldsymbol{D}}^{n}+0.5\hat{\boldsymbol{D}}^{n-1}) \tag{2-32}$$

其中

$$\hat{\boldsymbol{R}}=\frac{\partial}{\partial\xi}(\hat{\boldsymbol{E}}-\hat{\boldsymbol{E}}_v)+\frac{\partial}{\partial\eta}(\hat{\boldsymbol{F}}-\hat{\boldsymbol{F}}_v)+\frac{\partial}{\partial\zeta}(\hat{\boldsymbol{G}}-\hat{\boldsymbol{G}}_v)$$

方程（2-32）即为最终用于数值计算的半离散形式[6]。

下面给出无黏通量的一般形式

$$\hat{\boldsymbol{E}}_i=\frac{1}{J}\begin{bmatrix}\beta V_i\\ k_t u+k_x p/\rho+uV_i\\ k_t v+k_y p/\rho+vV_i\\ k_t w+k_z p/\rho+wV_i\end{bmatrix} \tag{2-33}$$

其中 $\hat{\boldsymbol{E}}_i=\hat{\boldsymbol{E}}$、$\hat{F}$、$\hat{\boldsymbol{G}}$ 分别对应于 $i=1$，2，3，并有如下关系

$$\begin{gathered}V_i=k_x u+k_y v+k_z w\\ k_x=\frac{\partial\xi_i}{\partial x};k_y=\frac{\partial\xi_i}{\partial y};k_z=\frac{\partial\xi_i}{\partial z};k_t=\frac{\partial\xi_i}{\partial t};(i=1,2,3)\end{gathered} \tag{2-34}$$

黏性通量的一般形式如下

$$\hat{\boldsymbol{E}}_{vi}=\frac{\mu}{\rho J}\begin{bmatrix}0\\ (\nabla\xi_i\cdot\nabla\xi_1)u_{\xi_1}+(\nabla\xi_i\cdot\nabla\xi_2)u_{\xi_2}+(\nabla\xi_i\cdot\nabla\xi_3)u_{\xi_3}\\ (\nabla\xi_i\cdot\nabla\xi_1)v_{\xi_1}+(\nabla\xi_i\cdot\nabla\xi_2)v_{\xi_2}+(\nabla\xi_i\cdot\nabla\xi_3)v_{\xi_3}\\ (\nabla\xi_i\cdot\nabla\xi_1)w_{\xi_1}+(\nabla\xi_i\cdot\nabla\xi_2)w_{\xi_2}+(\nabla\xi_i\cdot\nabla\xi_3)w_{\xi_3}\end{bmatrix}$$

其中 $\hat{\boldsymbol{E}}_{vi}=\hat{\boldsymbol{E}}_v$、$\hat{\boldsymbol{F}}_v$、$\hat{\boldsymbol{G}}_v$ 分别对应于 $i=1$，2，3。

（2）迎风格式

迎风格式有利于数值模拟时更加准确地模拟流动信息在流场中的传播方向，迎风格式的构造体现了方程的物理特性，不同的构造方法构成了不同的迎风格式[4]。本书以一维双曲型方程（2-12）为例，对迎风格式中两种典型且应用广泛的 Roe 格式和 Harten-Yee TVD 格式作简要介绍。

①Roe 格式[5]

Rogers 等人利用迎风差分方法，通过矢通量分裂格式离散方程的对流项。其优点是：

1） 自然引入耗散；

2） 降低非线性对流项造成的振荡；

3） 余项雅克比矩阵主对角占优。

现以一维守恒型双曲微分方程为例

$$\frac{\partial \boldsymbol{Q}}{\partial t}+\frac{\partial \boldsymbol{F}}{\partial x}=0 \tag{2-35}$$

其离散形式为

$$\frac{\boldsymbol{Q}^{n+1}-\boldsymbol{Q}^{n}}{\Delta t}+\frac{\boldsymbol{F}_{j+1/2}-\boldsymbol{F}_{j-1/2}}{\Delta x}=0 \tag{2-36}$$

式中　$\boldsymbol{F}$——数值通量。

Roe 格式的通量形式可表示为

$$\boldsymbol{F}_{j+1/2}=\frac{1}{2}[(\boldsymbol{F}_{j+1}+\boldsymbol{F}_{j}-|\tilde{\boldsymbol{A}}|(\boldsymbol{Q}_{j+1}-\boldsymbol{Q}_{j})] \tag{2-37}$$

其中 $\boldsymbol{F}_j$ 为 $\boldsymbol{F}(\boldsymbol{Q}_j)$ 的简写形式，$\tilde{\boldsymbol{A}}$ 是采用 Roe 平均变量 $\tilde{\boldsymbol{Q}}$ 所获得的雅克比矩阵，因此有

$$\tilde{\boldsymbol{A}}=\boldsymbol{A}(\tilde{\boldsymbol{Q}}) \tag{2-38}$$

$\boldsymbol{A}$ 与 $|\boldsymbol{A}|$ 的表达式如下

$$\begin{gathered}\boldsymbol{A}=\frac{\partial \boldsymbol{F}}{\partial \boldsymbol{Q}}=\boldsymbol{X}\boldsymbol{\Lambda}\boldsymbol{X}^{-1}\\ |\boldsymbol{A}|=\boldsymbol{X}|\boldsymbol{\Lambda}|\boldsymbol{X}^{-1}\end{gathered} \tag{2-39}$$

式中　$\boldsymbol{\Lambda}$——矩阵 $\boldsymbol{A}$ 的特征值矩阵；

$\boldsymbol{X}$——$\boldsymbol{A}$ 的左特征矢量矩阵；

$\boldsymbol{X}^{-1}$——$\boldsymbol{A}$ 的右特征矢量矩阵。

通过正负特征值分裂得到的分裂矩阵 $\boldsymbol{A}^{\pm}$

$$\begin{gathered}\boldsymbol{A}^{+}=\boldsymbol{X}\boldsymbol{\Lambda}^{+}\boldsymbol{X}^{-1}\\ \boldsymbol{A}^{-}=\boldsymbol{A}-\boldsymbol{A}^{+}\end{gathered} \tag{2-40}$$

其中

$$\boldsymbol{\Lambda}^{+}=(\boldsymbol{\Lambda}+|\boldsymbol{\Lambda}|)/2$$

于是公式（2－37）可转化为如下形式

$$\boldsymbol{F}_{j+1/2}=\frac{1}{2}[(\boldsymbol{F}_{j+1}+\boldsymbol{F}_{j})-(\tilde{\boldsymbol{A}}^{+}-\tilde{\boldsymbol{A}}^{-})(\boldsymbol{Q}_{j+1}-\boldsymbol{Q}_{j})] \tag{2-41}$$

令

$$\Delta\boldsymbol{F}_{j+1/2}^{\pm}=\tilde{\boldsymbol{A}}^{\pm}\Delta\boldsymbol{Q}_{j+1/2}\text{，}\Delta\boldsymbol{Q}_{j+1/2}=\boldsymbol{Q}_{j+1}-\boldsymbol{Q}_{j}$$

则 Roe 格式的通量形式最终为

$$\boldsymbol{F}_{j+1/2}=\frac{1}{2}[(\boldsymbol{F}_{j+1}+\boldsymbol{F}_{j})-(\Delta\boldsymbol{F}_{j+1/2}^{+}-\Delta\boldsymbol{F}_{j+1/2}^{-})] \tag{2-42}$$

公式（2-42）采用左右节点处的值计算通量，实际隐含了流动变量在网格单元内分布是常数的假设，因此该格式只有一阶精度。通过假设流动变量在网格单元内是线性分布的，可构造二阶精度的 Roe 格式，具体方法将在可压缩 N-S 方程预处理方法的流动通量计算中详细介绍。采用增加节点数的方式，可进一步提高格式精度，如三阶精度的 Roe 格式

$$\boldsymbol{F}_{j+1/2}=\frac{1}{2}(\boldsymbol{F}_{j+1}+\boldsymbol{F}_j)+\frac{1}{6}(\Delta\boldsymbol{F}^{+}_{j-1/2}-\Delta\boldsymbol{F}^{+}_{j+1/2}+\Delta\boldsymbol{F}^{-}_{j+1/2}-\Delta\boldsymbol{F}^{-}_{j+3/2}) \tag{2-43}$$

边界附近为了不使格式精度降低到一阶，使用下面的公式求解数值通量

$$\boldsymbol{F}_{j+1/2}=\frac{1}{2}(\boldsymbol{F}_{j+1}+\boldsymbol{F}_j)-\frac{\varepsilon}{2}[\Delta\boldsymbol{F}^{+}_{j+1/2}-\Delta\boldsymbol{F}^{-}_{j+1/2}] \tag{2-44}$$

这里 ε 取 10^{-2} 量级，由于加入了小系数 ε，数值通量在边界附近近似保持二阶精度，且加入的耗散项避免了振荡。

②Harten-Yee TVD 格式[10]

针对双曲型微分方程（2-35），一阶精度的 Harten-Yee TVD 格式的数值通量形式如下

$$\boldsymbol{F}_{j+1/2}=\frac{1}{2}[(\boldsymbol{F}_{j+1}+\boldsymbol{F}_j)-\psi(\alpha_{j+1/2})\Delta\boldsymbol{Q}_{j+1/2}] \tag{2-45}$$

$$\alpha_{j+1/2}=\begin{cases}(\boldsymbol{F}_{j+1}-\boldsymbol{F}_j)/\Delta\boldsymbol{Q}_{j+1/2} & \Delta\boldsymbol{Q}_{j+1/2}\neq 0\\ \boldsymbol{A}(\boldsymbol{Q}_j) & \Delta\boldsymbol{Q}_{j+1/2}=0\end{cases} \tag{2-46}$$

其中

$$\Delta\boldsymbol{Q}_{j+1/2}=\boldsymbol{Q}_{j+1}-\boldsymbol{Q}_j$$

$$\psi(z)=\begin{cases}\dfrac{1}{2}(z^2/\delta+\delta) & |z|<\delta\\ |z| & |z|\geqslant\delta\end{cases} \tag{2-47}$$

式中　ψ ——数值黏性系数；

δ ——一个正数小量。

为了获得二阶精度格式且又保留 TVD 性质，在一阶数值通量基础上采用适当的通量修正，即 $\boldsymbol{F}\rightarrow\boldsymbol{F}+\boldsymbol{G}$，可得到二阶精度的数值通量，形式如下

$$\boldsymbol{F}_{j+1/2}=\frac{1}{2}[\boldsymbol{F}_j+\boldsymbol{G}_j+\boldsymbol{F}_{j+1}+\boldsymbol{G}_{j+1}-\psi(\alpha_{j+1/2}+\gamma_{j+1/2})\Delta\boldsymbol{Q}_{j+1/2}] \tag{2-48}$$

其中

$$\gamma_{j+1/2}=\begin{cases}\dfrac{\boldsymbol{G}_{j+1}-\boldsymbol{G}_j}{\Delta\boldsymbol{Q}_{j+1/2}} & \Delta\boldsymbol{Q}_{j+1/2}\neq 0\\ 0 & \Delta\boldsymbol{Q}_{j+1/2}=0\end{cases} \tag{2-49}$$

式中　$\boldsymbol{G}$——通量限制器函数。

在一般的 TVD 格式中，为了避免数值解的振荡，采用限制器函数抑制流场梯度的过量变化。限制器的形式可有多种选择，为了满足修正后的格式为二阶精度 TVD 格式，Harten 给出如下限制器

$$\boldsymbol{G}=\min \bmod(\sigma_{j+1/2}\Delta q_{j+1/2},\sigma_{j-1/2}\Delta q_{j-1/2}) \tag{2-50}$$

其中 $\sigma_{j+1/2}=\sigma(a_{j+1/2})$ ，具体形式如下

$$\sigma(z)=\frac{1}{2}[\psi(z)-\lambda z^2] \tag{2-51}$$

(3) 通量计算

对方程（2－32）进行离散求解，首先计算方程左侧的残差通量线性化项 $\left(\frac{\partial \hat{\boldsymbol{R}}}{\partial \hat{\boldsymbol{D}}}\right)^{n+1,k}(\hat{\boldsymbol{D}}^{n+1,k+1}-\hat{\boldsymbol{D}}^{n+1,k})$ 。令 $\Delta \boldsymbol{D}=\hat{\boldsymbol{D}}^{n+1,k+1}-\hat{\boldsymbol{D}}^{n+1,k}$ ，则方程（2－32）左端通量线性化项为

$$\left(\frac{\partial \hat{\boldsymbol{R}}}{\partial \hat{\boldsymbol{D}}}\right)^{n+1,k}\Delta \boldsymbol{D}=\frac{\partial \hat{\boldsymbol{R}}_{i,j,k}}{\partial \hat{\boldsymbol{D}}_{i,j,k}}\Delta \boldsymbol{D}_{i,j,k}+\frac{\partial \hat{\boldsymbol{R}}_{i,j,k}}{\partial \hat{\boldsymbol{D}}_{i-1,j,k}}\Delta \boldsymbol{D}_{i-1,j,k}+\frac{\partial \hat{\boldsymbol{R}}_{i,j,k}}{\partial \hat{\boldsymbol{D}}_{i,j-1,k}}\Delta \boldsymbol{D}_{i,j-1,k}+\frac{\partial \hat{\boldsymbol{R}}_{i,j,k}}{\partial \hat{\boldsymbol{D}}_{i,j,k-1}}\Delta \boldsymbol{D}_{i,j,k-1}+\frac{\partial \hat{\boldsymbol{R}}_{i,j,k}}{\partial \hat{\boldsymbol{D}}_{i+1,j,k}}\Delta \boldsymbol{D}_{i+1,j,k}+\frac{\partial \hat{\boldsymbol{R}}_{i,j,k}}{\partial \hat{\boldsymbol{D}}_{i,j+1,k}}\Delta \boldsymbol{D}_{i,j+1,k}+\frac{\partial \hat{\boldsymbol{R}}_{i,j,k}}{\partial \hat{\boldsymbol{D}}_{i,j,k+1}}\Delta \boldsymbol{D}_{i,j,k+1} \tag{2-52}$$

残差 $\hat{\boldsymbol{R}}_{i,j,k}$ 中无黏通量采用式（2－42）的一阶 Roe 格式计算，黏性通量采用二阶中心差分格式计算，i，j，k 分别表示 ξ，η，ζ 方向，则在点 $x_{i,j,k}$，$y_{i,j,k}$，$z_{i,j,k}$ 的余项为

$$\begin{aligned}\hat{\boldsymbol{R}}_{i,j,k}=\frac{1}{2}[&\hat{\boldsymbol{E}}_{i+1,j,k}-\hat{\boldsymbol{E}}_{i-1,j,k}+\hat{\boldsymbol{F}}_{i,j+1,k}-\hat{\boldsymbol{F}}_{i,j-1,k}+\hat{\boldsymbol{G}}_{i,j,k+1}-\hat{\boldsymbol{G}}_{i,j,k-1}-\\&\Delta \boldsymbol{E}^+_{i+1/2,j,k}+\Delta \boldsymbol{E}^-_{i+1/2,j,k}+\Delta \boldsymbol{E}^+_{i-1/2,j,k}-\Delta \boldsymbol{E}^-_{i-1/2,j,k}-\Delta \boldsymbol{F}^+_{i,j+1/2,k}+\Delta \boldsymbol{F}^-_{i,j+1/2,k}+\\&\Delta \boldsymbol{F}^+_{i,j-1/2,k}-\Delta \boldsymbol{F}^-_{i,j-1/2,k}-\Delta \boldsymbol{G}^+_{i,j,k+1/2}+\Delta \boldsymbol{G}^-_{i,j,k+1/2}+\Delta \boldsymbol{G}^+_{i,j,k-1/2}-\Delta \boldsymbol{G}^-_{i,j,k-1/2}-\\&(\hat{\boldsymbol{E}}_v)_{i+1,j,k}+(\hat{\boldsymbol{E}}_v)_{i-1,j,k}-(\hat{\boldsymbol{F}}_v)_{i,j+1,k}+(\hat{\boldsymbol{F}}_v)_{i,j-1,k}-(\hat{\boldsymbol{G}}_v)_{i,j,k+1}+(\hat{\boldsymbol{G}}_v)_{i,j,k-1}]\end{aligned} \tag{2-53}$$

计算中 $\Delta\xi$ ，$\Delta\eta$ ，$\Delta\zeta=1.0$。于是通量差线性化矩阵 $\frac{\partial \hat{\boldsymbol{R}}}{\partial \hat{\boldsymbol{D}}}$ 可用 Barth 的近似方法求出，详细推导请参阅文献[5－6]。

求得方程（2－32）左端的线性化项后，右端余项的矢通量采用三阶 Roe 格式或二阶 TVD 格式进行离散，最终得到式（2－32）的离散形式如下

$$\begin{aligned}&(\boldsymbol{I}_{tr}+\boldsymbol{J}_{i,j,k})\Delta \boldsymbol{D}_{i,j,k}+\boldsymbol{J}_{i-1,j,k}\Delta \boldsymbol{D}_{i-1,j,k}+\boldsymbol{J}_{i,j-1,k}\Delta \boldsymbol{D}_{i,j-1,k}+\boldsymbol{J}_{i,j,k-1}\Delta \boldsymbol{D}_{i,j,k-1}+\\&\boldsymbol{J}_{i+1,j,k}\Delta \boldsymbol{D}_{i+1,j,k}+\boldsymbol{J}_{i,j+1,k}\Delta \boldsymbol{D}_{i,j+1,k}+\boldsymbol{J}_{i,j,k+1}\Delta \boldsymbol{D}_{i,j,k+1}\\&=-\hat{\boldsymbol{R}}^{n+1,k}_{i,j,k}-\frac{\boldsymbol{I}_m}{\Delta t}(1.5\hat{\boldsymbol{D}}^{n+1,k}-2\hat{\boldsymbol{D}}^n+0.5\hat{\boldsymbol{D}}^{n-1})_{i,j,k}\end{aligned} \tag{2-54}$$

其中

$$\boldsymbol{J}_{i\pm1,j\pm1,k\pm1}=\frac{\partial\hat{\boldsymbol{R}}_{i,j,k}}{\partial\hat{\boldsymbol{D}}_{i\pm1,j\pm1,k\pm1}}$$

(4) 时间推进

在时间推进方面，有多种隐式计算处理方法，可对非定常 N－S 方程的半离散形式（2－32）进行求解。为叙述简便，令

$$\mathrm{RHS}=\hat{\boldsymbol{R}}_{i,j,k}^{n+1,m}+\frac{\boldsymbol{I}_m}{\Delta t}(1.5\hat{\boldsymbol{D}}^{n+1,m}-2\hat{\boldsymbol{D}}^{n}+0.5\hat{\boldsymbol{D}}^{n-1})_{i,j,k} \tag{2-55}$$

一般意义而言，不同时间推进方法对最终的计算结果没有影响，只对计算收敛的快慢和稳定性等收敛过程有影响。下面就几种典型的隐式时间推进方法做简要的介绍。

①ADI－LU（Alternating Direction Implicit Low－Up Splitting）方法[9]

该方法首先将方程（2－54）做三个方向的交替隐式分解，分解成三个方向分别求解的形式。对方程（2－54）系数矩阵 **A** 进行 ADI 分解，通过近似因子分解，略去高阶项后方程形式如下

$$(\boldsymbol{I}_{trJ}+\boldsymbol{J}_{i-1,j,k}+\boldsymbol{J}_{i+1,j,k})\cdot(\boldsymbol{I}_{trJ}+\boldsymbol{J}_{i,j-1,k}+\boldsymbol{J}_{i,j+1,k})\cdot(\boldsymbol{I}_{trJ}+\boldsymbol{J}_{i,j,k-1}+\boldsymbol{J}_{i,j,k+1})\Delta\boldsymbol{D}_{i,j,k}=-\boldsymbol{I}_{trJ}^2\cdot\mathrm{RHS} \tag{2-56}$$

其中：$\boldsymbol{I}_{trJ}=\boldsymbol{I}_{tr}+\boldsymbol{J}_{i,j,k}$，于是各个方向计算步骤如下

$$\begin{aligned}&(\boldsymbol{I}_{trJ}+\boldsymbol{J}_{i-1,j,k}+\boldsymbol{J}_{i+1,j,k})\cdot\Delta\hat{\boldsymbol{D}}^{*}=-\boldsymbol{I}_{trJ}^2\cdot\mathrm{RHS}\\&(\boldsymbol{I}_{trJ}+\boldsymbol{J}_{i,j-1,k}+\boldsymbol{J}_{i,j+1,k})\cdot\Delta\hat{\boldsymbol{D}}^{**}=\Delta\hat{\boldsymbol{D}}^{*}\\&(\boldsymbol{I}_{trJ}+\boldsymbol{J}_{i,j,k-1}+\boldsymbol{J}_{i,j,k+1})\cdot\Delta\hat{\boldsymbol{D}}^{n+1,k+1}=\Delta\hat{\boldsymbol{D}}^{**}\end{aligned} \tag{2-57}$$

对方程（2－57）三个方程分别进行 LU 分解，分裂为上三角矩阵 **U** 和下三角矩阵 **L** 后进行求解。

②LGS（Line－relaxation Gauss－Seidel）方法[6]

该方法将方程（2－54）分别按照三个方向进行扫描。当一个扫描方向选定后，左端项中所有沿着扫描方向的点采用隐式格式求解，所有不沿扫描方向的项都移到方程右端。对不可压缩方程组而言，这样会得到三对角 4×4 阶块状矩阵。然后求解该三对角矩阵方程。以 η 方向为例，方程（2－54）可写为如下形式

$$\boldsymbol{J}_{i,j-1,k}\Delta\boldsymbol{D}_{i,j-1,k}^{n+1}+(\boldsymbol{I}_{tr}+\boldsymbol{J}_{i,j,k})\Delta\boldsymbol{D}_{i,j,k}^{n+1}+\boldsymbol{J}_{i,j+1,k}\Delta\boldsymbol{D}_{i,j+1,k}^{n+1}=-\mathrm{RHS}^{*} \tag{2-58}$$

其中：$\mathrm{RHS}^{*}=\mathrm{RHS}+\boldsymbol{J}_{i+1,j,k}\Delta\boldsymbol{D}_{i+1,j,k}^{n}+\boldsymbol{J}_{i-1,j,k}\Delta\boldsymbol{D}_{i-1,j,k}^{n}+\boldsymbol{J}_{i,j,k-1}\Delta\boldsymbol{D}_{i,j,k-1}^{n}+\boldsymbol{J}_{i,j,k+1}\Delta\boldsymbol{D}_{i,j,k+1}^{n}$，其他两个方向的公式推导类似，这里不再给出。

③LU－SGS（Low－Up Splitting Symmetric－Gauss－Seidel ）方法[11]

该方法将方程（2－54）系数矩阵分解为一个严格下三角矩阵 **L**，一个严格上三角矩阵 **U** 和一个纯对角矩阵 $\boldsymbol{D}_{\mathrm{dig}}$，如下

$$\begin{gathered}\boldsymbol{L}=\boldsymbol{J}_{i-1,j,k}+\boldsymbol{J}_{i,j-1,k}+\boldsymbol{J}_{i,j,k-1}\\ \boldsymbol{D}_{\mathrm{dig}}=\boldsymbol{I}_{tr}+\boldsymbol{J}_{i,j,k}\\ \boldsymbol{U}=\boldsymbol{J}_{i+1,j,k}+\boldsymbol{J}_{i,j+1,k}+\boldsymbol{J}_{i,j,k+1}\end{gathered} \tag{2-59}$$

于是方程（2－54）可化为如下形式

$$\bar{\boldsymbol{L}}\boldsymbol{D}_{\mathrm{dig}}^{-1}\bar{\boldsymbol{U}}\cdot\Delta\hat{\boldsymbol{D}}=-\mathrm{RHS} \tag{2-60}$$

其中

$$\bar{\boldsymbol{L}}=\boldsymbol{D}_{\mathrm{dig}}+\boldsymbol{L}\ ,\ \bar{\boldsymbol{U}}=\boldsymbol{D}_{\mathrm{dig}}+\boldsymbol{U}$$

式中 $\bar{\boldsymbol{L}}$ ——下三角矩阵；

$\bar{\boldsymbol{U}}$ ——上三角矩阵。

$$\begin{gathered}\bar{\boldsymbol{L}}\Delta\hat{\boldsymbol{D}}^{*}=-\mathrm{RHS}\\ \bar{\boldsymbol{U}}\Delta\hat{\boldsymbol{D}}=\boldsymbol{D}_{\mathrm{dig}}\Delta\hat{\boldsymbol{D}}^{*}\end{gathered} \tag{2-61}$$

求解过程如下

与一般的 Gauss－Seidel 迭代不同的是，SGS 算法的第一步迭代是从前到后扫描，即求解方程（2－61）的第一式，而第二步迭代是从后到前进行，即求解方程（2－61）的第二式。

在求解低雷诺数非定常问题时，物理时间推进采用双时间步方法。由于使用了隐式时间推进，虚拟时间步长可以放得很大，一般虚拟时间亚迭代次数有多种控制方式，如给定亚迭代步数，给定最大误差判据等。选取合适的亚迭代次数控制方式，既能较好地体现物理量收敛，又能避免亚迭代步数过多导致的求解效率变差。

2.1.2.2 基于可压缩 N－S 方程的预处理方法

预处理方法的基本思想是通过修改原始的时间导数项，使得系统方程的特征矩阵的特征值恢复为同一量级，从而缓解了由于低速导致的数值刚性问题。其中具有代表性的是 Weiss－Smith 发展的预处理方法[7-8]，该方法将 N－S 方程时间项写成原始变量形式，并将预处理矩阵代替由守恒变量对原始变量求偏导而产生的转换矩阵。通过对时间导数项的预处理，有效消除了可压缩性方程在求解低速低雷诺数流动时遇到的刚性问题，使传统的应用于可压缩流动的时间推进方法具备了求解全速域流动的能力。

（1）预处理方法

本节介绍求解可压缩 N－S 方程的预处理方法将从积分形式的 N－S 方程（2－11）式出发，离散求解过程中采用有限体积法处理。为便于预处理方法的应用，将方程（2－11）化为原始变量的形式

$$\boldsymbol{M}\frac{\partial}{\partial t}\int_{\Omega}\boldsymbol{q}\,\mathrm{d}V+\int_{\partial\Omega}(\boldsymbol{F}-\boldsymbol{G})\,\mathrm{d}S=0 \tag{2-62}$$

取原始变量 $\boldsymbol{q}=(\rho\quad u\quad v\quad w\quad p)^{\mathrm{T}}$，则有

$$\boldsymbol{M}=\frac{\partial \boldsymbol{Q}}{\partial \boldsymbol{q}}=\begin{pmatrix}1 & 0 & 0 & 0 & 0\\ u & \rho & 0 & 0 & 0\\ v & 0 & \rho & 0 & 0\\ w & 0 & 0 & \rho & 0\\ e_k+\varphi & \rho u & \rho v & \rho w & \vartheta^{-1}\end{pmatrix} \tag{2-63}$$

其中

$$e_k=\frac{1}{2}(u^2+v^2+w^2)\ ;\ \varphi=h+\rho\left.\frac{\partial h}{\partial \rho}\right|_{p=\mathrm{const}}\ ;\ \vartheta^{-1}=\rho\left.\frac{\partial h}{\partial p}\right|_{\rho=\mathrm{const}}-1$$

预处理方法的基本思想是通过修改原始的时间导数项，使得系统方程的特征矩阵的特征值恢复为同一量级，从而有效消除低速低雷诺数导致的数值刚性问题。将方程（2-62）中的转换矩阵 $\boldsymbol{M}$ 用预处理矩阵 $\boldsymbol{\Gamma}$ 代替，方程转化为原始变量和预处理矩阵表示的控制方程

$$\boldsymbol{\Gamma}\frac{\partial}{\partial t}\int_{\Omega}\boldsymbol{q}\,\mathrm{d}V+\int_{\partial\Omega}(\boldsymbol{F}-\boldsymbol{G})\,\mathrm{d}S=0 \tag{2-64}$$

其中预处理矩阵 $\boldsymbol{\Gamma}$ 的表达式如下

$$\boldsymbol{\Gamma}=\boldsymbol{M}+\Theta\cdot\boldsymbol{u}\cdot\boldsymbol{v}^{\mathrm{T}} \tag{2-65}$$

$$\boldsymbol{u}=\begin{pmatrix}1\\ u\\ v\\ w\\ H\end{pmatrix},\ \boldsymbol{v}=\begin{pmatrix}0\\ 0\\ 0\\ 0\\ 1\end{pmatrix},\ \Theta=\frac{1}{U_{\mathrm{ref}}^2}-\frac{1}{a^2}$$

$$\boldsymbol{\Gamma}=\boldsymbol{M}+\Theta\cdot\boldsymbol{u}\cdot\boldsymbol{v}^{\mathrm{T}}=\begin{pmatrix}1 & 0 & 0 & 0 & \Theta\\ u & \rho & 0 & 0 & \Theta u\\ v & 0 & \rho & 0 & \Theta v\\ w & 0 & 0 & \rho & \Theta w\\ e_k+\varphi & \rho u & \rho \boldsymbol{v} & \rho \boldsymbol{w} & \vartheta^{-1}+\Theta H\end{pmatrix}$$

$$H=e+\frac{1}{2}(u^2+v^2+w^2)+\frac{p}{\rho}$$

式中　U_{ref} ——预处理参考速度；

a ——当地空气声速；

H ——气流总焓。

预处理后方程（2-64）同样可转化为雅克比矩阵形式

$$\frac{\partial}{\partial t}\int_{\Omega}\boldsymbol{q}\,\mathrm{d}V+\boldsymbol{\Gamma}^{-1}\left(\frac{\partial \boldsymbol{F}}{\partial \boldsymbol{q}}-\frac{\partial \boldsymbol{G}}{\partial \boldsymbol{q}}\right)\int_{\partial\Omega}\boldsymbol{q}\,\mathrm{d}S=0 \tag{2-66}$$

方程（2-66）对流项系数矩阵的特征值如下

$$\lambda\left(\boldsymbol{\Gamma}^{-1}\frac{\partial \boldsymbol{F}}{\partial \boldsymbol{q}}\right)=U,U,U,U'+a',U'-a' \tag{2-67}$$

其中，U 与公式（2－11）中的定义一致，$U' = U(1-r)$，$a' = \sqrt{r^2U^2 + U_{\text{ref}}^2}$，参数 r 定义如下

$$r = \frac{1}{2}(1 - \frac{U_{\text{ref}}^2}{a^2}) \tag{2-68}$$

预处理参考速度的平方 U_{ref}^2 采用全局截断参数的局部预处理形式

$$U_{\text{ref}}^2 = \min[a^2, \max(|\boldsymbol{V}|^2, k_{\text{cutoff}}^2 a_\infty^2)] \tag{2-69}$$

式中 $\boldsymbol{V}$ ——当地流动速度矢量；

k_{cutoff} ——预处理全局截断系数，一般取当地马赫数；

a_∞ ——自由来流声速。

对于高速流动，$U_{\text{ref}} = a$，$r = 0$，上述特征值恢复为 U，U，U，$U \pm a$ 的形式，$\Theta = 0$，方程（2－64）也退化为无预处理的形式。在低速流动中，$U_{ref} \to 0$，$r \to 0.5$，所有特征值接近于 U 。此时系统矩阵的所有特征值大小保持在同一量级。预处理后方程在所有速度范围内特征值都有良好的性态。

从方程（2－64）的表达式可以看出，预处理后的方程与原方程并不相容，它改变了方程的时间导数项，但对于定常问题来说，二者是没有区别的。通过改变系统的时间尺度，平衡系统波速的传播，使得沿时间方向推进迭代求解时，不但可以选取较大的时间步长，同时可以提高数值计算的收敛性。

对于非定常问题，由于预处理方法破坏了原来的物理时间导数项，方程（2－64）不能直接用于非定常问题的求解，因此要应用预处理方法模拟非定常过程，同拟压缩方法一样需要采用双时间步的迭代方法。对方程（2－11）添加虚拟时间导数项

$$\frac{\partial}{\partial t}\int_{\Omega}\boldsymbol{Q}\,\mathrm{d}V + \boldsymbol{\Gamma}\frac{\partial}{\partial \tau}\int_{\Omega}\boldsymbol{q}\,\mathrm{d}V + \int_{\partial\Omega}(\boldsymbol{F} - \boldsymbol{G})\,\mathrm{d}S = 0 \tag{2-70}$$

式中 t，τ ——分别表示物理时间和虚拟时间。

对式（2－70）进行半离散化

$$(\frac{\boldsymbol{\Gamma}}{\Delta\tau} + \frac{\varepsilon_0}{\Delta t}\frac{\partial \boldsymbol{Q}}{\partial \boldsymbol{q}})\Delta\boldsymbol{q}^{k+1} + \frac{1}{V}\int_{\partial\Omega}(\boldsymbol{F} - \boldsymbol{G})\,\mathrm{d}S = -\frac{1}{\Delta t}(\varepsilon_0\boldsymbol{Q}^k - \varepsilon_1\boldsymbol{Q}^n + \varepsilon_2\boldsymbol{Q}^{n-1}) \tag{2-71}$$

其中 $\varepsilon_0 = 1.5$，$\varepsilon_1 = 2.0$，$\varepsilon_2 = 0.5$，n 表示物理时间步，k 表示虚拟时间步。物理时间步长由计算所需的时间精度控制，虚拟时间步长由隐式迭代的 CFL 数和特征矩阵特征值共同决定。

（2）通量计算

从控制方程的半离散形式（2－71）可见，通量计算是方程得到正确求解的重要步骤之一。本节将对方程（2－71）的无黏和黏性通量计算方法进行介绍。在控制单元每个面上对方程（2－71）左端第二项进行积分，可以得到

$$\frac{1}{V_i}\int_{\partial\Omega}(\boldsymbol{F} - \boldsymbol{G})\,\mathrm{d}S = \frac{1}{V_i}\sum_{k\in nb(i)}(\boldsymbol{F}_{\text{fik}} - \boldsymbol{G}_{\text{fik}})\cdot S_{\text{fik}} \tag{2-72}$$

式中，V_i 代表单元 i 的体积，单元 i 有 $nb(i)$ 个邻居单元。单元 i 与邻居单元 k 共享的面为 f_{ik} 。对每个面 f_{ik}，S_{fik} 是面的面积大小，$\boldsymbol{F}_{fik}$ 和 $\boldsymbol{G}_{fik}$ 是流过面的无黏和黏性通量。

①无黏通量 $\boldsymbol{F}_{ik}$ 计算

采用 Roe 格式计算面无黏通量 $\boldsymbol{F}_{ik}$，需要用到面左侧和右侧的变量值。如果直接用左右单元中心处的值计算无黏通量，则空间精度只有一阶，这对于流场细节的捕捉是不够的。为了获得空间二阶精度，假设流动变量 $\boldsymbol{q}$ 在单元内是线性分布的，那么面 f 左侧和右侧的变量值 $\boldsymbol{q}_{\mathrm{L}}$ 和 $\boldsymbol{q}_{\mathrm{R}}$ 可表示为

$$\boldsymbol{q}_{\mathrm{L}}=\boldsymbol{q}_{\mathrm{i}}+(\nabla \boldsymbol{q})_{i}\cdot \boldsymbol{r}_{\mathrm{L}} \tag{2-73}$$

$$\boldsymbol{q}_{\mathrm{R}}=\boldsymbol{q}_{k}+(\nabla \boldsymbol{q})_{k}\cdot \boldsymbol{r}_{\mathrm{R}} \tag{2-74}$$

式中　$\boldsymbol{q}_{i}$，$\boldsymbol{q}_{k}$ ——分别为面 f 左右两个单元中心处的变量值；

$\boldsymbol{r}_{\mathrm{L}}$，$\boldsymbol{r}_{\mathrm{R}}$ ——左右单元中心坐标到面 f 中心点的矢量；

$(\nabla \boldsymbol{q})_{i}$，$(\nabla \boldsymbol{q})_{k}$ ——变量 $\boldsymbol{q}$ 在左右单元内的梯度。

预处理下 Roe 格式无黏通量 $\boldsymbol{F}_{f}$ 为

$$\boldsymbol{F}_{f}=\frac{1}{2}[\boldsymbol{F}(\boldsymbol{q}_{\mathrm{L}})+\boldsymbol{F}(\boldsymbol{q}_{\mathrm{R}})-\widetilde{\boldsymbol{\Gamma}}|\widetilde{\boldsymbol{A}}_{\Gamma}|(\boldsymbol{q}_{\mathrm{R}}-\boldsymbol{q}_{\mathrm{L}})] \tag{2-75}$$

针对公式（2-75）中的 $\widetilde{\boldsymbol{\Gamma}}|\widetilde{\boldsymbol{A}}_{\Gamma}|(\boldsymbol{q}_{\mathrm{R}}-\boldsymbol{q}_{\mathrm{L}})$ 项，$\widetilde{\boldsymbol{\Gamma}}$，$\widetilde{\boldsymbol{A}}_{\Gamma}$ 的计算以 Roe 平均变量形式得到，即

$$\widetilde{\boldsymbol{\Gamma}}=\boldsymbol{\Gamma}(\widetilde{\boldsymbol{q}}) \tag{2-76}$$

$$\widetilde{\boldsymbol{A}}_{\Gamma}=\boldsymbol{A}_{\Gamma}(\widetilde{\boldsymbol{q}}) \tag{2-77}$$

雅克比矩阵 $\boldsymbol{A}$ 的表达式为

$$\boldsymbol{A}_{\Gamma}=\boldsymbol{\Gamma}^{-1}\frac{\partial \boldsymbol{F}}{\partial \boldsymbol{q}} \tag{2-78}$$

$\boldsymbol{A}_{\Gamma}$的特征值为 U，U，U，$U'+a'$，$U'-a'$，$|\boldsymbol{A}_{\Gamma}|$ 的特征值为 $|U|$，$|U|$，$|U|$，$|U'+a|$，$|U'-a|$。最终可以得到

$$\widetilde{\boldsymbol{\Gamma}}|\widetilde{\boldsymbol{A}}_{\Gamma}|(q_{\mathrm{R}}-q_{\mathrm{L}})=\begin{pmatrix}\alpha_{4}\\ \tilde{u}\alpha_{4}+n_{x}\alpha_{5}+\alpha_{6}\\ \tilde{v}\alpha_{4}+n_{y}\alpha_{5}+\alpha_{7}\\ \tilde{w}\alpha_{4}+n_{z}\alpha_{5}+\alpha_{8}\\ \tilde{H}\alpha_{4}+(\tilde{U})\alpha_{5}+\tilde{u}\alpha_{6}+\tilde{v}\alpha_{7}+\tilde{w}\alpha_{8}+\alpha_{1}(\tilde{\varphi}-\tilde{h})\end{pmatrix} \tag{2-79}$$

其中

$$H=E+\frac{p}{\rho}$$

φ 与式（2-63）中的函数定义一致，计算所用到的系数表达式如下

$$
\begin{aligned}
\alpha_1 &= |\widetilde{U}|(\Delta\rho - \frac{\Delta p}{\widetilde{a}^2}) \\
\alpha_2 &= \frac{1}{2\widetilde{a}}|\widetilde{U} + \widetilde{a}|(\frac{\widetilde{a}' + \widetilde{U}' - \widetilde{U}}{\widetilde{U}_{ref}^2}\Delta p + \rho\Delta U) \\
\alpha_3 &= \frac{1}{2\widetilde{a}}|\widetilde{U} - \widetilde{a}|(\frac{\widetilde{a}' - \widetilde{U}' + \widetilde{U}}{\widetilde{U}_{ref}^2}\Delta p + \rho\Delta U) \\
\alpha_4 &= \alpha_1 + \alpha_2 + \alpha_3 \\
\alpha_5 &= [\widetilde{U}' + \widetilde{a}' - \widetilde{U}(1 - 2r)]\alpha_2 + [\widetilde{U}' - \widetilde{a}' - \widetilde{U}(1 - 2\widetilde{r})]\alpha_3 \\
\alpha_6 &= |\widetilde{U}|\widetilde{\rho}(\Delta u - n_x\Delta U) \\
\alpha_7 &= |\widetilde{U}|\widetilde{\rho}(\Delta v - n_x\Delta U) \\
\alpha_8 &= |\widetilde{U}|\widetilde{\rho}(\Delta w - n_z\Delta U)
\end{aligned}
\tag{2-80}
$$

差分算子 Δ 是面右侧变量与左侧变量的差值。标志 ～ 表示 Roe 平均值，采用如下方式获得

$$
\begin{aligned}
\widetilde{\rho} &= \sqrt{\rho_L\rho_R} \\
\widetilde{u} &= \frac{u_L + u_R\sqrt{\rho_R/\rho_L}}{1 + \sqrt{\rho_R/\rho_L}} \\
\widetilde{v} &= \frac{v_L + v_R\sqrt{\rho_R/\rho_L}}{1 + \sqrt{\rho_R/\rho_L}} \\
\widetilde{w} &= \frac{w_L + w_R\sqrt{\rho_R/\rho_L}}{1 + \sqrt{\rho_R/\rho_L}} \\
\widetilde{H} &= \frac{H_L + H_R\sqrt{\rho_R/\rho_L}}{1 + \sqrt{\rho_R/\rho_L}}
\end{aligned}
\tag{2-81}
$$

其他的 Roe 平均值可通过上述变量导出。

②黏性通量 $\boldsymbol{G}_{f_{ik}}$ 计算

面黏性通量 $\boldsymbol{G}_{f_{ik}}$ 的形式见方程（2-11），计算 $\boldsymbol{G}_{f_{ik}}$ 的关键是计算单元面上变量值 $\boldsymbol{q}_f$ 和变量梯度 $(\nabla\boldsymbol{q})_f$、$(\nabla T)_f$。黏性通量面上的变量值 $\boldsymbol{q}_f$ 由面左侧和右侧变量的算术平均得到

$$
\boldsymbol{q}_f = \frac{1}{2}(\boldsymbol{q}_L + \boldsymbol{q}_R) \tag{2-82}
$$

面上其他变量如温度、黏性系数、热传导系数等可通过 $\boldsymbol{q}_f$ 采用气体热力学特性和输运特性得到。

计算流动变量梯度 $(\nabla\boldsymbol{q})_f$，首先计算左右单元变量梯度的平均值

$$
(\overline{\nabla\boldsymbol{q}})_f = \frac{w_i \cdot (\nabla\boldsymbol{q})_i + w_k \cdot (\nabla\boldsymbol{q})_k}{w_i + w_k} \tag{2-83}
$$

式中　w_i，w_k ——分别是左右单元 i 和 k 对面上梯度的权重系数。

权重系数可取 1，即式（2-83）退化为算术平均；权重系数取单元中心与面心距离的倒数，即式（2-83）为反距离权重平均。

直接将 $(\overline{\nabla \boldsymbol{q}})_f$ 作为面上变量的梯度 $(\nabla \boldsymbol{q})_f$ 是不合适的，会导致奇偶失联和数值刚性，一种有效的处理方式可以克服这个问题

$$(\nabla \boldsymbol{q})_f = (\overline{\nabla \boldsymbol{q}})_f + \left[\frac{\Delta \boldsymbol{q}_{ik}}{\Delta n} - (\overline{\nabla \boldsymbol{q}})_f \cdot \Delta \boldsymbol{n}\right] \cdot \Delta \boldsymbol{n} \tag{2-84}$$

式中　$\Delta \boldsymbol{q}_{ik}$ ——单元 k 中心与单元 i 中心变量 q 的差值；

$\Delta \boldsymbol{n}$ ——单元 i 的中心到单元 k 的中心的坐标矢量 $\Delta \boldsymbol{x}_{ik}$ 在面法向矢量方向 $\boldsymbol{n}$ 上的投影。

黏性通量计算需要用到温度的梯度 $(\nabla T)_f$，但实际上只需要计算温度梯度在面法向的投影即可，计算方式如下

$$(\nabla T)_f \cdot \Delta \boldsymbol{n} = \frac{\Delta T_{ik}}{\Delta n} \tag{2-85}$$

式中　ΔT_{ik} ——单元 k 中心与单元 i 中心温度 T 的差值；

$\Delta \boldsymbol{n}$ ——单元 i 的中心到单元 k 的中心的坐标矢量 $\Delta \boldsymbol{x}_{ik}$ 在面法向矢量方向 $\boldsymbol{n}$ 上的投影。

（3）时间推进

以离散 N-S 方程（2-71）为例，采用 LU-SGS 隐式格式，时间推进求解方程（2-71），将方程（2-71）的非时间项移至右端

$$\left(\frac{V}{\Delta \tau}\boldsymbol{\Gamma} + \frac{V\varepsilon_0}{\Delta t}\frac{\partial \boldsymbol{Q}}{\partial \boldsymbol{q}}\right)\Delta \boldsymbol{q}^{k+1} = -\sum_{k \in nb(i)} (\boldsymbol{F}_{fik} - \boldsymbol{G}_{fik}) \cdot S_{fik} - \frac{V}{\Delta t}(\varepsilon_0 \boldsymbol{Q}^k - \varepsilon_1 \boldsymbol{Q}^n + \varepsilon_2 \boldsymbol{Q}^{n-1}) \tag{2-86}$$

令

$$\boldsymbol{R}_i = \sum_{k \in nb(i)} (\boldsymbol{F}_{fik} - \boldsymbol{G}_{fik}) \cdot S_{fik} \tag{2-87}$$

则方程（2-86）的隐式形式为

$$\left(\frac{V}{\Delta \tau}\boldsymbol{\Gamma} + \frac{V\varepsilon_0}{\Delta t}\frac{\partial \boldsymbol{Q}}{\partial \boldsymbol{q}}\right)\Delta \boldsymbol{q}^{k+1} = -\boldsymbol{R}_i^{k+1} - \frac{V}{\Delta t}(\varepsilon_0 \boldsymbol{Q}^k - \varepsilon_1 \boldsymbol{Q}^n + \varepsilon_2 \boldsymbol{Q}^{n-1}) \tag{2-88}$$

对方程（2-88）进行线性化，于是基于隐式求解的离散方程最终为

$$\left(\frac{V}{\Delta \tau}\boldsymbol{\Gamma} + \frac{V\varepsilon_0}{\Delta t}\frac{\partial \boldsymbol{Q}}{\partial \boldsymbol{q}} + \frac{\partial \boldsymbol{R}_i^k}{\partial \boldsymbol{q}_i^k}\right)\Delta \boldsymbol{q}^{k+1} = -\boldsymbol{R}_i^k - \frac{V}{\Delta t}(\varepsilon_0 \boldsymbol{Q}^k - \varepsilon_1 \boldsymbol{Q}^n + \varepsilon_2 \boldsymbol{Q}^{n-1}) \tag{2-89}$$

通量的线性化 $\dfrac{\partial \boldsymbol{R}_i^k}{\partial \boldsymbol{q}_i^k}$ 计算为隐式时间推进的关键所在。在这里对黏性项采用最大谱半径线性化，而无黏项采用 Jameson-Turkel 形式的简化通量，其谱半径和其余变量均采用面上值。对上述方程（2-89）采用 LU-SGS 方法求解，向前和向后各扫描计算一次，向前扫描求解单元变量增量 $\Delta \boldsymbol{q}_i^*$，向后扫描获得 $\Delta \boldsymbol{q}_i^{k+1}$，计算过程中获得的 $\Delta \boldsymbol{q}_i^*$ 和 $\Delta \boldsymbol{q}_i^{k+1}$ 实时更新，以备用于下一单元的求解。最终下一时间步的流动变量可由下式计算求出

$$\boldsymbol{q}_i^{k+1} = \boldsymbol{q}_i^k + \Delta \boldsymbol{q}_i^{k+1} \tag{2-90}$$

2.1.2.3 湍流和转捩模型

自1883年雷诺的水管墨迹试验发现湍流现象以来，湍流研究成为流体力学最为重要的课题之一。层流和湍流的性质具有很重要的差别，湍流比层流有着大得多的质量、动量和热量的输运能力，相比层流，湍流的稳定性更好。由于湍流的不规律性或随机性，湍流的瞬时运动具有极高的复杂性，而实际上我们主要关心的是其平均参数，这也就决定了人们对湍流的平均运动更感兴趣。在对N－S方程组的平均过程中，湍流平均运动方程会多出一些由脉动量组成的关联项。湍流模型就是要建立这些脉动关联项与平均量的关系，使得湍流平均运动方程能够封闭。

由于没有“附加”的物理定律可用于建立这些关系，所以湍流问题变得复杂而且困难。人们只能以大量的试验观测为基础，通过量纲分析、张量分析或者其他手段，包括合理的推理和猜测，提出假设，建立模型，然后与试验对比，进行进一步的修正和精确化。虽然没有建立适用于任何流动条件的通用湍流模型，但是对一些具体的流动，已经成功发展了一些模型，它们在工程应用中发挥着重要的作用。

目前较为成熟的湍流模型主要有以下三类，即零方程模型（又称代数模型）、一方程模型，两方程模型。零方程模型采用简单的代数式把湍流黏性系数和湍流平均量联系起来，应用最广泛的是Baldwin－Lomax模型。一方程模型通过建立一个计算湍流脉动量的方程，把黏性系数与湍流脉动动能联系起来。近年来广泛应用的S－A模型就是一方程模型，S－A模型在很多湍流问题计算中得到了很好的结果。两方程模型通过建立两个计算湍流脉动量的方程，即把湍流黏性系数用k方程和另一湍流特征量方程来求解，如$k-\varepsilon$和$k-\omega$模型，这里k表示湍流动能，ε表示湍流动能耗散率，ω为湍流的频率特征值$\omega=\varepsilon/k$。$k-\varepsilon$模型因为ε有直接的物理意义，可以试验获得，所以发展迅速且应用广泛，但在壁面分离或接近分离的情况下模拟出现困难。而$k-\omega$模型则更适用于各种压力梯度下的边界层问题。为了集合两种模型的特点，Menter提出了SST $k-\omega$两方程模型[12]，它是一种混合模型，它在近壁面保留了原始的$k-\omega$模型，在远离壁面的地方应用了$k-\varepsilon$模型。之后Menter与学生Langtry提出了基于当地关联的$\gamma-Re_\theta$转捩模型[13]。该模型通过转捩动量厚度雷诺数$Re_{\theta t}$控制边界层内间歇因子γ的生成，再通过间歇因子来控制湍流的生成，该模型可以比较准确地模拟各种外形的分离转捩与自然转捩现象[14]，有效提高了气动力模拟的精度。

飞行器在低雷诺数状态下飞行时，空气黏性力占比上升，气流更容易在逆压梯度的影响下，从层流状态产生分离现象，一旦流动产生分离而离开壁面，在空间极可能发生转捩，成为湍流流动，这些流动现象严重影响了飞行器的气动性能。这里只介绍在低雷诺数数值模拟中应用广泛的Menter SST $k-\omega$湍流模型和$\gamma-Re_\theta$转捩模型，有关其他模型的详细论述可参考相关书籍和参考文献。

（1）Menter SST $k-\omega$湍流模型

Menter SST $k-\omega$模型是一种混合模型，它在近壁面保留了原始的$k-\omega$模型，在远离壁面的地方应用$k-\varepsilon$模型，该模型在低雷诺数工程问题上得到了广泛的应用。其涡黏

性系数以及 k 方程和 ω 方程可以写成如下形式

$$\mu_t = \frac{\rho a_1 k}{\max(a_1\omega, |\Omega| F_2)} \tag{2-91}$$

$$\frac{\partial(\rho k)}{\partial t} + \frac{\partial(\rho k u_j)}{\partial x_j} = \frac{\partial}{\partial x_j}\left[(\mu + \sigma_k \mu_t)\frac{\partial k}{\partial x_j}\right] + \tau_{ij}\frac{\partial u_i}{\partial x_j} - \beta^* \rho\omega k \tag{2-92}$$

$$\frac{\partial(\rho\omega)}{\partial t} + \frac{\partial(\rho k\omega_j)}{\partial x_j} = \frac{\partial}{\partial x_j}\left[(\mu + \sigma_\omega \mu_t)\frac{\partial \omega}{\partial x_j}\right] + \frac{\gamma}{\nu_t}\tau_{ij}\frac{\partial u_i}{\partial x_j} - \beta\rho\omega^2 + 2(1-F_1)\rho\sigma_{\omega_2}\frac{1}{\omega}\frac{\partial k}{\partial x_j}\frac{\partial \omega}{\partial x_j} \tag{2-93}$$

$$F_2 = \tanh(\arg_2^2), \arg_2 = \max\left(2\frac{\sqrt{k}}{0.09\omega y}; \frac{500v}{y^2\omega}\right), \tau_{ij} = -\rho\overline{u_i' u_j'} \tag{2-94}$$

式中　$\boldsymbol{\Omega}$——涡量；

y ——距壁面的距离。

模型中的参数关系为

$$\psi = F_1\psi_1 + (1-F_1)\psi_2 \tag{2-95}$$

混合函数 F_1

$$F_1 = \tanh(\arg_1^4) \tag{2-96}$$

其中

$$\arg_1 = \min\left[\max\left(\frac{\sqrt{k}}{0.09\omega y}; \frac{500v}{y^2\omega}\right); \frac{4\rho\sigma_{\omega_2}k}{CD_{k\omega}y^2}\right] \quad CD_{k\omega} = \max\left(2\rho\sigma_{\omega_2}\frac{1}{\omega}\frac{\partial k}{\partial x_j}\frac{\partial \omega}{\partial x_j}; 10^{-20}\right)$$

第一组参数 ψ_1 设定 $a_1 = 0.31$，$\sigma_{k_1} = 0.85$，$\sigma_{\omega_1} = 0.5$，$\beta_1 = 0.075$，$\beta^* = 0.09$，$\kappa = 0.41$，$\gamma_1 = \beta_1/\beta^* - \sigma_{\omega_1}\kappa^2/\sqrt{\beta^*}$，其参数取值对应于 Wilcox 的 $k-\omega$ 模型；第二组参数 ψ_2 设定 $a_2 = 0.31$，$\sigma_{k_2} = 1.0$，$\sigma_{\omega_2} = 0.856$，$\beta_2 = 0.0828$，$\beta^* = 0.09$，$\kappa = 0.41$，$\gamma_2 = \beta_2/\beta^* - \sigma_{\omega_2}\kappa^2/\sqrt{\beta^*}$，其参数取值对应于标准 $k-\varepsilon$ 模型。两组参数的详细推导过程可参考相关文献[15]。

(2) $\gamma - Re_\theta$ 转捩模型

$\gamma - Re_\theta$ 转捩模型是在 SST $k-\omega$ 模型的基础上建立起来的，该模型把经验关联方法和间歇因子方法有机地结合了起来，最终目的是求解间歇函数 γ，即空间某点的流态是湍流的概率，通过它与湍流模型的联合来控制转捩的发生。无量纲 γ 的输运方程的守恒形式为

$$\frac{\partial(\rho\gamma)}{\partial t} + \frac{\partial(\rho\gamma u_j)}{\partial x_j} = P_\gamma - E_\gamma + \frac{\partial}{\partial x_j}\left[(\mu + \sigma_\gamma\mu_t)\frac{\partial \gamma}{\partial x_j}\right] \tag{2-97}$$

间歇因子生成项 P_γ、耗散项 E_γ 计算表达式如下

$$
\begin{aligned}
&P_{\gamma}=c_{a1}\rho SF_{\text{length}}F_{\text{onset}}{}^{0.5}\gamma^{0.5}(1-c_{e1}\gamma)\\
&E_{\gamma}=c_{a2}\rho\Omega F_{\text{turb}}\gamma(c_{e2}\gamma-1)\\
&Re_{v}=\frac{\rho y^{2}S}{\mu}\\
&F_{\text{onset1}}=\frac{Re_{v}}{2.193\times Re_{\theta c}}\\
&F_{\text{onset2}}=\min[\max(F_{\text{onset1}},F_{\text{onset1}}^{4}),2.0]\\
&R_{T}=\rho k/\mu\omega\\
&F_{\text{onset3}}=\max[1-(R_{T}/2.5)^{3},0]\\
&F_{\text{onset}}=\max(F_{\text{onset2}}-F_{\text{onset3}},0)
\end{aligned}
\tag{2-98}
$$

其中

$$\sigma_{\theta t}=2.0,\ c_{\theta t}=0.03,\ c_{e1}=1.0,\ c_{e2}=50,\ c_{a1}=2.0,\ c_{a2}=0.06,\ \sigma_{\gamma}=1.0$$

式中 F_{length} ——控制转捩区长度的经验参数；

F_{onset} ——控制转捩开始位置的参数；

R_T ——黏性比；

Re_v ——涡量雷诺数；

$Re_{\theta c}$ ——边界层内间歇因子开始增加位置的临界动量厚度雷诺数；Re_{θ_c} 和 F_{length} 均是动量厚度雷诺数 $\widetilde{Re}_{\theta t}$ 的关系式，由特定的经验函数关联。

动量厚度雷诺数 $\widetilde{Re}_{\theta t}$ 的输运方程为

$$\frac{\partial\rho\widetilde{Re}_{\theta t}}{\partial t}+\frac{\partial\rho\widetilde{Re}_{\theta t}u_{i}}{\partial x_{i}}=\frac{\partial}{\partial x_{i}}\left[\sigma_{\theta t}(\mu+\mu_{t})\frac{\partial\widetilde{Re}_{\theta t}}{\partial x_{i}}\right]+P_{\theta t}\tag{2-99}$$

其中生成项 $P_{\theta t}$

$$P_{\theta t}=c_{\theta t}\frac{\rho}{t_{\text{scale}}}(Re_{\theta t}-\widetilde{Re}_{\theta t})(1-F_{\theta t})$$

混合函数 $F_{\theta t}$ 表达式为

$$F_{\theta t}=\min\left\{\max\left[F_{\text{wake}}\cdot e^{-\left(\frac{y}{\delta}\right)^{4}},1-\left(\frac{\gamma-1/c_{e2}}{1.0-1/c_{e2}}\right)^{2}\right],1\right\}\tag{2-100}$$

式中 t_{scale} 为时间尺度，可用输运方程中的对流项和扩散项来刻画。$P_{\theta t}$ 的作用在于使边界层以外的 $\widetilde{Re}_{\theta t}$ 与经验关系式值相匹配，混合函数 $F_{\theta t}$ 用来关闭边界层内的生成项 $P_{\theta t}$，同时允许输运标量 $\widetilde{Re}_{\theta t}$ 从自由来流扩散进入边界层。

当层流边界层遭受强逆压梯度的时候，层流边界层会发生分离，转捩在分离区域内的强剪切层中完成，具有更高稳定性的湍流可能使得边界层重新附着在壁面上。为了描述这一流动现象，需对间歇函数进行以下修正

$$\begin{cases}\gamma_{\text{eff}}=\max(\gamma,\gamma_{\text{sep}})\\ \gamma_{\text{sep}}=\min(2-0,s_1\max[0,\dfrac{Re_v}{3.235\,Re_{\theta c}}-1.0]F_{\text{reattach}})F_{\theta t}\\ F_{\text{reattach}}=\mathrm{e}^{-(R_T/20)^3}\\ s_1=2\end{cases}\tag{2-101}$$

其中常系数 s_1 控制分离泡的长度，F_{reattach} 函数用来保证当转捩完成时 γ_{sep} 趋向于 0。

通过求解间歇函数的输运方程可以得到相应的间歇函数分布，而湍动能方程能在一定程度上统一地控制层流脉动和湍流脉动的生成与耗散，从而实现了转捩预测的统一局部化。转捩模型用间歇因子控制 SST $k-\omega$ 模型的湍动能方程的生成项和耗散项

$$\frac{\partial(\rho k)}{\partial t}+\frac{\partial(\rho k u_j)}{\partial x_j}=\widetilde{P}_k-\widetilde{D}_k+\frac{\partial}{\partial x_j}[(\mu+\sigma_k\mu_t)\frac{\partial k}{\partial x_j}]\tag{2-102}$$

$$\widetilde{P}_k=\gamma_{\text{eff}}\cdot P_k\tag{2-103}$$

$$\widetilde{D}_k=\min[\max(\gamma_{\text{eff}},0.1),1]D_k\tag{2-104}$$

式中　P_k，D_k ——原始湍动能方程的生成项和耗散项。

由于该方法不需要进行流线积分或法向积分，突破了传统方法的应用限制，非常容易与现代 CFD 方法结合。同时输运方程形式为标准的雷诺输运方程，其求解与湍流模型方程类似，易于进行程序编制。

2.1.3　精细化数值模拟方法

在低雷诺数流动中，使用 RANS 方法可以较好地捕捉低雷诺数大尺度层流分离流动结构的非定常、非线性效应以及相应基本气动特性，但受模型自身限制，对分离诱导转捩、湍流分离及相关的三维效应等非定常、非线性流动现象无法准确模拟。因此对低雷诺数流动存在的很多复杂流动效应，RANS 方法无法胜任，无法对其中的复杂流动过程、演化规律和触发机制开展更为细致的机理研究，需要采用更加精细化的数值模拟方法进行模拟，如大涡模拟（LES）方法或直接数值模拟（DNS）方法。

不同数值模拟方法对流场分辨的能力有本质的差别。RANS 方法从雷诺平均方程出发，通过引入雷诺应力的封闭模型，将所有尺度脉动产生的雷诺应力进行了模化，其网格尺度 Δ_{RANS}需要大于含能尺度 l ；DNS 方法是对空间、时间上各种尺度的流体运动直接计算求解，能够捕捉到耗散涡尺度，其网格尺度 Δ_{DNS} 应该小于湍动能耗散尺度，即 Kolmogorov 尺度 η ；LES 方法只对大尺度涡进行直接数值模拟，小尺度涡用亚格子模型（SGS，Sub Grid Scale）求解，其网格分辨率介于 DNS 方法和 RANS 方法之间，网格尺度与惯性子区尺度处在同一量级，满足 $\eta\leqslant\Delta_{\text{LES}}\leqslant l$ 。

DNS 方法计算所有湍流脉动，可获得全部尺度的湍流脉动信息，通过统计平均计算也可得到平均量及二阶相关量，如雷诺应力、湍动能以及时间、空间相关量；LES 方法介于 RANS 方法和 DNS 方法之间，数值模拟大尺度脉动，而将小尺度脉动对大尺度运动的作用做模型假设，给出的信息少于 DNS 方法，但多于 RANS 方法，能够得到大尺度湍流

脉动信息，通过统计计算也可以得到所有平均量。

综上所述，DNS方法需要计算所有湍流脉动，计算量最大，获得的流场信息最为丰富；RANS方法花费的计算代价最小，只能获得平均流场信息，难以精确模拟转捩、分离等非定常复杂流动。LES方法的理论依据是小尺度脉动具有局部平衡的性质，适用于非定常复杂流动的数值模拟，相对于DNS方法计算量要小一些。针对低雷诺数下层流边界层、层流分离、流动失稳、分离诱导转捩、湍流、湍流分离等复杂多尺度问题，LES方法非常适合，因此这里只简要介绍LES方法，DNS方法由于计算时空成本极高，现有计算机条件下难以普及，这里不做展开。

2.1.3.1 大涡模拟方法[16]

大涡模拟（LES，Large-Eddy Simulation）方法是介于雷诺平均和直接数值模拟之间的湍流数值计算方法，其基本思想是将流动大尺度结构与小尺度脉动分开，直接计算大尺度湍流结构，而对小尺度结构进行模化。LES方法的计算量比DNS方法减少很多，得到的湍流信息量又比RANS方法丰富。近年来，LES方法得到了蓬勃的发展，被认为是今后可应用于工程湍流问题研究最有希望的数值方法，显示了巨大的发展潜力。

LES方法的实现有如下几个环节：

1）对N-S方程进行滤波运算，得到大尺度湍流运动控制方程；

2）通过构造亚格子尺度湍流模型来封闭滤波N-S方程；

3）数值求解滤波N-S方程组得到物理量的大涡分量。

（1）滤波N-S方程

LES方法首先通过空间滤波函数将流场变量分解为大尺度分量和小尺度脉动分量，即

$$\phi(x,t)=\bar{\phi}(x,t)+\phi'(x,t) \tag{2-105}$$

物理空间的低通滤波可以用积分方法实现

$$\bar{\phi}(x,t)=\frac{1}{\Delta}\int G\left(\frac{x-\xi}{\Delta}\right)\phi(\xi,t)\mathrm{d}\xi \tag{2-106}$$

式中 G ——滤波函数，满足正则条件，具有线性特征和求导可交换性质。

在可压缩湍流中，常采用Favre滤波方式进行滤波，以避免连续方程中出现新的不封闭项。Favre滤波形式为

$$\tilde{\phi}=\overline{\rho\phi}/\bar{\rho} \tag{2-107}$$

因此，流场变量被分解为大尺度分量和小尺度分量

$$\phi=\tilde{\phi}+\varphi'' \tag{2-108}$$

采用上述Favre滤波分别对可压缩N-S方程中连续方程、动量方程和能量方程进行滤波运算。对于连续方程，Favre滤波后方程形式不变

$$\frac{\partial\bar{\rho}}{\partial t}+\frac{\partial(\bar{\rho}\tilde{\boldsymbol{u}}_j)}{\partial\boldsymbol{x}_j}=0 \tag{2-109}$$

而动量方程和能量方程因滤波变量的选择不同，滤波后的控制方程也会有所差别。通常选择基于压强滤波的方程系统，即

$$\frac{\partial(\bar{\rho}\tilde{\boldsymbol{u}}_i)}{\partial t}+\frac{\partial(\bar{\rho}\tilde{\boldsymbol{u}}_i\tilde{\boldsymbol{u}}_j)}{\partial \boldsymbol{x}_j}+\frac{\partial\bar{p}}{\partial \boldsymbol{x}_i}-\frac{\partial\breve{\boldsymbol{\sigma}}_{ij}}{\partial \boldsymbol{x}_j}=\frac{\partial}{\partial \boldsymbol{x}_j}(\bar{\boldsymbol{\sigma}}_{ij}-\breve{\boldsymbol{\sigma}}_{ij}) \tag{2-110}$$

$$\frac{\partial\bar{\rho}\tilde{E}}{\partial t}+\frac{\partial[(\bar{\rho}\tilde{E}+\bar{p})\tilde{\boldsymbol{u}}_j]}{\partial \boldsymbol{x}_j}+\frac{\partial\breve{\boldsymbol{q}}_j}{\partial \boldsymbol{x}_j}-\frac{\partial\breve{\boldsymbol{\sigma}}_{ij}\tilde{\boldsymbol{u}}_i}{\partial \boldsymbol{x}_j}=-\frac{\partial}{\partial \boldsymbol{x}_j}[C_p\boldsymbol{Q}_j+\boldsymbol{J}_j-\boldsymbol{D}_j-(\bar{\boldsymbol{q}}_j-\breve{\boldsymbol{q}}_j)] \tag{2-111}$$

其中

$$\breve{\boldsymbol{\sigma}}_{ij}=\mu(\tilde{T})(2\tilde{\boldsymbol{S}}_{ij}-\frac{2}{3}\boldsymbol{\delta}_{ij}\tilde{\boldsymbol{S}}_{kk})$$

$$\tilde{\boldsymbol{S}}_{ij}=\frac{1}{2}\left(\frac{\partial\tilde{\boldsymbol{u}}_i}{\partial\tilde{\boldsymbol{u}}_j}+\frac{\partial\tilde{\boldsymbol{u}}_j}{\partial\tilde{\boldsymbol{u}}_i}\right)$$

$$\breve{\boldsymbol{q}}_j=-\kappa(\tilde{T})\frac{\partial\tilde{T}}{\partial \boldsymbol{x}_j}$$

$$Q_j=\bar{\rho}(\boldsymbol{u}_jT-\tilde{\boldsymbol{u}}_j\tilde{T})$$

$$\boldsymbol{J}_j=\frac{1}{2}(\bar{\rho}\,\boldsymbol{u}_j\boldsymbol{u}_i\boldsymbol{u}_i-\bar{\rho}\tilde{\boldsymbol{u}}_j\,\boldsymbol{u}_i\boldsymbol{u}_i)$$

$$\boldsymbol{D}_j=\overline{\boldsymbol{\sigma}_{ij}\boldsymbol{u}_j}-\breve{\boldsymbol{\sigma}}_{ij}\tilde{\boldsymbol{u}}_j$$

式中　C_p ——定压比热比；

$\boldsymbol{Q}_j$ ——亚格子温度通量项；

$\boldsymbol{J}_j$ ——亚格子湍流耗散项；

$\boldsymbol{D}_j$ ——黏性耗散项。

滤波后的状态方程为

$$\bar{p}=\bar{\rho}R\tilde{T} \tag{2-112}$$

为实现大涡数值模拟，需要针对上述未封闭项构造亚格子模型。

(2) 亚格子应力模型

亚格子应力模型可分为两类：显式模型和隐式模型。显式模型基于一定的流动假设，人为构造亚格子应力项的数学表达式，这种方法要求空间离散格式造成的数值耗散要远小于亚格子模型的耗散作用。而隐式模型将数值离散误差用于模化亚格子耗散。目前关于传统显式 LES 方法和隐式大涡模拟的辩论仍在持续。

早期的亚格子模型大都是针对低速流动建立的，在可压缩流动湍流的模拟中常需作压缩性修正以保证其模拟的合理性，同时模型的适用范围也不相同，一种模型只能适用于一种或几种流动，而对其他的流动模拟效果较差。如何模拟亚格子尺度应力项，使之对小尺度模拟更准确、普适性更好，是 LES 方法要解决的重要问题。通常假定小尺度结构是相对各向同性的，因此采用简单的亚格子模型来模糊其作用，其中最普遍的选择是基于 Boussinesq 应力/应变关系的涡黏性模型，其中需要指定长度和速度尺度。这类模型的最早形式是 Smagorinsky 模型，该模型在 LES 方法中仍被广泛应用。原始 Smagorinsky 模型在近壁面的模拟以及其他方面的不足已经通过一些更加复杂的方法得以克服。常用的显式亚格子模型有：Smagorinsky SGS Model，Mixed - Scale - Model，Selective Mixed -

Scale - Model，Mixed - Time - Scale Model，Dynamic Smagorinsky Model，以及 Dynamic Mixed Model 等。

隐式大涡模拟方法（ILES）采用隐式高阶中心差分和滤波技术，依靠数值格式提供湍流动能耗散，它的耗散只施加在高空间的波数上；MILES（Monotonically Integrated LES）基于具有单调保正值性质的迎风数值格式，依靠数值格式的特征来提供湍流动能耗散。

无论是显式还是隐式大涡模拟方法，网格尺度、亚格子模型、数值格式以及模拟中其他提供数值耗散的项之间的相互作用很难区分。对亚格子模型的检验可采用先验和后验两种方法：先验方法是将直接数值模拟结果进行过滤来计算亚格子应力，将其与亚格子模型公式计算结果进行对比；后验方法将大涡模拟算例的结果与直接数值模拟或试验结果进行比较。先验方法只需要有直接数值模拟结果，并不进行大涡模拟计算，可以对亚格子输运的机理进行较为深入的研究，而后验方法是确定亚格子模型是否合理的最终检验。

（3）网格尺度和格式精度要求

对于复杂流动，必须准确地捕捉大尺度的高度各向异性的湍流特征，以使亚格子模型只用于模拟惯性子区或更小尺度的结构。当计算网格被成功细化，越来越多的小尺度湍流结构被求解，计算最终过渡到 DNS 方法。对于“类平板”外形的流动，通常以壁面单位表示的网格间距来指示网格尺度是否适当，对于大涡模拟一般要求

$$50 \leqslant \Delta x^{+} \leqslant 150 \quad \Delta y^{+}_{\mathrm{wall}} < 1, \quad 15 \leqslant \Delta z^{+} \leqslant 40 \quad for\ \ \mathrm{LES}$$

而对于直接数值模拟，要求

$$10 \leqslant \Delta x^{+} \leqslant 20 \quad \Delta y^{+}_{\mathrm{wall}} < 1, \quad 5 \leqslant \Delta z^{+} \leqslant 10 \quad for\ \ \mathrm{DNS}$$

其中 x 方向为流向，y 方向为壁面法向，z 方向为展向和均匀方向。上标“+”表示以 ν_w/u_τ（ν_w 为物面处运动黏性系数，u_τ 为物面摩擦速度）为长度尺度归一化的坐标参数。时间分辨率方面，对于某些简单湍流问题（如湍流槽道流动），采用了 $\Delta t^{+} < 1$ 的标准，其中 $\Delta t^{+} = u_\tau^2 \Delta t / \nu_w$ 。

为准确捕捉小尺度湍流结构，需要同时考虑空间精度和时间推进精度。高阶精度的数值格式，相对于低阶精度格式，采用相同的物理网格间距能够捕捉到更大比例的空间波数信息；而低阶时间格式的截断误差可能比空间格式的截断误差占据优势，因此抵消了高阶空间离散方法所能带来的潜在优势。

2.1.3.2　直接数值模拟方法

直接数值模拟（DNS）方法从流动控制方程出发，对所有尺度的湍流运动进行数值模拟，可以获得湍流场的全部信息，因此是研究湍流问题的有效工具。为了准确捕捉湍流脉动信息，DNS 方法要求数值方法具有很高的时间和空间分辨率。

为了获得湍流统计特性，需要有足够多的样本流动以及足够长的时间序列。因此，湍流的直接数值模拟对计算机性能要求非常高。以均匀各向同性湍流为例，直接数值模拟三维总网格数 N 应满足

$$N > (Re_l)^{9/4} \tag{2-113}$$

其中

$$Re_l = u'l/\nu$$

式中　u'——脉动速度均方根值；

l——含能尺度（积分尺度）；

ν——运动黏性系数。

直接数值模拟实际湍流运动时，对网格分辨率的要求更高。

为了正确分辨湍流脉动随时间变化的多尺度特征，要求 DNS 方法所选用的时间步长必须小于最小湍流脉动量的特征时间尺度，可推算得到总的计算步数

$$N_t > (Re_l)^{3/4} \tag{2-114}$$

此外，准确给定 DNS 方法的初始条件和边界条件是相当困难的，只能近似地给出恰当的初始条件和边界条件，在数值积分推进很多步以后，认为流动进入“真实”的湍流状态，然后继续推进足够多的步数，作统计平均获得流动统计特征。

DNS 方法要求采用高精度、高分辨率的数值方法，以准确分辨小尺度流动结构，减小对网格尺度的依赖。常用的计算方法有谱方法、有限差分紧致格式、WENO 格式等。目前计算条件下，直接数值模拟仅限于低雷诺数简单湍流问题的模拟分析，如各向同性湍流、槽道流动等。

2.1.4　低雷诺数流动数值算例及散布度分析

数值模拟结果来自于计算机的数值解，只有正确的数值结果才有应用价值，这就涉及到数值方法的可靠性问题，因此必须判定数值模拟方法是否精确可靠。本节将选取一些典型的算例，对前面所述数值模拟方法进行验证。选择圆柱和翼型作为对象，数值计算低雷诺数状态下的气动特性和流动结构，结果表明这些数值方法可以较好地模拟低雷诺数下大尺度的流动结构和基本的气动特性，对于常见的低雷诺数基本气动问题的定性研究，这些方法能够满足要求。但是若要模拟低雷诺数流动的非定常、非线性多尺度等复杂效应，不同方法的模拟结果存在差异，对气动力系数特别是阻力系数的模拟结果散布度较大。

2.1.4.1　RANS 方法数值算例

（1）低雷诺数圆柱绕流

分别采用拟压缩性方法和预处理方法对经典的低雷诺数圆柱绕流问题进行数值求解。圆柱绕流是流体力学中的经典问题之一，虽然圆柱的几何形状很简单，但其黏性绕流却蕴含着丰富的流动现象。在这里以圆柱直径为参考长度的雷诺数为 200，圆柱直径 $d=1$，外远场边界为 10 倍圆柱直径。计算网格为 80×60（周向×径向）的“O”型网格，如图 2-1 所示，壁面最小网格间距为 0.003 5，以来流速度和圆柱直径为参考量的无量纲时间步长为 $\Delta t=0.025$，初始流场为自由流条件。在拟压缩性方法中人工压缩性系数 β 取 100，预处理方法中预处理系数取为 $\sqrt{3}Ma$ 。

数值方法采用非定常求解，亚迭代收敛判据为最大误差小于 10^{-4}，计算进行到出现

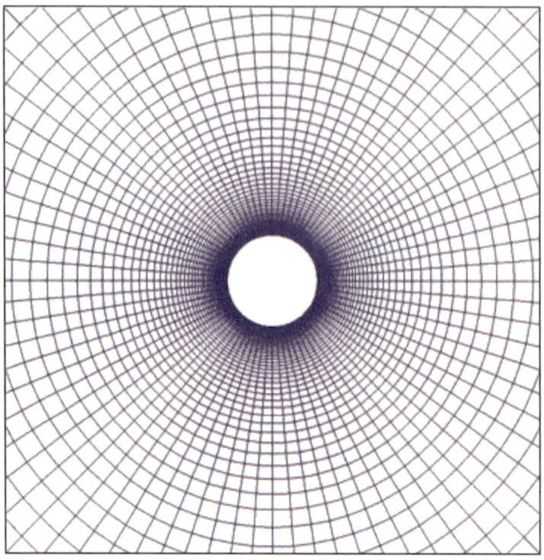

图 2-1　圆柱绕流"O"型计算网格

若干稳定的周期性脱落涡为止，获得的平均阻力系数及波动幅值以及非定常斯特劳哈尔数（St）列于表 2-1，一些试验结果也一并列于其中[17-18]。表中可以看出拟压缩性方法和预处理方法获得的平均阻力系数结果较为接近，且与试验值吻合，两种方法获得的 St 也与试验值较为一致，可见两种方法在对低雷诺数圆柱绕流问题中均能够较好地求解。

表 2-1　低雷诺数圆柱绕流计算和试验结果

方法	C_D	St
拟压缩性方法	1.355±0.053	0.185
预处理方法	1.329±0.061	0.194
试验方法 1	—	0.19
试验方法 2	1.3	—

空间离散格式和时间推进方法的叙述中，本书分别介绍了两种不同的迎风格式：Roe 格式和 Harten-Yee TVD 格式，以及三种不同的隐式时间推进方法。在这里将基于拟压缩性方法对这两种格式的数值计算结果以及三种隐式时间推进方法的求解效率进行比较。

图 2-2（a）～（c）为采用三阶 Roe 格式，三种隐式推进方法计算得到的升阻力系数 C_L 和 C_D 随时间变化过程。三种推进方法的共同点在于脱落涡出现的发展历程一致。开始阶段，呈定常流态；最终 C_L、C_D 的平均值、振幅及 St 吻合很好。不同之处在于脱落涡出现时间不同，LU-SGS 方法脱落涡最早出现，可能是由于该方法会引入较大的数值扰动造成的。

图 2-2（d）为 Harten-Yee 二阶 TVD 格式计算得到的升力系数和阻力系数随时间变化，同三阶 Roe 格式比较，升力峰值偏低，脉动周期偏长。这可能与 Harten-Yee 限制器的数值耗散较大有关。结果表明在拟压缩性方法采用三阶 Roe 格式计算通量，时间推进采用 LGS 隐式格式计算，可以获得正确的计算结果和较高的求解效率。

图 2-3 为不同隐式时间推进方法的求解效率比较，其纵坐标为每物理时间步内的亚迭代步数。数值试验表明：计算从自由来流开始会造成较大的初始误差，所以初始阶段的

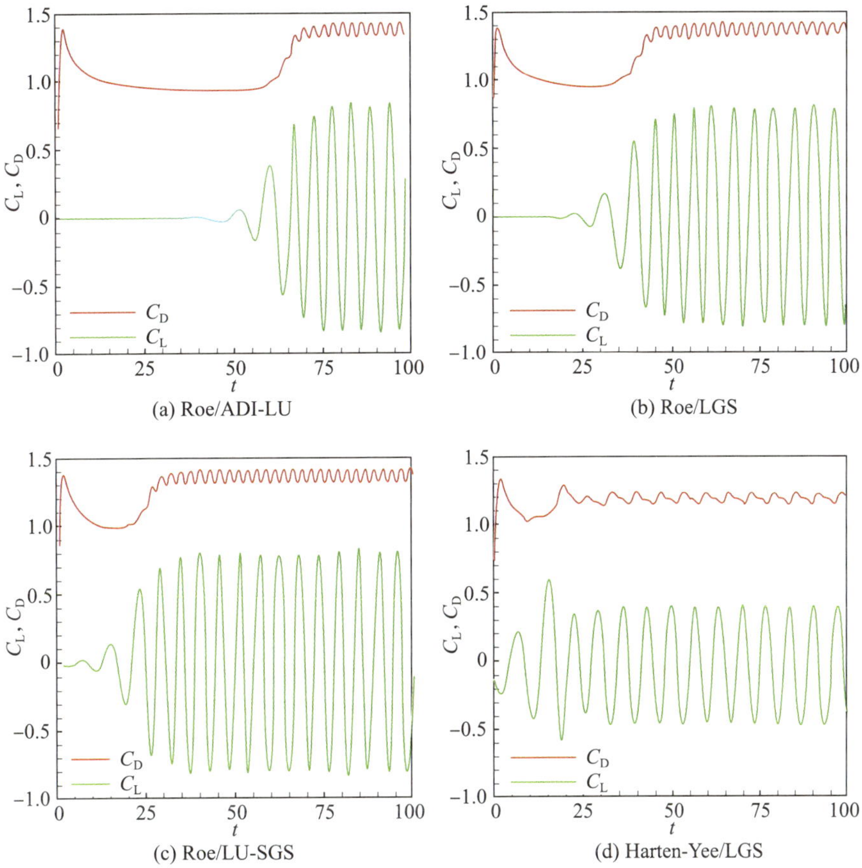

图 2-2　圆柱绕流 C_L 和 C_D 随时间变化（$Re=200$）

亚迭代步数都会达到 100 以上；对应于定常流阶段，ADI-LU 格式的亚迭代步数为 2～6 步，LU-SGS 为 14～16 步，LGS 为 5～7 步；对应于出现涡脱落阶段，ADI-LU 的迭代步数迅速增加为 44～49，LU-SGS 为 30～38，LGS 增幅最小为 16～20 步。

以上关于不同通量格式计算结果和时间推进方法求解效率的分析都是基于拟压缩性方法而建立的，其结论并非对所有数值模拟方法都适用，针对不同的数值方法，需要根据模拟的实际情况，结合计算稳定性、收敛性、空间存储、网格密度等因素综合分析，选取最合适的通量格式和时间推进方法。

圆柱绕流尾涡脱落的非定常过程如图 2-4 所示。图中的非定常流动结构显示在流体流过圆柱表面时，圆柱后部出现了大尺度的流动分离现象，上下两侧产生了非定常周期性的分离旋涡结构。圆柱下方的旋涡向上卷起并压迫上方的旋涡（0～0.2T），随后下方旋涡逐渐向下游运动，并逐渐分裂脱落（0.3～0.5T），同时上方的旋涡逐渐增强，成为主涡并向下压迫下方旋涡（0.4～0.6T），之后上方的涡也渐渐下移并脱落，同时下方的旋涡再次增强（0.7～1.0T）。圆柱上下侧的旋涡成对、交替出现，且方向相反，相互压迫，这种现象就是著名的卡门涡街流动现象。采用本书的数值方法，可以清晰地捕获低雷诺数圆柱绕流的卡门涡街非定常流动现象。

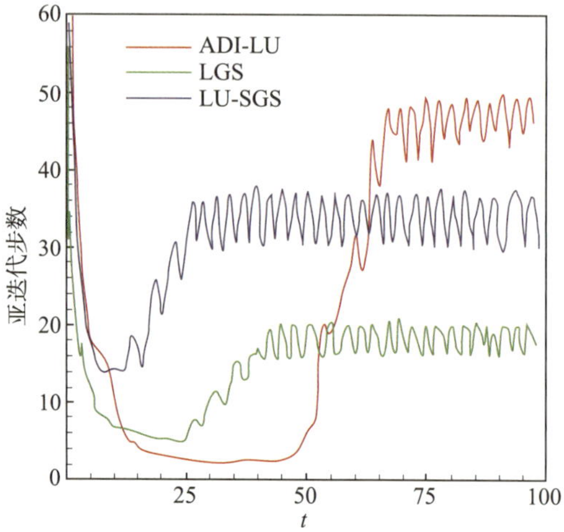

图 2-3　隐式格式双时间步求解效率比较

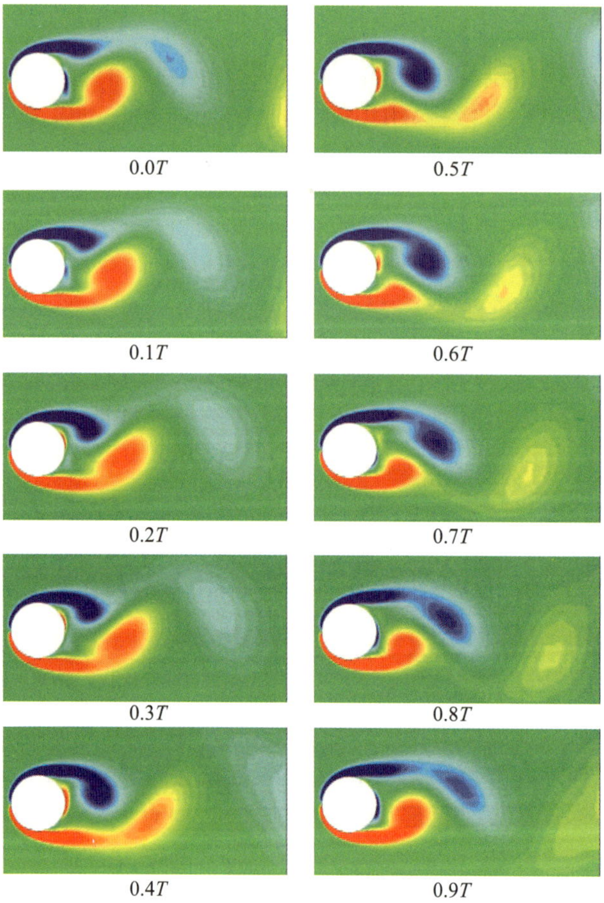

图 2-4　圆柱绕流非定常流动结构

（2）低雷诺数翼型气动特性

翼型气动特性的算例对象为非对称小弯度 E387 翼型，E387 翼型初始设计用于滑翔机机翼，后成为一种在低速飞行器上应用非常广泛的低雷诺数翼型，并且国内外有许多详细的风洞试验结果。本算例数值计算的雷诺数分别为 1.0×10^4，3.0×10^4，6.0×10^4，1.0×10^5，2.0×10^5，5.0×10^5，攻角从 $-6°$ 到 $12°$，以 $1°$ 为间隔，共计 19 个攻角。网格采用二维 C 型结构，近壁第一层网格间距为 $5\times10^{-5}c$（c 为翼型弦长），壁面附近 Y^+ 在 1 以内，网格单元数约为 40 000，其拓扑结构如图 2-5 所示。数值方法采用基于非结构网格的预处理方法，采用二阶 Roe 格式计算无黏通量，时间推进采用 LU-SGS 方法。计算时雷诺数在 10^5 以下采用层流非定常模型，10^5 及以上采用的是 Menter SST $k-\omega$ 湍流模型；转捩模型采用 $\gamma-Re_\theta$ 模型，其关联函数采用的是 Langtry 和 Menter 所发展的标准形式的关联函数。

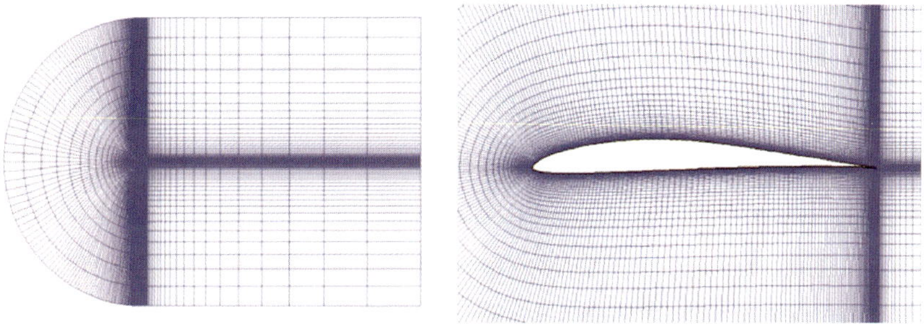

图 2-5　E387 翼型全局网格及局部放大网格

本算例所用的数值模拟方法主要为预处理方法，只对雷诺数 6.0×10^4 时 $4°$ 攻角状态进行了拟压缩性方法的校验，见表 2-2，结果显示升力系数同试验[19]所获得的数据结果吻合很好，阻力系数的计算结果与试验值有一些差异。后面我们将提到，针对翼型低雷诺数阻力系数的精确模拟，国内外目前依然无法得出一致的预测结果。

表 2-2　E387 翼型低雷诺数绕流计算和试验结果

方法	α	C_L	C_D
拟压缩性方法	4°	0.699	0.038 2
预处理方法	4°	0.696	0.046 0
试验	4°	0.690	0.043 1

图 2-6 和图 2-7 给出了 E387 翼型不同雷诺数下通过数值模拟方法和风洞试验获得的升力系数、阻力系数，其中试验数据来源于美国南加州大学（USC，University of Southern California）[20]和伊利诺伊州立大学香槟分校（UIUC，University of Ilinois at Urbana-Champaign）[21]风洞试验的数据。首先看雷诺数在 $1.0\times10^4\sim6.0\times10^4$ 范围内翼型气动力系数结果，如图 2-6 所示。该雷诺数范围内数值方法采用的是层流模型计算。图中显示小攻角下，数值计算获得的气动力系数与试验数据吻合[20]较好；中到大攻角下，层流模型计算的翼型气动力系数尤其是阻力系数与试验结果存在较大差距。结果表明使用

层流模型可以较准确计算雷诺数 1.0×10^4～6.0×10^4 范围内翼型小攻角下的气动特性，而对较大攻角下翼型气动特性难以准确模拟。

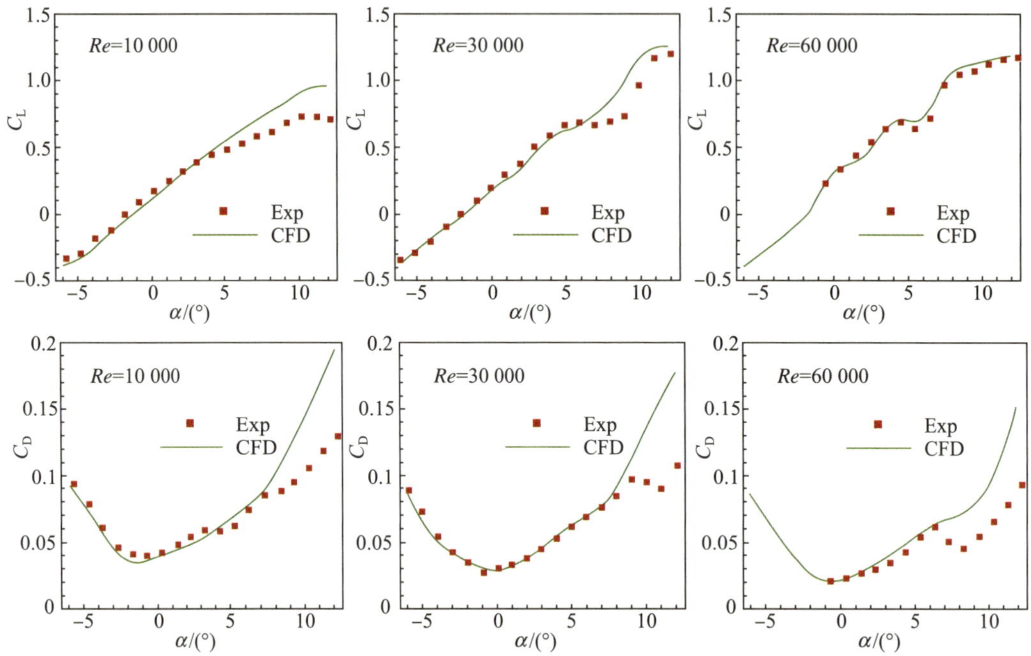

图 2-6　E387 翼型不同雷诺数下升阻力系数同试验结果[20]比较

再看雷诺数在 1.0×10^5－5.0×10^5 范围内翼型升阻力系数结果，如图 2-7 所示。该雷诺数范围内的数值方法采用的是 $\gamma - Re_\theta$ 转捩模型计算。图中可明显看出数值方法获得的翼型升力系数与试验结果吻合[21]，即使在较大攻角下仍表现较高的一致性，阻力系数除雷诺数 1.0×10^5 外，其他雷诺数下也与试验结果吻合较好。由此看出使用 $\gamma - Re_\theta$ 转捩模型可以较准确计算雷诺数 1.0×10^5～5.0×10^5 范围内翼型的气动特性。

2.1.4.2　RANS 方法数据散布度分析

低雷诺数流动现象非常复杂，存在层流边界层、层流分离、分离诱导转捩、湍流等复杂流动结构，且流动很容易受到攻角、雷诺数、来流湍流度、背景噪声及振动、模型表面粗糙度的影响而发生变化，气动特性还表现出强非定常、非线性等现象，现有的基于 RANS 的数值模拟技术还难以准确模拟这些现象，不同方法模拟出来的结果难以一致。本节列出了国内几家单位［中国航天空气动力技术研究院（CAAA），西北工业大学（NWPU），北京航天航天大学（BUAA），中国空气动力研究与发展中心（CARDC）］及商业软件 FLUENT、Xfoil 针对 E387 翼型在两种不同雷诺数 Re＝1.0×10^5 和 Re＝3.0×10^5 下升阻极曲线计算结果，并与国内外试验结果进行对比。其中 Re＝1.0×10^5 的试验数据为国内外风洞试验结果的边界（Exp-1、Exp-2），其他风洞试验结果基本包含在此边界范围内；而 Re＝3.0×10^5 时只有伊利诺伊州立大学香槟分校和美国南加州大学的风洞试验结果，且两组结果一致，因此只给出伊利诺伊州立大学香槟分校的试验结果（Exp-1）。

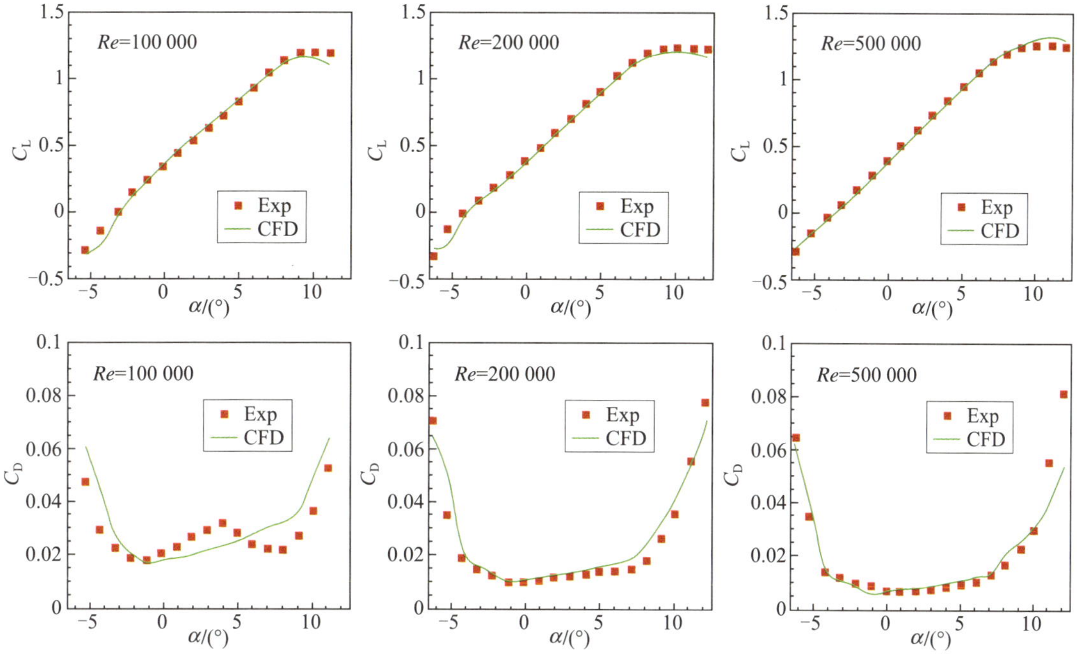

图 2－7　E387 翼型不同雷诺数下升阻力系数同试验结果[21]比较

图 2－8 为 E387 翼型在 $Re=1.0\times10^5$ 下，各单位采用不同计算方法，不同物理模型所计算的升阻力系数极曲线。可见整体而言，各单位采用层流模型的计算结果散布度较大[图 2－8（a），（b）]，其中层流定常模型计算结果散布度最大。采用层流模型对阻力系数的模拟，除计算的个别状态落在试验范围内，整体结果偏高。湍流模型与转捩模型[图 2－8（c），（d）]计算结果散布度明显降低，除极个别点之外，整体结果与试验值所覆盖的范围吻合较好。

图 2－9 为 E387 翼型在 $Re=3.0\times10^5$ 情况下升阻力系数极曲线对比图。可见层流定常模型各单位计算结果散布度最大，层流非定常计算的散布度减小，但依然保持较大，湍流模型计算结果在大攻角之前散布度较小，与试验值吻合度较高，转捩模型预测结果最为理想。对阻力系数而言，各单位采用层流模型计算的结果散布度较大，计算结果整体高于试验值；转捩模型计算结果与试验吻合最好，湍流模型结果次之。总体而言，采用转捩模型可较为准确计算 $Re=(1.0\sim3.0)\times10^5$ 范围翼型的气动力系数，且随雷诺数增加，计算获得的气动力系数更为一致，与试验值吻合更好。

选择计算结果最理想的转捩模型，对各研究机构不同软件计算结果的散布度进行分析。图 2－10 和图 2－11 分别为雷诺数 $Re=1.0\times10^5$ 和 $Re=3.0\times10^5$ 下升力系数、阻力系数和升阻比散布度对比图，对比攻角为－2°至 10°以 2°为间隔共七个状态。图中纵坐标为各单位不同方法的计算数据与各单位计算数据平均值之差的百分比。

从图中可见，低雷诺数翼型 CFD 结果的散布度较大。随着雷诺数的增大，阻力系数与升阻比的散布度有所减小。升力系数在 $Re=1.0\times10^5$ 时不同计算结果的差别在±12%

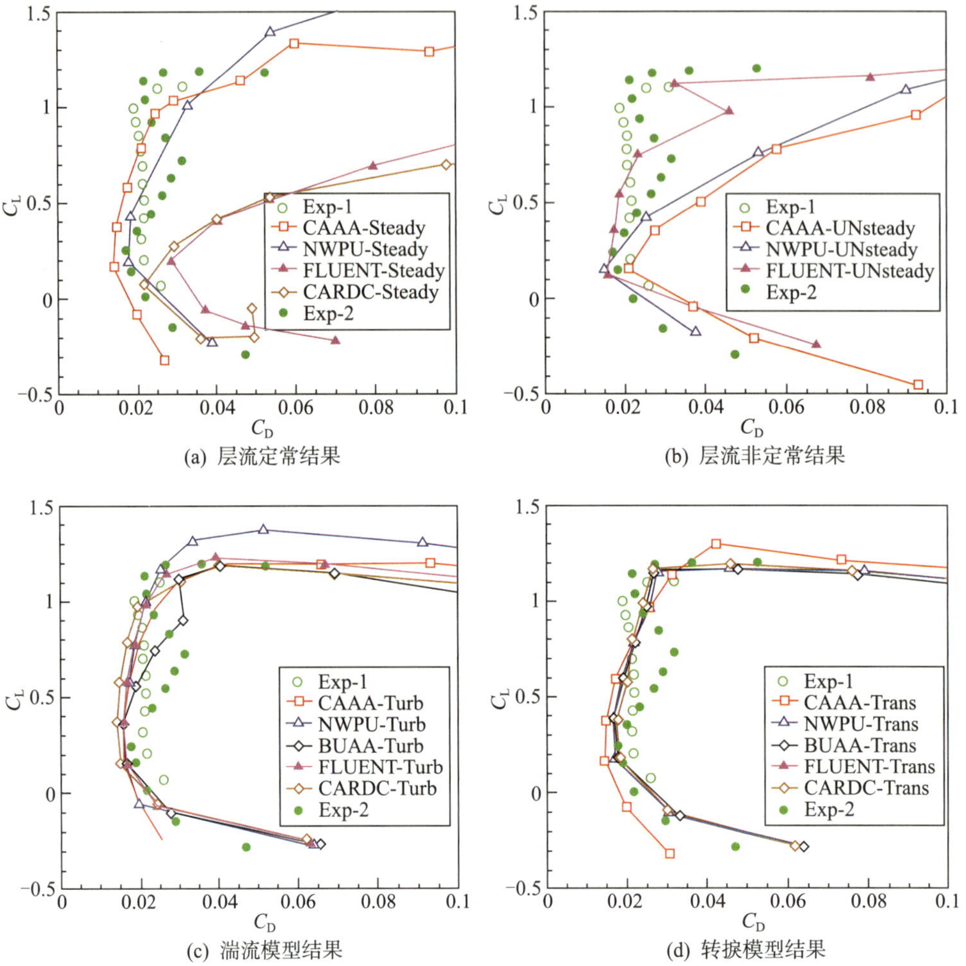

图 2-8　E387 翼型 $Re=1.0\times10^5$ 不同预测模型升阻力极曲线对比

量级，至 $Re=3.0\times10^5$ 时缩小为±9%以内。阻力系数当 $Re=1.0\times10^5$ 时计算结果的最大差值可达±31%，至 $Re=3.0\times10^5$ 时缩小至±17%。升阻比 $Re=1.0\times10^5$ 时各单位计算结果的最大差值可达±35%，$Re=3.0\times10^5$ 时约为±22%。上述分析表明通过 RANS 方法精确预测低雷诺数翼型阻力系数和升阻比依然是非常困难的。低雷诺数下对翼型升阻特性预测结果的散布度远大于常规雷诺数，且随雷诺数降低，预测结果散布度增加，预测难度增大。

由此，采用 RANS 方法对低雷诺数下翼型气动特性的计算，获取的气动力结果差别较大，特别是阻力系数。这一方面是由于 RANS 方法本身存在缺陷，模拟的时空精度不足，另一方面也是由于低雷诺数非定常多尺度复杂流动现象难以准确模拟造成的。采用 RANS 方法可以较好地捕捉低雷诺数大尺度层流分离流动结构的非定常、非线性效应以及相应基本气动特性，但还难以胜任对低雷诺数下层流分离诱导转捩、湍流及湍流分离等复杂效应的精确模拟，这是当前采用 RANS 方法数值模拟低雷诺数流动的主要局限所在。

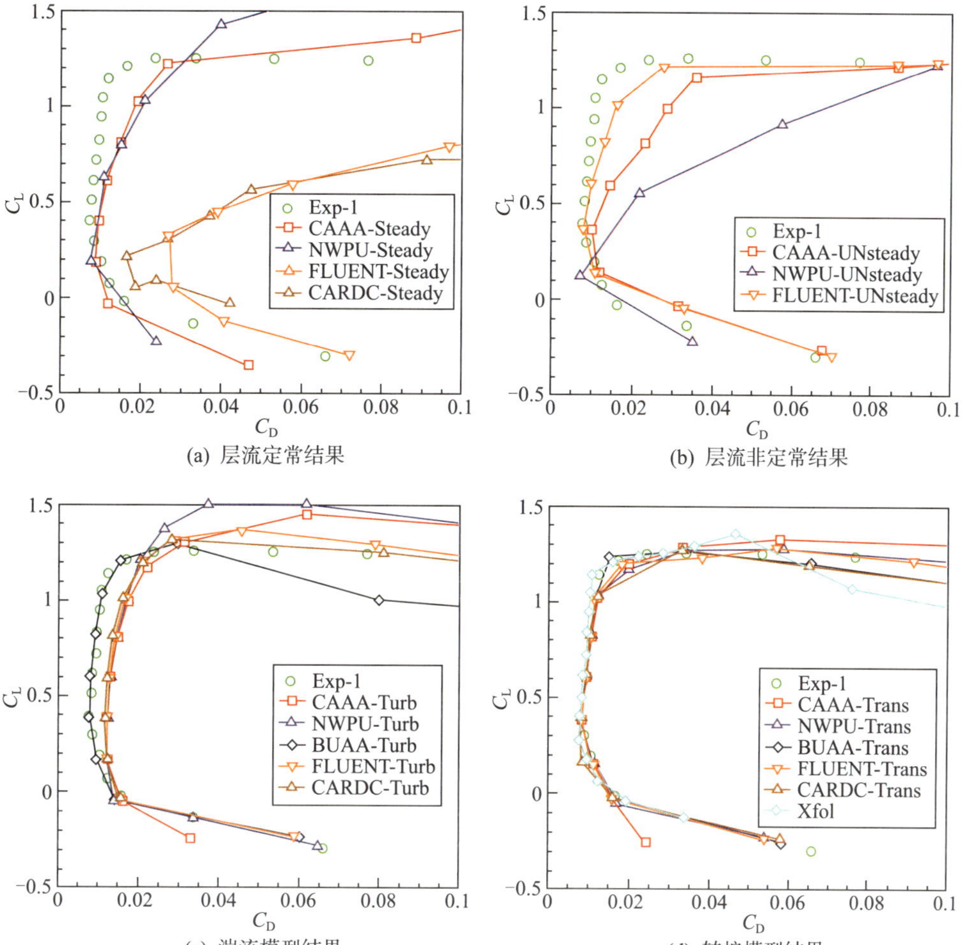

(a) 层流定常结果　(b) 层流非定常结果

(c) 湍流模型结果　(d) 转捩模型结果

图 2-9　E387 翼型 $Re=3.0\times10^5$ 不同预测模型升阻力极曲线对比

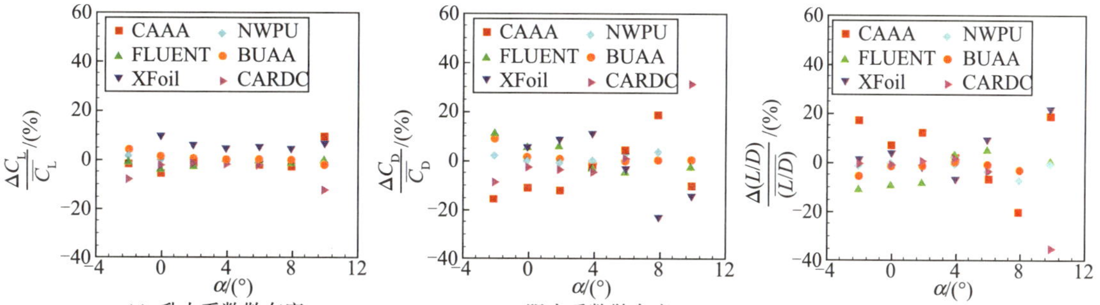

(a) 升力系数散布度　(b) 阻力系数散布度　(c) 升阻比散布度

图 2-10　E387 翼型 $Re=1.0\times10^5$ 气动特性数值计算散布度

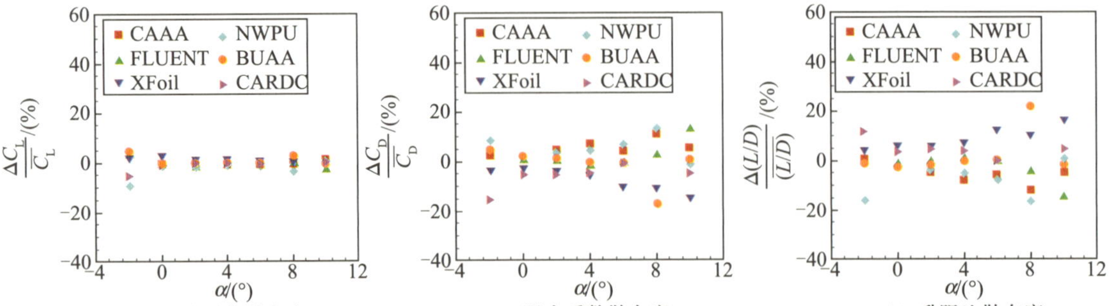

(a) 升力系数散布度　　(b) 阻力系数散布度　　(c) 升阻比散布度

图 2-11　E387 翼型 $Re=3.0\times10^5$ 气动特性数值计算散布度

2.1.4.3　大涡模拟方法数值算例

本小节以圆柱段和二维翼段为算例，采用大涡模拟方法模拟了低雷诺数条件下的气动特性和流场结构，并与相应的计算和试验结果开展了比对，验证了该方法的有效性和正确性。并证明了 LES 方法相对 RANS 方法可以获得更为精细的流动过程和结构，适合于开展更为深入的低雷诺数流动机理研究。

（1）圆柱绕流的大涡模拟

如前所述，为了避免方程在低速低雷诺数求解时的刚性问题，大涡模拟采用保证雷诺数相同适当提高马赫数的方法，以提高求解效率。算例选取马赫数为 0.1，以圆柱直径 D 为参考量的 $Re=3\ 900$，远场边界取在 $100D$，展向宽度为 $\pi D/2$，圆柱表面取无滑移等温壁面边界条件，展向取周期性边界条件。

计算网格如图 2-12 所示，周向、法向和展向网格点数分布为 401，401，76。非定常时间推进采用隐式亚迭代方法计算，无量纲物理时间步长 0.001。从无量纲时间 $t=20$ 开始作统计，统计 40 000 个时间步。

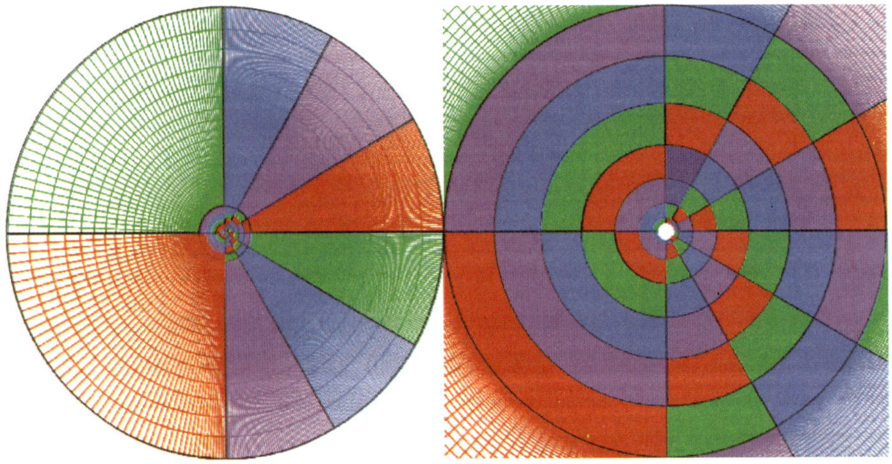

图 2-12　网格示意图

图 2-13 和图 2-14 分别给出了 $x=1.06$ 和 $y=0$ 位置处平均流向速度 RANS、LES 计算结果同试验数据[22]的对比。总体上看，相对 RANS 方法，LES 方法计算的结果与试验结果更为接近，除尾迹中心线 2 至 4 倍直径位置附近的平均流向速度分布外，其他位置 LES 计算的结果优于 RANS。且 LES 获得的流场的非定常特征斯特劳哈尔数 $St=0.215$，而试验结果为 (0.215±0.005)，两者结果一致，表明 LES 方法能够准确模拟该问题的非定常运动。

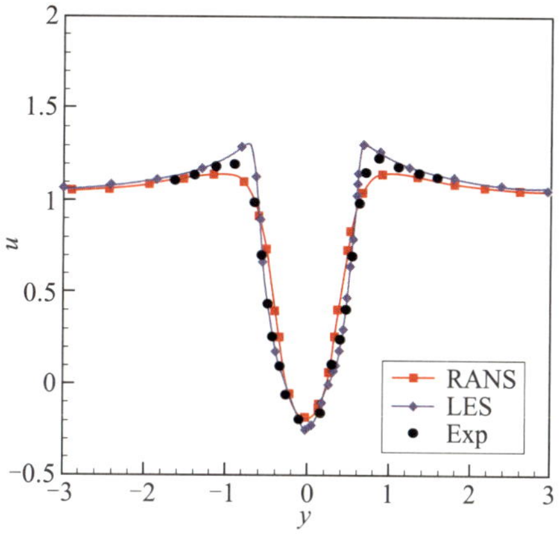

图 2-13　尾迹区 $x=1.06$ 处平均流向速度分布

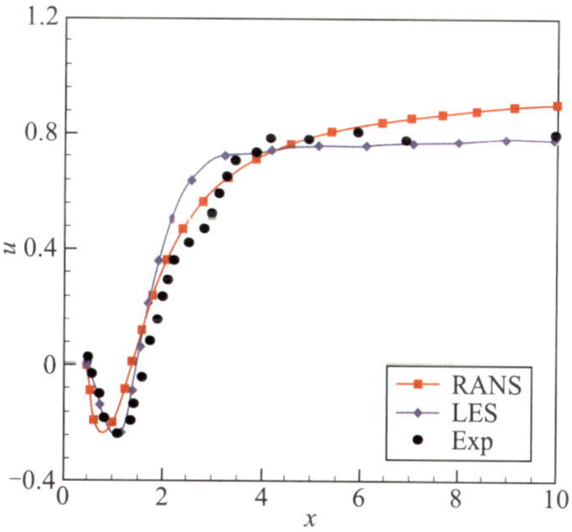

图 2-14　尾迹中心线平均流向速度分布

此外，LES 能精细捕捉到流场非定常运动的细节信息，有利于深入认识非定常复杂流动机理。图 2-15 给出了以速度梯度张量第二不变量表示的流场涡结构分布，流体流经圆柱过程中，在背风区出现分离，并发生展向二次失稳，流场出现三维发卡涡结构，旋涡随流动发展形成湍流下的卡门涡街流动现象。计算过程中未施加任何人为扰动，其转捩是由于自身流动的不稳定性，从而失稳激发出的自然转捩。不稳定扰动波在分离区附近迅速发展，经过快速的 λ 涡和发卡涡演变，形成了充分发展的湍流流场结构，同时三维涡分布保持卡门涡阶形态，圆柱绕流尾迹随时间不断地发展变化。

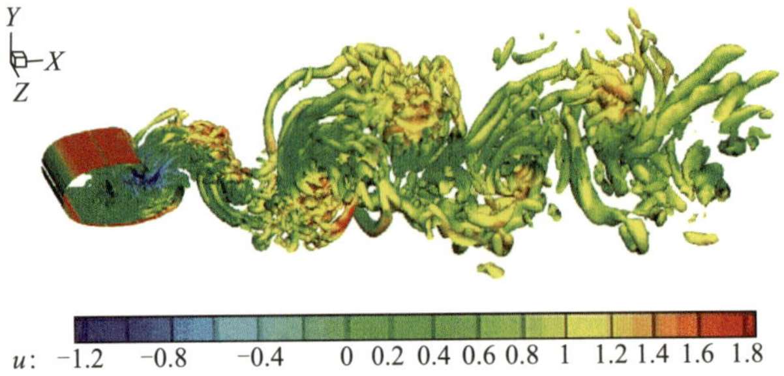

图 2 - 15　圆柱绕流流场三维涡结构

(2) 翼型层流分离现象的大涡模拟

层流分离是翼型低雷诺数下出现的典型流动特征。层流分离泡的形成、演化和破碎过程会严重损害翼型气动性能，直接影响飞行器续航能力以及操纵性和稳定性。低雷诺数翼型层流分离现象中包含流动分离、转捩、再附等流动特征。流动分离和转捩紧密耦合，流动结构具有剧烈的非线性变化和强烈的非定常特性。本节采用大涡模拟方法对 SD7003 翼段在低雷诺数下的层流分离现象进行精细模拟，分析其瞬时及时均化流动特征。将其经过统计平均和时均化得到的分离点、转捩点、再附点同其他试验及计算结果进行对比，初步证明了 LES 方法对于翼段低雷诺数气动问题研究的适用性。

来流条件如下：基于翼型弦长的雷诺数 $Re=6.0\times10^4$，攻角 4°，马赫数取 0.2。基于三维可压缩流动求解程序，采用 MILES 方法进行非定常计算，空间离散对流通量采用满足几何守恒率的 WENO 格式，黏性项采用二阶中心差分格式，时间推进采用隐式亚迭代方法，无量纲时间步长 $\Delta t=0.000\,1$。计算网格如图 2 - 16 所示，远场边界距离约 30 倍弦长，展向距离 0.2 倍弦长，网格维数 481×151×101。远场取特征边界条件，物面为无滑移绝热壁条件，展向取周期边界条件。以自由来流作初场，从无量纲时间 $t=50$ 开始作统计平均，统计 100 000 个时间步。

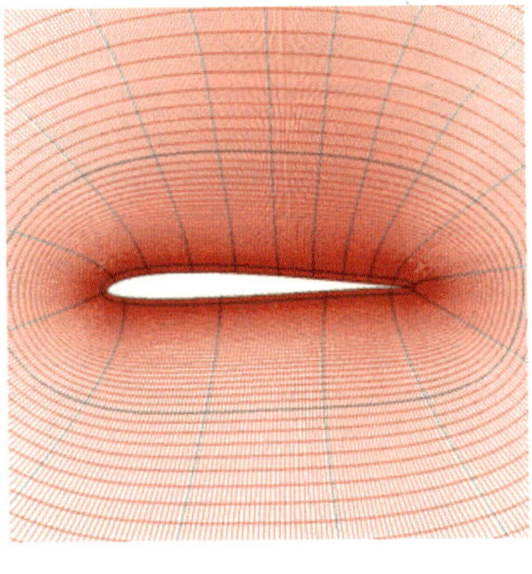

图 2 - 16　SD7003 翼型计算网格示意图

从图 2 - 17 翼型表面平均压力系数分布的对比可以看出本节计算结果与参考文献[23]采用六阶紧致格式在重叠加密网格计算结果吻合较好。

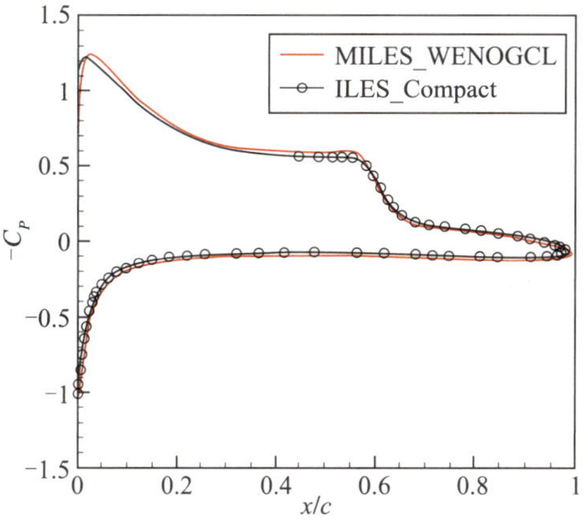

图 2-17　SD7003 翼型压力系数对比

表 2-3 给出了本算例大涡模拟方法（MILES）计算得到的分离点、转捩点和再附点位置与试验结果[24]及其他计算结果[23]的对比。试验因受来流湍流度、表面粗糙度等影响较大，不同试验条件（IAR 的拖拽水槽；TU-BS 的低雷诺数风洞；AFRL 的自由表面水槽）得到的结果相差较大；本书方法预测转捩点位置与文献（ILES）计算结果一致，在分离点和再附点略有差别，但都落在了试验值范围内，说明了该方法计算结果的可靠性。

表 2-3　分离点、转捩点和时均化再附点位置与试验及文献计算结果的对比

Methods	分离点(x/c)	转捩点(x/c)	再附点(x/c)
IAR[24]	0.33	0.57	0.63
TU-BS[24]	0.30	0.53	0.62
AFRL[24]	0.18	0.47	0.58
ILES[23]	0.23	0.55	0.65
MILES	0.20	0.55	0.63

图 2-18 和 图 2-19 分别给出了瞬时及统计平均流场，非定常流动统计平均后出现回流区和低压区。图 2-20 为统计平均流线形成“分离泡”。图 2-21 为采用速度梯度张量的第二不变量 Q 表示的瞬时流场拟序涡结构，可以看出流动从翼型上表面分离，产生二维展向涡，在向下游发展运动过程中发生松弛和“破碎”，演化为小尺度的三维涡结构。

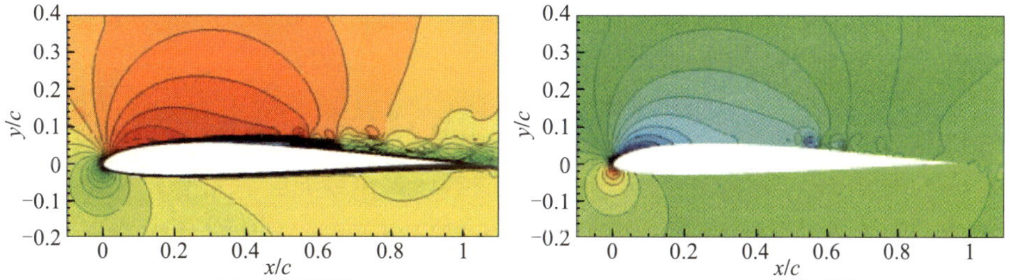

(a) 流向速度等值线　　(b) 压强等值线

图 2-18　SD7003 翼型计算瞬时流场（展向平均）($t=50$)

可见，大涡模拟方法能够更为准确预测低雷诺数分离流动非定常物理过程，获得丰富的流动结构信息，对于认识其流动机理具有重要意义。

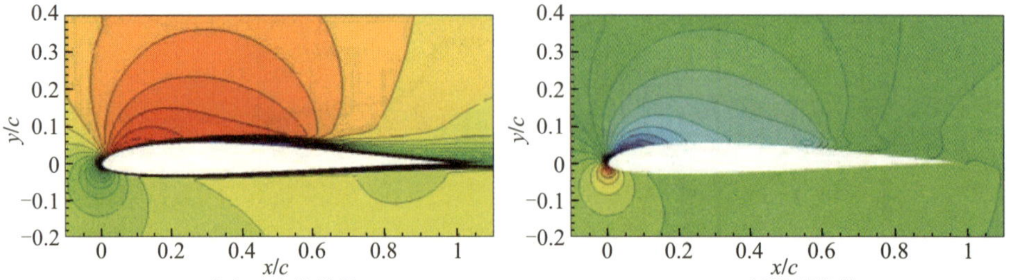

(a) 流向速度等值线　　(b) 压强等值线

图 2-19　SD7003 翼型计算统计平均流场（展向平均）

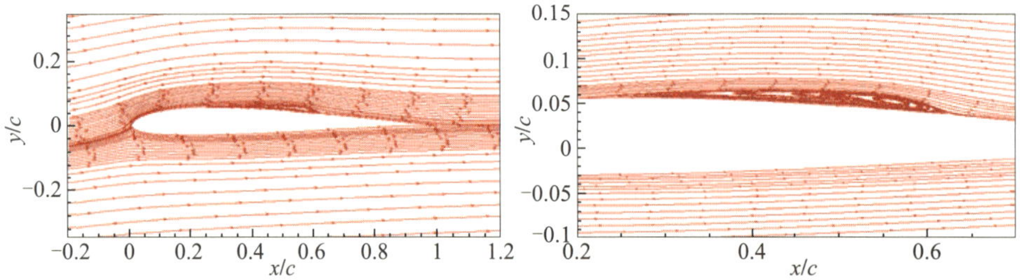

图 2-20　SD7003 翼型计算统计平均流线（展向平均）

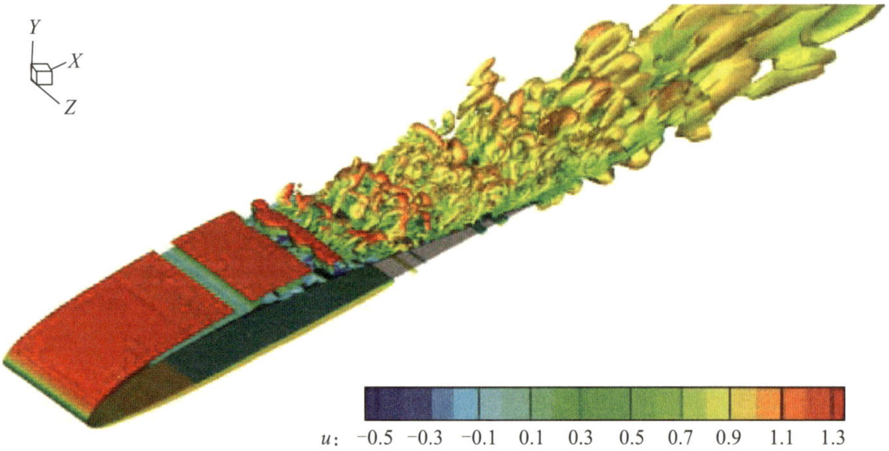

图 2-21　SD7003 翼型计算流场涡系结构

上述针对低雷诺数翼型和翼段的数值算例表明，当前基于 RANS 的数值模拟方法在定量模拟低雷诺数气动特性方面相对于常规雷诺数还存在较大的散布度，且散布度随雷诺数下降而增大。RANS 方法可以较好地捕获非定常层流分离、时均化层流分离泡等复杂流动现象，但受雷诺平均假设和转捩、湍流模型本身的限制，对于低雷诺数层流分离过程中的转捩、展向分离涡的破碎及之后的湍流分离过程无法捕获。基于 LES 等精细化模拟方法，可以更为细致地得到这些流动的演化过程，但由于计算量太大，在工程中利用 LES 方法对低雷诺数问题开展预测研究近期是不现实的。此外 LES 方法也存在亚格子模型选取适用性、缺乏用于验证和确认的更精细化试验结果等问题，需要开展深入研究。

2.2　低雷诺数风洞试验技术

20 世纪 70～80 年代以来，高空及临近空间长航时无人飞行平台、低空小型微型无人飞行器等显示出巨大的军事和经济应用前景，成为许多国家竞相发展的目标。这些都属于低雷诺数飞行器范畴，因此低雷诺数条件下对飞行器气动设计和效能的试验评估及流动显示技术引起了人们的重视。尽管对常规雷诺数的飞行器气动设计和评估技术已基本成熟，但在低雷诺数下与层流分离和分离诱导转捩等相关的流动问题的试验预示仍是一个难点。

低雷诺数试验是低雷诺数研究的非常重要、不可或缺的手段，是低雷诺数现象发现的源泉，低雷诺数试验可为相关数值模拟工作的正确性提供验证与确认，为低雷诺数问题的机理研究和分析提供真实可信的数据和图像。早期 Mueller 以及 Lissaman 等人开展了大量的有关翼型低雷诺数流动的风洞试验，形成了一些基本的认识[25-26]。在低雷诺数时，大多数翼型的上表面都会产生层流分离泡，作用在模型上的气动力和力矩在很大程度上取决于翼型边界层流态及相关的转捩与分离流动。由此，围绕层流分离泡的研究成为低雷诺数试验研究的重点。目前低雷诺数试验主要是用于评估和改进翼型或机翼低雷诺数气动特性、气动设计及相关的机理研究，一般通过测试及流动显示获得翼型或飞行器的宏观气动力数据、翼面上转捩和分离的位置及相关的流动结构等。

相比较常规雷诺数风洞试验，低雷诺数风洞试验有以下三个特点：

1）来流速度低、动压小，气动载荷较小，高精度测试困难。如对于展长 400 mm、弦长 200 mm 的 FX63－137 翼型，在雷诺数为 10^5 时，阻力约为 0.1 N。

2）低雷诺数流动稳定性差，易受外界干扰，对环境噪声、模型粗糙度敏感。

3）低雷诺数试验流场品质要求高，对来流湍流度更为敏感，要求风洞具备变湍流度的能力。此外对流动显示方法要求比较考究，如 PIV 或油流显示技术中，较大颗粒可能会诱使流动结构出现变化等。

上述几个特点共同造成了不同风洞之间低雷诺数测试结果存在大的差异，且随雷诺数降低偏差加大。

本节将分四部分介绍低雷诺数风洞试验技术：第一部分介绍国内外一些典型的低雷诺数风洞试验设施设备；第二部分介绍翼型气动力测试技术；第三部分对低雷诺数风洞测力试验结果散布度进行分析；第四部分给出目前低雷诺数流动的典型流动显示技术。

2.2.1　国内外低雷诺数试验设施设备

由雷诺数定义可知为实现低雷诺数研究，可从四个方面着手来获得低雷诺数条件：

1）降低来流密度；

2）降低来流风速；

3）控制模型尺寸；

4）选择动力黏性系数高的流场介质。

综合比较来看，降低密度的方法试验代价较高，操作难度大，如日本宇宙航空研究开发机构（Japan Aerospace Exploration Agency，JAXA）的火星风洞（Mars Wind Tunnel）。目前常用的方法是综合考虑后三个因素，来实现低雷诺数流动。本小节简要介绍目前国内外开展低雷诺数研究用的主要试验设备，见表 2－4。

表 2－4 国内外低雷诺数试验设备及能力（“—”表示目前没有发表的相关论述）

设备	所属机构	试验段尺寸/m	可控速度/(m/s)	湍流度/(%)	测力	测压	流动显示
下吸式直流闭口风洞	UIUC	0.85×1.22×2.44	5～70	0.07	机械天平	Model 220	热线油流
下吸式直流闭口风洞	UND	0.61×0.61×1.83	5～30	0.05～0.15	外式天平	—	热线烟流
下吸式直流闭口风洞	TUBS	0.4×0.6	5～20	0.1	—	—	PIV
水塔	IAR	1.0×1.0×3.0	—	静态	—	—	PIV
水洞	RHRC Model	0.91×0.61×2.22	0～0.4	—	外式天平	LPM9481	染色
低(变)湍流度风洞	西北工业大学	0.4×1.0×2.0	5～70	0.02～0.7	—	DSY104	油流，升华热线
低(变)湍流度风洞	装备学院	0.8×1.0	10～70	0.13～0.62	—	DSY104	—
低(变)湍流度风洞	天津大学	0.35×0.45	10～40	0.03～0.2	—	—	PIV，热线
上吹式直流闭口风洞	清华大学	0.5×0.5	10～40	0.15	外式天平	PSI8400 PSP	PIV，烟流，热线
多用途低速水洞	北京航空航天大学	1.0×1.2	0.1～1.0	0.27～0.45	—	—	PIV

2.2.1.1 美国伊利诺伊州立大学香槟分校低速风洞

坐落于伊利诺伊州立大学香槟分校（UIUC）的低速风洞为下吸式直流闭口风洞，主要由进气口、收缩段、试验段、扩压段、动力段以及消音部件组成。

风洞主要设计参数如下：

1）风洞收缩比为 7.5∶1；

2）试验段尺寸为 0.85 m×1.22 m×2.44 m；

3）湍流度约为 0.07%；

4）可控风速范围 5～70 m/s。

以目前发表的相关文献来看，此风洞主要用于翼型气动特性研究。主要研究手段是气动力直接测试、表面压力测试、尾迹压力测试、表面油流显示以及热线测试技术等。示意图如图 2 - 22 所示。

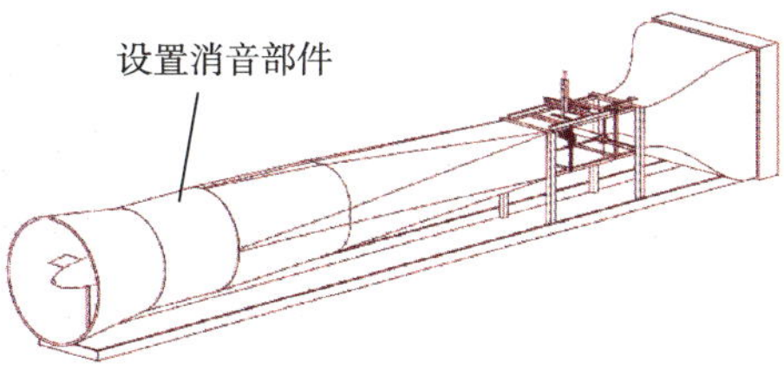

图 2 - 22　UIUC 低速风洞示意图

2.2.1.2　圣母玛利亚大学低速风洞

坐落于圣母玛利亚大学（UND，University of Notre Dame）的 Hessert 宇航研究中心（Hessert Centre for Aerospace Research）的低速低湍流度风洞是下吸式直流闭口风洞，主要由进气口、收缩段、试验段、扩压段、动力段以及消音室组成。

风洞主要设计参数如下：

1）风洞收缩比为 24∶1；

2）试验段尺寸为 0.61 m×0.61 m×1.83 m；

3）湍流度约为 0.05%～0.15%；

4）可控风速范围 5～30 m/s。

以目前发表的相关文献来看，此风洞主要用于翼型气动特性研究。主要研究手段是气动力直接测试、烟流显示技术等。示意图如图 2 - 23 所示。

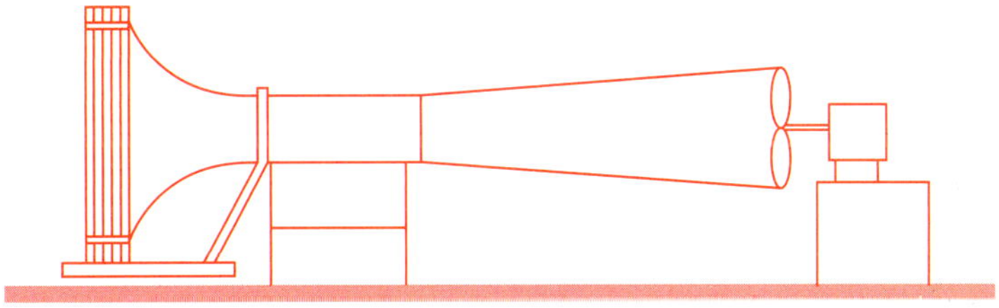

图 2 - 23　圣母玛利亚低速低湍流度风洞示意图

2.2.1.3　加拿大航空航天研究所水塔

坐落于航空航天研究所（IAR，Institute for Aerospace Research）的水塔主要由水箱、直线位移机构、流体介质以及密封换气部件组成。此装置是流体不动，模型运动，模拟过程中背景噪声和湍流度极低，流场品质近似准静态自由流。IAR 水塔实景如图 2 - 24 所示。

水塔主要设计参数为：

1）试验段尺寸为 1 m×1 m×3 m；

2）试验雷诺数可低至 10^4。

图 2-24　IAR 水塔实景

2.2.1.4　(RHRC，Rolling Hills Research Corporation) Model 2436 水洞

此水洞是 NASA 德赖登飞行研究中心（DFRC，Dryden Flight Research Center）资助建设的，主要用于翼型和飞行器低雷诺数气动特性研究。该水洞配备了高精度的压力测试设备、多分量应变式天平系统以及染色显示技术。

水洞主要设计参数为：

1）收缩段收缩比 6∶1；

2）试验段尺寸为 0.91 m×0.61 m×2.22 m；

3）可控流速范围 0～0.4 m/s。

Model 2436 水洞实景图如图 2-25 所示。

图 2-25　Model 2436 水洞实景图

2.2.1.5　西北工业大学低（变）湍流度风洞

此风洞隶属于西北工业大学翼型、叶栅国家重点实验室，主要用于翼型气动特性研究以及自由转捩研究。风洞特色是湍流度变化范围比较宽。风洞如图 2-26 所示。

风洞主要设计参数为：

1）收缩段收缩比 22∶1；

2）试验段尺寸为 0.4 m×0.8 m×2 m；

3）可控流速范围 5～70 m/s；

4）湍流度变化范围 0.02%～0.7%。

图 2-26　西北工业大学低（变）湍流度风洞

2.2.1.6　北京航空航天大学 1.2 m 多用途低速水洞

北京航空航天大学的 1.2 m 多用途低速水洞，如图 2-27 所示。与低速风洞相比，水洞试验不仅具有直观的优点，而且在飞行器气动布局选优、旋涡分离流等复杂流动机理研究，以及气动特性的工程实验等方面都具有低速风洞不可替代的试验性能。试验不仅能在恒定流速下进行，而且能在变流速下进行。便于开展飞行器不可压条件下旋涡分离等复杂流动机理研究。

主要技术指标如下：

1）截面大小为 1.0 m×1.2 m（宽×高）；

2）流速为 0.1～1.0 m/s，湍流度为 0.27%～0.45%；

3）截面速度不均匀度为 0.46%。

图 2-27　北京航空航天大学 1.2 m 多用途低速水洞试验段外观

2.2.2 翼型气动力测试技术

低雷诺数下，来流动压低，作用在模型上的气动力小，难以在风洞中精确测量，且模型升阻比较大，对测试天平的设计要求较高。因此低雷诺数下翼型风洞测力主要分为两种方式：第一种为天平直接测力，另一种为翼型表面测压加尾耙测阻力。国外相当数量的大学以及研究机构均开展了翼型测力试验研究。UIUC 的测试方案是一种将两种方式相结合的有效方案[21]，如图 2-28 所示。方案典型特征是模型两端支撑，一端通过低摩阻导轨将模型升力传递至升力测试组件，另一端通过高精度角度传感器定位模型姿态；模型阻力是通过尾耙测试尾流损失后积分获得。方案的优点在于：1）两端支撑刚度大；2）通过机构解耦提高升力测试精度；3）借助测压方法测量阻力，避开了常规大升阻比天平的设计难题。方案的缺点在于：低雷诺数时大多数翼型的尾迹都伴随着大尺度涡，这些涡引起尾流的非定常振荡，准确测量平行于试验段中心线的速度分量很困难，同时，它也不能用于失速或襟翼偏转的情况，这种方法的测量值比实际值偏小。另外，低雷诺数时翼型上表面流动存在分离诱导转捩，表面流场是三维流动，存在大尺度的横向流动，即使其方案中布置多路测压点，尾耙积分结果也无法精确代表整个模型的阻力（图 2-29）。

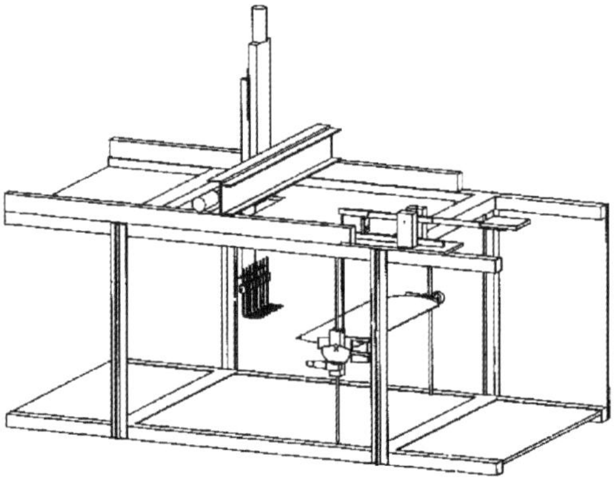

图 2-28 UIUC 翼型测力方案

由前文所述，为实现模型阻力的高精度测试，需对模型全部阻力进行直接测量。作者对此方案进行适当的改进，在模型的两端分别串联一个高精度阻力测试传感器（图 2-30），使得整个系统可实现全模型阻力的高精度测试。

此系统关键在于阻力传感单元的设计，设计出发点就是能够消弱甚至消除升力以及力矩对阻力应变梁的干扰。阻力单分量天平结构如图 2-31 所示。两个阻力单分量天平（一个大量程、一个小量程）都采用了对称性片梁式组合结构的形式，相同数量和尺寸的支撑片梁位于片梁式组合结构的两端，支撑片梁的分布沿水平和垂直方向对称。小量程阻力单分量天平片梁式组合结构的中间采用工字梁作为阻力测量元件，大量程阻力单分量天平片梁式组合结构的中间采用矩形梁作为阻力测量元件。两个天平外形除测量元件尺寸不同其余外形尺寸相同。

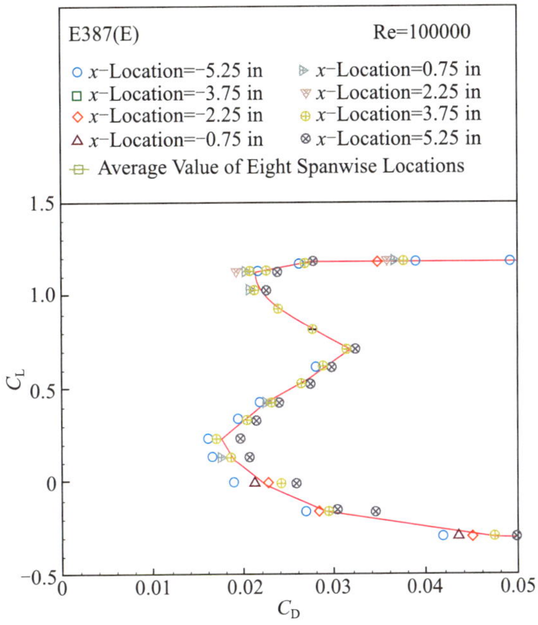

图 2-29　不同展向位置阻力测试结果

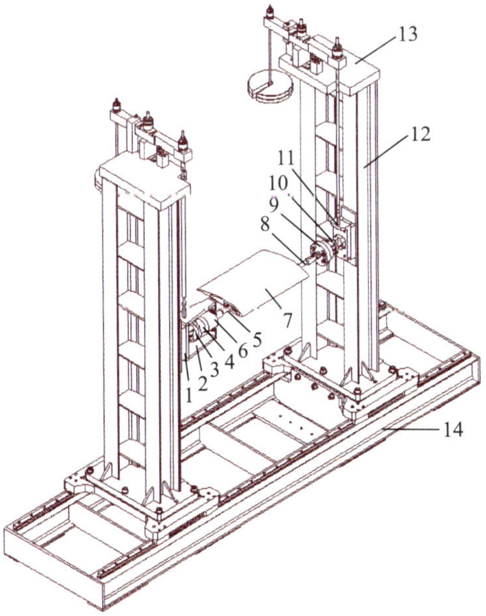

图 2-30 翼型测力系统结构示意图

1—直线滚动单元；2—连接板一；3—阻力单分量天平；4—轴承用法兰；5—连接杆一；6—中空编码器；7—测力翼型；8—连接杆二；9—变攻角法兰盘；10—阻力和力矩二分量大平；11—连接板二；12—模型支架；13—升力测量元件；14—导轨底座

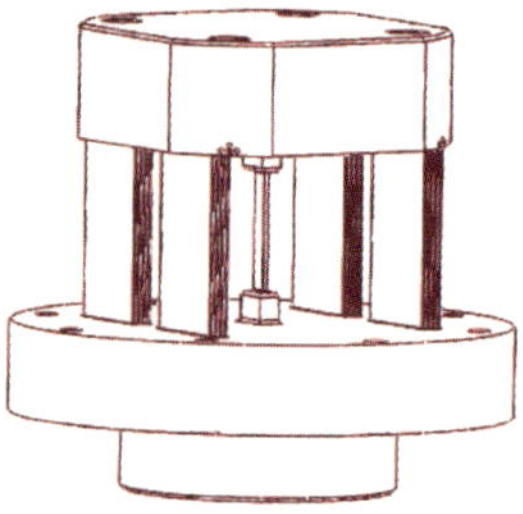

(a) 小量程阻力单分量天平　　(b) 大量程阻力单分量天平

图 2-31　阻力单分量天平结构图

为验证系统的测试能力，作者开展了风洞测试对比试验，测试对象为 FX63-137 翼型，雷诺数为 3.0×10^5。试验在西北工业大学低（变）湍流度风洞开展。测试结果同 UIUC 以及单天平悬臂支撑试验结果进行比较，对比试验结果如图 2-32 所示。对比结果表明，此测试装置与作者前期使用的单天平悬臂支撑相比有质的提升，测量结果与 UIUC 结果一致性较好。

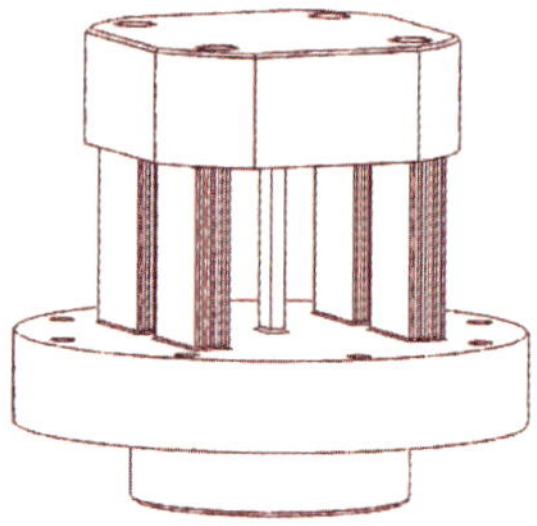

(a) 升力系数　　(b) 阻力系数

图 2-32　翼型双支撑测力系统标模试验结果对比

2.2.3　低雷诺数风洞测力试验结果散布度分析

低雷诺数流动稳定性差，易受各种因素干扰，对气动特性的风洞试验技术带来很大挑战。雷诺数处于 $10^4\sim10^5$ 量级，流场存在明显的层流边界层、层流分离、转捩、湍流边界层和湍流分离，流动容易受来流湍流度、背景噪声和表面粗糙度的影响使得其流态、流动结构和气动特性发生很大变化，对风洞试验条件和流场环境要求高，同时低雷诺数条件下的动压低，作用在模型上的气动力小，难以在风洞试验中精确测量，且轴向力与法向力量程差别很大，对测试设备的能力提出严苛要求。图 2-33 给出了国外不同研究机构采用不同风洞、支撑方式和测试设备获得的低雷诺数升阻极曲线试验结果[21]，表明随雷诺数降低试验数据之间差异加大，存在很大的不确定性。

作者对两座低雷诺数低湍流度风洞和 3 种不同试验方案的 FX63－137 翼型标模低雷诺数气动特性测试结果进行比较分析，初步研究了数据散布度，如图 2－34 所示，方案 1（FA－01）为西北工业大学风洞横跨翼段方案，方案 2（FA－02）为西北工业大学风洞隔离翼段方案，方案 3（FA－03）为解放军装备指挥学院风洞横跨翼段方案，3 个方案均采用同一套天平测力系统。分析结果表明随雷诺数增加，所测试的升阻力系数散布度快速下降，从试验数据看雷诺数从 1×10^5 增加至 2×10^5，升力系数散布度从±10%迅速降低至约±3%以内，阻力系数散布度从约±40%降低至约±20%，表明对于同一套测试系统而言，随着雷诺数增加所测得的气动数据散布度降低。

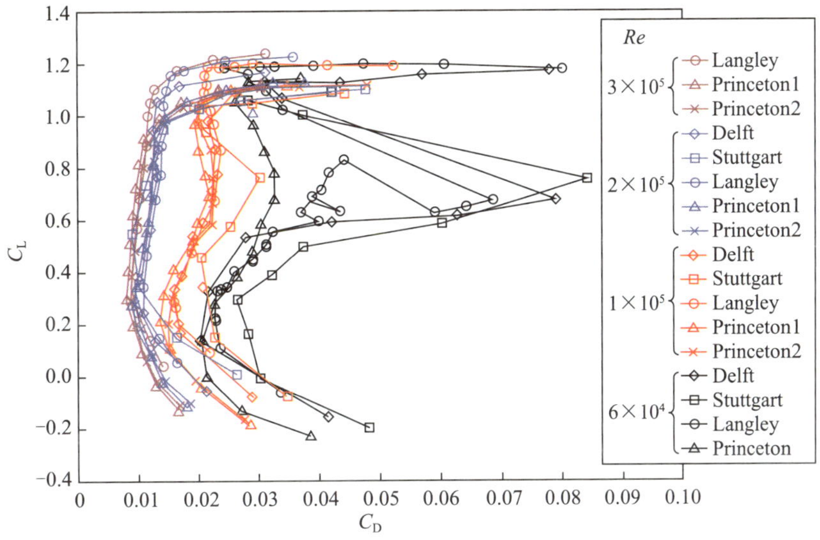

图 2－33　国外风洞试验极曲线散布度随雷诺数变化规律

翼型低雷诺数条件下，想要准确获得其气动特性是很困难的工作。当雷诺数位于 $1\times10^5\sim2\times10^5$ 时，升力系数的预测偏差带达到约±10%以上，阻力系数预测的偏差带可以达到±（30%～40%）。当雷诺数小于 1×10^5 时受风洞稳定风速范围和气动力测试能力的限制，目前国内基本上还不具备稳定的风洞试验条件，试验数据的重复性不好。这同图 2－33中所给出的国外翼型低雷诺数试验结果的变化趋势是一致的。

2.2.4　低雷诺数流动显示研究技术

流动显示是流体力学、空气动力学的一种重要试验手段。由流动显示的信息所形成的流动结构，对于流体力学基本现象的发现与认识，对于理论研究数学模型的建立，对于生产实际中大量流体力学应用问题的解决，都有着巨大的作用。同时，流动结构也有助于人们建立对流动现象的感性认识。流动显示是一门古老而又正在发展着的技术，在流体力学领域内，最早是 1879 年 Reynolds 在水平圆管内利用直接注入颜色水方法所进行的层流、湍流及其转捩的试验。自此以后，这一技术便不断地完善与发展，作为一个试验技术领域而真正地形成自己独立的体系，发展尤为迅速，古老的方法至今仍然被广泛地应用着，而

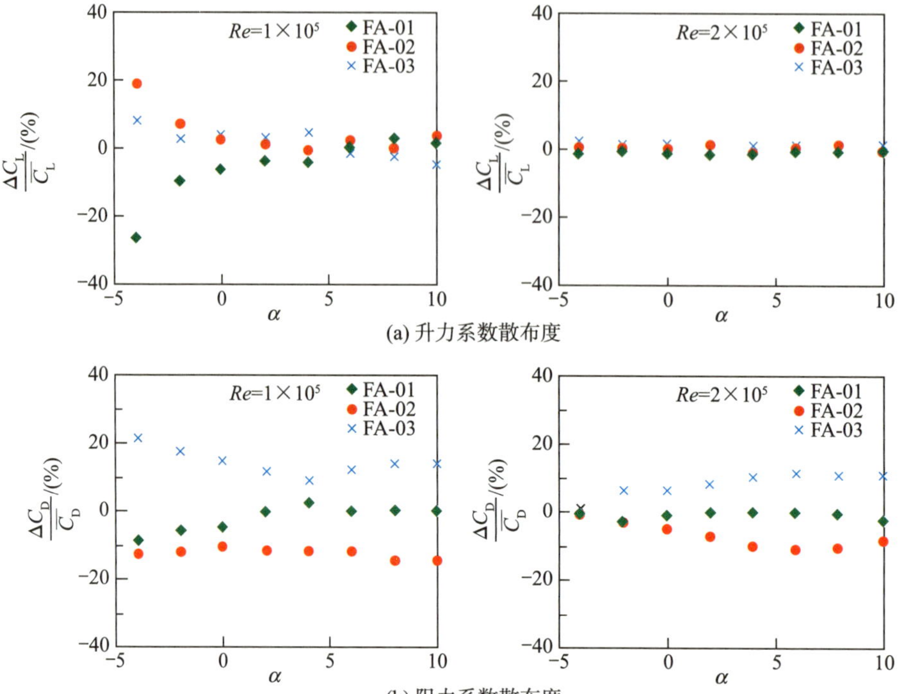

(a) 升力系数散布度

(b) 阻力系数散布度

图 2 - 34　翼型不同风洞不同试验方案低雷诺数条件下升阻特性散布度

新的技术又不断在涌现。适合研究低雷诺数流动的主要流动显示技术见表 2 - 5。

表 2 - 5　流动显示技术

类别	方法名称	方法简介	介质
烟线法	激光烟线法	激光片照射待测区烟颗粒	气
空间粒子示踪法	粒子图像测速法	照像技术记录流场中示踪粒子的瞬时速度场	气、水
热膜法	表面热膜阵列法	热膜阵列测壁面与流体热交换	气
壁面示踪法	油流显示技术	石蜡加亚麻籽油＋TiO_2＋油酸	气、水
丝线法	荧光微丝显示技术	尼龙/棉单丝＋荧光剂＋紫外灯	气、水
电控法	火花追踪显示技术	在气流中放置适当形状的电极，电极间施以高压高频电流。极间气体放电形成电火花，利用此火花进行示迹	气
温度分布法	热红外显示技术	边界层内流态不同，导致均匀加热的壁面温度分布变化，利用红外接收仪记录分析	气

流动显示是在力求不改变流体运动性质的前提下，用图像显示流体运动的方法，其任务是使不可见的流动特征，成为可见，从而可进一步研究探索和应用流体运动的规律。层流分离是低雷诺数流动典型流动特征，采用流动显示技术时应优先选择能够有效描述层流分离，且不会给流场带来附加干扰（如诱导提前转捩等）的试验技术。但各种流动显示技术往往难以避免对流场带来干扰，应用时需要加以考虑。

2.2.4.1　激光烟线法

烟线法是发展比较早的一种流动显示手段。近年来随着光学测试手段的开发，赋予了烟线法新的生命——激光烟线法。激光烟线法是将激光片照射到待测区域，照亮此区域内的烟颗粒，提高图像质量。作者基于传统的发烟技术，引入激光片光源，借助普通的数码相机也开发了一套激光烟线流动显示装置。在风洞试验段入口下游不远处安装了一根由数股镍铬丝缠绕而成的镍铬线，镍铬线位于试验段的横向中心面上且垂直于水平面，上下两端连接了可调节电压的直流电源，煤油通过一根导管流到镍铬线上，通过重力作用由上往下流，当镍铬线通电加热后，上面的煤油因为受热汽化变成油蒸汽，这些油蒸汽随气流向下游流动过程中受常温影响又凝结成细小的油雾滴，这些油雾滴随气流流动而形成可视的流动形态。为了使拍摄图像更加清晰，还需要强光源照射来增加拍摄区域的亮度，试验中可选用片式激光。

利用此技术对平板边界层层流分离泡开展了流动显示试验，获得的结果可清晰显示其分离点、转捩点，如图 2－35 所示。

图 2－35　平板层流分离泡激光烟线显示结果

2.2.4.2　粒子图像测速法

粒了图像测速法（PIV，Particle Image Velocimetry）是 20 世纪 70 年代末发展起来的一种瞬态、多点、无接触式的激光流体力学测速方法。该方法主要是通过在流体中加入跟随流体运动的示踪粒子，这些粒子在流经一个特定平面时被连续照亮两次，利用照相技术将被照亮的粒子记录下来，通过图像的后处理，就能够得到粒子在两次照亮的时间间隔中的位移，从而得出流体的速度场。粒子图像测速法的特点是能在同一瞬态记录下大量空间点上的速度分布信息，并可提供丰富的流场空间结构以及流动特性，并且除向流场散布示踪粒子外，所有测量装置并不介入流场，不会给流场带来附加干扰。由于上述优点，该方法近几十年来得到了不断完善与发展，已成为当今流体力学测量研究中的重要流动显示技术。

粒子图像测速方法多种多样，但其原理都是通过测量示踪粒子在已知很短时间间隔内的位移来间接地测量流场的瞬态速度分布（图 2－36），只要示踪粒子有足够高的流动跟随性，示踪粒子的运动就能够真实地反映流场的运动状态。

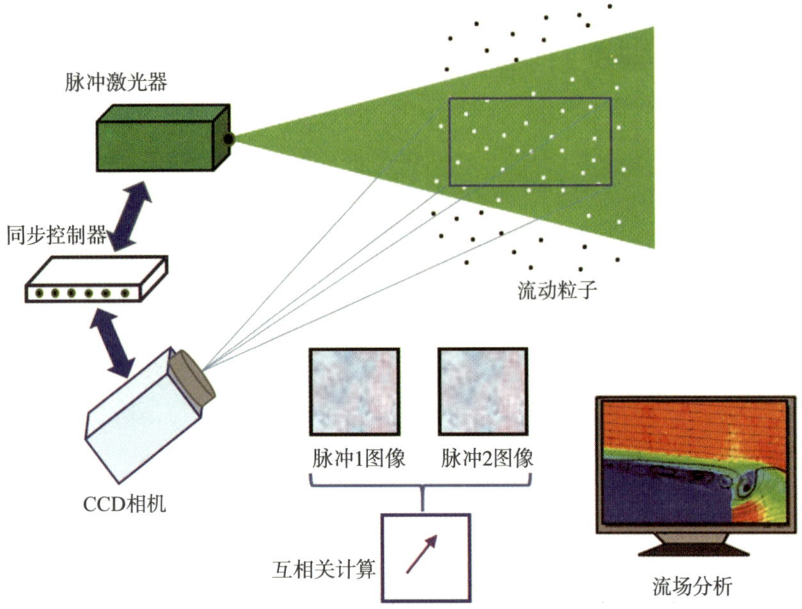

图 2-36　粒子图像测速法原理图

作者利用粒子图像测速方法，在北京航空航天大学的 1.2 m 多用途低速水洞对翼型低速流场开展流动显示试验，所采用的粒子图像测速系统由 CCD 相机、计算机、图像采集板、同步控制器和作为光源的双脉冲激光器等仪器组成。试验结果显示粒子图像测速方法可精确拍摄和观测翼型中后部上表面较大尺度的层流分离涡非定常和时均化流场结构，但对更为靠近翼型壁面的流动结构，如二次分离涡结构，以及分离点和再附点更为细致的定量观测捕捉能力还不能令人满意，其所获的结果将在第 3 章进行细致分析与描述。

2.2.4.3　表面热膜阵列法

表面热膜测试技术由于其高频响特点，且能反映边界层从前缘到尾缘的连续瞬态变化过程，在边界层测量中很具优势。热膜可以贴在模型表面，也可以与模型一体加工形成阵列，与壁面绝缘。工作时它被置于工作电桥中可发出一定的热量，和周围的流体进行热量交换，它与壁面剪切应力之间有着密切的联系。通过测量壁面与流体间的热交换特性，则可测量壁面剪切应力。表面剪切应力是边界层研究中的一个重要参数，无论在二维或三维边界层、层流或湍流边界层中，都可应用表面热膜来测量壁面剪切应力的大小和方向。在此基础上，还可应用表面热膜来测定边界层的状况，如确定边界层发生转捩和分离的位置。迄今为止表面热膜被认为是检测边界层转捩最精确的方法。此时可以不必求出壁面剪切应力的绝对值，而只需求出沿流动方向各个不同位置壁面剪切应力的相对大小，进行比较即可达到目的，且不必对热膜进行具体的校准。这一优点在做边界层转捩研究试验时更为明显，不仅减少了试验工作量，而且使得试验过程方便又可靠。

2.2.4.4　其他流动显示技术

粒子图像测速技术可以很好地获取空间流动结构，但对于近壁面的流动，由于粒子播撒等问题，难以获得精细的结果。油流显示试验则可以较好地获得壁面附近的一些流动图像，它是一种显示复杂流动，如分离流动和旋涡流动的非常简便、有效的手段。通过对模型表面油流谱的分析可以了解流体在表面发生分离的位置、方式、特点以及旋涡的形成等，是揭示边界层分离及其旋涡结构的重要流体力学试验技术。目前常规油流通常是使用钛白粉和适合不同风速的油剂配制而成，这种常规油流显示技术已经广泛应用于各种风洞试验中，为研究表面流态提供了非常有效的研究方法。常规油流的试验原理与试验方法已经发展得十分成熟，但是对于不同风洞，由于试验时来流总温、模型表面光滑度等条件的不同，油流试验方法特别是油剂的配比也不相同，所以在不同类型的风洞中开展油流试验前，要做很多工作。为减小示踪粒子的浓度，降低油层稠度，后续又相继发展了彩色油流以及荧光油流显示技术，无论是哪一种油流显示技术，其基本原理都是相同的。北京航空航天大学邓学蓥等[27]通过理论分析以及试验验证表明油流流线实际上是模型摩擦力线的反映，其前提条件是油膜足够薄且模型表面压力梯度不是很强，否则会带来一定的误差。伊利诺伊州立大学香槟分校（UIUC）的 Michael S. Selig 等使用荧光油流开展了大量的低雷诺数翼型风洞试验研究，其研究结果表明，油流显示技术在辨识流动分离以及再附着方面有效可靠。其典型测试结果如图 2－37 所示。

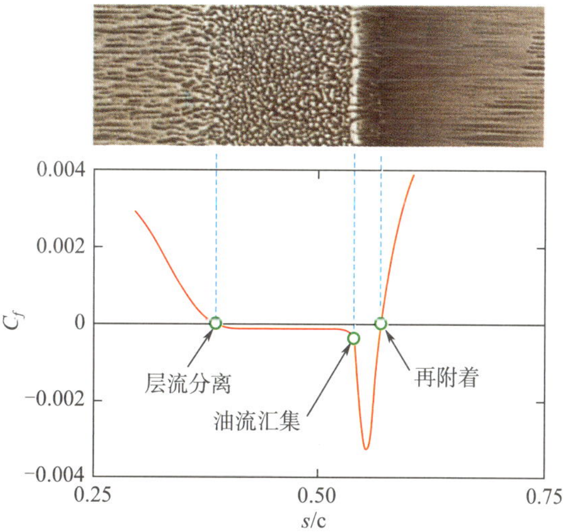

图 2－37　油流显示结果与表面摩擦力分布关联示意图

作者在西北工业大学低（变）湍流度风洞内进行了翼型油流显示试验。试验选取的翼型为大弯度 FX63－137 翼型，试验条件为：$T_\infty = 296.55$ K，$P_\infty = 97\ 140$ Pa，来流风速根据所研究的雷诺数大小确定。油流显示试验采用的油料为煤油，将其均匀涂抹在翼型表面，煤油中加入少量石墨，以增加对比度。试验目的在于拍摄和观测机翼表面流动分离涡结构，主要观测指标为流动分离线数量及相对位置信息。试验分别对雷诺数为 2.0×10^5，

3.0×10^{5}环境下翼型绕流流动进行了拍摄，获取的翼型表面流动分离涡结构的时均化分离线、二次分离线，与数值模拟结果一致，详细的对比验证见第 3 章。

荧光微丝显示技术是常规丝线法的改进方法，早在 1980 年就被波音公司首次推出，并逐渐在欧美风洞试验研究中得以推广。2001 年美国 Mr. Stephen P. Cook 与 Dr. Jewel Barlow 使用荧光微丝技术显示 F/A－18E 模型的表面流场，试验在 NASA 的 12 ft（1 ft=0.304 8 m）风洞中进行，所用丝线直径 0.15 mm，长度 30～40 mm，试验结果表明使用该技术可有效观察到不同姿态角下模型表面清晰的流动状态，使区域流动分离可视化。20 世纪 90 年代，南京航空航天大学在国内首次对荧光微丝显示技术进行了开拓性研究，成功观察到多种典型机翼流谱，试验证明了粘贴丝线对测力试验结果几乎无影响，且荧光微丝所得流谱直观、容易判读，能大大节省试验时间。然而由于荧光微丝显示技术在实践过程中存在的一些具体技术和应用问题，致使其在国内的风洞试验中未能得以大范围应用。西北工业大学惠增宏等[28]从丝线的制成及粘贴方法、光源及拍摄技术等方面对荧光微丝的具体技术进行了较为全面的研究，并在某大型民机增升装置的流动显示及控制试验中得到了验证，其典型试验结果如图 2－38 所示。

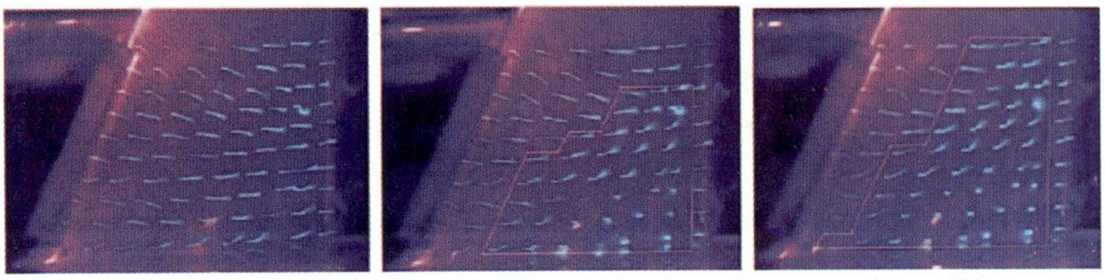

(a) α=17°　(b) α=18°　(c) α=19°

图 2－38　机翼上表面内侧荧光微丝显示流谱

红外成像是 20 世纪 60 年代发展起来的热图技术。它既能给出反映物体表面温度分布的热图，又可迅速提取出各点的温度值，且不需要在物体表面喷涂感温层，是一种很受欢迎的测量和显示技术，由于不会对流场带来额外的干扰，是一种可应用于低雷诺数气动问题研究的很有前景的技术手段。该技术根据热辐射理论，任何物体均在不断地向外发射电磁波，其辐射强度与波长和温度有关。由于红外热像仪能够实时地给出反映物体表面温度分布的热图，并能定量地给出温度值，因而它对于研究表面摩擦阻力和热传递过程的空气动力学特性具有很大的潜力。

目前，红外成像技术已经在空气动力学领域广泛应用，试验条件已经从高超、高焓设备扩展到低温、低亚声速风洞的全部范围。确定边界层从层流到紊流的转捩点位置是空气动力学所关注的重要课题，红外成像技术应用于低速风洞试验，可通过温度分布或传热系数分布精确判断出转捩点的位置。测量原理是当流场建立后，用电阻丝加热模型部分表面，同时用热像仪测量该部分表面温度沿弦向的分布。层流部分热交换系数小，温度偏高，紊流部分热交换系数大，温度偏低，所以根据沿弦向的温度分布状况，可以判断出转捩位置。图 2－39 是热红外成像技术测试模型表面转捩区的试验结果，图中的各曲线表明，从前缘至下游温度值都是先增加到峰值，后下降至一谷值，峰值和谷值分别对应转捩的开始和结束位置。

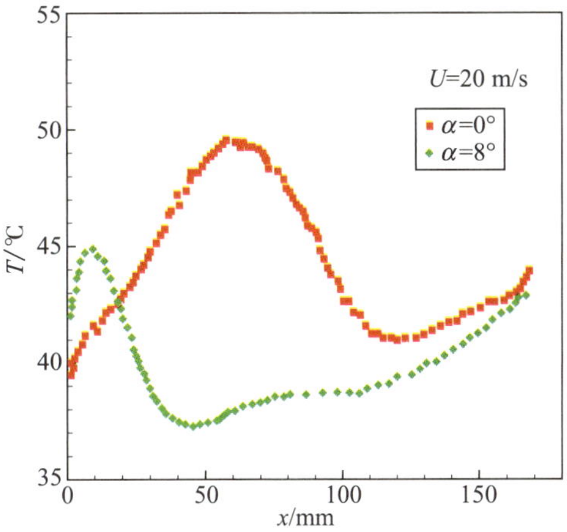

图 2－39　红外成像技术测量的不同攻角下模型表面温度分布

如前所述，低雷诺数空气动力学研究的流动显示技术和方法种类很多，对于不同的关注对象，则需选择不同的设备和方法。没有十全十美的设备，也没有十全十美的方法，各有各的适用范围。

参考文献

[1] 李人宪．有限体积法基础（第二版）[M]．北京：国防工业出版社，2008.

[2] 陈懋章．黏性流体动力学基础 [M]．北京：高等教育出版社，2002.

[3] 李寿佛．刚性常微分方程及刚性泛函微分方程数值分析 [M]. 湖南：湘潭大学出版社，2010.

[4] ANDERSON J D. Jr. Computation Fluid Dynamic：The Basics with Applications [M]. New York：McGraw - Hill，1995.

[5] ROGERS S E，KWAK D. Upwind Differencing Scheme for the Time - Accurate Incompressible Navier - Stokes Equations [J]．AIAA Journal，1990，28（2）：253 - 262.

[6] ROGERS S E，KWAK D. Steady and Unsteady Solutions of the Incompressible Navier - Stokes Equations [J]．AIAA Journal，1991，29（4）：603 - 610.

[7] WEISS J M，SMITH W A. Preconditioning Applied to Variable and Constant Density Flows [J]. AIAA Journal，1995，33（11）：2050 - 2057.

[8] WEISS J M，MARUSZEWSKI J P，SMITH W A. Implicit Solution of Preconditioned Navier - Stokes Equations Using Algebraic Multigrid [J]．AIAA Journal，1999，37（1）：29 - 36.

[9] 傅德薰，汪翼云，马延文．计算空气动力学 [M]．北京：宇航出版社，1994.

[10] YEE H C，WARMINGC R F，HARTEN A. Implicit Total Variation Diminishing（TVD）Schemes for Steady - state Calculations [J]．Journal of Computational Physics，1985，57（3）：327 - 360.

[11] LUO H，BAUM J D，AND LOHNERY R. A Fast，Matrix - free Implicit Method for Compressible Flows on Unstructured Grids [J]．Journal of Computational Physics，1998，146（2）：664 - 690.

[12] MENTER F R. Two - Equation Eddy - Viscosity Turbulence Models for Engineering Applications [J]. AIAA Journal，1994，32（8）：1598 - 1605.

[13] LANGTRY R B，MENTER F R. Correlation - Based Transition Modeling for Unstructured Parallelized Computational Fluid Dynamics Codes [J]．AIAA Journal，2009，47（12）：2894 - 2906.

[14] 孟德虹，张玉伦，王光学，等．$\gamma - Re_\theta$ 转捩模型在二维低速问题中的应用 [J]．航空学报，2011，32（5）：792 - 801.

[15] 周宇. 工程湍流模型参数辨识研究 [D]. 四川绵阳：中国空气动力学发展研究中心，2009.

[16] 张兆顺，崔桂香，许春晓．湍流大涡数值模拟的理论和应用 [M]．北京：清华大学出版社，2008.

[17] KOVASZNAY L S G. Hot - Wire Investigation of the Wake Behind Cylinders at Low Reynolds Numbers [J]．Proceedings of the Royal Society of London，Series A，1949，198（1053）：174 - 190.

[18] WILLE R. Karman Vortex Streets [J]．Advances in Applied Mechanics，Academic，New York；1960，6：273 - 287.

[19] MCGHEE J，WALKER B S，MILLARD B F. Experimental Results for the Eppler387 Airfoil at Low Reynolds Numbers in the Langley Low - Turbulence Pressure Tunnel [R]. NASA TM4062，Oct. 1988.

[20] MCARTHUR J. Aerodynamics of Wings at Low Reynolds Numbers：Boundary Layer Separation and Reattachment [D]．University of Southern California，2008.

[21] SELIG M S, MCGRANAHAN B D. Wind Tunnel Aerodynamic Tests of Six Airfoils for Use on Small Wind Turbines [R] . 2004, NREL/SR-500-34515.

[22] ONG L, WALLACE J. The Velocity Field of the Turbulent Very Near Wake of a Circular Cylinder [J] . Experiments in Fluids. 1996, 20 (6): 441-451.

[23] GALBRAITH M C, VISBAL M R. Implicit Large Eddy Simulation of Low Reynolds Number Flow Past the SD7003 Airfoil [R] . AIAA Paper 2008-225, 2008.

[24] OL M V, MCAULIFFE B R, HANFF E S, et al. Comparison of Laminar Separation Bubble Measurements on a Low Reynolds Number Airfoil in Three Facilities [R] . AIAA Paper 2005-5149, 2005.

[25] MUELLER T J, BATILL S M. Experimental Studies of Separation on a Two-Dimensional Airfoil at Low Reynolds Numbers [J]. AIAA Journal, 1982, 20 (4): 457-467.

[26] LISSAMAN P B S. Low-Reynolds-Number Airfoils [J]. Annual Review of Fluid Mechnics. 1983, 15: 223-239.

[27] 邓学蓥，刘志忠．煤油、烟黑和胶纸粘贴油流显示技术 [J]. 航空学报，1987，8 (10)：525-529.

[28] 惠增宏，侯金玉，邓磊．荧光微丝在低速风洞试验中应用的关键技术研究 [J]. 实验流体力学，2015，29 (1)：92-96.

第3章　低雷诺数流动结构与气动特性

雷诺（Osborne Reynolds，1842—1912 年）是英国力学家、物理学家、工程师（图 3-1）。雷诺兴趣广泛，一生著作很多，其中近 70 篇论文都有很深远的影响。这些论文研究的内容包括力学、热力学、电学、航空学、蒸汽机特性等。雷诺的著作编成《雷诺力学和物理学课题论文集》2 卷。其中重要的有 1893 年关于动力相似律奠基性的论文，1886 年关于润滑理论的论文和 1895 年关于湍流中雷诺应力的论文等。此外，雷诺还给出平面渠道中的阻力，提出轴承的润滑理论（1886），研究河流中的波动和潮汐。阐明波动中群速度概念，将许多单摆上端串联且均匀分布在一紧张水平弦线上以演示群速度；指出气流超声速流经管道最小截面时的压力（临界压力）(1895)；引进湍流中有关应力的概念（1895）。还从分子模型解释了剪胀（ditatancy）的机理等。

图 3-1　雷诺

雷诺在流体力学方面最主要的贡献是发现流动的相似律，他于 1883 年发表了一篇经典性论文《决定水流为直线或曲线运动的条件以及在平行水槽中的阻力定律的探讨》。这篇文章以实验结果说明水流分为层流与紊流两种形态，并引入表征流动中流体惯性力和黏性力之比的一个无量纲数，即雷诺数，作为判别两种流态的标准，对于几何条件相似的各个流动，即使它们的尺寸、速度、流体不同，只要雷诺数相同，则这些流动是动力相似的。1851 年斯托克斯已认识到这个比数的重要性。1883 年雷诺通过向横截面为圆形的管道的流动中注入彩色水流，观察平滑流线型流动（层流）向不规则带旋涡的流动（湍流）过渡的试验，阐明了这个比数的作用，见图 3-2。雷诺试验发现对于光滑或近光滑管道流动，其流动的平滑程度与管内流动的速度、流体的黏度、管径的大小等参数紧密相关，由此引入描述流体惯性力和黏性力比例关系的动力学相似参数——雷诺数。研究发现圆管中定常流动的流动状态发生转化时对应的雷诺数称为临界雷诺数，对应于上、下临界速度的雷诺数，称为上临界雷诺数和下临界雷诺数。上临界雷诺数表示超过此雷诺数的流动必为湍流，它的大小很不确定，跨越一个较大的取值范围，而且极不稳定，只要稍有干扰，流态即发生变化。上临界雷诺数常随试验环境、流动的起始状态不同有所不同。据此认为有实际意义的是下临界雷诺数，它表示低于此雷诺数的流动必为层流，有确定的取值。通常均以它作为判别流动状态的准则，即 $Re<2\ 320$ 时，为层流。在雷诺以后，分析有关的雷诺数成为研究流体流动，特别是层流向湍流过渡的一个标准步骤。

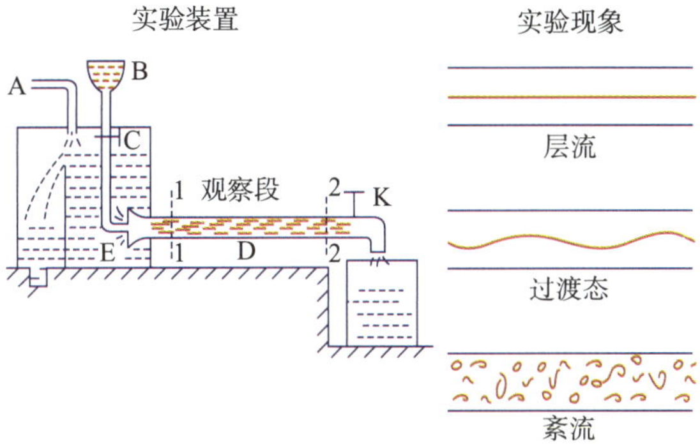

图 3-2　雷诺试验

流体力学研究中相似准则的提出具有极为重要的意义。如果两个力学系统中所有的特征量都相似，即所有的矢量在几何上相似，所有的标量相应成比例，则称这两个力学系统相似。这种相似包括三个方面的相似：几何相似、运动相似和动力相似。其中动力相似是流体力学研究的重要条件，在这个条件下所开展的试验或仿真才能够对于真实的流体力学问题提供最为有效的模拟和定量指导。动力相似又是以几何相似、运动相似为前提。流体力学研究中存在大量相似参数，雷诺数具有非常重要的价值和里程碑意义。

同理想气体不同，我们所面临的真实气体是存在黏性的。这种黏性所起作用的大小同浸没在气体中物体的大小、形状、粗糙度，来流的速度、黏性系数等关系密切。

低雷诺数范畴内，空气黏性效应突出，飞行器空气动力学问题存在其自身特点，其气动特性与常规雷诺数有着明显的不同[1]。就翼型而言，许多具有重大意义的空气动力学问题出现在以翼型弦长为参考长度的雷诺数低于 3×10^5 范围，从气动特性角度看，翼型在低雷诺数条件下会出现升阻比突然下降，非定常、非线性效应显著，流动易受到来流湍流度、噪声、表面粗糙度及振动等因素的影响而发生明显的变化，从而严重影响气动特性，且其影响的规律随雷诺数不同而不同。从流动结构和流态的角度看，雷诺数 $10^4\sim10^5$ 范围的流动现象非常复杂，可能存在层流边界层、层流分离、边界层转捩、分离诱导转捩、湍流边界层、湍流分离等丰富的流体力学元素。这些流动结构的演化规律和触发机制如何影响其气动特性还没有被系统地分析梳理。

飞行器低雷诺数流动的另一个特性就是三维效应显著，小展弦比的布局在小攻角下由于层流分离，其三维流场结构有其自身特点，另外由于低雷诺数飞行时受载荷能力的限制，往往采用轻质柔性结构，其气动特性易受变形效应的影响。

本章分别以典型翼型和机翼为研究对象，采用第 2 章介绍的数值模拟方法和试验技术，较为系统地研究了低雷诺数气动特性和流动结构，介绍了作者在低雷诺数气动特性研究方面多年来的研究成果，细致分析了典型翼型气动特性、流动结构随攻角、雷诺数及来流湍流度、蒙皮振动等干扰因素的非线性演化规律，分别从低雷诺数经典层流分离泡的非定常特性和时均化效应、低雷诺数气动特性攻角非线性效应形成机理、翼型低雷诺数气动特性恶化的物理机理、干扰因素对翼型低雷诺数气动特性影响等几个方面开展翼型低雷诺数气动特性的机理研究。研究了典型翼段、大展弦比和小展弦比机翼的低雷诺数气动特性，简要分析了流动三维效应和流场结构。但由于问题本身的复杂性，还存在很多需要进一步深入研究的问题，诸如分离诱导转捩的触发机制，不同分离泡之间演化的触发机制等，无论是当前的研究方法还是对现象本身的认识分析方面都还存在很大的不足，对此，本章也开展了初步的探讨。

3.1 低雷诺数分离流动基础特性

人们普遍认识到翼型低雷诺数条件下的气动特性急剧恶化同低雷诺数层流分离现象密不可分。经典理论认为翼型在低雷诺数条件下，其上表面出现层流分离泡。深入研究并控制翼型在低雷诺数条件下存在的层流分离现象是分析和提高飞行器低雷诺数气动特性的关键。

Horton[2-3] 等人的工作是研究低雷诺数层流分离泡问题的奠基性工作。Horton 描述出了经典二维层流边界层分离泡的结构（图 1－2），认为由于层流边界层克服逆压梯度的能力较弱，其中所包含的动量不足以继续保持附体，由此在分离点位置发生层流分离，层流边界层离开壁面。随后，分离的层流边界层在空间发生转捩形成湍流，在强的湍流剪切应力作用下，外流的能量被引入，获得足够的动量使得分离的流线又回到壁面，形成再附和湍流边界层，从而生成二维层流分离泡结构，这就是经典的层流分离泡结构。

一般而言经典的层流分离泡理论认为，层流分离泡具有较为稳定的大尺度结构，在分离区中，壁面压力基本保持不变，在再附点附近会出现强的压力梯度。层流分离泡前为层流边界层，层流分离泡外边界的前部为层流转捩剪切层，后部为湍流剪切层，再附点后发展为湍流边界层。

随后科学家和工程师对这种经典的层流分离现象开展了较为广泛深入的风洞试验和数值模拟研究工作。在观察这种层流分离泡结构时，常会发现流场的低频振荡现象。

由 Horton 等人提出的经典层流分离泡可以分为两类：短泡和长泡。短泡多发生在翼型前缘，其长度往往只有翼型弦长的几个百分点，一般认为短泡所起的作用是使层流边界层发生转捩，对翼型的气动性能是有利的。长泡往往从翼型的后部开始形成，长度可以扩展到翼型上很大范围，同分离区外部流动有更多的交互作用，它的存在对翼型气动性能会产生更为严重的不利影响，并且表现为更强的非定常特性。

Mueller 等[4]学者认为先形成短层流分离泡，然后在特定临界雷诺数条件下，短泡发生破裂形成长泡。并且认为 Horton 等人的层流分离模型和一些试验结果更接近于短泡的情况，对于长泡则是不合适的。Mueller[5]根据 Lissaman7769 和 Miley M06 - 13 - 128 翼型的低雷诺数试验指出，长泡和短泡出现及演化的次序对于形成气动力系数随攻角的静态滞回效应有决定性的影响。另外的一些试验和数值结果则支撑如下观点，认为在较小攻角时首先形成长层流分离泡，随后随攻角增加长层流分离泡位置不断前移，长度逐渐缩小，最终演变为前缘位置附近的短层流分离泡。可见对于长泡和短泡之间的演化规律和形成机制还存在不一致的认识。

对层流分离泡的早期研究工作，以试验为主，但由于低雷诺数风洞试验模型尺寸小，受模型加工精度、风洞湍流度、试验测试设备量程与精度、模型支撑的三维效应等原因的影响，不同的风洞所获得的气动力测试试验数据会有较大的差别。且随雷诺数降低，这种偏差和散布度体现得更为明显。流动显示试验较为繁琐，国内外试验往往仅给出测力结果，流动显示试验较少，难以对形成这种较大散布度的流动机理进行细致深入的研究分析。

大量的试验工作局限于对层流分离泡现象大尺度涡结构的观察和测量，而实际上这些观测结果，本质都是时均化的。八十年代以来的研究包括 Mueller（1988）[6]和 McGhee（1988）[7]测量到了层流分离泡的不稳定情况。在分离泡的上游部分，剪切层开始稳定地离开壁面，而在试验时均化观测到的再附点附近，剪切层是不稳定的。同时再附点的位置也是不稳定的，表明层流分离泡现象实际是一个不稳定的分离现象。尽管在不稳定的边界层区域可以测量到低频的速度脉动，这种不稳定的流动现象常常被解释成为是由于湍流造成的。

数值研究方面，早期 Briley[8]采用涡量和流函数形式的 N - S 方程数值模拟了平板上的层流分离现象。西北工业大学的乔志德教授[9]于 1986 年采用基于位势流动的表面源汇法做过低速翼型气动特性工程计算，用所得到的翼面上和尾迹中心线上的压力分布计算边界层和尾迹层，然后由边界层及尾迹与位流迭代计算得到低速黏性翼型绕流特性。Pauley[10-11]参考 Gaster[2]和 McGhee[7]的试验状态和数据基于 RANS 方程较为系统地数值模拟二维分离，集中于分离泡的非定常特性，特别分析了分离泡的时均化特性同试验结果的比较。Rist 和 Maucher[12]对人工强制扰动下的层流分离泡作了直接数值模拟（DNS)，计算了平板上的层流分离泡，考虑了不同的二维、三维扰动波的发展，发现二维不稳定波在流动中得到很大增长，用实验速度分布来确定自由流边界条件，在描述流向速度分量时，出现了分离泡的低频振荡，利用黏性/无黏干扰法能够阻尼振荡，得出结论是二维不稳定波线性发展可用数值方法捕捉，为了捕捉三维层流分离泡转捩细节，则需要作三维模拟。

总的来看，国内外对经典的低雷诺数层流分离流动的研究结论大致可以归纳为如下几点：

1）低雷诺数气动特性急剧恶化。以翼型为例雷诺数从 1×10^6 降至 2×10^4，升阻比约下降 1～2 个量级。

2）翼型低雷诺数工况下的气动特性存在较强的非线性效应。随攻角变化存在小攻角非线性效应和中等至大攻角的静态滞回效应。

3）低雷诺数情况下，不同风洞之间的测试结果和不同 CFD 方法的预测结果均存在较大偏差，且随雷诺数降低这种偏差增大。这与低雷诺数下气动特性和流场结构，易受到来流湍流度、模型表面粗糙度的影响而发生变化有关；同时低速低雷诺数条件下来流动压小，气动力特别是阻力是小量，兼顾较大雷诺数变化范围内的气动力测试量程和精度是困难的。

4）研究提出了经典的层流分离泡模型，认为层流分离泡是一种较为稳定的流动结构，由于层流边界层分离后发生转捩将外部能量引入，造成流动再附成为湍流边界层。层流分离泡分为长泡和短泡，并基于该模型解释了翼型低雷诺数气动特性恶化的原因。

3.2 经典层流分离泡

3.2.1 时均化经典层流分离泡

Horton 提出的经典层流分离泡模型（图 1－2）是低雷诺数空气动力学问题研究最为熟悉的图像。为了对经典层流分离泡开展研究分析，作者在西北工业大学低湍流度风洞针对 FX63－137 翼型开展了油流显示试验，通过对翼型表面油流图像的拍摄和观测，获得流动结构随攻角和雷诺数的变化规律，并与时均化数值模拟结果进行对比分析，同时验证了两种方法的正确性与有效性。图 3－3 和图 3－4 给出了雷诺数为 2.0×10^5，3.0×10^5 下的油流显示试验结果，攻角分别为－4°，0°，4°和 8°。可见在两种雷诺数不同攻角下，翼型上表面均存在两条油流汇集线，表明气流在这两处位置发生分离，存在两个分离位置，其中靠前位置的油线为一次分离线，靠后位置的为二次分离线。随着攻角的增加，分离线位置均向上游移动。相同攻角下雷诺数增加，一次分离线的位置变化不大，二次分离线向上游移动，导致两条分离线位置靠近。

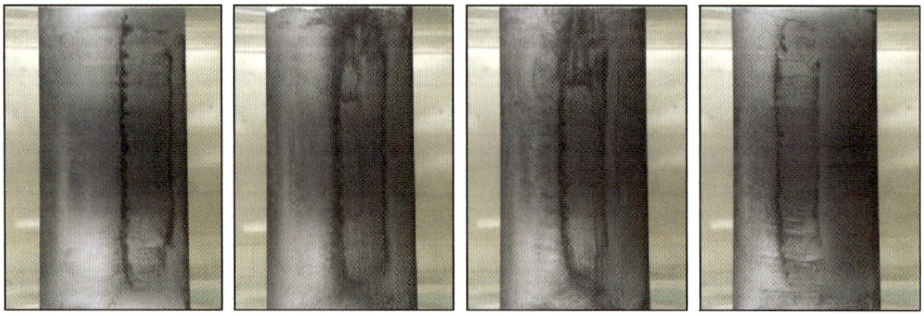

(a) $\alpha=-4°$　(b) $\alpha=0°$　(c) $\alpha=4°$　(d) $\alpha=8°$

图 3－3　$Re=2.0\times10^5$，FX63－137 翼型不同攻角下流动结构

结合 CFD 结果对比分析 $Re=2.0\times10^5$ 下翼型上表面的流动结构。图 3－5 细致刻画了 0°攻角翼型上表面后部的时均化流动结构，并与油流显示试验获得的结果进行比较。

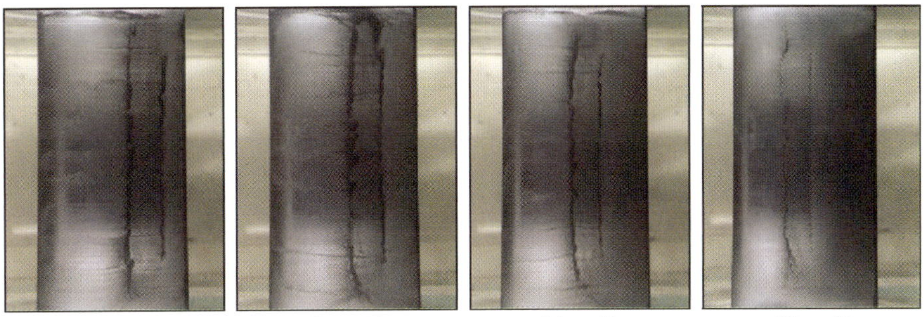

图 3-4　$Re=3.0\times10^5$，FX63-137 翼型不同攻角下流动结构

图 3-5（a）为数值模拟获得的时均化流动结构，显示翼型上表面后部分离泡结构类似于经典的长层流分离泡，流线在上表面中部分离后在后缘点附近发生再附。主分离涡呈鼓包形，主涡前部的壁面位置附近诱导出小尺度的二次涡流结构。因此流场中存在两个流动分离点，其中靠前位置为主分离涡引起的一次分离点（P_1），靠后为主分离涡诱导出的二次分离涡所造成的二次分离点（P_2），它们分别处于 $0.48c$ 和 $0.81c$ 的位置。图 3-5（b）为油流显示的试验结果，显示翼型上表面煤油在两处位置发生聚集，证明了两个分离位置的存在，其中靠前位置的油线为一次分离线，靠后位置的油线为二次分离线。并且油流显示试验获得的油线位置与数值模拟获得的分离点位置十分接近。

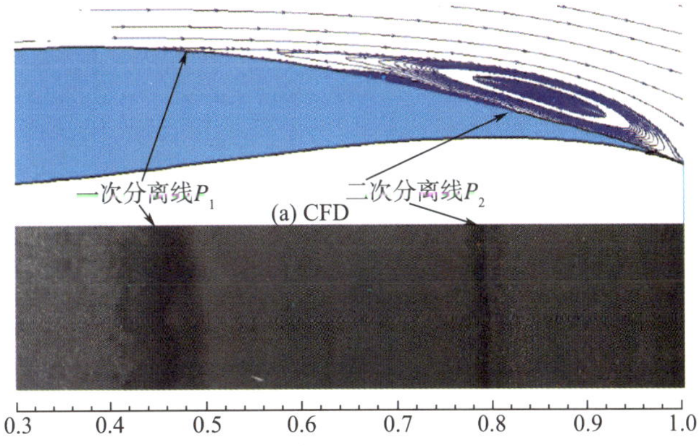

图 3-5　$Re=2.0\times10^5$，CFD 与油流显示流动结构对比

$Re=2.0\times10^5$ 时油流显示试验获得的不同攻角下翼型上表面流动分离线位置以及数值模拟获得的时均化流动分离点、再附点位置在图 3-6 中标出。总体上看，两者变化趋势一致，吻合较好。由于时均化再附线附近油流是被吹离该位置，所以本次试验没能获取清晰的再附线。除 8°攻角外，油流试验和数值模拟获得的分离点位置吻合较好，并随着攻角增加逐渐向上游移动。上述结果表明作者采取的试验和数值方法能够捕获低雷诺数经典层流分离泡的典型特征。

为了更为细致地分析经典层流分离泡的非定常流动结构及分离泡随雷诺数和攻角的

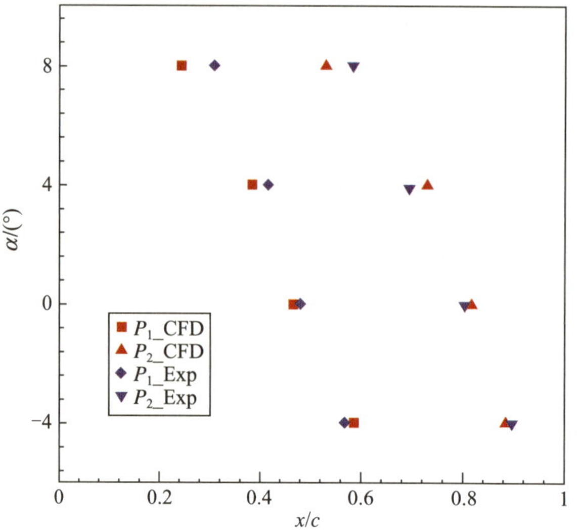

图 3-6 $Re=2.0\times10^5$，不同攻角时均化分离点位置

变化规律，我们选择 E387 翼型作为研究对象，该翼型有更为丰富的试验和数值模拟的数据积累可资比对分析。采用非定常数值模拟方法细致地模拟，3 个雷诺数（6.0×10^4，1.0×10^5，2.0×10^5）、3 个攻角（0°，4°，7°）条件下，翼型绕流的层流分离现象。

以 $Re=6.0\times10^4$，$\alpha=4°$为例，图 3-7 为计算所得升力系数及上翼面不同弦向和高度位置水平方向速度分量 u 随时间 t 的变化曲线。图 3-7（a）给出了距壁面法向距离 y/c 均为 4.7×10^{-4}，弦向位置 x/c 分别为 0.3，0.54 和 0.65 的流向速度 u 脉动曲线；图 3-7（b）给出了翼型升力系数脉动曲线和弦向位置 $x/c=0.65$，法向距离分别为 4.7×10^{-4}，1.9×10^{-3}，4.8×10^{-3}处速度 u 随时间的脉动。分析图 3-7 中不同弦向位置速度脉动，$x/c=0.3$ 位于分离点之前，流动为定常，速度分量基本没有脉动；而 $x/c=0.54$ 和 0.65，上翼面出现分离，并形成周期性涡脱落，表现为水平速度分量 u 产生周期性脉动。相同高度弦向位置越靠后，速度脉动越剧烈；同一弦向位置，速度脉动幅度随高度增加而增大。由于非定常周期性旋涡脱落的影响，升力系数也呈现周期性变化。比较升力系数周期和速度脉动周期，发现前者大致为后者的两倍，在 $x/c=0.65$ 位置速度脉动表现为每一个升力系数变化周期，对应两个不同的速度脉动峰值。

为分析上述现象的成因，需要研究一个升力系数变化周期内的流场演化规律。图 3-8 为一个升力系数变化周期内流场的等涡量线［图 3-8（a）］和流线［图 3-8（b）］变化。图中 T 表示升力系数的变化周期，虚线表示负涡量值，即沿顺时针旋转的涡。该图显示了一个升力系数脉动周期内，非定常分离涡的形成、运动、对并和脱落的过程。$0.00T$ 时刻和 $1.00T$ 时刻的流场吻合很好，翼型上翼面存在三个分离涡，对应升力系数的峰值。$0.00T$ 到 $0.29T$，一个分离涡离开翼面，上翼面失去一个低压区，造成升力系数迅速下降。同时从分离点形成的层流分离涡层，在靠近壁面二次涡的作用下形成两

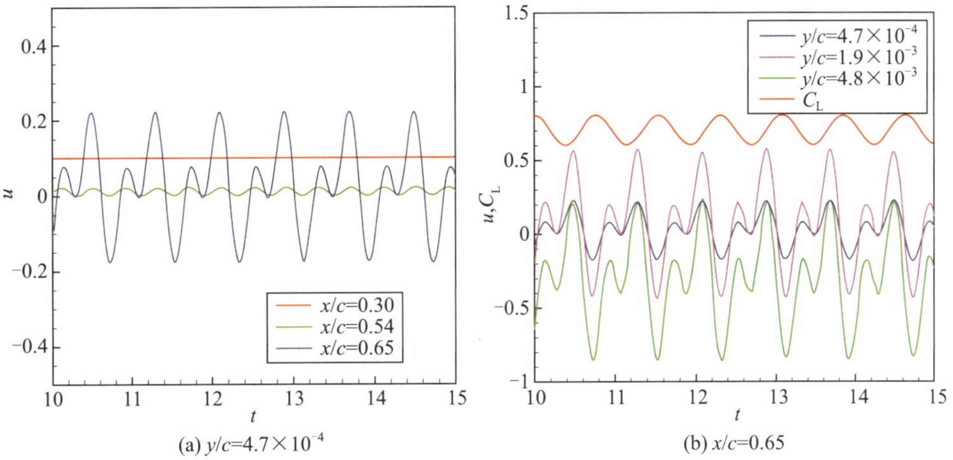

图 3－7　$Re=6.0\times10^4$，$\alpha=4°$ 翼型上表面不同站位流向速度及升力系数随时间脉动曲线

个分离涡。随后从 0.29T 到 0.73T，由前面壁面二次涡作用形成的两个分离涡并没有彼此远离，而是发生对并，从两个较弱的涡合成一个较强的分离涡，同时前次对并形成的较强分离涡在来流的作用下逐渐向后缘运动，这个过程中升力系数逐渐增加。这种对并现象在 Pauley 平板层流分离泡数值模拟[10]中同样出现。究其原因可能是由于，壁面二次涡作用形成两个分离涡中位于前面的一个，在前次较强对并涡的作用下，不能很快向下游移动，被后产生的分离涡赶上，发生对并。而此时，前次对并涡已经移动到后缘附近，新形成的对并涡又会对后面的涡产生影响，从而造成分离点附近每生成两个分离涡，后缘只有一个涡脱落。这是升力系数的一个变化周期内，分离区壁面附近速度脉动存在两个峰值的原因。

图 3－8 的非定常流场结构清晰地表明了并不存在稳定的经典层流分离泡，主导翼型上表面流动的是一系列不断在分离点生成，并沿流向持续运动、对并、脱落的非定常分离涡。那么 Horton 的层流分离泡模型从何而来呢？实际上我们在图 3－5 中已经给出了初步的答案，即非定常分离涡的“时均化”结果。

图 3－9 为对 8 个速度脉动周期的流场计算结果进行时均化，得到的平均流场的等涡量线和流线。比较图 3－9 和图 3－8 会发现有趣的现象，非定常的周期性脱落涡“消失”，代之以位置和形状都固定的分离涡，即 Horton 所描述的层流分离泡。比较图 3－9和图 1－2，两者吻合很好，可清楚看到分离点和再附点。

将我们的时均化数值模拟结果同 McGhee 的试验结果[7]以及 Pauley 数值计算结果[11]进行比较。升力系数和阻力系数比较见表 3－1，分离点和再附点位置比较见表 3－2。数据对比表明时均化的计算结果同 McGhee 试验所测量到的数据吻合很好，结果可信。可见二维翼型上的经典层流分离泡实质上是一系列非定常分离涡的时均化观测结果，因此在试验中，会观测到分离区和再附点壁面附近存在周期性的脉动。此外图 3－9 的数值模拟结果也显示时均化分离泡内，主涡下部靠前位置存在时均化二次分离涡。

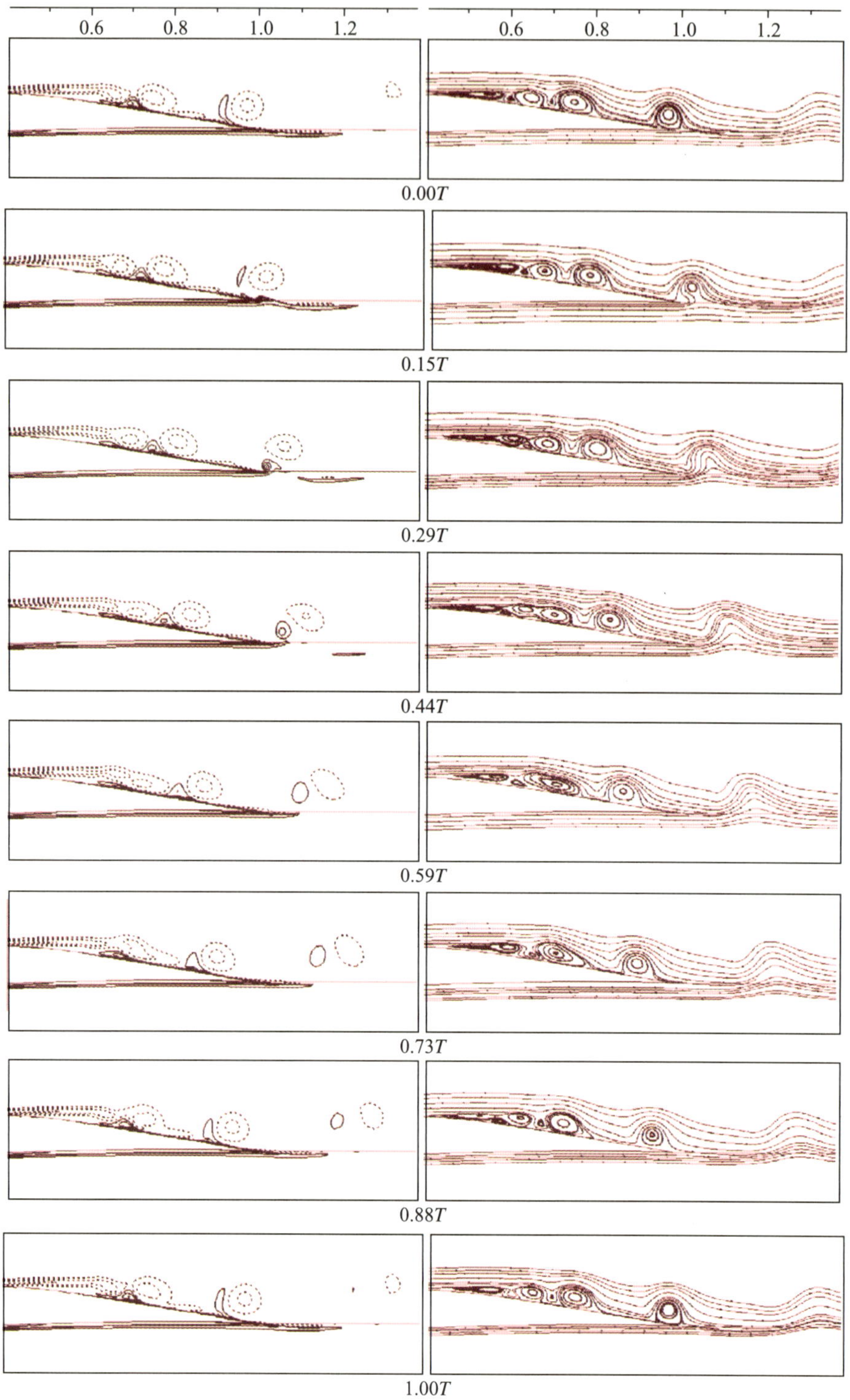

(a) 等涡量线　　(b) 流线

图 3-8　一个升力系数变化周期内等涡量线和流线变化（$Re=6.0\times10^4$，$\alpha=4^\circ$）

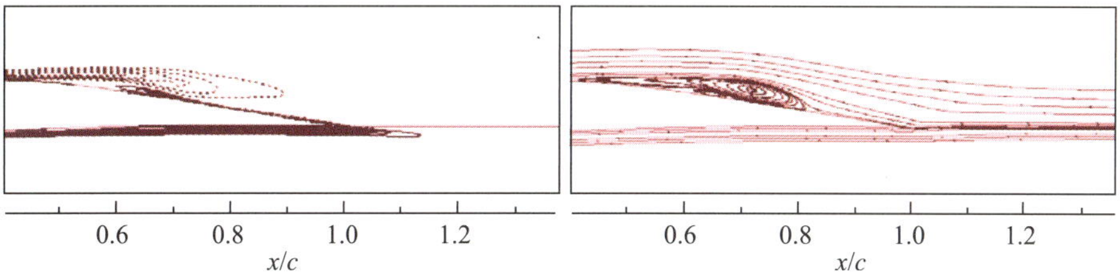

(a) 等涡量线 (b) 流线

图 3-9 $Re=6.0\times10^4$，$\alpha=4°$，8 个速度脉动周期时均化等涡量线和流线

表 3-1 升力系数和阻力系数同 McGhee 试验和 Pauley 计算结果比较

Re	α	C_L	$C_{L[p]}$	$C_{L[exp]}$	$C_{L[err]}$	C_D	$C_{D[p]}$	$C_{D[exp]}$	$C_{D[err]}$
6×10^4	4°	0.699	0.656	0.69	1.3%	0.038 2	0.046 3	0.043 1	11%
1×10^5	4°	0.775	0.793	0.778	0.3%	0.024 3	0.024 8	0.023	5.7%
2×10^5	4°	0.781	0.800	0.785	0.5%	0.014 1	0.014 2	0.013 3	6%
1×10^5	0°	0.391	0.388	0.390	0.3%	0.018 1	0.018 2	0.017 3	4.6%
1×10^5	7°	1.053	1.052	1.072	1.8%	0.022 6	0.022 8	0.021 1	7.1%

注：[p]—Pauley 的计算结果[11]；[exp]—McGhee 的试验结果[7]；[err]—本文结果同试验结果的误差。

表 3-2 分离点和时均化再附点位置同 McGhee 试验和 Pauley 计算结果比较

Re	α	SP	$SP_{[p]}$	$SP_{[exp]}$	RP	$RP_{[p]}$	$RP_{[exp]}$	BL	$BL_{[exp]}$
6×10^4	4°	0.352	0.345	—	0.82	0.975	—	0.468	—
1×10^5	4°	0.356	0.355	0.35	0.750	0.7307	0.75	0.394	0.40
2×10^5	4°	0.40	0.407	0.40	0.636	0.6009	0.62	0.236	0.22
1×10^5	0°	0.449	0.452	0.45	0.884	0.885	0.87	0.435	0.42
1×10^5	7°	0.316	0.288	0.32	0.612	0.635	0.56	0.296	0.24

注：SP—层流分离点弦向位置；RP—时均化层流分离泡再附点弦向位置；BL—分离泡长度；[p]—Pauley 的计算结果[11]。[exp]—McGhee 的试验结果[7]。

由图 3-9 可见，流动分离点位置为 $x/c=0.352$，时均化再附点位置为 $x/c=0.82$，见表 3-2。对照图 3-8 的非定常流场发现，非定常计算的层流分离点位置是稳定的，不随时间变化，但并不存在稳定的分离泡再附点，所谓的层流分离泡再附点是非定常流场时间平均化的计算结果。由图 3-9 还发现，时均化经典层流分离泡中较强的主涡结构离层流分离点 SP 较远，离再附点 RP 较近，位于弦向位置 $x/c=0.62\sim0.82$ 之间，涡心位置约 $x/c=0.72$。位于主涡下方的近壁面二次涡位置为 $x/c=0.59\sim0.69$ 之间，涡心位置约 $x/c=0.65$。与图 3-8 的非定常过程比较发现，近壁面二次涡的位置对应从分离点分离的层流剪切层演化成单个分离涡的位置，而主涡位置则对应由层流剪切层形成的两个单独的较弱分离涡发生对并，形成一个较强分离涡的位置，这个范围中涡的变化过程是复杂而剧烈的。图 3-9 中层流分离泡再附点 $x/c=0.82$ 之后的“稳定”流场对应于前面由对并形成的较强的非定常分离涡稳定流过的区域。

通过对上述非定常数值模拟结果的分析，可以得出如下结论：经典层流分离泡，是层流边界层在分离点附近周期性地形成分离涡，并顺流沿壁面不断移动、对并，并最终从后缘脱落等一系列复杂非定常过程的时均化结果。在低雷诺数翼型层流分离现象中，占主导作用的是层流边界层的分离及一系列较大尺度旋涡结构的复杂作用过程，具有很强的非定常特征，并不存在稳定的层流分离泡和再附点[13]。

但是经典的层流分离泡对于理解和解释低雷诺数条件下的流动特征、流动结构及各种特殊的非线性气动特性是很有意义和价值的学术概念。

3.2.2 雷诺数对经典层流分离泡的影响

经典层流分离泡最初是针对低雷诺数流动发现的现象并提出的概念。可见雷诺数对经典层流分离泡结构有重要影响。通过表 3－1 比较雷诺数对平均升阻力系数的影响，雷诺数从 2.0×10^5 降到 6.0×10^4，升力系数也相应减小，特别是在 1.0×10^5 到 6.0×10^4 范围下降幅度较大，阻力系数（包含压差阻力和摩擦阻力）则随雷诺数的下降迅速增加，从而造成雷诺数下降，升阻比下降。再通过表 3－2 分析比较雷诺数对层流分离点和再附点的影响，攻角 $\alpha=4°$ 时，随雷诺数从 2.0×10^5 减小到 6.0×10^4，分离点位置前移，再附点位置后移，说明层流分离泡长度增加。层流分离在流场中所起的作用逐渐增大，从而造成翼型随着雷诺数降低，气动性能逐渐恶化。图 3－10 和图 3－11 分别给出了雷诺数为 1.0×10^5 和 2.0×10^5，$\alpha=4°$ 时，时均化计算流场的等涡量线和流线分布。表明随雷诺数增加，这种经典层流分离泡的长度缩小，高度变薄。图 3－12 为雷诺数 $Re=1.0\times10^5$ 和 2.0×10^5，$\alpha=4°$ 时，非定常层流脱落分离涡的等涡量线，同图 3－8 中 $Re=6.0\times10^4$ 的等涡量线比较，发现层流分离涡区随雷诺数增加显著变薄，同时均化的层流分离泡变化趋势一致。

上述分析表明，随雷诺数降低时均化经典层流分离泡尺度变大，非定常层流分离区的范围变大，层流分离在流场中所起的作用增大。

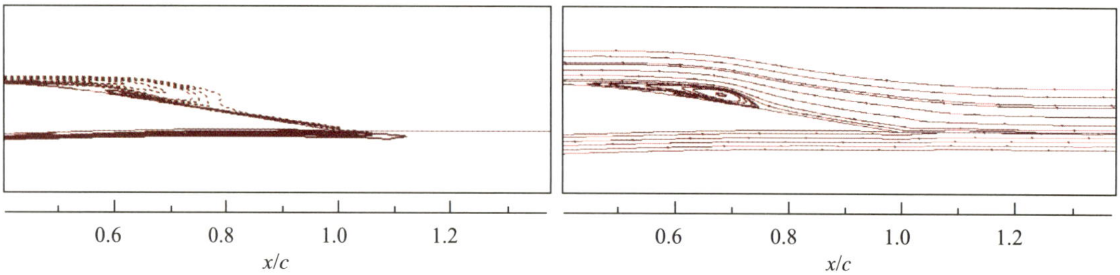

图 3－10　$Re=1.0\times10^5$，$\alpha=4°$，8 个速度脉动周期时均化等涡量线和流线

3.2.3 攻角对经典层流分离泡的影响

攻角对层流分离流动的影响同样至关重要。这里分析相同雷诺数条件下，攻角对经典层流分离泡的影响。

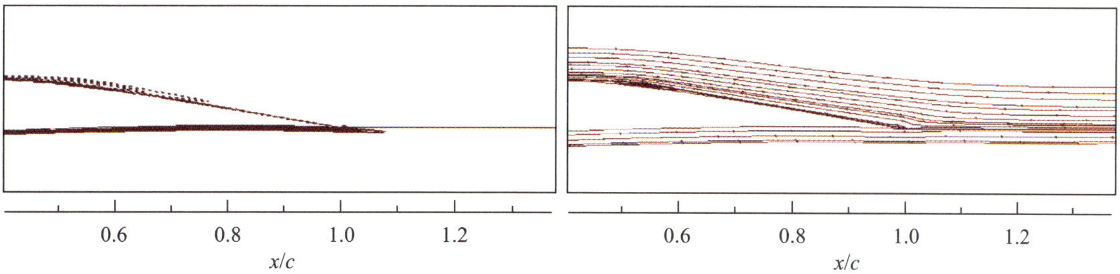

图 3－11　$Re=2.0\times10^5$，$\alpha=4°$，8 个速度脉动周期时均化等涡量线和流线

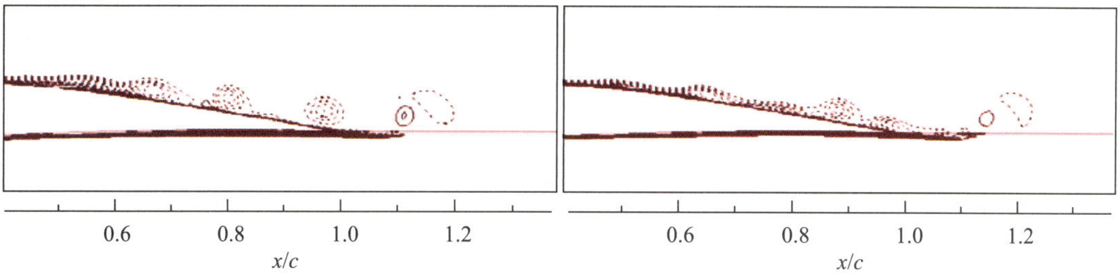

(a) $Re=1.0\times10^5$　　(b) $Re=2.0\times10^5$

图 3－12　$\alpha=4°$，$Re=1.0\times10^5$，2.0×10^5 某时刻等涡量线

图 3－13 为对应表 3－2 中 $Re=1.0\times10^5$，攻角 $\alpha=0°$和 7°非定常分离涡脱落等涡量线，对比图 3－12 中 $\alpha=4°$的等涡量线和表 3－2 中相应状态的计算结果，分离点位置随攻角增加前移，但层流分离区的高度变化并不大。

但比较图 3－14 和图 3－15 中 $Re=1.0\times10^5$，攻角 $\alpha=0°$和 7°的时均化等涡量线和流线图，会发现与非定常分离流场存在显著不同：分离点位置随攻角增加而前移的同时，时均化再附点的位置也显著前移，从而造成时均化层流分离泡区域随攻角增加而整体前移。并且图 3－15 和表 3－2 的计算和试验结果表明，对于 E387 翼型而言，经典层流分离泡的长度随攻角增加而减小。这种时均化流场结构同真实的非定常流动结构的变化趋势存在不一致。

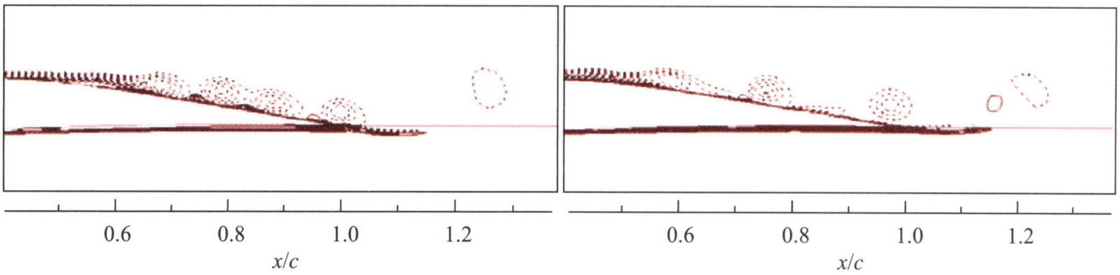

(a) $\alpha=0°$　　(b) $\alpha=7°$

图 3－13　$Re-1.0\times10^5$，$\alpha=0°$，7°，某时刻等涡量线

上述分析表明对于经典的层流分离泡而言：随雷诺数下降，时均化层流分离泡分离点位置前移，再附点位置后移，分离泡的长度和高度均增加，层流分离泡在翼型流场结构中

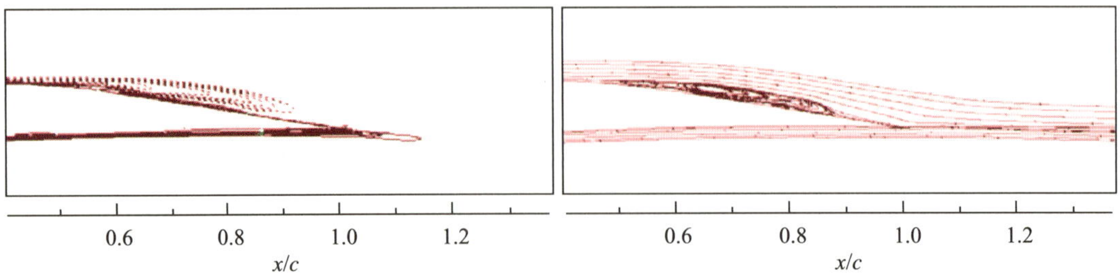

图 3-14　$Re=1.0\times10^5$，$\alpha=0°$，8 个速度脉动周期时均化等涡量线和流线

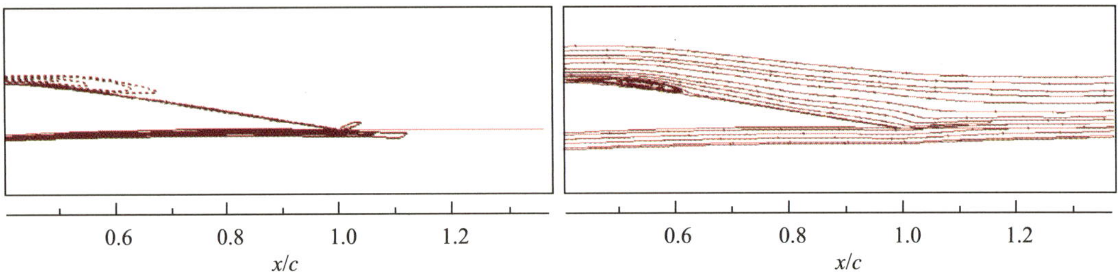

图 3-15　$Re=1.0\times10^5$，$\alpha=7°$，8 个速度脉动周期时均化等涡量线和流线

所起作用增强，使得翼型低雷诺数气动性能不断恶化；随攻角增加，分离点前移，非定常分离区在翼面上所占据范围不断扩大，但其时均化层流分离泡的变化则会表现为不同特征。以 E387 翼型为例，随攻角增加，分离点和时均化再附点位置均前移，时均化分离泡长度不断减小；随着雷诺数和攻角的增加，翼型上的经典层流分离泡有从长泡向短泡演化的趋势。但对于不同翼型这种变化的规律可能存在不一致。

3.3　后缘层流分离泡

在研究翼型低雷诺数层流分离流动的过程中，作者发现并提出了一种不同于 Horton 经典层流分离泡的新时均化层流分离泡模型——后缘层流分离泡[14-16]。这种层流分离泡同样广泛存在于低雷诺数流场当中，它的出现对低雷诺数翼型气动特性造成更为严重的后果。后缘层流分离泡的非定常和时均化流动结构、气动特性以及演化规律与经典层流分离泡相比均存在显著不同。最为重要的是经过较为系统的研究工作发现：翼型低雷诺数条件下气动特性随雷诺数和攻角变化的多种非线性效应的产生根源在于经典层流分离泡和后缘层流分离泡之间的相互演化及突变；随雷诺数下降，导致翼型压差阻力系数剧增和升力系数剧降的临界雷诺数分别对应着经典层流分离泡和后缘层流分离泡的出现；更进一步，翼型低雷诺数条件下后缘层流分离泡的出现导致气动特性的最终恶化。这些研究工作所发现的现象和结论有力地发展了层流分离泡理论，对经典层流分离泡理论而言是一次拓展和完善。

3.3.1 时均化后缘层流分离泡

这种后缘层流分离泡最初是在模拟 SD8020 对称翼型小攻角低雷诺数流场结构和气动特性时发现的。采用非定常数值方法，模拟了 $Re=4.0\times10^4$，攻角 α 从 0°到 7.5°范围的流场结构和压力分布情况。图 3-16 给出了 $Re=4\times10^4$ 时，攻角从 2.5°到 3.0°时的流场时均化流线。图 3-17 给出了 $Re=4\times10^4$ 时，$\alpha=2.0°$，2.8°，2.85°，3.0°的翼型表面时均化压力系数分布。

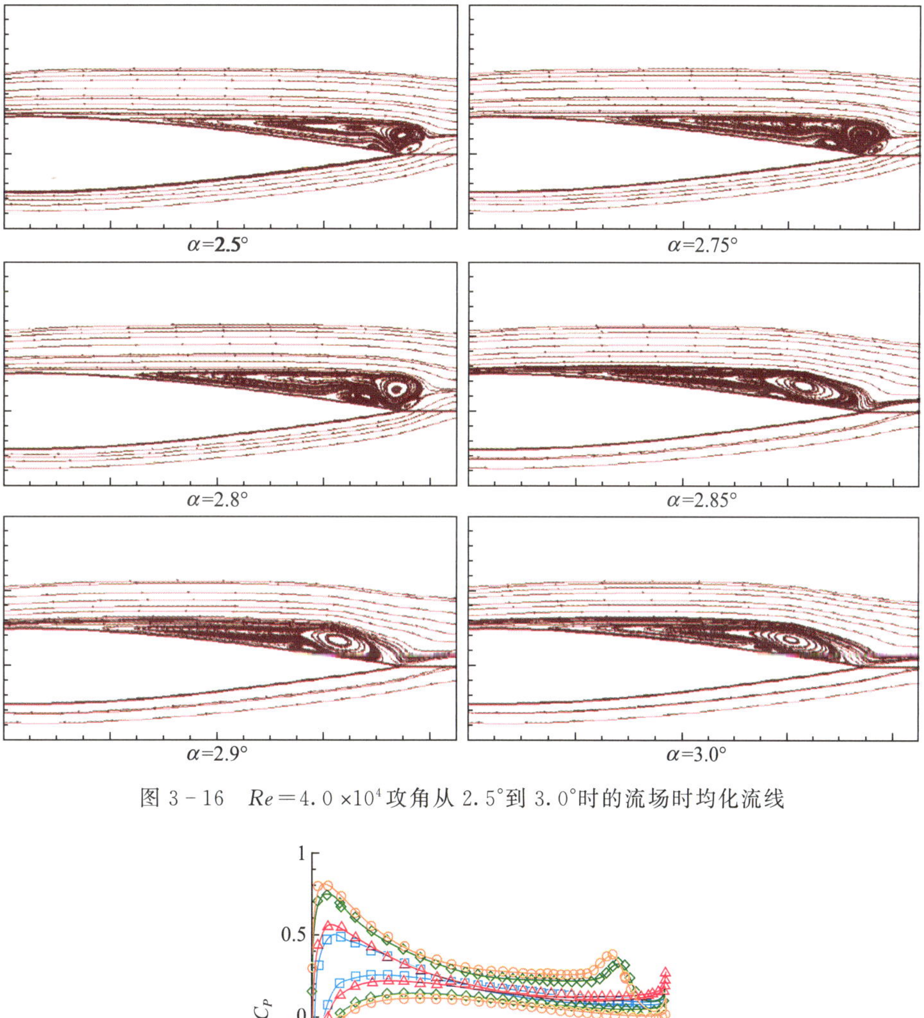

图 3-16　$Re=4.0\times10^4$ 攻角从 2.5°到 3.0°时的流场时均化流线

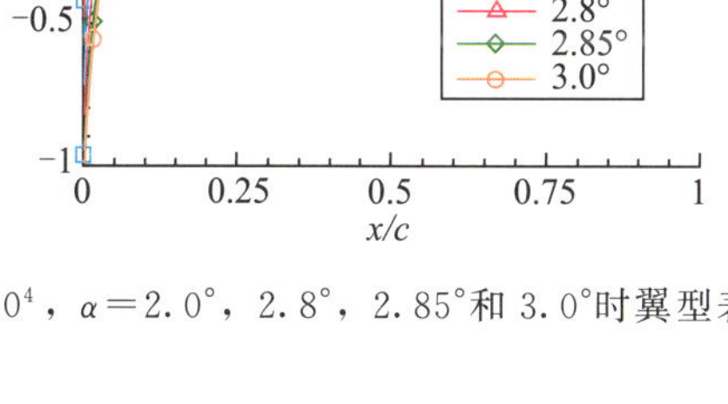

图 3-17　$Re=4.0\times10^4$，$\alpha=2.0°$，2.8°，2.85°和 3.0°时翼型表面时均化压力系数

图 3-16 表明攻角 $\alpha<2.8^{\circ}$时，时均化流动结构基本保持一致，其最为显著的特征是不存在再附点，主涡位置一直位于后缘上方，不随攻角增加而前移。同时主涡下方翼型上表面诱导出明显的二次涡结构，靠近翼型后缘位置存在气流从下表面经后缘向上卷起的分离涡结构。随攻角增加，这种分离泡的长度相应增加，当 $\alpha=2.8^{\circ}$时达到最大。这种流动结构显著不同于 3.2 节所介绍的经典层流分离泡结构模型。

结合图 3-17 发现当攻角从 $\alpha=2.0^{\circ}$变化到 2.8°时，表面时均化压力系数分布具有相似的规律，前缘吸力峰值之后上下表面压力系数分布趋于一致，特别在翼型中后部上表面的压力系数甚至会高于下表面，产生负升力。从数值结果看该分界点约为距离前缘点 41.5%弦长位置。在该攻角范围内，随攻角增加，升力增量主要来源于翼型前部。该流动结构所对应的压力系数分布与经典层流分离泡也存在明显不同。

当攻角 α 达到 2.85°时，时均化流场结构发生突变，主涡结构不再位于后缘，而是突然前移至翼型上表面，同时开始出现时均化层流分离泡的再附点。由主涡诱导出的二次分离涡结构依然保留，下表面经后缘向上卷起的分离涡结构消失。这是前文所描述的经典层流分离泡的典型特征。攻角从 2.8°增加到 2.85°，翼型上下表面的时均化压力分布发生显著变化：首先前缘吸力峰值明显增加，同时翼型中后部上下表面压力分布不再接近和产生负升力；第二，攻角达到 2.85°时，压力系数分布的形态和经典的长层流分离泡压力分布形式一致，上表面压力分布在分离泡位置出现明显的平台。

攻角从 2.85°继续增加到 3.0°，从图 3-16 和图 3-17 研究翼型时均化层流分离流场结构和表面压力系数分布，其变化规律同长层流分离泡变化相同。随攻角增加，层流分离泡分离点、主涡和再附点位置均前移，层流分离泡长度减小。

图 3-18 给出了 $Re=1.0\times10^{5}$时，时均化层流分离泡和翼面压力系数分布。可以发现该雷诺数下层流分离泡的高度和长度已经显著减小。层流分离泡的形态为经典层流分离泡，后缘层流分离泡没有出现。

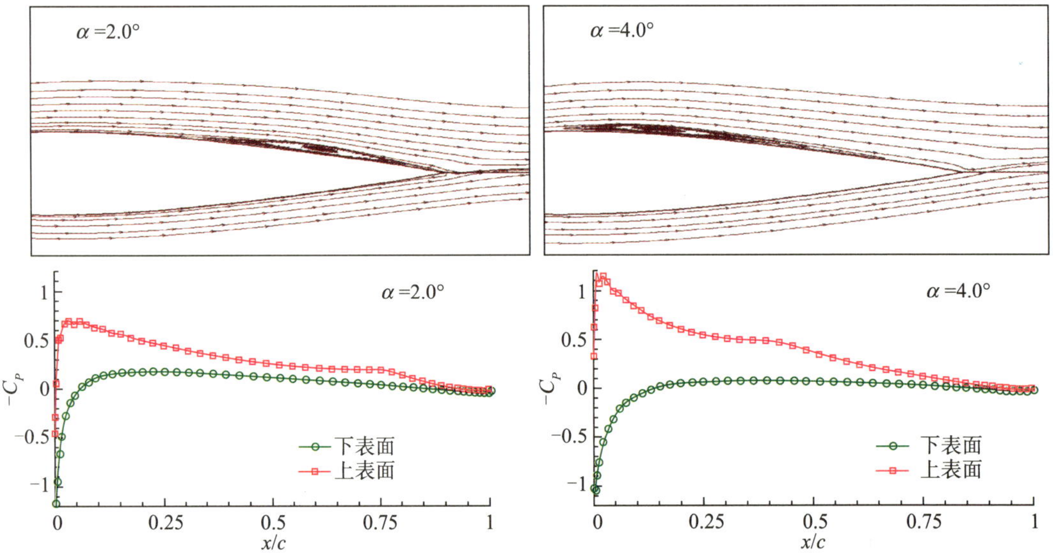

图 3-18　$Re=1.0\times10^{5}$不同攻角时均化层流分离泡和翼面压力系数分布

上述模拟结果表明对称翼型，低雷诺数小攻角条件下，除了经典层流分离泡外，还存在一种新的时均化层流分离泡结构，两者在流动结构和随攻角的演化规律方面均存在显著不同，且两种流动结构可能在某个攻角位置发生突变。数值模拟结果表明，SD8020 对称翼型，$Re=4.0\times10^4$条件，这种突变发生在$\alpha=2.8°$和$\alpha=2.85°$之间。

为了细致地刻画两种时均化层流分离泡结构的差异，本节给出了通过非定常数值模拟时均化得到的这种层流分离泡和经典层流分离泡的流动结构，以便详细分析这两种层流分离泡之间的结构差异。

图 3－19（a）为$\alpha\geqslant2.85°$时，时均化的经典层流分离泡结构，其典型特征为存在分离点、再附点、主分离涡和主涡诱导的二次分离涡。且随攻角增加，其分离点、再附点和分离涡位置均前移，尽管非定常分离区增加，但时均化分离泡长度则可能减小；图 3－19（b）为$\alpha\leqslant2.8°$时，新的后缘层流分离泡结构，其典型特征为存在分离点、主分离涡、主涡诱导的二次分离涡和后缘分离涡，不存在时均化的再附点。如果一定说其存在再附点的话，那么其再附点始终保持在后缘。随攻角增加分离点前移，非定常分离区和时均化分离泡长度均增大，主涡增强，距离翼面高度增加，但主分离涡结构沿弦向的位置始终位于翼型后缘上方不变。这种新的时均化层流分离泡从内部结构和随攻角的演化规律来看都不同于经典层流分离泡模型。基于这种层流分离泡模型的主涡结构始终停留在后缘上方这一典型特征，我们称之为后缘层流分离泡。两种时均化层流分离泡的形状也明显不同，后缘层流分离泡呈棒槌形，经典层流分离泡呈鼓包形。

此外从 SD8020 对称翼型在小攻角、雷诺数为4.0×10^4条件下的数值模拟结果看，分离泡的长度在两种分离泡结构突变的攻角位置达到最大，即攻角为 0°时，先出现后缘层流分离泡，随攻角增加后缘泡长度不断增加，直至攻角为 2.8°时达到最大。随后后缘泡发生突变，成为经典层流分离泡，其长度开始随攻角继续增加而逐渐变短。

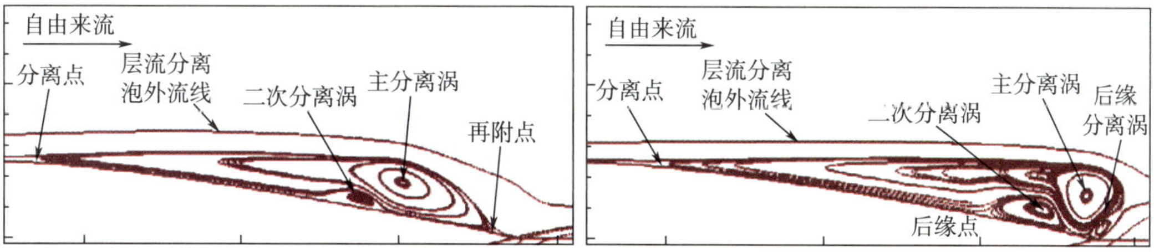

（a）$\alpha\geqslant2.85°$时均化经典层流分离泡　　（b）$\alpha\leqslant2.8°$ 时均化后缘层流分离泡

图 3－19　时均化后缘层流分离泡和经典层流分离泡结构

3.3.2　后缘层流分离泡的试验验证

3.3.1 节中，作者通过非定常数值模拟，首先发现了这种不同于经典层流分离泡流动结构的后缘层流分离泡。依据作者的数值模拟时均化分离泡流动结果刻画出了后缘层流分离泡和经典层流分离泡的流动结构，展示了两者之间的显著不同。但这种结构是通过非定常数值模拟获得的，需要开展细致的试验研究以验证这种发现的正确性。

为此，以 SD8020 翼型为对象，作者设计了水洞低雷诺数条件下的 PIV 流动显示试验，完成了不同雷诺数和攻角条件下的非定常流动显示，获取了低雷诺数分离流动的非定常和时均化流动结构，为低雷诺数层流流动结构的研究提供试验数据，为上述数值模拟结果的正确性提供有力的支撑。所获得的试验数据和图像有力地证明了的确存在这种不同于经典层流分离泡的时均化后缘层流分离泡结构，并对其非定常特性的研究积累了试验数据。

从国内外的研究文献来看，即便对于经典层流分离泡的时均化特征也缺乏有力的试验结果支撑。本次试验在经典层流分离泡的非定常流动结构及其时均化结构方面也提供了有力的证据，证明了经典层流分离泡的确是层流边界层在分离点附近周期性地形成分离涡，并顺流沿壁面不断运动与发展，并最终从后缘脱落等一系列复杂非定常过程的时均化结果。

试验[15]在北京航空航天大学的 1.2 m 多用途低速水洞中进行。模型放置在主实验段第二截面处，水洞的主要技术指标见 2.2.1.6 节。

SD8020 试验模型材料为硬铝，弦长 $c=39.2$ cm。为便于设计安装变攻角机构和消除洞壁边界层的影响，模型展长 $L=70$ cm，两端设置有机玻璃的透明端板以消除三维效应。为避免实验时模型壁面光线反射，对实验模型进行表面发蓝处理，保证模型表面光滑并呈现黑色，如图 3-20 所示。试验模型攻角变化范围为 0°～5°。试验段来流速度根据所研究的雷诺数大小确定。$Re=4.0\times10^4$ 时，试验条件为 $T=20°\text{C}$，$\mu=1.002\times10^{-3}$/（Pa·s），$\rho=998.2\ \text{kg/m}^3$，$V=0.102$ m/s。

图 3-20　北京航空航天大学多用途低速水洞试验中的试验模型

系统由 CCD 相机、计算机、图像采集板、同步控制器和作为光源的双脉冲激光器组成。CCD 相机的分辨率为 2 048×2 048，最小曝光时间间隔≤200 ns，图像采样频率 15 帧/秒。示踪粒子粒径为 2 μm 的 SiO_2 玻璃微珠。

试验重点在于拍摄和观测机翼上表面中后部范围大尺度低频分离涡结构。单台相机拍摄的范围和精度有限，因此本次试验布置两台 CCD 相机于试验段侧面，在同步控制器的作用下对二维对称翼型上的非定常层流分离涡结构进行拍摄，拍摄区域部分重叠以便于进行速度场合成。脉冲激光片光源从翼型上方射入，为了试验数据处理的方便，制作了一模板将翼型本身和下表面流场遮挡。

试验中对于更为靠近翼型壁面的流动结构，如二次分离涡结构，以及分离点和再附点更为细致的定量观测捕捉还不能令人满意。这是由于观测区域较大，粒子图像测速法的分辨率有限，同时近壁面流场示踪粒子的撒播难以很好地解决，造成近壁面流场的分辨能力不足。总的来看，试验较好地捕捉到了大尺度低频分离涡非定常和时均化流场结构，和数值模拟结果进行了较好的对比和验证，达到了试验目的。

同数值模拟的处理方式相同，时均化流场也是通过对连续拍摄获得的一段时间内非定常流动矢量场进行时间积分，并绘制出时均化流线图和速度分布云图得到的。图 3－21 和图 3－22 分别给出 $Re=4.0\times10^4$ 和 1.0×10^5，不同攻角的时均化流场图像。

分析图 3－21 容易发现，当 $Re=4.0\times10^4$，攻角≥3.5°后，流场的时均化旋涡结构表现为经典层流分离泡的典型特征，主分离涡位置位于翼型上表面，存在显著的分离点和时均化再附点。当攻角继续从 3.5°增加到 5°时，该时均化层流分离泡随攻角增加，分离点、再附点和主分离涡位置不断前移，分离泡的长度也在逐渐减小。

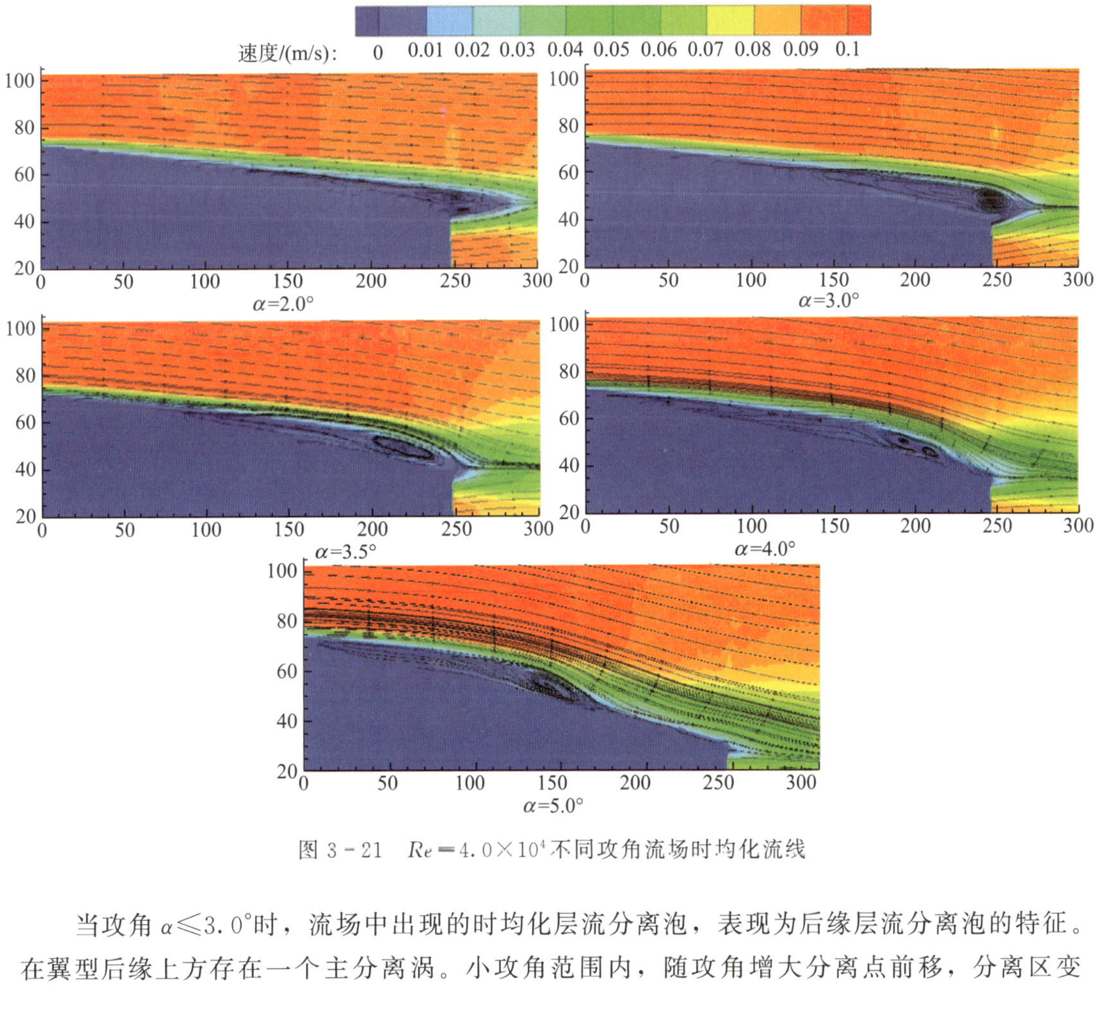

图 3－21　$Re=4.0\times10^4$ 不同攻角流场时均化流线

当攻角 $\alpha\leqslant3.0°$时，流场中出现的时均化层流分离泡，表现为后缘层流分离泡的特征。在翼型后缘上方存在一个主分离涡。小攻角范围内，随攻角增大分离点前移，分离区变大，主分离涡同时增强，距离翼面的高度增加，但其位置始终保持在后缘点上方不随攻角增加而前移。图中还捕捉到了靠近翼型后缘位置气流从下表面经后缘向上卷起的分离涡结构，这同攻角≥3.5°后的时均化层流分离泡结构及随攻角变化规律显著不同。图 3-22 表明随雷诺数增加到 1.0×10^5，层流分离泡已经显著减弱，随攻角的减小，流场整体结构并未发生本质的改变，没有出现 $Re=4.0\times10^4$ 状态下的后缘分离泡结构。

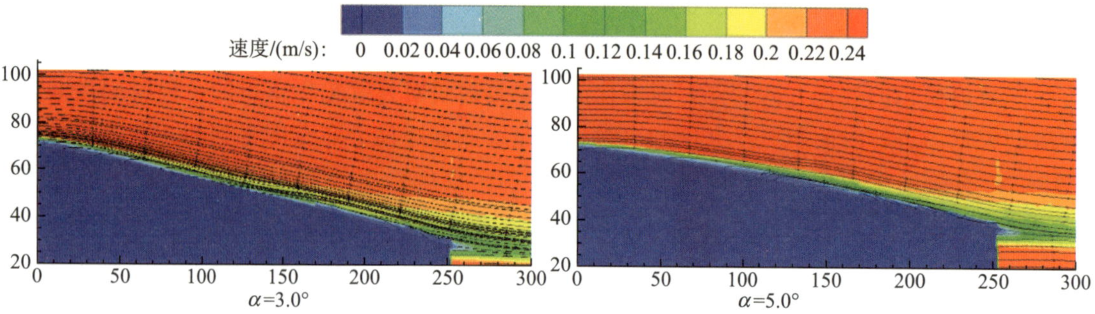

图 3-22　$Re=1.0\times10^5$ 时不同攻角流场时均化流线

对比图 3-21 和图 3-16 所获得的 $Re=4.0\times10^4$ 水洞粒子图像测速法流动显示试验与 CFD 数值模拟结果，发现除了流场结构发生突变的攻角量值存在差异外，两者的时均化流场结构定性变化规律吻合很好。这表明：

1）两者相互校核证明了对称翼型低雷诺数条件下，小攻角范围的确存在一种不同于经典长层流分离泡的时均化后缘层流分离泡。两种分离泡在流动结构和随攻角的演化规律方面都存在显著不同。

2）两种流动结构之间在某个攻角位置会发生突变，数值模拟结果表明突变发生在攻角 2.8°和 2.85°之间，水洞试验给出突变发生在攻角 3.0°和 3.5°之间，两种研究方法所获得流场结构发生突变的攻角差异很可能是由于试验当中变攻角机构的精度以及数值模拟的精度等导致的偏差造成。目前造成这两种流动结构之间发生突变的触发机制还不清楚。

3）事实上，作者通过本次水洞粒子图像测速法试验还证明了，经典长层流分离泡是一系列不断从翼面上脱落的大尺度低频非定常分离涡时均化的结果，并不存在稳定的长层流分离泡和再附点（图 3-27）。这和经典层流分离泡理论认为层流分离泡诱发层流在分离泡位置发生转捩，剪切层引入外流能量从而造成流动再附形成湍流边界层的认识存在本质差异。这里提到的对于非定常分离涡的内容在下一小节中对后缘层流分离泡的非定常流动特性的研究中给出更细致的分析。

由此本节通过低雷诺数水洞粒子图像测速法流动显示试验证实了的确存在两种不同的时均化层流分离泡结构，即经典层流分离泡和后缘层流分离泡，为 3.3.1 节的数值结果提供了有力的证明。

3.3.3 后缘层流分离泡的非定常特性

3.2 节的研究已经表明了经典层流分离泡是一系列复杂的非定常分离涡不断生成，并向下游运动、对并直至脱落的时均化结果。那么时均化后缘层流分离泡所对应的流场是否也存在强的非定常效应？其与经典层流分离泡所对应的非定常流场是否也存在显著差异？本小节分析了后缘层流分离泡的非定常气动特性和流动结构，并对比分析两种时均化层流分离泡所对应非定常流场特性之间的差异。结果表明，两种层流分离泡对应的非定常流动结构和气动特性同样存在显著不同。

图 3－23 为 $Re=4.0\times10^4$，α 在 0°～3°范围内，通过数值模拟获得的非定常升力系数随时间变化情况。不同攻角条件下升力系数曲线保持较为稳定的周期性脉动。由图可知：

1）低雷诺数情况下，翼型绕流中均存在非定常分离涡结构，分离涡周期性地生成、合并、脱落，造成升力系数在小和中等攻角条件下呈现明显的周期性振荡。

2）随攻角增加时均化升力系数增加的同时，非定常升力系数脉动幅值也增加，但变化梯度不同。攻角从 0°增加至 2.8°，非定常升力系数脉动幅值不断增加；当攻角从 2.8°增至 2.85°时，脉动幅值大幅增加，随后当攻角从 2.85°继续增加到 3.0°时，脉动幅值则基本保持不变。

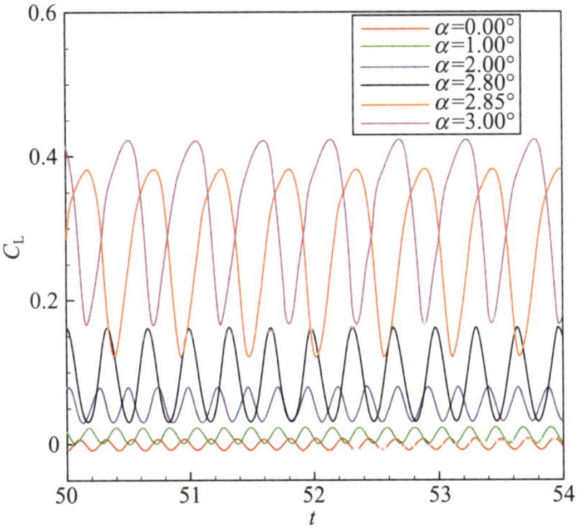

图 3－23　$Re=4.0\times10^4$ 时，非定常升力系数随时间变化

在上述定性分析基础上，基于所获得的数值模拟和水洞粒子图像测速法试验，对攻角 0°～7.5°范围内的非定常流动结构和气动参数进行分析，研究后缘层流分离泡的非定常特性及两种层流分离泡之间非定常特性的差异。

斯特劳哈尔（St）是表征流场非定常特征的重要参数，其定义如下

$$St=fc/U \tag{3-1}$$

式中　f ——流场非定常特征频率；

c ——翼型弦长；

U ——自由来流速度。

升力系数的脉动频率与翼型流场中旋涡从翼型后缘脱落的频率相同，由此数值模拟选取计算所获得的升力系数脉动频率作为特征频率。水洞粒子图像测速法流动显示试验所获得的非定常分离特征频率值则根据分离旋涡从翼型后缘的脱落频率获得。水洞试验表明攻角从0°增加到5°，旋涡脱落频率约从1.25 Hz减小到0.42 Hz。表3-3给出了攻角0°～7.5°范围内，计算和试验获得的非定常脉动 St。图3-24（a）给出 St 随攻角变化。数值模拟结果和粒子图像测速法试验结果均表明，在后缘层流分离泡起主导作用的攻角范围内，随攻角增加，St 逐渐减小，但变化范围较小，大致在4.7～3.0之间；到达层流分离泡类型发生突变的临界攻角时，St 突然快速下降。数值模拟结果显示攻角为2.85°时，St 从3.03降至2.05；粒子图像测速法试验结果显示攻角从3.0°变为3.5°时，St 从3.84降至1.92，降幅达到50%。随后在经典层流分离泡占主导的攻角范围，随攻角增加 St 继续缓慢下降。从图3-24和表3-3看粒子图像测速法试验所获得的 St 结果和数值模拟结果变化趋势完全一致，St 的具体数值也吻合很好。

表3-3 数值模拟和水洞粒子图像测速法试验获得的不同攻角时 St 与升力系数脉动幅值

α/(°)	St_{CFD}	Am_{CFD}	St_{EXP}
0.0	4.71	0.016	4.80
1.0	4.58	0.022	4.58
2.0	4.15	0.049	4.37
2.25	3.98	0.064	—
2.5	3.89	0.079	4.18
2.75	3.54	0.105	—
2.80	3.03	0.132	—
2.85	2.05	0.261	—
2.90	2.04	0.260	—
3.0	2.00	0.257	3.84
3.5	1.92	0.257	1.92
4.0	2.00	0.256	1.75
5.0	1.89	0.256	1.60
7.5	1.60	0.256	—

表3-3和图3-24（b）还给出了非定常升力系数脉动幅值 Am 随攻角的变化情况。攻角从0°变化到2.8°，Am 值不断增加，随攻角变化近似为幂函数形式，攻角从2.8°增至2.85°时，Am 值快速增加约1倍。随后当攻角继续在2.85°～7.5°范围内增加时，非定常升力系数脉动幅值基本保持不变，维持在0.25附近。

随攻角增加，时均化流场结构从后缘层流分离泡变化为经典层流分离泡的过程中，随着流场结构的突变性演化，特征参数 St 和升力系数脉动幅值发生了突变。那么两种时均化层流分离泡所对应的非定常流动结构是否存在差异呢？

选取两个典型攻角作为对象，分析非定常流场结构和非定常压力分布特性。数值模拟

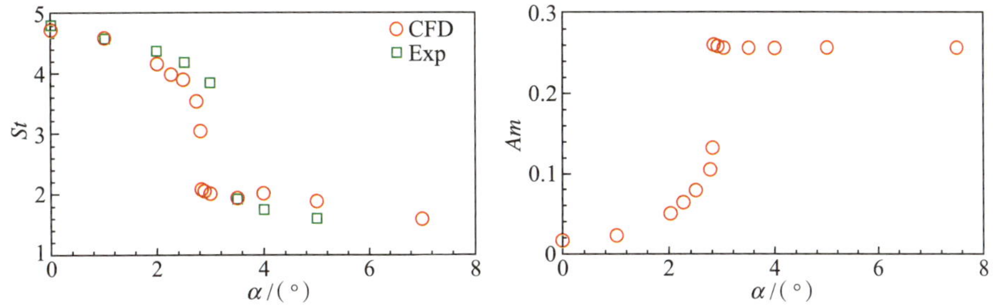

(a) St随攻角变化　(b) 升力系数脉动幅值随攻角变化

图 3-24　非定常升力系数斯特劳哈尔数（St）和脉动幅值（Am）随攻角变化情况

研究选择攻角 2.5°和 3.0°两个状态，粒子图像测速法试验选择攻角 3.0°和 3.5°作为研究对象，分别对应后缘层流分离泡和经典层流分离泡状态。

图 3-25 给出 2.5°和 3.0°两个典型攻角下，$Re=4.0\times10^4$时，一个升力系数脉动周期内不同时刻的非定常流线图。$\alpha=2.5°$时，以来流速度和翼型弦长无量纲化得到的周期约为 0.26，$\alpha=3.0°$时约为 0.54，两者相差约一倍。为了便于两者进行比较，分别给出两个攻角条件下，一个脉动周期内 0.0T、0.2T、0.4T、0.6T、0.8T 和 1.0T 周期时刻的非定常流线。

分析 2.5°攻角条件下的非定常流场。由图可见不同时刻的非定常旋涡结构同时均化后缘层流分离泡的形态［图 3-19（b）］接近，旋涡形状整体上也接近棒槌形状。其单周期内非定常旋涡产生和脱落存在三个明显特征：

1）流场分离区前部靠近分离点位置附近变化不大，近似为死水区。

2）旋涡的产生和脱落主要集中在翼型靠近后缘附近，类似于圆柱绕流尾迹的卡门涡街脱落过程。上表面后缘附近产生的主旋涡从后缘脱落后［图 3-25（a），0.0～0.4T］，气流会从后缘卷起生成一个反向的旋涡并脱落［图 3-25（a），0.6～0.8T］，同时上表面后缘附近又产生一个新的旋涡，重复上述过程［图 3-25（a），0.8～1.0T］。

3）主旋涡靠近壁面附近始终存在一个二次分离涡，在后缘位置附近小范围前后移动。

分析 3.0°攻角条件下的非定常流场。由图易发现同攻角 2.5°的非定常分离涡结构也存在显著差异。单周期内的非定常流场结构存在如下三个显著特点：

1）分离涡由分离点附近产生，分离区上游靠近分离点附近，流场也存在显著的脉动，不再保持死水区。

2）分离涡在分离点附近产生后，随流场向下游移动，同时经过分裂、合并等一系列复杂过程在后缘点前部形成一个主涡［图 3-25（b），0.0～0.4T］，并不断向下游移动并最终脱落［图 3-25（b），0.6～1.0T］。

3）随主涡的生成和演化，不断产生新的二次涡，并随主涡一起向下游移动，在主涡到达后缘点脱离之前二次涡耗散减弱并消失［图 3-25（b），0.0～0.6T］。

上述分析表明，随着攻角增大，时均化流场结构发生突变的同时，其非定常流场结构也发生了显著改变。图 3-26 还给出了攻角为 2.5°和 3.0°时，一个流场脉动周期内表面压

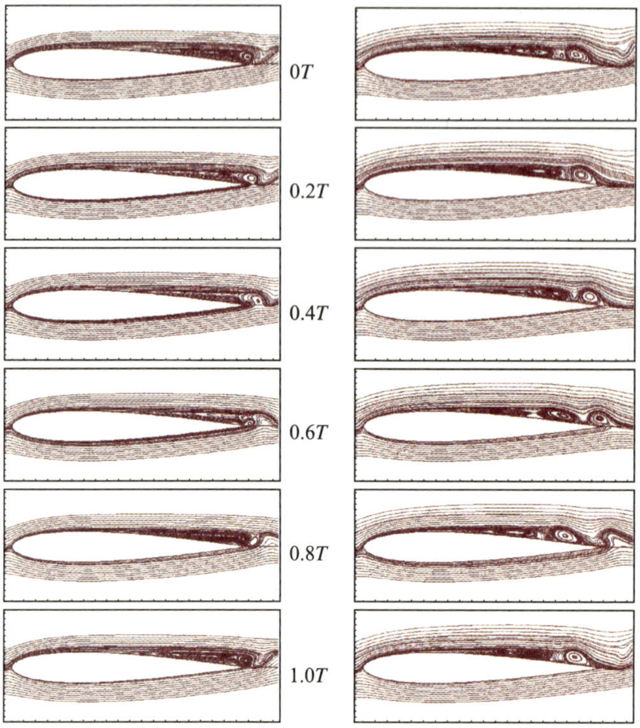

(a) α=2.5°　　(b) α=3.0°

图 3－25　一个升力系数周期内不同时刻非定常流线

力系数分布的变化情况，进一步证明了这两种非定常流场的显著差异。图 3－26（a）表明攻角为 2.5°时，不同时刻压力系数分布仅在靠近后缘附近存在显著脉动，其余部分变化不大；攻角为 3.0°时，在上表面整个分离区乃至下表面，不同时刻的压力系数分布都表现出明显的变化，表现为大范围大幅度的压力系数脉动。这种脉动的幅值在靠近翼型后部达到最大，刚好和上表面分离涡从生成经过复杂的分裂、合并等过程形成一个主涡并向下游移动的区域相吻合。

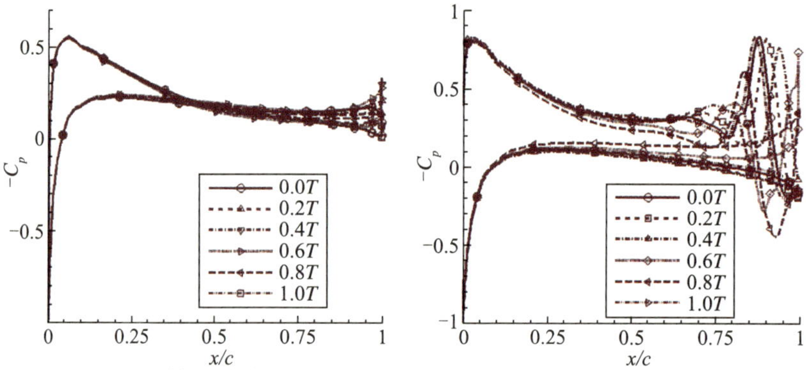

(a) α=2.5°　　(b) α=3.0°

图 3－26　一个升力系数周期内非定常表面压力系数分布

$\alpha<2.5°$时，分离点附近直至靠近后缘附近的大范围流场，基本保持稳定，仅在后缘位置附近出现类似于卡门涡街的非定常分离流动现象，交替产生上表面生成的负向分离涡和下表面经后缘向上卷起的正向分离涡，并从翼型后缘脱落。$\alpha>3.0°$时，分离点附近的流场失去稳定，产生分离涡并不断向下游移动，同时出现大范围的压力脉动。因此造成两种流动结构之间发生突变的根源很可能在于分离点附近分离区流场结构的失稳，产生独立的非定常层流分离涡，但触发这种突变的机理目前并不清楚。

攻角到达临界点之前，分离点附近的分离流动基本为死水区表现为定常分离，临界点之后分离点附近的层流分离流动演化为非定常分离，不断生成新的层流分离旋涡并向下游发展演化。通过对攻角 $\alpha=2.8°$时的非定常流场分析，发现在此临界攻角位置，后缘附近产生的类似卡门涡街的非定常分离涡结构和分离点附近产生的向下游移动发展的非定常层流分离涡结构已经并存，并彼此融合，分离点附近的流场已经开始失稳。

图 3-27 给出了攻角为 3.0°和 3.5°时，水洞粒子图像测速法流动显示试验获得的不同时刻流线分布。由图可见两个攻角下的非定常涡结构存在较为明显的区别。3.0°攻角时，分离主涡的生成和演化主要集中在后缘位置附近，分离区前部没有出现明显的独立的分离涡。3.5°时，分离涡的生成和移动区域明显遍布于整个分离区，在分离区前部出现较为明显的独立分离涡，并不断向下游移动。需要指出，由于粒子图像测速法试验时间和空间分辨率的限制，难以通过粒子图像测速法获得非定常流场结构非常精细化的结果，但就获得的这些结果来看，和数值模拟获得的两种层流分离泡所对应的非定常涡结构的特征相一致。

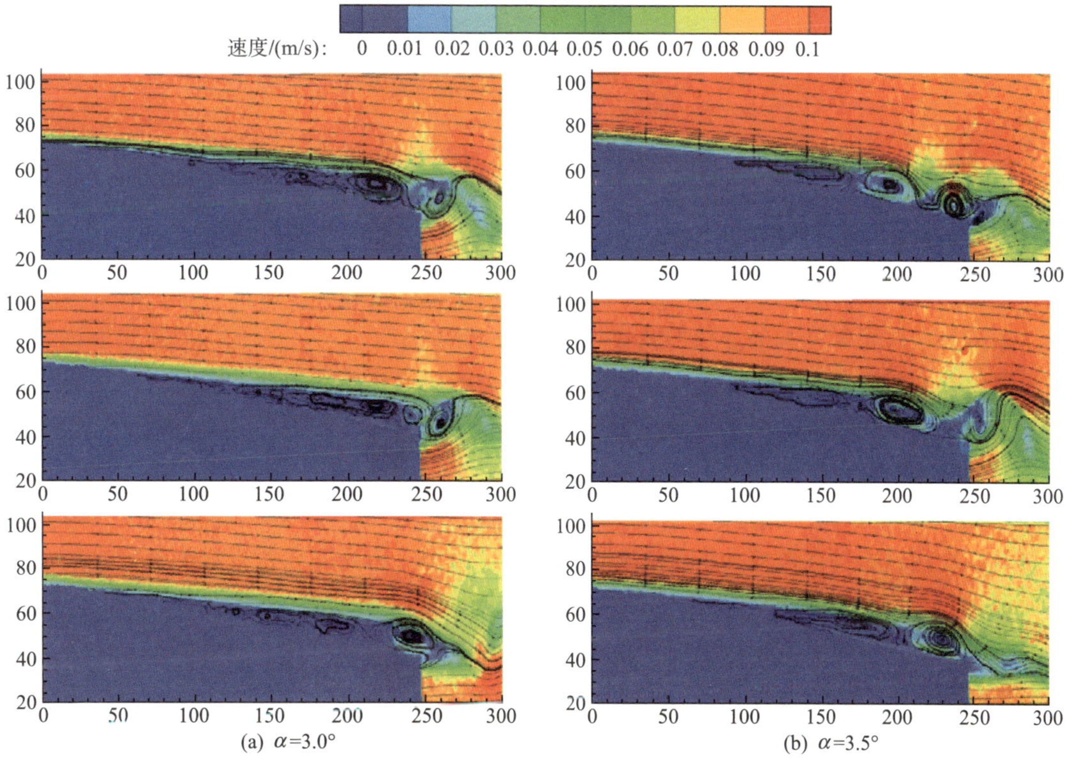

图 3-27　水洞粒子图像测速法试验显示不同时刻层流分离流动结构

3.4 翼型低雷诺数气动特性攻角非线性效应

3.4.1 翼型低雷诺数气动特性小攻角非线性效应

众所周知，高雷诺数时翼型升力系数在小攻角范围随攻角增加呈线性变化，斜率近似为 2π。但低雷诺数条件下，对称翼型升力系数在 0°攻角附近随攻角变化出现明显的非线性现象。Mueller、Batill[4] 和 Selig[17] 分别在不同风洞，采用不同的对称翼型，在不同雷诺数下测量了光滑翼型升力系数随攻角变化，并采用在光滑翼型上安装粗糙带和在流场中增加声波激励的方法，研究了干扰因素对低雷诺数翼型流场和气动特性的影响。Mueller 和 Batill[4] 采用 NACA66$_3$-018 光滑翼型进行试验，发现在小攻角时，$Re=4.0\times10^4$ 升力线斜率小于 2π，当 $Re=1.3\times10^5$ 时升力线斜率甚至出现负值，雷诺数进一步增加到 $Re=4.0\times10^5$，这种小攻角非线性效应消失，并指出这种效应对翼型形状特别是前缘形状高度敏感，但由于仅对一种对称翼型进行了试验，并不能判断该效应是否具有普遍性。Selig[17] 等对 34 种翼型进行低湍流度风洞试验，系统地研究了低雷诺数条件下翼型的气动特性，发现对称翼型在雷诺数为 $4.0\times10^4\sim1.0\times10^5$，攻角为（0°±2°）时，升力系数曲线都有一个小平台，并且这一现象普遍存在。另外他们的试验表明：不论在翼型前缘附近安装粗糙带还是在流场中引入声波激励等干扰因素都会有效地缓解这种非线性效应。Selig 还根据 Mueller 和 Batill 的流场显示试验分析这种小攻角非线性效应是由于层流分离泡随攻角增加而增大造成的。但他忽略了一点，Mueller 和 Batill 试验中测出的分离泡是前缘短分离泡的变化趋势，而和对称翼型非线性效应密切相关的是后缘长分离泡现象。

图 3-28 为作者在西北工业大学低雷诺数低湍流度风洞中，针对 SD8020 翼型 $Re=5.0\times10^4$ 状态，通过天平测力试验获得的升力系数小攻角非线性效应，试验是在湍流度 $\varepsilon=0.03\%$ 条件下进行。Selig 的试验[17] 是在伊利诺伊州立大学香槟分校的直流式亚声速风洞中，湍流度 $\varepsilon=0.1\%$ 时所获得的 $Re=4.0\times10^4$ 时小攻角非线性效应。作者通过试验观测到了这种小攻角条件下的非线性效应，但对于雷诺数小于 1.0×10^5 的工况，当前试验数据的重复性和精度还存在较大的问题，准确定量获得更为精确的数据还需要对风洞流场品质和小来流动压高精度天平测试系统进行改进。

对称翼型的低雷诺数非线性效应并不是人们所希望的。如果飞行器采用对称翼型安定面，在低雷诺数范围可能会出现特殊的操纵性问题。平尾处于升力系数随攻角变化的非线性区时，会操纵迟钝甚至反效，进而有可能会过于灵敏。因此研究对称翼型低雷诺数小攻角非线性效应，分析其产生机理具有重要的学术意义和工程价值。本小节以 SD8020 翼型为对象，研究了对称翼型小攻角非线性效应及其形成机理。

图 3-29 给出了数值计算获得的 $Re=4.0\times10^4$，$Re=1.0\times10^5$，升力系数随攻角变化规律，并与 Selig 试验结果[17] 进行了对比，两者吻合较好。当 $Re=4.0\times10^4$ 时，攻角 $\alpha<2.5°$ 范围升力线斜率明显低于 2π，乃至出现一个小平台；在 $\alpha=2.5°\sim3.0°$ 时，升力线

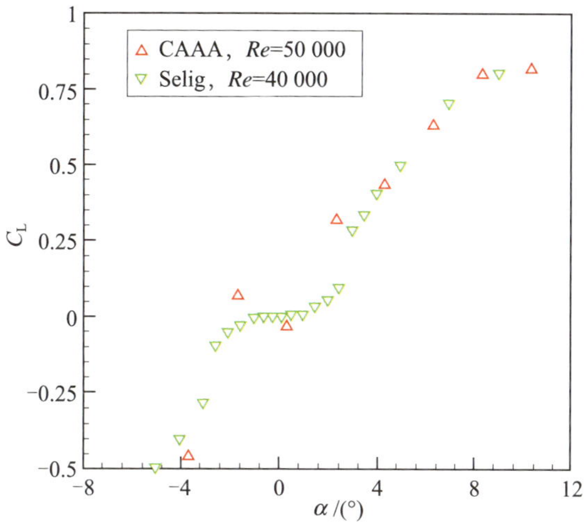

图 3-28　SD8020 翼型升力系数小攻角非线性效应风洞试验结果

斜率又明显大于 2π；在攻角大于 3.0°以后，升力线斜率变化又趋于正常，计算得到的详细升力系数和升力线斜率估算结果见表 3-4。当 *Re* 增加到 1.0×10^5时，这种非线性效应大大减弱，0.0°攻角附近升力系数平台基本消失，升力系数基本呈线性变化。

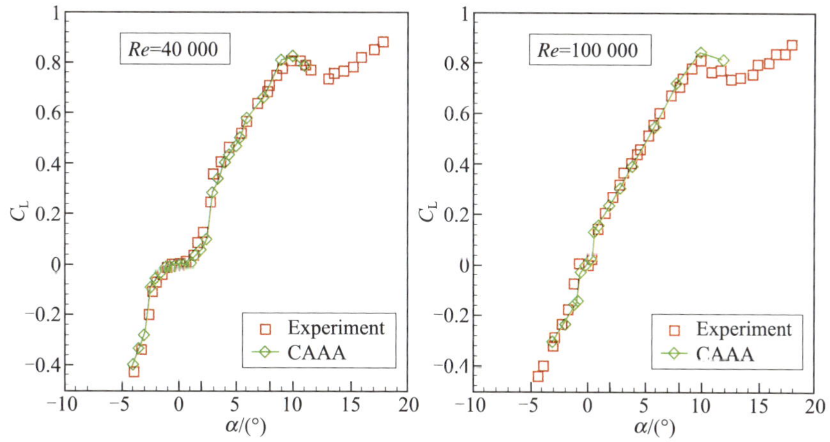

图 3-29　时均化升力系数同 Selig 试验[17]结果比较

表 3-4　计算升力系数和估算升力线斜率

α	0°	0.25°	0.5°	1.0°	1.5°	2.0°	2.5°	3.0°	3.5°
C_L	0	0.000 59	0.002 3	0.007 2	0.031 1	0.055 4	0.096 3	0.282	0.335
$C_{L\alpha}$	0.13	0.26	0.50	1.66	2.76	3.73	13.01	13.6	6.89
SP	0.82	0.755	0.718	0.627	0.55	0.485	0.39	0.309	0.26
RP	—	—	—	—	—	—	—	0.973	0.926

注：$C_{L\alpha}$—升力线斜率；*SP*—计算所得上翼面分离点位置；*RP*—时均化再附点位置。

3.3 节中通过数值模拟和粒子图像测速法流动显示试验研究发现了 $Re=4.0\times10^4$时，在小攻角范围存在一种不同于经典层流分离泡的新时均化后缘层流分离泡结构，随攻角增大，后缘层流分离泡结构会在某一很小的攻角范围发生突变，转化为经典层流分离泡结构。那么这两种低雷诺数层流分离流动结构之间的突变与翼型气动特性小攻角非线性效应之间是什么关系？

图 3－30 给出了两种时均化层流分离泡存在的情况下造成翼型等效外形发生变化的示意图。由图中可知，两种不同的层流分离泡导致翼型的等效外形发生了明显变化。根据翼型线化理论，翼型的弯度和厚度对翼型的气动性能起决定作用。图 3－30（a）为 $\alpha\leqslant2.8°$ 后缘层流分离泡作用下，SD8020 翼型的等效外形发生变化的示意图；图 3－30（b）为 $\alpha\geqslant2.85°$长层流分离泡存在时，翼型的等效外形变化示意图。图中红线为 SD8020 的基本翼型；黑实线近似为翼型边界层和时均化分离泡结构同外层无黏流的边界线，可以近似认为黑实线所描画的形状为层流分离泡和边界层共同作用下的等效翼型；中间点画线为基本翼型的中弧线，由于翼型对称，中弧线为直线；蓝色实线为考虑边界层和层流分离泡作用下的等效翼型的中弧线。显然 $\alpha\leqslant2.8°$时，上翼面棒槌形后缘层流分离泡的存在使得等效翼型具有小的负弯度，且随攻角增加，后缘分离泡的高度和长度都增加造成这种负弯度随之增加，因此对称翼型在 0.0°攻角附近升力系数增长缓慢出现小平台甚至出现负升力，升力线斜率显著小于 2π。当攻角由 2.8°增加到 2.85°时，时均化层流分离泡结构发生突变，由棒槌形后缘泡变为鼓包形长层流分离泡，SD8020 的等效翼型弯度突然由负变成正，时均化压力系数分布会发生很大的变化（图 3－17），从而造成在该攻角附近升力系数快速变大和升力线斜率大于 2π。当攻角大于 2.85°之后，长层流分离泡的变化规律使得等效翼型弯度保持近似不变，但最大弯度位置会逐渐前移，升力线斜率也恢复到 2π 附近。

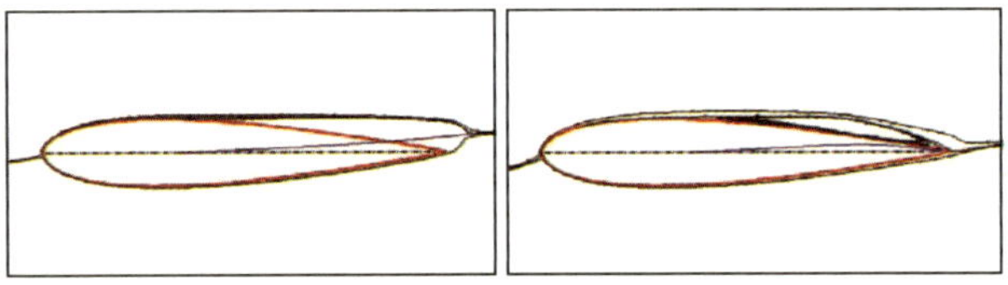

(a) $\alpha\leqslant2.8°$　　(b) $\alpha\geqslant2.85°$

图 3－30　层流分离泡作用下翼型等效外形示意图

由此可见后缘层流分离泡与经典长层流分离泡之间的演化突变是造成低雷诺数对称翼型小攻角气动特性非线性效应的根本原因。

3.4.2　翼型低雷诺数气动特性中到大攻角静态滞回效应

翼型低雷诺数气动特性非线性效应的另一重要特征是翼型中等至大攻角的静态滞回效应。这种现象在低雷诺数条件下翼型试验当中广泛存在。主要有两种形态：顺时针滞回（一般发生在最大升力 C_{Lmax}攻角附近）和逆时针滞回（一般发生在中等升力攻角附近）。滞回效应是层流分离泡影响翼型气动性能的一个重要表现，会影响翼型的最大升力系数和最大升阻比并使之在很大的范围内变化，造成飞行器低雷诺数条件下机动的困难和失速飞行的延迟恢复。

这里讨论的与层流分离泡相关的翼型大攻角失速为静态失速，与翼型快速拉起造成的动态失速不同，动态失速会比静态失速有更大的失速攻角及升力、力矩[18]。静态滞回效应，即攻角增加行程中层流分离泡破裂的失速攻角，与攻角减小行程中湍流边界层再附形成层流分离泡的攻角不重合。同时在上下行程中，对应相同攻角的流态也有很大差别。低雷诺数翼型静态滞回有两类[19]：失速前滞回和失速滞回。失速前滞回是在攻角增加时，位于弦中部的长分离泡变长并最后进入尾流，这如同尾缘失速，升力系数趋于变平，阻力突然增加；再增加攻角，尚未达到静态失速的翼型上长泡受压制变成近前缘的短泡，使阻力明显下降升力突增，而减小攻角到原应有长泡的攻角处时并未出现长泡。再进一步减小攻角，长泡又突然出现，升力急减阻力突增，这就是失速前滞回。也有一些低雷诺数翼型，如 Eppler 系列中的几个翼型，长泡的压制及再现发生在同一攻角，所以无失速前滞回。由长泡增长形成一个高阻力的弯头是失速前滞回的特征。失速滞回则可能是翼型攻角已经增加到失速攻角附近，升力系数已经进入非线性区达到最大升力系数，攻角进一步增加，升力系数突降，阻力系数突增，流动从层流分离泡状态完全进入大范围大尺度失速分离状态。当流动从这种失速分离状态下的攻角开始减小时，这种失速分离会仍然保持，直至某个临界攻角又会突然变回层流分离泡的流动结构，升力系数突增，阻力系数突降。失速前滞回和失速滞回比较，两者发生泡破裂的攻角不同，相应的升力系数一由低到高，一由高到低，从而滞回线回转方向也不同，失速前滞回为逆时针方向，失速滞回为顺时针方向。不同的翼型可能会表现为不同的静态滞回特性。

通过 FX63－137 翼型在西北工业大学低湍流度风洞中的测力试验，我们捕获到了在失速攻角附近发生的顺时针的失速静态滞回。图 3－31 给出作者在西北工业大学低雷诺数低湍流度风洞中，$Re=1.0\times10^5$ 时，FX63－137 翼型通过天平测力试验获得的失速攻角附近升力系数静态滞回曲线，试验在湍流度 $\varepsilon=0.03\%$ 条件下进行。图中还给出了 Selig 在伊利伊诺州立大学香槟分校的直流式亚声速风洞中，FX63－137 翼型 $Re=1.0\times10^5$ 时失速攻

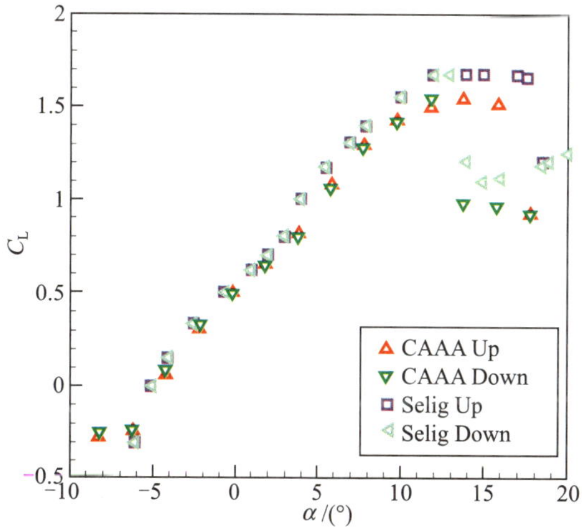

图 3－31　风洞试验低雷诺数升力系数随攻角变化的非线性效应

角附近升力系数静态滞回曲线。由图可见国内的低雷诺数低湍流度风洞试验也能够较好地捕获翼型低雷诺数气动特性的非线性效应。就 $Re=1.0\times10^5$ 及以上的试验数据来看，基本能够捕获到中等至大攻角的气动特性非线性效应，且变化趋势与国外试验数据一致，较好地再现了失速攻角附近的静态滞回及中等攻角的气动特性非线性效应。

针对翼型静态滞回效应的系统研究和机理分析工作还很少见到。Mittal[20] 通过数值模拟求解 N－S 方程，结合 B－L 湍流模型，得到了 NACA0012 翼型在 $Re=1.0\times10^6$ 条件下的失速攻角附近的静态滞回效应，但该文献并没有给出该雷诺数下静态滞回的风洞试验结果作为证明，也没有给出更低雷诺数条件下的数值结果。虽然相对于低雷诺数，在该常规雷诺数下出现静态滞回的失速攻角较大（$\alpha\approx18°$），静态滞回区间较小（17°～19°），但从该结果可以合理地推测低雷诺数条件下静态滞回效应形成的原因，从数值模拟结果看随攻角增加和减小两个方向，在静态滞回区间流场结构存在显著的差异。如图 3－32 所示，攻角为 18°和 18.5°时，攻角增加和减小两个方向的流场结构差异非常显著。正是由于这种流动结构的突变造成了气动特性的静态滞回效应。

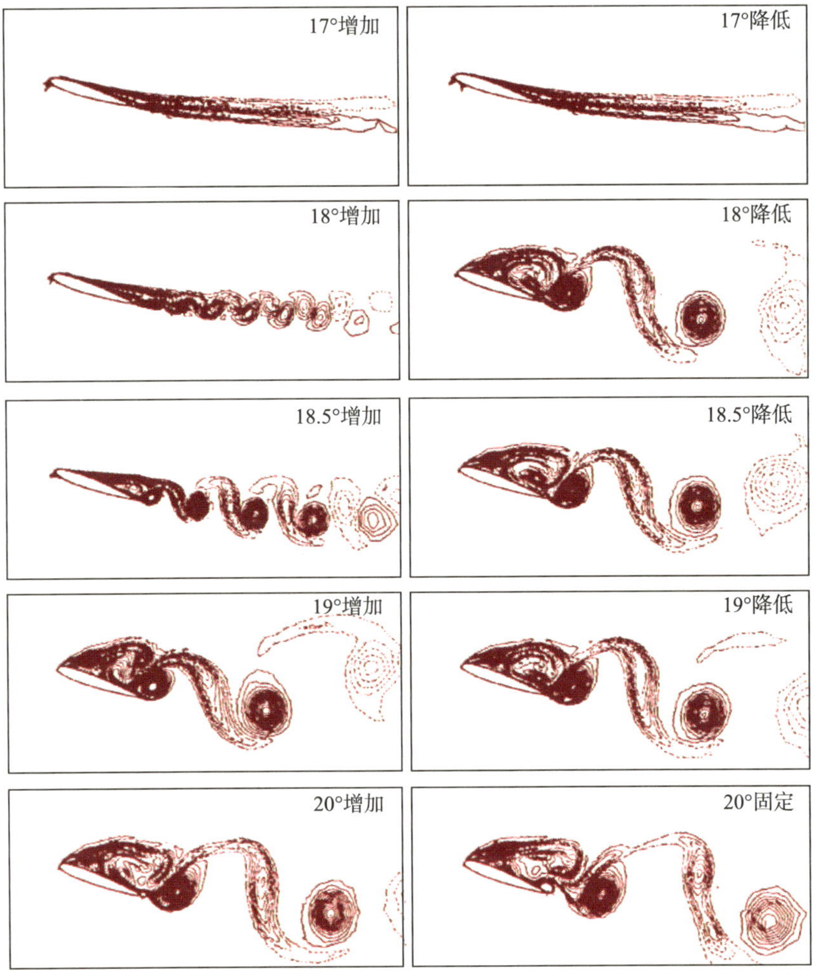

图 3－32　NACA0012 翼型静态滞回效应流动结构

3.5　翼型流动结构与气动特性随雷诺数演化规律

3.5.1　低雷诺数时均化流动结构与气动特性演化规律

众所周知，翼型低雷诺数条件下最为显著的特征以及对工程设计带来最大困惑的现象就是随雷诺数降低，光滑翼型阻力系数遽然增加，升力系数和升阻比遽然降低。国内外针对不同翼型的大量试验结果发现这一现象普遍存在。尽管不同的翼型在不同攻角条件下，这种效应出现或突变的临界雷诺数范围会存在一定的差异，但还是存在一定的规律性，即产生这种突变的雷诺数范围基本在 3.0×10^5 至 6.0×10^4 之间，在该范围气动特性与雷诺数之间的关系表现为强非线性。一般认为这种现象是由于翼型表面出现经典的长层流分离泡造成的。虽然国内外针对这些问题开展了大量的试验研究工作，但是并没有看到详细的关于随雷诺数变化气动特性与流动结构的对应关系的研究，以及分析造成这种气动效率急剧恶化机理的文献和论著。

在前述关于低雷诺数层流分离效应的研究工作中发现，低雷诺数下，翼型表面存在两种形态的时均化层流分离泡，即经典层流分离泡和后缘层流分离泡，其流动结构和变化规律存在很大不同。研究发现随攻角变化，两种分离泡结构之间的相互演化造成低雷诺数条件下翼型气动特性小攻角非线性等效应。本节主要研究分析翼型气动特性随雷诺数下降与流动结构之间的内在联系。

以 FX63－137 翼型为研究对象，采用数值模拟方法获得雷诺数从 1.0×10^6 下降至 4.0×10^4 过程中，0°和 4°攻角下的升阻力系数随雷诺数的变化曲线，如图 3－33 所示。其中翼型阻力系数 C_D 可分为由壁面黏性切应力造成的摩擦阻力系数 C_{Df} 及压强分布引起的压差阻力系数 C_{Dp}。图 3－33 显示，雷诺数从 1.0×10^6 下降至 5.0×10^5 时，两个攻角下的升力系数略微降低，阻力系数略微上升，翼型气动特性随着雷诺数变化不显著。但当雷诺数降至 3.0×10^5 时，阻力系数首先开始快速升高，其中压差阻力系数的增速较摩擦阻力系数要快得多，当雷诺数下降至 1.5×10^5 时，压差阻力已经成为阻力系数的主要组成部分，压

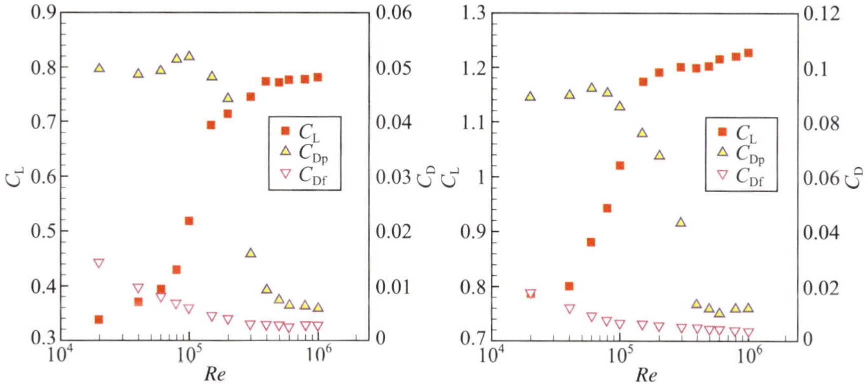

(a) $\alpha=0°$　　(b) $\alpha=4°$

图 3－33　不同雷诺数下升力系数和阻力系数

差阻力的上升是阻力系数增长的主要原因。这之前升力系数保持缓慢下降，当雷诺数继续下降至 1.5×10^5 以下时，升力系数开始迅速下降，升力特性急剧恶化。随着雷诺数的下降，各种翼型升力系数发生急剧变化的临界雷诺数和阻力系数发生急剧变化的临界雷诺数不同，对应 FX63-137 翼型，阻力系数剧增的雷诺数在 3.0×10^5 左右，而升力系数剧降的雷诺数大致为 1.5×10^5。

以 4°攻角为例，仔细探讨 FX63-137 翼型层流分离流动结构随雷诺数的变化规律。图 3-34 的时均化流动结构表明随雷诺数降低，翼型气动特性发生变化的同时，流动结构也产生了显著的改变。当雷诺数较高，如 $Re=5.0\times10^5$ [图 3-34 (a)]，翼型表面流线附体，不存在流动分离现象。原因在于此时流动动能较大，可抵抗较大的逆压梯度，该雷诺数下流动分离现象只可能在大攻角下出现。但随雷诺数的下降，小攻角条件下也开始出现层流分离现象。当雷诺数降至 4.0×10^5 左右 [图 3-34 (b)]，翼型表面产生了小范围的流动分离，时均化流动结构显示其上表面生成了小尺度的经典层流分离泡结构。

随着雷诺数继续下降 [图 3-34 (c) ～ (d)]，流体黏性效应增强，流动分离现象趋于严重，当雷诺数降至 3.0×10^5 时，翼型上表面已产生了大尺度的经典层流分离泡。至雷诺数为 2.0×10^5 时经典层流分离泡的长度持续增加，时均化再附点后退至后缘点附近。雷诺数继续下降 [图 3-34 (e) ～ (f)]，翼型上表面分离泡后部逐渐鼓起，主涡位置向下游移动，并能明显看出主涡前部诱导出的二次涡结构。当雷诺数下降至 6.0×10^4 以下，上表面分离泡结构已发展为典型的后缘层流分离泡。

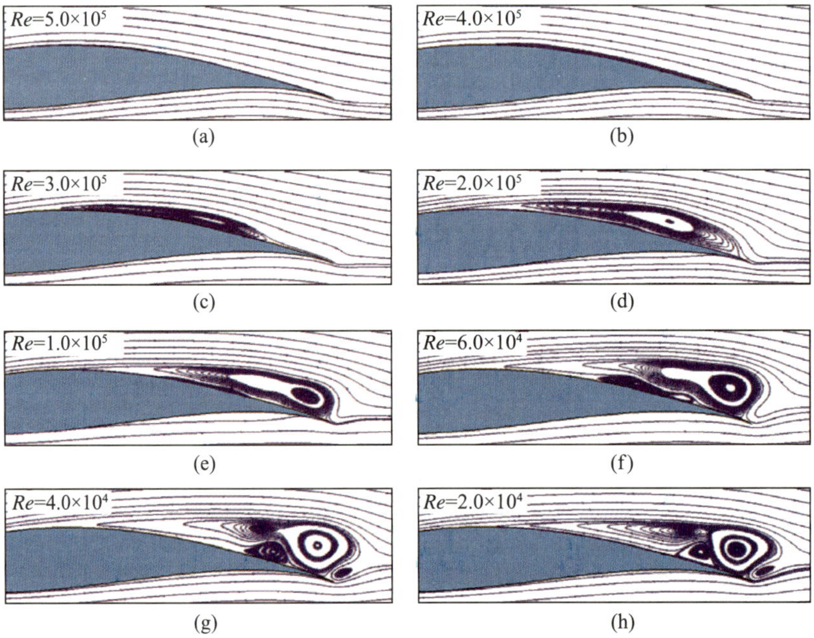

图 3-34　攻角 4°条件下，不同雷诺数时均化流动结构

图 3-34 给出了翼型气动特性降低所对应的流动结构演化规律。发现随雷诺数的下降，翼型上表面流动首先从附体运动至产生较小尺寸的经典层流分离泡；随雷诺数继续下

降，其长度不断增加成为长层流分离泡，直至再附点到达后缘；雷诺数进一步降低，经典长层流分离泡变化为后缘层流分离泡。随后的后缘层流分离泡随雷诺数持续降低，长度和高度变化有限。后缘层流分离泡的出现导致气动特性的最终恶化。

其中雷诺数从 5.0×10^5 降低至 2.0×10^5，翼型上表面的经典层流分离泡从无到有，长度不断增加，再附点最终延伸至后缘位置；雷诺数从 2.0×10^5 变化至 1.0×10^5 区间，时均化流动结构从经典层流分离泡向后缘层流分离泡演化，主分离涡移至后缘点上方，分离区范围扩大，分离泡尺度增大，导致翼型压差阻力快速上升，这与图 3－33（b）中阻力变化特性相契合。阻力系数在这一阶段增大的主因非摩擦阻力而是压差阻力的激增。需要指出的是，虽然压差阻力增加占据阻力系数增加的主要部分，但归根结底，还是由于黏性效应快速增加从而加剧了流动分离，造成了压差阻力的急剧上升。

当雷诺数从 1.0×10^5 继续降至 2.0×10^4，翼型上表面分离泡结构逐渐由长层流分离泡转变为后缘层流分离泡，分离泡主涡位置向后缘移动，分离泡尺度增大，气流从下表面向上卷起的分离涡结构使流动不存在分离再附现象。正是由于两种分离泡结构之间的差异及转变，导致了图 3－33（b）中翼型升力系数的急剧降低。

图 3－35 给出了后缘层流分离泡、长层流分离泡以及附体流动三种典型流动状态下翼型时均化壁面压力系数分布曲线。其对应的雷诺数分别为 4.0×10^4、2.0×10^5 和 5.0×10^5，说明翼型不同雷诺数下气动特性的显著差别。从压力系数分布形态上看，$Re=5.0\times10^5$ 时翼型上表面压力分布曲线从 $0.5c$ 位置处开始下降；而 $Re=2.0\times10^5$ 时翼型上表面压力分布表现为明显的平台和尾部（$0.8c$）的突然下降，这与经典长层流分离泡压力系数分布特点相近；当 $Re=4.0\times10^4$ 时翼型上表面中后部压力系数分布平稳，并在后缘点附近出现突然升高。雷诺数从 5.0×10^5 降至 2.0×10^5，压力分布曲线所围成的面积略微下降，翼型升力特性降低有限，而雷诺数从 2.0×10^5 降至 4.0×10^4 时，翼型表面压力分布曲线所围成的面积急剧减小，翼型升力特性迅速下降，这与图 3－33（b）中升力系数变化规律相吻合。

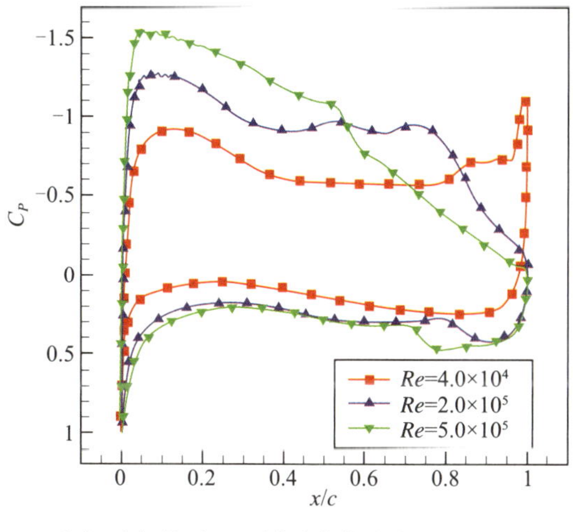

图 3－35　攻角 4°条件下，不同雷诺数时均化壁面压力系数分布

经过上面对时均化流动结构及壁面压力系数分布的比较和分析表明，正是由于不同雷诺数下分离泡结构的差异，造成了翼型气动特性的显著差别。图 3－36 给出了翼型两个典型雷诺数（$Re=4.0\times10^4$，2.0×10^5）下的时均化等效外形示意图，表示翼型与层流分离泡和边界层共同作用下的等效翼型，可以近似认为等效翼型表面流动贴体无分离，且黏性作用对压强分布影响不大，基本翼型的低雷诺数流动与等效翼型的无黏流动近似相同，因此可对等效翼型进行线性化分析，从而对基本翼型的升力特性变化给出定性的解释和较为合理的分析。

图 3－36 中黑色实线为实际翼型，红色和蓝色实线分别为雷诺数等于 4.0×10^4 和 2.0×10^5 下层流分离泡和边界层共同作用下的等效翼型外形。黑色点画线为实际翼型的中弧线，红色和蓝色点画线分别为两种雷诺数下包含层流分离泡和边界层的等效翼型中弧线。由于 $Re=5.0\times10^5$ 下翼型表面流线附体，不存在流动分离现象，该状态下等效翼型外形与基本翼型一致。根据翼型线化理论，翼型的弯度对翼型的气动性能起重要作用。当 $Re=2.0\times10^5$ 时，由于翼型上表面长层流分离泡的产生，使得等效翼型后部的弯度增大，对升力特性有一定的提高作用，在很大程度上延缓了升力系数随着雷诺数下降而降低的趋势。图 3－35 中也显示，相对于 $Re=5.0\times10^5$ 的情况，$Re=2.0\times10^5$ 时前部尽管出现了一定升力损失，但翼型上表面后部（$0.6\sim1.0c$）产生了较强的吸力，该区域压力系数分布有所提高。而当 $Re=4.0\times10^4$ 时，上翼面后缘层流分离泡的作用使翼型后部边界层变厚，等效翼型后部的弯度较 $Re=2.0\times10^5$ 减小，翼型升力特性急剧变差，升力系数剧降。因此后缘层流分离泡的出现造成等效翼型弯度减小是导致低雷诺数下翼型的升力特性急剧变差的根源。

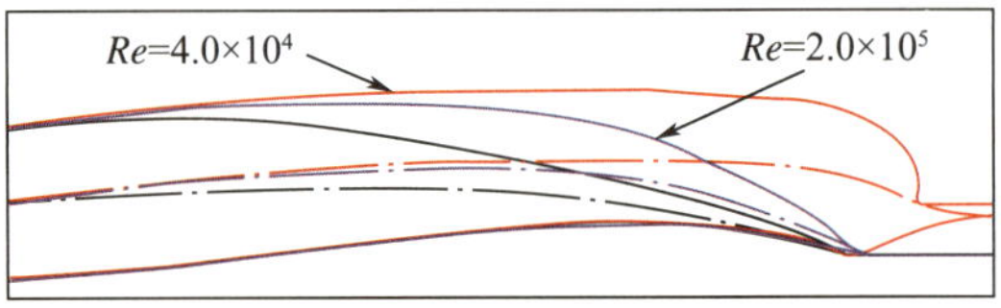

图 3－36　两种雷诺数下翼型等效外形示意图

通过上面对不同雷诺数下翼型的气动特性和流动结构的比较分析可知，随着雷诺数变化，翼型的升阻力气动特性、时均化流动结构、壁面压力系数分布特性均产生了显著的改变。随着雷诺数降低，翼型阻力系数首先开始快速升高，其中压差阻力上升是阻力系数增加的主因，在此过程中时均化流动结构由附体流动至出现小尺度经典层流分离泡，再发展到大尺度经典长层流分离泡。但由于经典层流分离泡使得等效翼型弯度增加，其升力系数在前缘部分吸力峰值下降的同时，层流分离泡所占区间的升力系数反而增加，导致升力系数下降不明显。随着雷诺数继续降至 1.0×10^5 以下，时均化流动结构已由经典层流分离泡转变为后缘层流分离泡，等效翼型后部弯度降低，导致升力系数迅速下降，升阻特性急剧恶化。

上述分析表明，存在气动力系数剧变的临界雷诺数，但对于阻力系数和升力系数，其临界雷诺数不同。造成这种现象的根本原因在于阻力和升力突变的触发机理不同。导致阻力系数急剧增加的主要原因在于经典长层流分离泡的出现，引起翼型压差阻力大增，并随着经典层流分离泡演化为后缘层流分离泡而进一步增大；而造成升力系数急剧下降的主要原因在于后缘层流分离泡的出现，使得等效翼型后部弯度减小。后缘层流分离泡的出现导致翼型升阻特性最终恶化。

3.5.2　非定常分离特性随雷诺数的演化规律

3.5.1 节研究结果显示雷诺数从 5.0×10^5 降至 4.0×10^4，翼型上表面时均化分离泡结构逐渐由经典层流分离泡转变为后缘层流分离泡，两种分离泡外部形态、内部结构均存在较大差别，从而造成了气动特性的显著改变。本小节以这一过程中，两种典型流动状态（$Re=4.0\times10^4$，2.0×10^5）作为研究对象，分析其非定常气动力系数、流动结构和压力分布特性的变化情况。

首先分析两种流动状态下翼型不同攻角的非定常升力系数。图 3－37（a）为 $Re=4.0\times10^4$ 时翼型不同攻角下非定常升力系数变化曲线，显示不同攻角下翼型升力系数均会产生周期性波动，随着攻角增加升力系数提高的同时，波动频率明显下降，但波动幅值增加。$Re=2.0\times10^5$ 状态不同攻角下翼型升力系数同样存在周期性波动［图 3－37（b）］，随攻角增加，升力系数提高，波动频率略有下降，波动幅值变化不明显，波动参数随攻角的变化规律与 $Re=4.0\times10^4$ 状态存在差异。

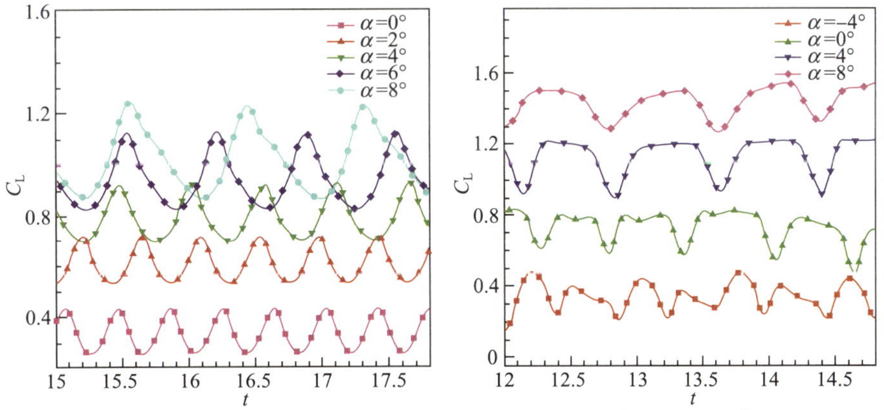

(a) $Re=4.0\times10^4$　　(b) $Re=2.0\times10^5$

图 3－37　两种雷诺数不同攻角下升力系数随时间变化曲线

翼型 4°攻角下两种雷诺数状态的非定常升力系数见图 3－38，显示两种雷诺数下升力系数波动频率和幅值的差异，$Re=4.0\times10^4$ 时无量纲波动频率约为 1.8，振幅约为 0.22，$Re=2.0\times10^5$ 状态下无量纲频率约为 1.2，振幅达到约 0.30。将两种雷诺数下翼型单周期内不同时刻升力系数进行标记，进一步深入研究一个升力系数变化周期内的非定常流动结构及壁面压力分布，其中标记 2 和 4 分别表示升力系数处于峰值和谷值状态。

图 3－39 分别给出了两种雷诺数下，一个升力系数脉动周期的非定常流动结构。左

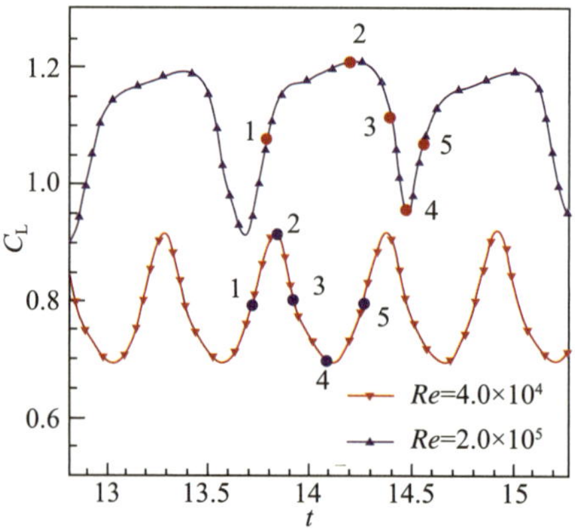

图 3－38　两种雷诺数下升力系数随时间变化曲线

上侧编号与图 3－38 中升力系数波动曲线中的标记对应。首先分析 $Re=4.0\times10^4$ 状态下非定常流动结构，如图 3－39（a），该雷诺数下不同时刻的非定常旋涡结构与时均化的后缘层流分离泡结构形态接近，不同时刻的非定常旋涡产生和脱落过程存在三个明显的特征：

1）流场在分离区前部（0.4～0.8c）变化不大，近似死水区；

2）旋涡的产生和脱落主要集中在翼型靠后缘附近，气流卷起生成的一个旋涡从后缘脱落（编号 1 图），随后上表面产生的大尺度主分离涡也随之脱落（编号 2～3 图），同时下表面气流通过后缘向上又卷起了新的旋涡并脱落（编号 4～5 图），旋涡的卷起与脱落过程类似于卡门涡街的非定常流动现象；

3）翼型上表面靠近后缘附近始终存在一个二次分离涡，稳定在 0.85～0.95c 位置附近。

结合图 3－38 升力系数波动曲线，深入分析不同时刻非定常流动结构，发现正是由于翼型表面旋涡周期性的生成与脱落，才造成了低雷诺数下升力系数的周期性波动。图 3－39（a）编号 2 图为翼型升力系数峰值状态的流动结构，显示翼型上表面产生的主分离涡正处于即将脱落时刻，上表面流线在后缘点发生再附，该流动状态可有效提高翼型的升力系数。而编号 4 图为翼型升力系数谷值状态的流动结构，显示气流从下表面经过后缘向上卷起并生成一个二次旋涡，翼型上表面流线大尺度分离，并没有向下再附的趋势，因而造成了升力系数谷值的出现。

分析 $Re=2.0\times10^5$ 状态的非定常流动结构，如图 3－39（b）所示。单周期内的非定常流场也存在比较明显的特征：

1）分离涡从分离点附近便开始产生，不存在死水区；

2）分离涡在产生后，随流场向下游移动（编号 1～2 图），同时经过分裂合并等一系列复杂过程（编号 2～4 图），最后从后缘脱落（编号 4 图）；

3）主涡脱落时，会引起气流从翼型下表面卷起一个小尺度的二次涡，并迅速脱落（编号 4 图）。

结合图 3-38 升力系数波动曲线同样可以发现，当升力系数处于峰值状态时，流动结构显示［图 3-39（b）中编号 2 图］上表面大尺度主分离涡即将脱落，流线在后缘点处再附。当升力系数处于谷值状态，流动结构［图 3-39（b）中编号 4 图］显示此时由于主分离涡的脱落，气流从后缘向上卷起产生了一个小尺度的二次涡，此时流线在翼型尾部大尺度分离，不存在分离再附现象。

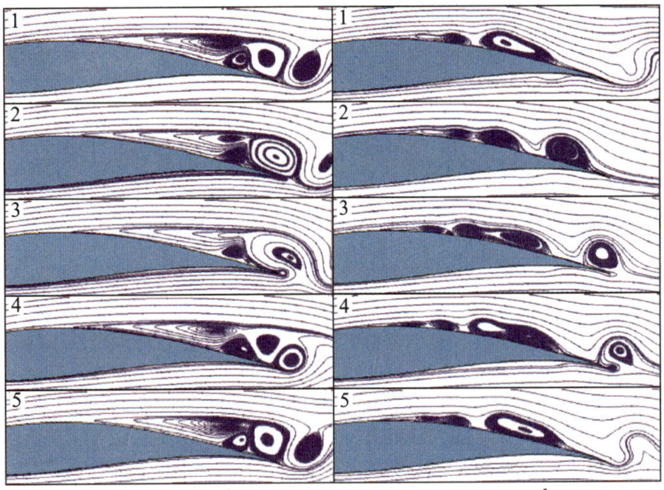

(a) $Re=4.0\times10^4$　(b) $Re=2.0\times10^5$

图 3-39　$\alpha=4°$，两种雷诺数下单周期内非定常流动结构

图 3-40 给出了单周期内非定常壁面压力系数分布的变化情况，显示了两种雷诺数下不同非定常流场对应压力分布的显著差异。图 3-40（a）显示 $Re=4.0\times10^4$ 状态，压力系数脉动主要出现在翼型尾部接近后缘位置，其余部分变化不大，验证了非定常流动结构中死水区的存在，涡的产生和脱落均在翼型尾部发生。图 3-40（b）显示当 $Re=2.0\times10^5$ 时压力系数脉动区域比 $Re=4.0\times10^4$ 要大得多，从翼型中部开始直至后缘点，壁面都呈现大范围的压力系数脉动，并且越靠近翼型后部脉动幅值越大，与图 3-39（b）中主涡的产生、移动、脱落，小尺度二次涡的卷起、脱落的流动情形相吻合。

结合图 3-38 升力系数波动曲线继续分析不同时刻的非定常压力分布。图 3-40 中压力系数分布曲线编号同样与图 3-38 升力系数波动曲线中的标记对应。结果显示 $Re=4.0\times10^4$ 下升力系数处于峰值状态时，压力分布曲线显示此时上表面压力系数最低，下表面压力系数最高［图 3-40（a）编号 2］，因而造成升力系数峰值；反之亦然［图 3-40（a）编号 4］。$Re=2.0\times10^5$ 下升力系数峰值状态时，翼型上表面后部产生了两个大范围的低压区，分别处于 $0.65c\sim0.75c$ 和 $0.8c\sim0.9c$ 位置［图 3-40（b）编号 2］，流动结构显示此时该位置存在两个大尺度的分离涡结构，且靠后部的分离涡即将脱落［图 3-39（b）编号 2）；当升力系数处于谷值时，翼型上表面后部 $0.8c\sim1.0c$ 范围出现了一片高压区［图 3-40（b）编号 4］，某些位置压力甚至高于下表面压力，流动结构显示此时气流正从下表面向上卷起了一个小尺度二次涡结构［图 3-39（b）编号 4］。

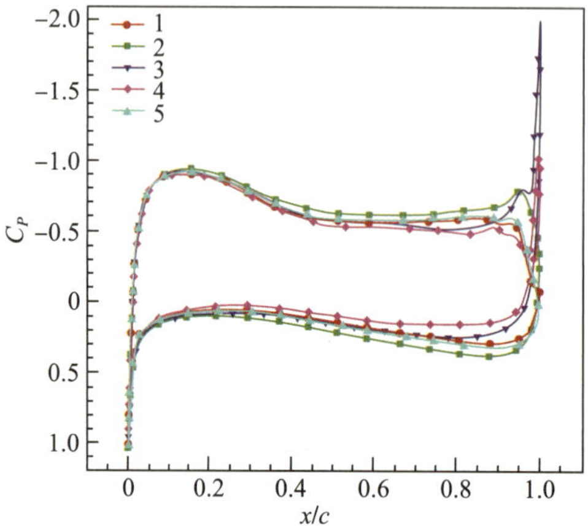

(a) $Re=4.0\times10^4$

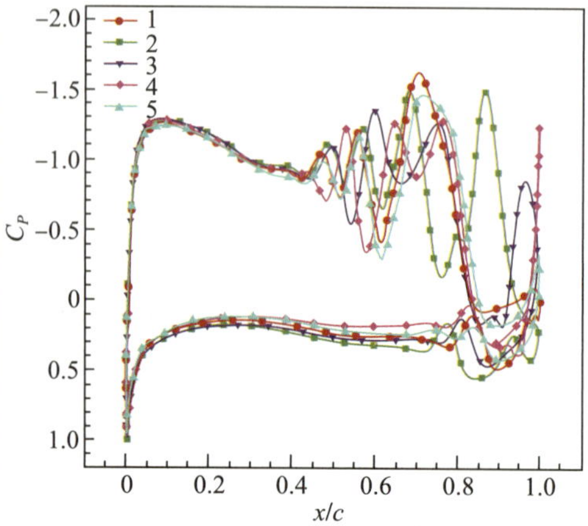

(b) $Re=2.0\times10^5$

图 3-40 单周期内两种雷诺数下非定常壁面压力系数分布

在分析 FX63-137 翼型不同雷诺数下流动结构和气动特性变化规律的基础上，还对其他典型翼型不同雷诺数下的气动特性和流动结构进行了数值模拟研究，也发现尽管对于不同翼型上述气动特性和流动结构随雷诺数变化的具体临界值存在差异，但这种随雷诺数下降先出现经典层流分离泡，之后出现后缘层流分离泡的规律具有普遍性。

上述针对低雷诺数条件下，不同翼型、不同雷诺数、不同攻角下的气动特性和流动结构的深入研究表明：后缘层流分离泡不是只在对称翼型小攻角低雷诺数条件下才出现，其和经典层流分离泡一样均广泛存在于翼型低雷诺数流动中，且两种分离泡结构随雷诺数和攻角变化而相互演化。大体而言，随雷诺数从 5.0×10^5 左右开始下降，先出现较短的经典层流分离泡，之后当雷诺数继续降低分离泡演化成为经典长层流分离泡；当雷诺数降低至约 2.0×10^5 时经典层流分离泡的再附点延长至后缘；雷诺数继续降低至 1.0×10^5 以下时，长层流分离泡演化为后缘层流分离泡。对于阻力系数和升力系数而言其临界雷诺数不同，导致阻力系数急剧增加的根源在于经典层流分离泡的出现使翼型压差阻力快速增大，并随着长层流分离泡演化为后缘层流分离泡而进一步增大。而造成升力系数急剧下降的根源在于后缘层流分离泡的出现，使得翼型等效弯度降低。

由此，翼型低雷诺数条件下，气动特性随雷诺数下降所表现出来的强非线性效应的根源同样在于经典层流分离泡与后缘层流分离泡之间的演化和突变。目前两种层流分离泡之间的转换机制还不清楚，可能与低雷诺数层流分离诱导转捩过程紧密相关。

3.6 来流湍流度、表面粗糙度对低雷诺数气动特性影响

低雷诺数流动稳定性差，翼型的流场结构和气动特性易受到来流湍流度和模型表面粗糙度的影响而发生改变。本节通过数值模拟和风洞试验技术改变流场的来流湍流度，研究不同雷诺数条件下，来流湍流度对翼型低雷诺数流场和气动特性的影响规律。此外，还通过数值模拟技术研究了模型表面粗糙度对低雷诺数流场结构和气动特性的影响。

3.6.1　来流湍流度影响

来流湍流度又称为湍流强度，等于湍流脉动速度与平均速度的比值，按下式计算

$$\varepsilon = \frac{u'}{U} \tag{3-2}$$

$$u' = \sqrt{\frac{1}{3}(u'^2_x + u'^2_y + u'^2_z)} \tag{3-3}$$

式中　u' ——湍流脉动速度的均方根，又即风速的标准差；

U ——平均速度。

一般而言认为大气风场环境中湍流度小于 1% 为低湍流强度，高于 10% 为高湍流强度。常规风洞一般要求其湍流度小于 0.3%。

来流湍流度对翼型气动特性会产生较大影响，那么低雷诺数条件下这种影响存在什么不同？本小节以 FX63-137 翼型为研究对象，分别通过数值方法和风洞试验方法研究分析不同雷诺数自由转捩状态下，来流湍流度对翼型升阻特性的影响。

图 3-41 为不同雷诺数（$Re=6.0\times10^4$、1.0×10^5、2.0×10^5、3.5×10^5、5.0×10^5）、不同来流湍流度条件下升阻比随攻角变化的计算结果。结果表明不同雷诺数范围，来流湍流度对气动特性的影响趋势表现出显著的差异。图 3-41（d）和（e）给出了雷诺数为 3.5×10^5 和 5.0×10^5，来流湍流度变化为 0.035%～1.12%时，升阻比随攻角的变化，结果表明来流湍流度对升阻特性有明显的影响。当 $Re=3.5\times10^5$ 时，湍流度从 0.035%增加至 1.12%，翼型升阻比从约 112 降低至 96；$Re=5.0\times10^5$ 时，升阻比约从 127 降低至 105。表明对 FX63-137 翼型而言，当 $Re\geqslant3.5\times10^5$ 时，高湍流度将导致升阻比降低 15%～17%。当雷诺数降至 1.0×10^5 时，如图 3-41（b）所示，来流湍流度的影响趋势与上述情况出现显著不同，突出表现为：

1）来流湍流度对最大升阻比的影响变得不像雷诺数达到 3.5×10^5 时那么显著，且随湍流度增加，最大升阻比变化趋势不单调，表现为先增加后减小；

2）雷诺数达到 3.5×10^5 以上时，随湍流度增加最大升阻比下降，相应的升阻比随攻角变化曲线呈整体下降趋势。而 $Re=1.0\times10^5$ 时，随湍流度增加尽管最大升阻比变化不太显著，但在小攻角至中等攻角范围，相应的升阻比则随湍流度增加而显著增加。

3）当雷诺数进一步降低至 6.0×10^4 时，随来流湍流度从 0.035%增加至 0.07%，最大升阻比迅速增加，随后湍流度继续增加至 1.12%，最大升阻比持续缓慢增加；同样，在小攻角至中等攻角范围，相同攻角下，来流湍流度增加会显著提升相应的升阻比。

还有一个问题值得关注，随湍流度增加最大升阻比的攻角位置将前移，雷诺数越低，这种前移的趋势越明显。

为便于比较不同雷诺数下，来流湍流度对最大升阻比的影响趋势，图 3-42 给出不同雷诺数下，最大升阻比随来流湍流度的变化曲线。从图中可以发现，对于最大升阻比而言，2.0×10^5 雷诺数大致是个分界线：

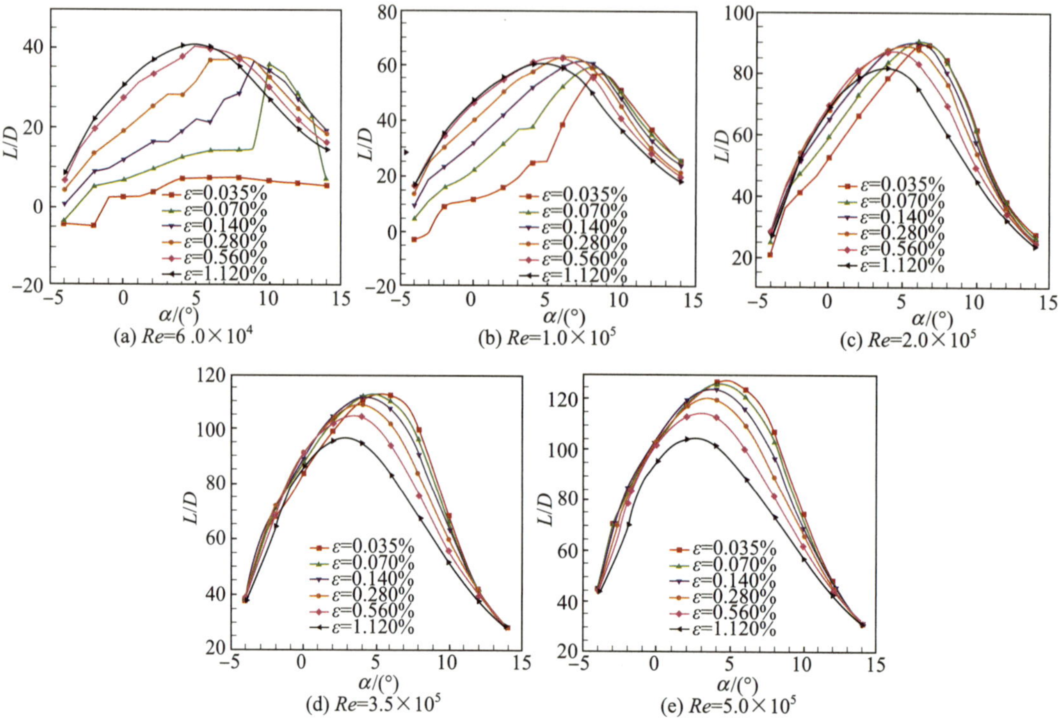

图 3-41　不同雷诺数、不同来流湍流度时升阻比随攻角变化

1）当雷诺数大于等于 2.0×10^5 时，随来流湍流度增加，最大升阻比近似线性下降，且随雷诺数增加下降的斜率增大；

2）当雷诺数小于等于 6.0×10^4 时，最大升阻比随湍流度增加非线性增加；

3）当 $Re=1.0\times10^5$ 时，来流湍流度对最大升阻比的影响趋势，不再单调。但需要指出的是，不同雷诺数下，来流湍流度对最大升阻比的影响并不能完全体现低雷诺数下湍流度对翼型升阻特性的影响。

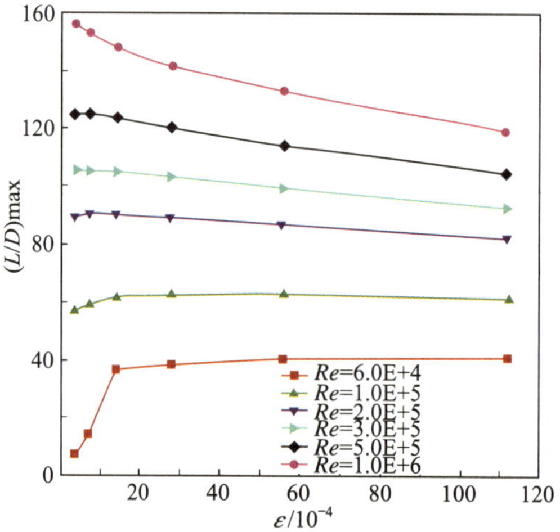

图 3-42　不同雷诺数时最大升阻比随来流湍流度的变化

单从来流湍流度对最大升阻比影响的角度看，雷诺数为 1.0×10^5 和 2.0×10^5 时，似乎湍流度对最大升阻比影响不大，但实际上中小攻角时，来流湍流度对翼型升阻特性的影响非常显著。雷诺数进一步降低至 6.0×10^4 时，这种影响变得更为复杂。当湍流度小于 0.14%时，湍流度增加，最大升阻比显著增加。当湍流度大于 0.14%后，尽管最大升阻比变化不大，但中小攻角时，来流湍流度依然会使升阻比明显增加。由此可见，低雷诺数条件下来流湍流度对翼型升阻特性的影响很大，呈现出与常规雷诺数条件下显著不同的变化规律，影响规律要复杂得多。

为了验证数值结果的正确性，需要在风洞中构建不同来流湍流度的流场，以测试翼型相应的气动特性。常规风洞的湍流度是固定的，改变起来存在难度。由此本节的试验工作在西北工业大学的低湍流度翼型风洞中展开，通过调整试验段前方的阻尼网和栅格改变来流湍流度，并通过热线风速仪标定来流湍流度的量值。

图 3-43 给出了不同雷诺数下，不同湍流度对翼型升阻性能影响的风洞试验结果。由于试验条件限制，仅针对雷诺数 $Re=1.2\times10^5$，2.4×10^5，3.6×10^5，湍流度 $\varepsilon=$ 0.03%，0.07%，0.14%开展试验，测试翼型的升阻特性。试验表明：$Re=2.4\times10^5$ 和 3.6×10^5 条件下，随湍流度增加，升阻比下降。湍流度从 0.03%增加至 0.14%，升阻比下降约 15%～17%，较小湍流度（0.03%、0.07%）情况下，湍流度对升阻比影响较小，但当湍流度进一步增加至 0.14%时，升阻比下降明显。同数值结果趋势一致的是，对于 $Re=2.4\times10^5$，$Re=3.6\times10^5$ 时随来流湍流度增加，升阻比下降的趋势更加显著。

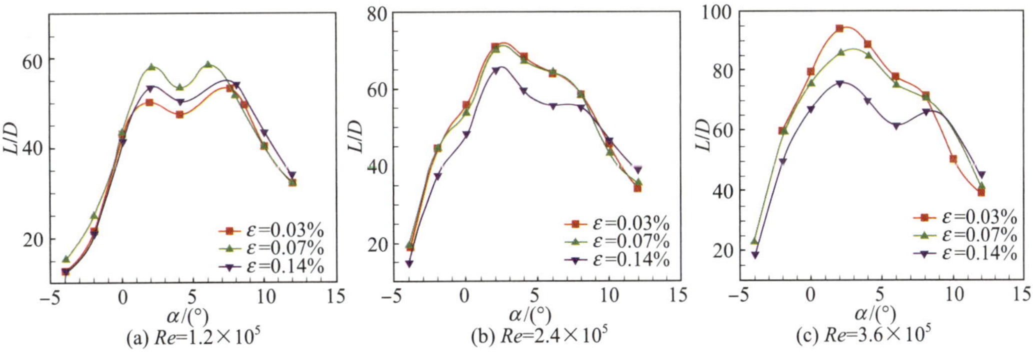

图 3-43　来流湍流度对翼型升阻性能影响的风洞试验结果

对于 $Re=1.2\times10^5$ 的情况，来流湍流度对升阻比的影响表现出明显的不同。随来流湍流度增加，翼型的升阻比变化趋势不单调，当来流湍流度从 0.03%增加至 0.07%时，升阻比增加，但当湍流度进一步增加至 0.14%时，升阻比又开始下降，这和数值分析的结果相一致。这可能和来流湍流度的增加对流动结构的影响有关：来流湍流度增加，抑制了层流分离泡的形成，可以降低压差阻力，但同时又会增加摩擦阻力。由于试验条件的限制，雷诺数进一步降低，流场品质变得更加不稳定，试验的重复性和规律性变差，现有的试验条件只能部分验证上述数值结果。

上述数值和风洞试验结果表明，来流湍流度对翼型低雷诺数气动特性产生较大影响，且雷诺数范围不同，影响趋势表现出很大的差异。

1）当雷诺数达到 3.0×10^5 及以上时，来流湍流度增加将导致翼型最大升阻比和不同攻角对应的升阻比下降，且随雷诺数增加，最大升阻比下降的斜率增加，即此时来流湍流度增加会造成气动特性恶化；

2）雷诺数 2.0×10^5 及以下时，随来流湍流度增加，翼型升阻比变化趋势变得十分复杂：a）翼型最大升阻比随来流湍流度持续增加，表现为不单调和非线性效应；b）即便对于最大升阻比变化不显著的来流湍流度范围，增大湍流度依然能够显著改善中小攻角条件下该雷诺数范围下的升阻特性。

这种低雷诺数下来流湍流度对升阻特性影响趋势不同的机理可能在于，来流湍流度对层流分离和转捩位置的影响。当雷诺数大于 3.0×10^5 以上时，来流湍流度增加将导致转捩位置提前，湍流区域扩大，摩擦阻力增加，从而造成升阻比下降。当雷诺数小于 2.0×10^5 时，同样是转捩位置提前，却可以有效地抑制层流分离所带来的高压差阻力，因此升阻比反而增加。

3.6.2 表面粗糙度影响

表面粗糙度是指加工表面具有的较小间距和微小峰谷的不平度，其两波峰或两波谷之间的距离（波距）很小（在 1 mm 以下），它属于微观几何形状误差。表面粗糙度越小，则表面越光滑。研究表面粗糙度对翼型的气动特性影响主要有数值模拟和风洞试验两种方法。其中常用的数值模拟方法分为两种：

1）采用粗糙模型改变壁面附近的边界条件增加扰动的方法，并不真正改变翼型的几何形状；

2）在几何翼型对应位置添加小凸台改变翼型表面几何形状的方法。

这两种方法均存在一定的局限性，其中前者会受到粗糙模型适用性的影响，且难以对不同雷诺数、不同流态（层流、湍流、自由转捩）的适用性进行有效的评估；后者则受模拟能力的限制，很难给出非常贴近真实粗糙度形式的表面几何网格分布，往往采取布置一个凸台，近似模拟粗糙度影响的方式。风洞试验则经常采取在翼型表面不同位置粘贴粗糙带的方法。一般而言表面粗糙度对翼型气动特性，特别是对升阻特性产生影响，其对低雷诺数气动特性的影响趋势与常规雷诺数有所不同。

本小节针对 E387 翼型不同雷诺数下，在物面不同位置布置不同高度的凸台粗糙元简化模型模拟不同粗糙度，采用自由转捩模型的数值模拟方法分析了粗糙度对翼型气动特性的影响规律。粗糙元布置方式包括：单独上翼面、单独下翼面和上下翼面都有，雷诺数范围 $6.0\times10^4\sim1.0\times10^6$。

翼型弦长定义为 c，粗糙元在翼型弦向位置分别选取距前缘 $5\%c$ 和 $50\%c$，粗糙元长度为 $1\%c$，高度变化范围为 $0.01\%c\sim0.40\%c$。单独布置在上翼面表示为“U”，单独下翼面为“L”和上下翼面均有为“B”。图 3-44 给出了布置粗糙元的计算外形和网格示意图。图 3-45 和图 3-46 中标号“L0510”“U5001”和“B0508”等的含义如下：L，U，B 表示粗糙元上下翼面布置方式；四位数字，前两位除以 100 为粗糙元沿弦向相对位置，

“05”表示 5%弦向站位；后两位除以 10 000 为粗糙元的相对高度，“10”表示粗糙元相对翼型弦长的高度为 0.1%。

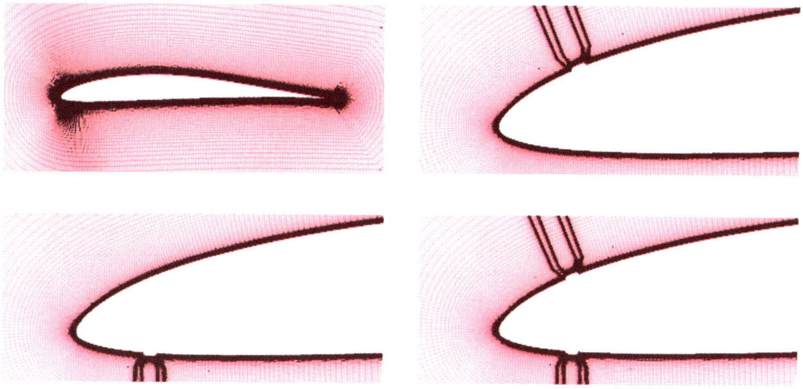

图 3-44　翼型粗糙元影响分析计算外形及网格

图 3-45（a）为 $Re=5.0\times10^5$ 时在上翼面 5%翼弦位置布置不同高度的粗糙元的翼型升阻性能与光滑翼型的对比。结果显示，粗糙元相对高度为 0.01%和 0.08%时，翼型升阻性能与光滑翼型完全一致，表明该相对高度的粗糙元不会对翼型气动特性带来大的影响；相对高度增加至 0.16%和 0.20%时，翼型升阻比性能变化明显，阻力的增加使得最大升阻比相对光滑翼型下降 40%以上，表明该雷诺数下，粗糙元布置在上表面翼前缘，翼型升阻特性随着粗糙元相对高度的增加呈非线性下降趋势，当粗糙元高度较小时，翼型升阻特性变化不大，但当粗糙元大于 0.16%后翼型升阻性能发生显著变化。

图 3-45（b）给出粗糙元单独布置在下翼面 5%弦长位置，粗糙元对升阻特性的影响。相对高度为 0.08%以下时，翼型的升阻性能几乎与光滑翼型完全一致；相对高度增至 0.16%和 0.20%时，翼型升阻比开始出现较为明显的变化，但对最大升阻比影响不大。图 3-45（c）为上下翼面均在 5%翼弦处布置粗糙元时翼型的升阻性能。其影响趋势近似表现为上下翼型表面分别布置粗糙元影响效果的叠加。

图 3-46 为 $Re=5.0\times10^5$ 时粗糙元分别位于上下翼面 50%翼弦处，对翼型升阻性能的影响对比。结果表明，粗糙元布置在 50%弦向位置，对翼型气动特性所带来的影响远小于布置在前缘附近的影响。粗糙元布置在上翼面时，随粗糙元相对高度增加，翼型最大升阻比略有下降，最大下降量约 5%。布置在下翼面时，粗糙元对翼型的升阻性能的影响几乎可以忽略。说明 $Re=5.0\times10^5$ 状态，在 50%弦向位置，即使粗糙元相对高度较大，也不会对翼型的流场和气动特性带来大的影响。

上述分析表明粗糙元布置在翼型上表面前缘附近，对翼型升阻特性会带来严重影响。因此针对几个典型雷诺数，上表面 5%弦长位置布置不同高度的粗糙元，分析其对升阻特性的影响规律。图 3-47 给出了不同粗糙元高度时 E387 翼型最大升阻比随雷诺数的变化，表 3-5 给出不同雷诺数条件下，粗糙元高度分别为 0.16%和 0.40%时对应的 E387 翼型最大升阻比。

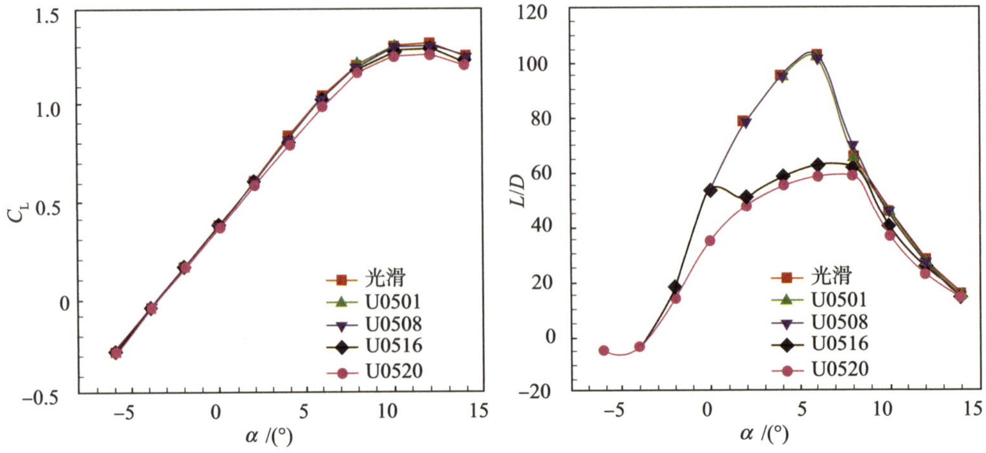

(a) 上翼面布置粗糙元

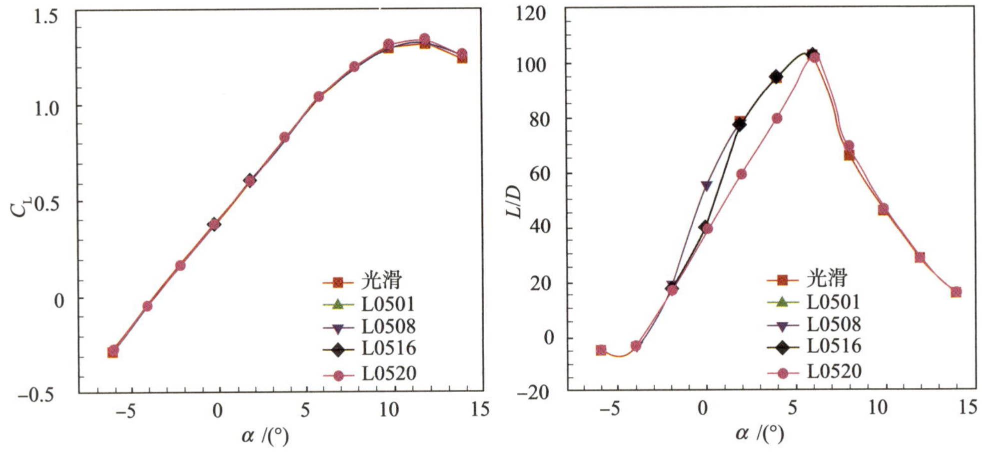

(b) 下翼面布置粗糙元

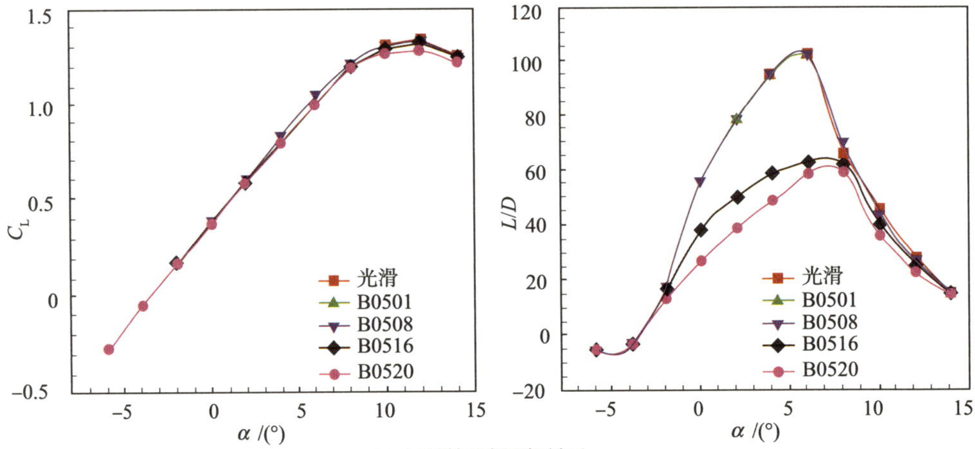

(c) 上下翼面布置粗糙元

图 3-45　翼弦 5%c 处粗糙元对升阻特性影响对比（$Re=5.0\times10^5$）

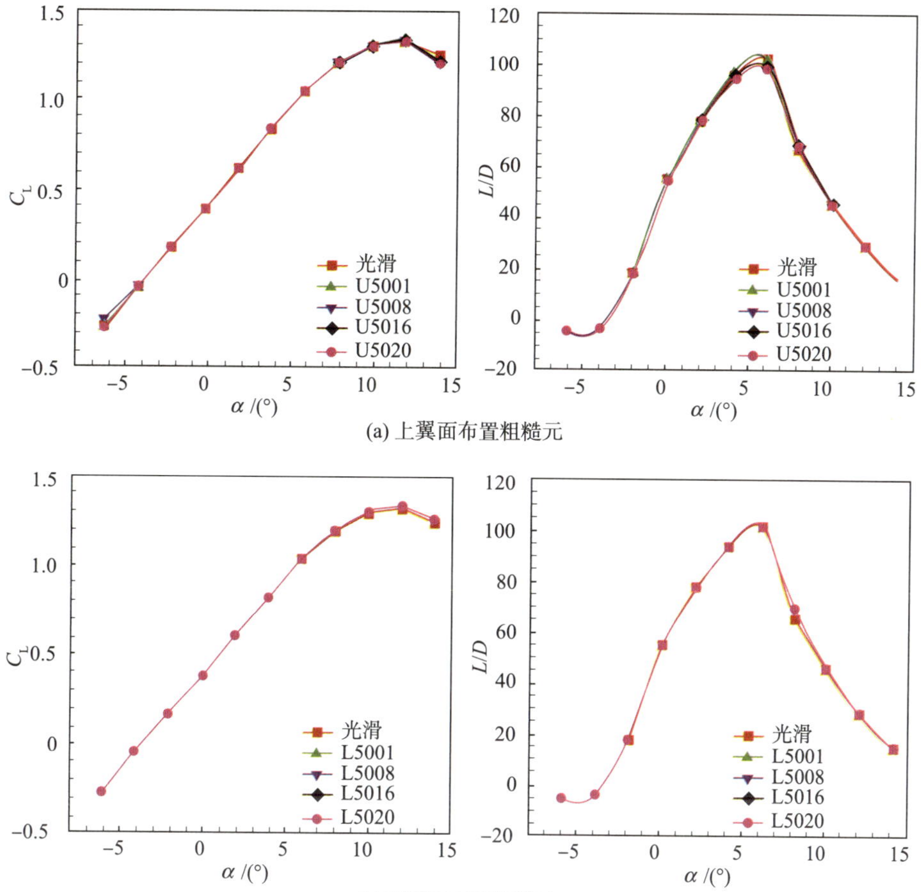

(a) 上翼面布置粗糙元

(b) 下翼面布置粗糙元

图 3－46　翼弦 50%c 处布置不同高度粗糙元对翼型升阻特性的影响

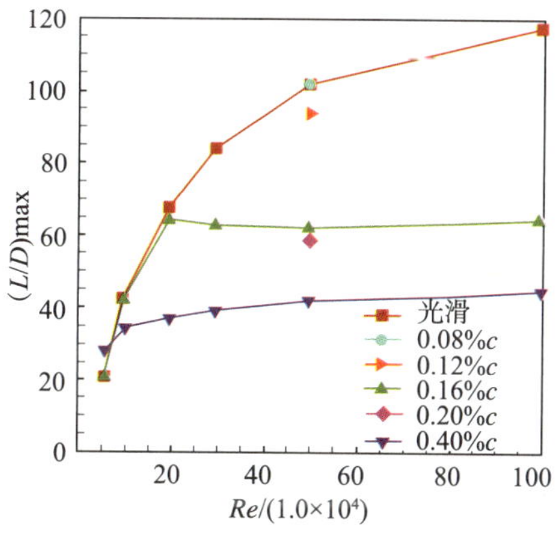

图 3－47　不同粗糙元高度翼型最大升阻比随雷诺数的变化

表 3-5 不同雷诺数、不同粗糙元翼型最大升阻比

Re	光滑	0.16%c		0.4%c	
	K_{max}	K_{max}	ΔK (%)	K_{max}	ΔK (%)
6.0×10^4	20.83	21.05	1.06	27.75	33.22
1.0×10^5	42.79	41.62	−2.73	34.30	−19.84
2.0×10^5	67.74	64.59	−4.65	37.03	−45.34
3.0×10^5	83.85	62.76	−25.15	39.3	−53.13
5.0×10^5	102.21	62.00	−39.34	42.01	−58.90
1.0×10^6	117.69	64.48	−45.21	44.72	−62.00

分析以上结果，发现不同雷诺数下，不同高度的粗糙元对翼型升阻特性的影响规律显著不同。当 $Re\leqslant1.0\times10^5$ 时，粗糙元高度为翼型弦长的 0.16%时，尽管粗糙元布置在前缘，对最大升阻比的影响基本可以忽略。当 $Re=6.0\times10^4$ 时，该高度的粗糙元还使得升阻比略有增加。当雷诺数达到 2.0×10^5 时，对最大升阻比的影响依然有限，下降不到 5%。雷诺数进一步增加，0.16%的粗糙元对最大升阻比的影响则变得非常显著，且最大升阻比的下降量随雷诺数增加而增大。当雷诺数增加至 3.0×10^5 时，造成最大升阻比下降约 25%；雷诺数增加至 1.0×10^6 时，最大升阻比下降量达到约 45%。

粗糙元高度达到 0.4%c 时，对于 $Re=6.0\times10^4$ 而言，此时升阻比相对于光滑翼型大幅增加了 33%。但当 $Re\geqslant1.0\times10^5$ 后，该高度粗糙元对最大升阻比带来的减小量也随雷诺数的增加而持续增大，$Re=1.0\times10^5$ 时，最大升阻比约下降 20%，$Re=1.0\times10^6$ 时下降量达到 62%。上述结果表明，不同粗糙元高度对于不同雷诺数条件下翼型升阻特性的影响表现出显著的非线性。

为了分析其产生影响的原因，首先依据平板边界层假设，获取翼型表面边界层的厚度和相对于翼型弦长的相对厚度

$$\delta=\frac{5.0x}{\sqrt{Re_x}}\Rightarrow\frac{\delta}{c}=\frac{5.0}{\sqrt{Re}}\times\sqrt{\frac{x}{c}} \tag{3-4}$$

从式（3-4）可得随雷诺数下降，边界层厚度明显增加。5%弦向站位，$Re=6.0\times10^4$ 时边界层厚度约为弦长的 0.46%，$Re=1.0\times10^5$ 时约为 0.35%，$Re=2.0\times10^5$ 时约为 0.25%，$Re=3.0\times10^5$ 时约为 0.20%，$Re=5.0\times10^5$ 时约为 0.16%，$Re=2.0\times10^6$ 时约为 0.11%。对比分析不同粗糙元高度对升阻特性的影响，容易发现以下规律。

1）粗糙元相对于当地边界层厚度的相对高度，与其对翼型升阻特性造成的影响关系密切。对于 0.16%相对高度的粗糙元而言，$Re=1.0\times10^5$ 时其相对于当地边界层的厚度仅达到约 45.7%，2.0×10^5 时约为 64%，3.0×10^5 时约为 80%，5.0×10^5 时已经达到边界层厚度。0.4%相对高度的粗糙元，在 $Re=6.0\times10^4$ 时，其高度相当于当地边界层厚度的 87%，1.0×10^5 时其高度已超出当地边界层厚度约 14%，3.0×10^5 时粗糙元高度约为当地边界层厚度的两倍。0.08%相对高度的粗糙元，当 $Re=5.0\times10^5$ 时，其高度也已经相当于当地边界层厚度的 50%。这些分析表明，低雷诺数环境下相对于当地边界层厚度，粗

糙元高度小于约 60%时，对翼型升阻特性影响不大；当粗糙元高度达到边界层厚度 80%左右及以上时，对升阻特性的影响开始变得显著。

2）对于雷诺数大于 2.0×10^5 以上范围，粗糙元高度达到边界层厚度 80%及以上时，会造成升阻特性恶化。且粗糙元高度越高，恶化越严重。图 3-48 给出了 $Re=5.0\times10^5$ 时，不同粗糙元高度对应的最大升阻比，表现出强的非线性。但是，当 $Re=6.0\times10^4$ 时，80%当地边界层厚度的粗糙元会给翼型升阻特性带来正增量，见表 3-5。图 3-49 给出了该雷诺数下，光滑翼型与 0.4% c 高度粗糙元的时均化流场结构，表明合适高度的粗糙元可以有效地抑制光滑翼型低雷诺数条件下的大尺度层流分离流动。

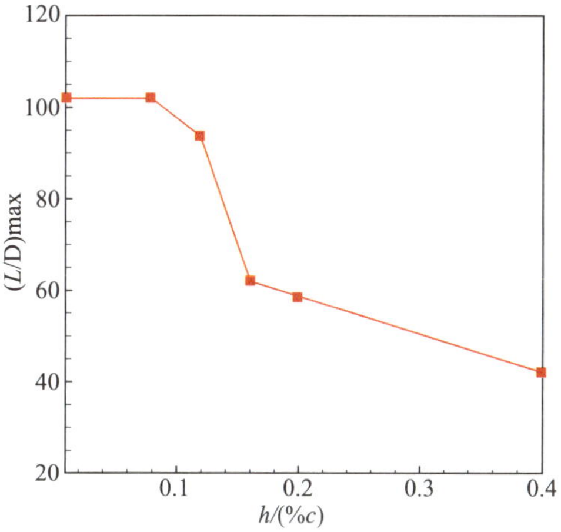

图 3-48　$Re=5.0\times10^5$ 不同高度粗糙元对最大升阻比影响

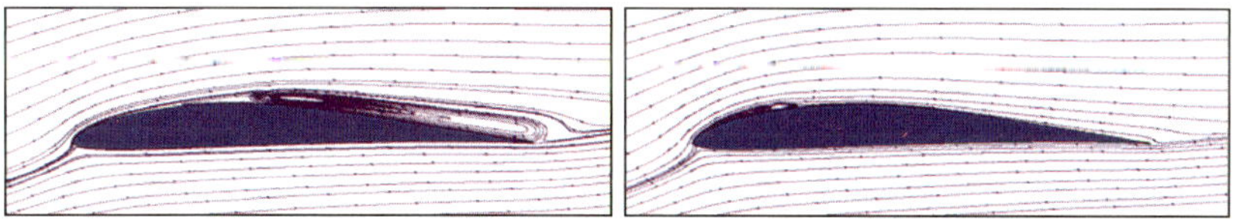

(a) 光滑　(b) 0.4%c高度粗糙元

图 3-49　$Re=6.0\times10^4$，$\alpha=8°$光滑翼型与 5% c 弦长位置布置 0.4%c 高度粗糙元流场结构

3.7　蒙皮振动对翼型低雷诺数流场结构和气动特性影响

低速低雷诺数条件下，飞行器来流动压小且气动特性恶化导致气动效率降低，载荷能力有限。因此低雷诺数条件下的飞行器常采取轻质结构和柔性蒙皮，这些柔性结构特别是柔性蒙皮在低雷诺数强非定常流动作用下，可能会产生局部的变形和振动。这对低雷诺数流场结构和气动特性造成何种影响是人们所关心的问题。更进一步能否将这种振动加以利用，以此来改善翼型低雷诺数下的流场结构，提高气动特性呢？由此研究蒙皮振动对翼型流场结构及气动特性的影响成为有价值的研究课题。

本节选择NACA4415翼型作为研究对象，主要原因在于，国外学者已经针对NACA4415翼型开展了翼型上表面主动振动的低雷诺数气动特性风洞试验和数值模拟[21-22]研究。初步的研究工作表明适当的振动幅值和频率可以有效地抑制层流分离和降低阻力、提高升力和升阻比。但这些工作还不够细致深入，还没有从机理上分析造成这种气动特性改善的原因。本节以该翼型为对象研究蒙皮振动对低雷诺数气动特性的影响，系统深入地研究了该问题，从流动结构和气动特性随振动参数的详细演化规律角度细致分析了其增升减阻的流动机理。

翼型蒙皮采用如下振动模型方程

$$\begin{aligned} x &= x_0 \\ y &= y_0 + A\sin(\omega t) \end{aligned} \tag{3-5}$$

其中

$$A = \begin{cases} A_{\max}\dfrac{(x-x_1)^2+(y-y_1)^2}{(x^*-x_1)^2+(y^*-y_1)^2} & (x < x^*) \\ A_{\max}\dfrac{(x-x_2)^2+(y-y_2)^2}{(x^*-x_2)^2+(y^*-y_2)^2} & (x > x^*) \end{cases} \tag{3-6}$$

$$\omega = 2\pi f^+$$

式中　(x, y)——翼面变形点坐标；

(x_0, y_0)——初始时刻位置坐标；

ω——翼面振动角速度；

f^+——激振频率；

A——振幅，大小与其位置有关；

(x_1, y_1)，(x_2, y_2)——翼面变形区域的边界点；

(x^*, y^*)——变形区域内 y 坐标最大的位置点，该点振幅为 $A_{\max}$。

翼型蒙皮振动变形结果如图3-50所示。

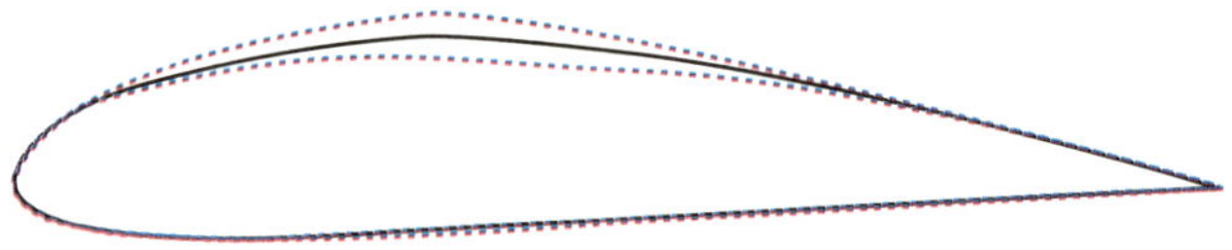

图3-50　翼型柔性蒙皮振动示意图

为了保证翼型蒙皮变形时网格保持较好的疏密分布及正交性，同时蒙皮变形幅度有限，采用弹簧变形方法，将网格单元的各条边看作弹簧，借鉴弹簧拉伸的思想，当边界运动后，其他网格点的新位置坐标可以通过迭代求解如下的线性系统得到

$$
\begin{bmatrix}
-\sum_j K_{1,j} & & & & \\
 & -\sum_j K_{2,j} & & K_{\substack{i,j \\ i\neq j}} & \\
 & & -\sum_j K_{3,j} & & \\
 & K_{\substack{i,j \\ i\neq j}} & & \ddots & \\
 & & & & -\sum_j K_{\mathrm{sum},j}
\end{bmatrix}
\begin{bmatrix} \boldsymbol{r}_1 \\ \boldsymbol{r}_2 \\ \boldsymbol{r}_3 \\ \vdots \\ \boldsymbol{r}_{\mathrm{sum}} \end{bmatrix}
=
\begin{bmatrix} \boldsymbol{f}_1 \\ \boldsymbol{f}_2 \\ \boldsymbol{f}_3 \\ \vdots \\ \boldsymbol{f}_{\mathrm{sum}} \end{bmatrix}
\tag{3-7}
$$

式中　$\boldsymbol{f}_i$ ——节点 i 所受的合力；

$\boldsymbol{r}_i$ ——节点 i 的位置矢量；

K_{ij} ——节点 i 与相邻节点 j 的弹簧刚度系数，若节点 j 与节点 i 不相连，K_{ij} 为零。

为更好保持网格的疏密特征，弹簧刚度系数取网格距离平方的倒数，增大运动边界附近的弹簧刚度系数，避免网格点在运动边界附近发生严重扭曲或交叉。由于翼型蒙皮变形量较小，采用弹簧变形法足以保证本研究的变形需求，并且较其他方法可减少计算工作量，提高计算效率。

3.7.1　蒙皮振动对翼型流场结构和气动特性的影响

作为对比的基础，首先数值模拟 $Re=2.5\times10^4$，NACA4415 刚体翼型，$\alpha=0°$，3°，6°，9°时的非定常和时均化气动特性及流场结构（图 3-51、图 3-52、图 3-53）。NACA4415 翼型在低雷诺数不同攻角下升阻力系数均会产生周期性的波动，波动频率用 f_0 表示。升力系数、阻力系数随攻角的增加而增加，中等攻角下（6°）继续增加攻角，升力系数增长变缓，阻力系数迅速增加。气动力系数波动幅值随攻角的增加而增加，但波动频率 f_0 随着攻角的增加而降低（如图 3-54 所示）。

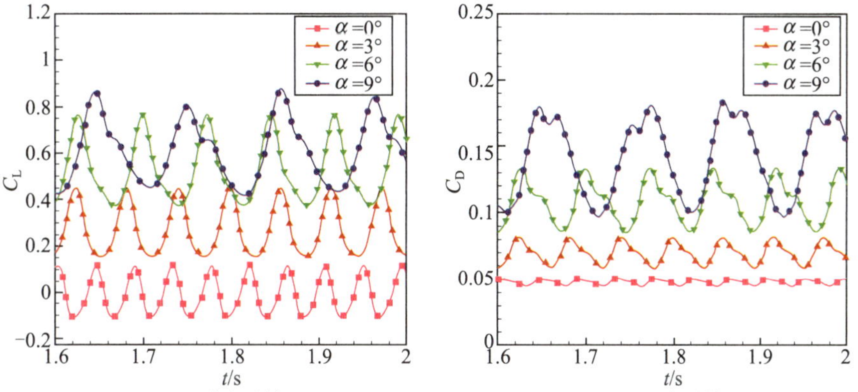

(a) 升力系数　　(b) 阻力系数

图 3-51　$Re=2.5\times10^4$ 不同攻角下升阻力系数随时间的变化

通过时间积分获得 NACA4415 翼型不同攻角下的时均化分离泡流场结构（图 3-52）。

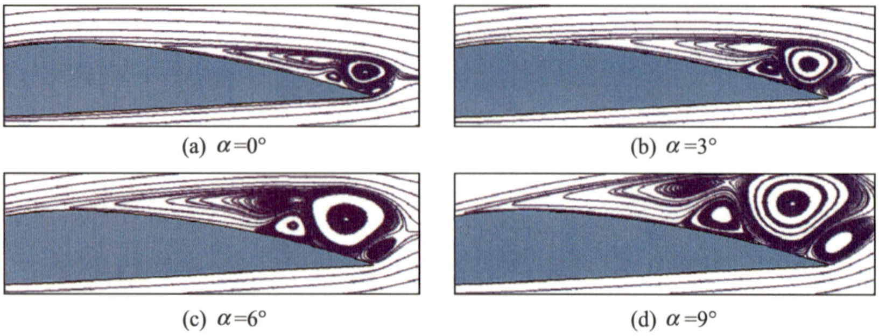

图 3-52　$Re=2.5\times10^4$，时均化分离泡结构随攻角的变化

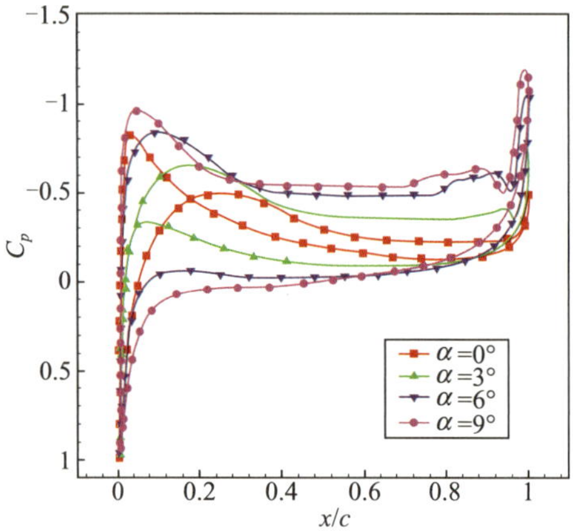

图 3-53　$Re=2.5\times10^4$，不同攻角下时均化壁面压力系数

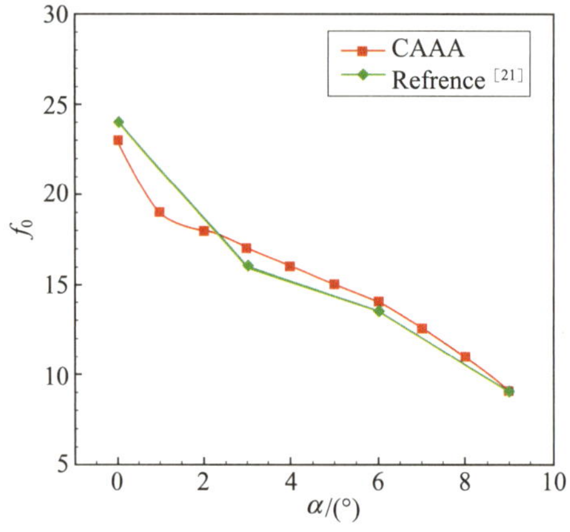

图 3-54　$Re=2.5\times10^4$，不同攻角下升力系数波动频率

表明 $Re=2.5\times10^4$，不同攻角下翼型上表面后部均出现后缘层流分离泡。随着攻角增加，分离泡尺度增加，分离点向上游移动（见表 3-6），分离区范围扩大。攻角为 3°时，分离点便已前移到翼型最大厚度点附近。随攻角增加，后缘层流分离泡所占区域不断变大，使得升力系数增长放缓。

表 3-6　$Re=2.5\times10^4$，时均化分离点位置随攻角的变化

攻角 α/(°)	0	3	6	9
分离点位置（x/c）	0.478	0.379	0.285	0.215

图 3-53 为不同攻角下时均化壁面压力系数分布。$\alpha=0°$ 时，翼型在前缘附近产生吸力峰值，之后上表面压力分布曲线迅速降低，下表面压力分布曲线迅速升高，并在 0.18c 附近相交，随后下表面压力曲线高于上表面压力分布曲线，产生了负升力，该攻角下翼型升力主要来自翼型前缘附近。随着攻角增大，翼型上下表面压力分布曲线不再交叉，上下表面压力分布在翼型中后部出现明显的平台和突然升高。随着攻角上升到中到大攻角时，如 6°和 9°，壁面压力系数之间的变化并不明显。

上述数值模拟结果表明，在低雷诺数流场环境中，刚体翼型表面由于存在周期性产生、移动和脱离的非定常旋涡，导致作用其上的气动力系数存在周期性的波动，其波动频率 f_0 随雷诺数和攻角变化而变化。图 3-54 给出了 $Re=2.5\times10^4$ 时，f_0 随攻角的变化情况。作为最直观的猜想，认为轻质柔性蒙皮在这种周期性脱离旋涡的作用下，以近似于 f_0 的频率发生振荡是一种合理的假设。由此本小节模拟分析了 $Re=2.5\times10^4$ 条件下，NACA4415 翼型，表面蒙皮以该升力系数脉动频率做主动振动，即 $f^+=f_0$（f^+ 为主动振动频率），对翼型升阻特性、流动结构和表面压力系数的影响情况。

首先研究 $Re=2.5\times10^4$，蒙皮振幅 A_{max} 对气动特性的影响。模拟条件为 $\alpha=3°$，振幅 A_{max} 选取（0.001～0.010）c 共十组振幅，c 为翼型弦长，平均气动力系数结果见图 3-55。

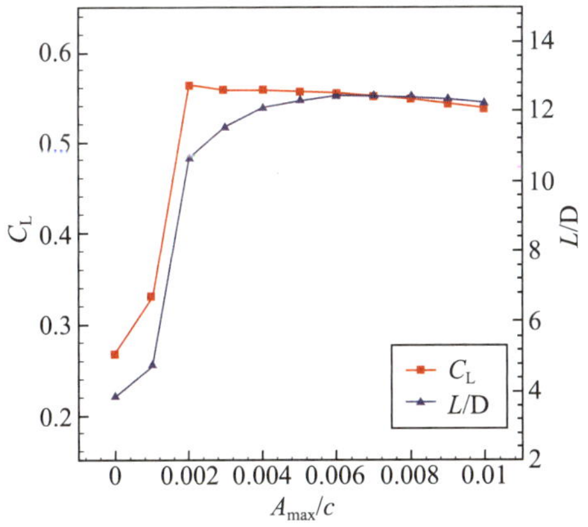

图 3-55　$\alpha=3°$，$f^+=f_0$ 不同振幅下的平均气动力系数

结果表明振幅在 0.002c 以上，蒙皮振动都会使升力系数和升阻比产生较大幅度的增长。振幅在 0.005c 之后，气动力系数变化较为平稳，因此本节后续的研究工作选取 0.005c 作为蒙皮主动振动的振幅，研究低雷诺数下蒙皮振动效应对气动特性和流动结构的影响。

表 3-7 和表 3-8 分别给出 NACA4415 翼型在 $Re=2.5\times10^4$，攻角分别为 3°和 6°时，上表面蒙皮以刚体翼型气动力系数脉动频率，0.005c 振动幅值（$f^+=f_0$，$A_{max}=$

0.005c)，振动前后时均化气动力系数。结果表明，不同攻角下蒙皮以气动力系数脉动频率振动后，升力系数大幅增加，阻力系数尤其是压差阻力系数显著减小，蒙皮振动对翼型低雷诺数气动特性的改善效果非常显著。

表 3-7　$\alpha=3°$翼型蒙皮振动平均气动力系数变化

气动力系数	$f^+=0$	$f^+=f_0$	增益
C_L	0.266 4	0.560 5	110.4%
C_D	0.069 7	0.043 9	−37.0%
C_{Df}	0.016 5	0.015 5	−6.1%
C_{Dp}	0.053 2	0.028 4	−46.6%

表 3-8　$\alpha=6°$翼型蒙皮振动平均气动力系数变化

气动力系数	$f^+=0$	$f^+=f_0$	增益
C_L	0.518 4	0.848 6	64.0%
C_D	0.107 2	0.061 9	−42.3%
C_{Df}	0.017 7	0.014 7	−16.9%
C_{Dp}	0.089 5	0.047 2	−47.3%

翼型阻力系数可分为摩擦阻力系数 C_{Df} 和压差阻力系数 C_{Dp} 。$Re=2.5\times10^4$ 时，对于 NACA4415 刚体翼型而言，压差阻力系数占主要部分，$\alpha=3°$时，达到总阻力系数的四分之三；$\alpha=6°$时，达到总阻力系数的 83%，摩擦阻力系数所占比例较小。这是由于低雷诺数下翼型大尺度层流分离所造成的。翼型上表面蒙皮以 f_0 振动时，虽然摩擦阻力系数有所下降，但占比大的压差阻力下降更为显著，降低近一半，同时升力系数增加显著。

为了分析蒙皮振动状态下流场的时均化结构，需对多个振动周期内的流场参数进行时间平均。与蒙皮固定状态的时均化相比，蒙皮振动时存在壁面边界的非定常变化，时均化过程中除了对多个周期内流场参数进行平均外，还需对每个物理时间步的翼面边界和空间网格位移进行时间平均。由于翼型柔性蒙皮振动为标准的小振幅正弦振动，因此多个振动周期下翼面边界和空间网格位移的时间平均结果与固定翼型保持一致[23]。从时间积分的角度比较分析刚体翼型和蒙皮振动状态下流场结构的差异，对研究低雷诺数下蒙皮振动对其气动特性的影响很有意义。

图 3-56 给出翼型攻角分别为 3°和 6°，蒙皮分别以相应的 f_0 振动时，时均化的流动结构。与振动前的时均化流场结构（图 3-52）进行对比，可进一步分析翼型气动特性提高的原因。

刚体翼型两个攻角下，时均化流动结构均为后缘层流分离泡（图 3-52），导致翼型气动特性较差。蒙皮产生振动后，后缘层流分离泡结构发生显著改变，演化成较小的经典层流分离泡结构（图 3-56）。相比于刚体翼型状态，蒙皮振动后分离泡的位置向前移动，分离泡的长度和高度大幅减小，出现明显的时均化再附点，后缘层流分离泡得到了有效的抑制，翼型低雷诺数条件下的气动特性得到了大幅提升。

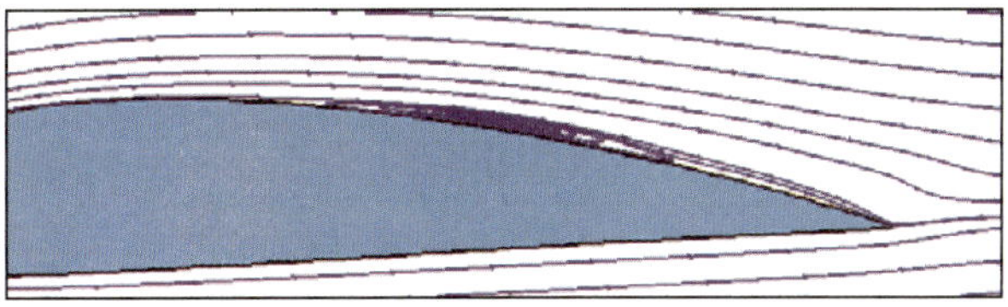
(a) $\alpha=3° f^{+}=f_0$

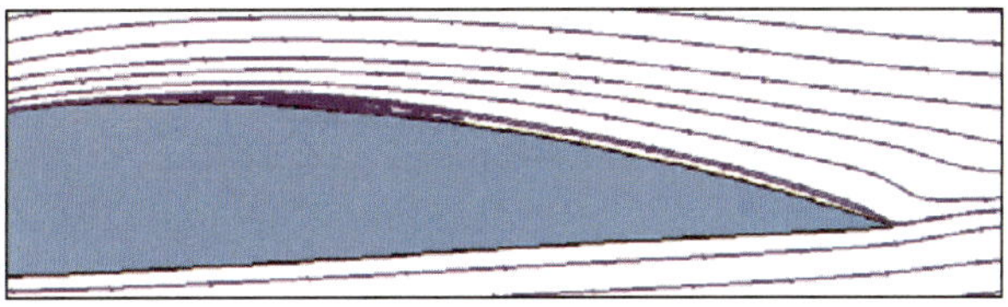
(b) $\alpha=6° f^{+}=f_0$

图 3－56　$Re=2.5\times10^4$，两种攻角下蒙皮振动时均化流动结构

3°攻角下刚体翼型和振动状态下时均化壁面压力系数分布曲线如图 3－57 所示，从压力分布形态上看，对于刚体翼型，翼型中后部压力平稳，前缘吸力峰值较低，呈现出后缘层流分离泡的典型特征。蒙皮发生振动后，翼型前缘吸力峰值增加，上表面压力分布开始出现与经典层流分离泡对应的平台区。蒙皮以 f_0 振动，翼型上表面压力系数降低，下表面压力系数升高，压力系数曲线所围成的面积增加，翼型升力系数显著提高。

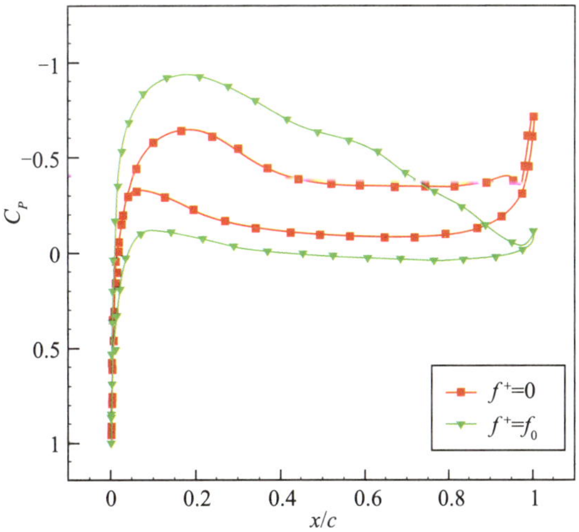

图 3－57　$Re=2.5\times10^4$，柔性蒙皮固定与振动时均化壁面压力系数

上述对时均化流场结构的比较和分析表明正是由于蒙皮振动造成两种层流分离泡流动结构的差异和相互的转换，导致蒙皮振动前后翼型气动特性的显著差别。图 3－58 为翼型在 3°攻角下蒙皮振动前后时均化的等效外形示意图。图中黑色实线为实际翼型，红色实线近似为层流分离泡和边界层共同作用下的等效翼型。黑色点画线为实际翼型的中弧线，红色点画线为包含层流分离泡和边界层的等效翼型中弧线。根据翼型线化理论，

翼型的弯度对翼型的气动性能起重要作用。图中易发现当蒙皮固定时，由于上翼面后缘层流分离泡的作用使翼型后部边界层变厚，等效翼型后部的弯度减小，从而导致了翼型升力特性较差。本章 3.5 节的研究结果已指出后缘层流分离泡会导致翼型气动特性最终恶化。蒙皮振动则使这种不利的大范围的后缘层流分离泡得到有效抑制，演化为小范围的经典层流分离泡，等效翼型弯度增加，显著改善了低雷诺数条件下翼型的气动特性。

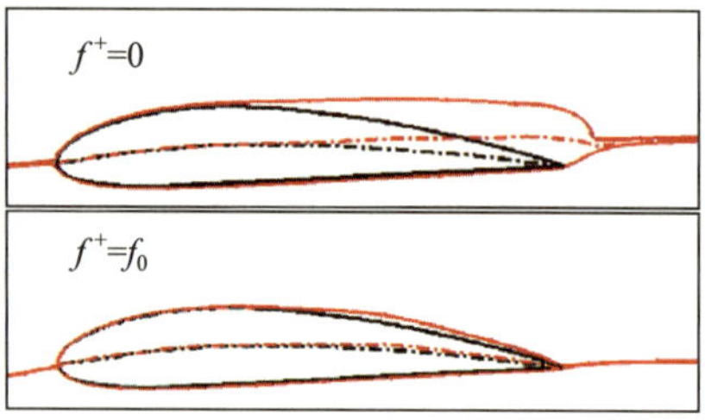

图 3－58　α＝3°层流分离泡作用下等效外形示意图

3.7.2　蒙皮振动对流场非定常特性的影响

3.7.1 节分析了不同攻角条件下，蒙皮以对应的 f_0 振动前后，翼型时均化流场结构和气动特性的变化。本小节分析翼型气动特性、流场结构和压力系数分布的非定常特性的改变。Re＝2.5×10^4，α＝3°翼型蒙皮振动前后非定常气动力系数变化如图 3－59 所示。可见振动后非定常升力系数大幅度提高，阻力系数明显下降，气动性能显著提升。需要指出的是，以频率 f_0 振动前后气动力系数的波动频率基本没有变化。

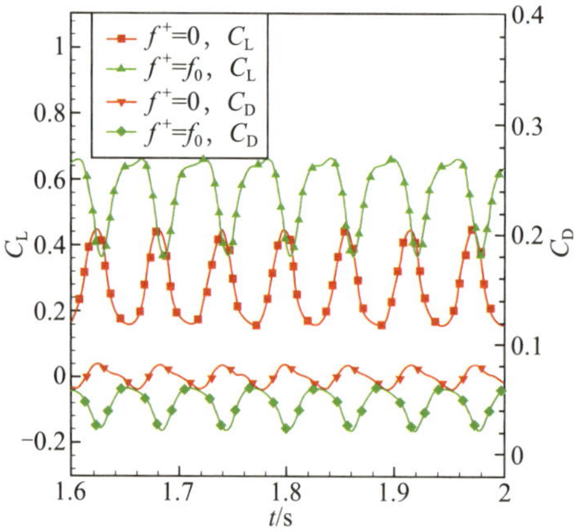

图 3－59　Re＝2.5×10^4，α＝3°翼型蒙皮振动前后非定常升、阻力系数比较

图 3－60 给出了蒙皮振动前后，一个升力系数脉动周期内不同时刻的非定常流线。图 3－61为相应的一个升力系数脉动周期内不同时刻的非定常涡量云图。图 3－60（a）和图 3－61（a）为刚体翼型条件下的流场结构，图 3－60（b）和图 3－61（b）为蒙皮振动条件下的流场结构。可见刚体翼型条件下不同时刻的非定常旋涡结构与后缘层流分离泡的典型非定常特征完全一致：流场在分离区前部变化不大，近似死水区；旋涡的产生和脱落

主要集中在翼型后缘附近；旋涡的卷起与脱落过程类似于卡门涡街；翼型上表面的非定常流动结构中一直存在一个位置较为稳定的非定常二次分离涡，在（0.85～0.95）c 附近脉动。但这个二次涡并没有随流场沿流向脱落。正是由于旋涡周期性地生成与脱落，才造成了低雷诺数下气动力系数的周期性波动。

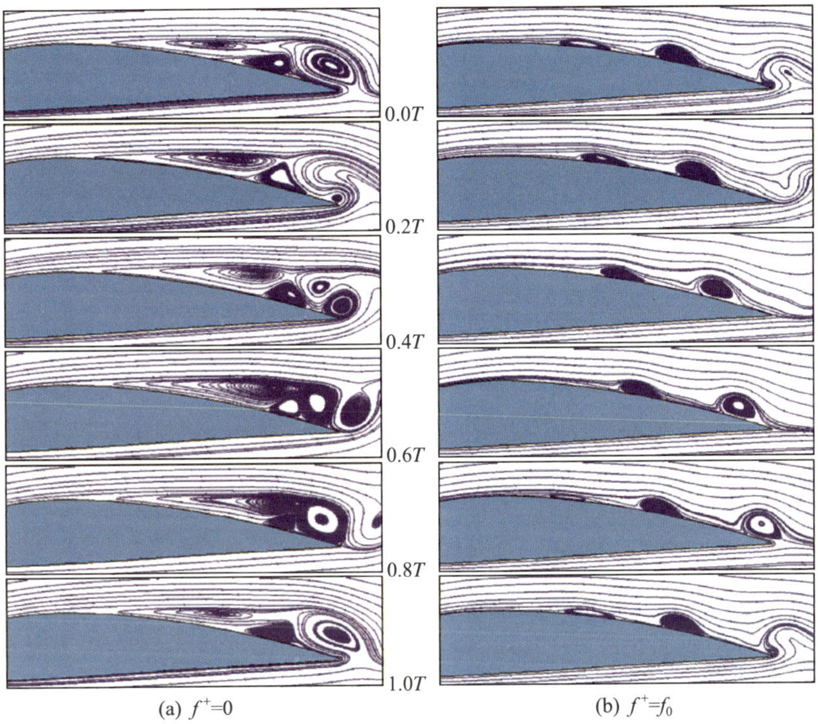

图 3-60　单周期内蒙皮固定与振动时非定常流动结构

蒙皮振动条件下的非定常流动结构呈现出时均化经典层流分离泡所对应非定常流动结构非常相近的典型特征：不存在死水区，非定常分离涡在分离点附近产生后，沿壁面持续向下游移动，并不断脱落。但与刚体翼型情况下经典分离泡所对应的非定常分离涡运动流场结构（图 3-8）不同的是，蒙皮振动所激发的这种非定常涡运动，并没有发现两个涡在运动过程中的复杂对并过程，所产生的每个非定常分离涡在移动过程中基本保持独立。这里翼型上表面蒙皮一直以频率 $f^+=f_0$ 小幅振动，但由于振幅很小，难以从图中清晰地分辨。振动导致非定常分离流动更加靠近壁面，大尺度层流分离现象得到有效抑制，流场结构得到改善。

图 3-62 给出了蒙皮振动前后单周期内非定常壁面压力系数分布的变化，进一步印证了两种层流分离泡结构所对应的典型非定常压力分布特征。

上述分析表明低雷诺数条件下，翼型蒙皮以 f_0 频率振动前后，非定常和时均化气动特性及流场结构均发生了显著的改变。简而言之，这种改变本质上是将刚体翼型低雷诺数时流场中的后缘层流分离泡流动结构通过适当频率的蒙皮振荡转变成了经典层流分离泡结构，从而大幅度地减小了分离区，实现增升减阻，提高升阻比。需要再次指出，蒙皮以

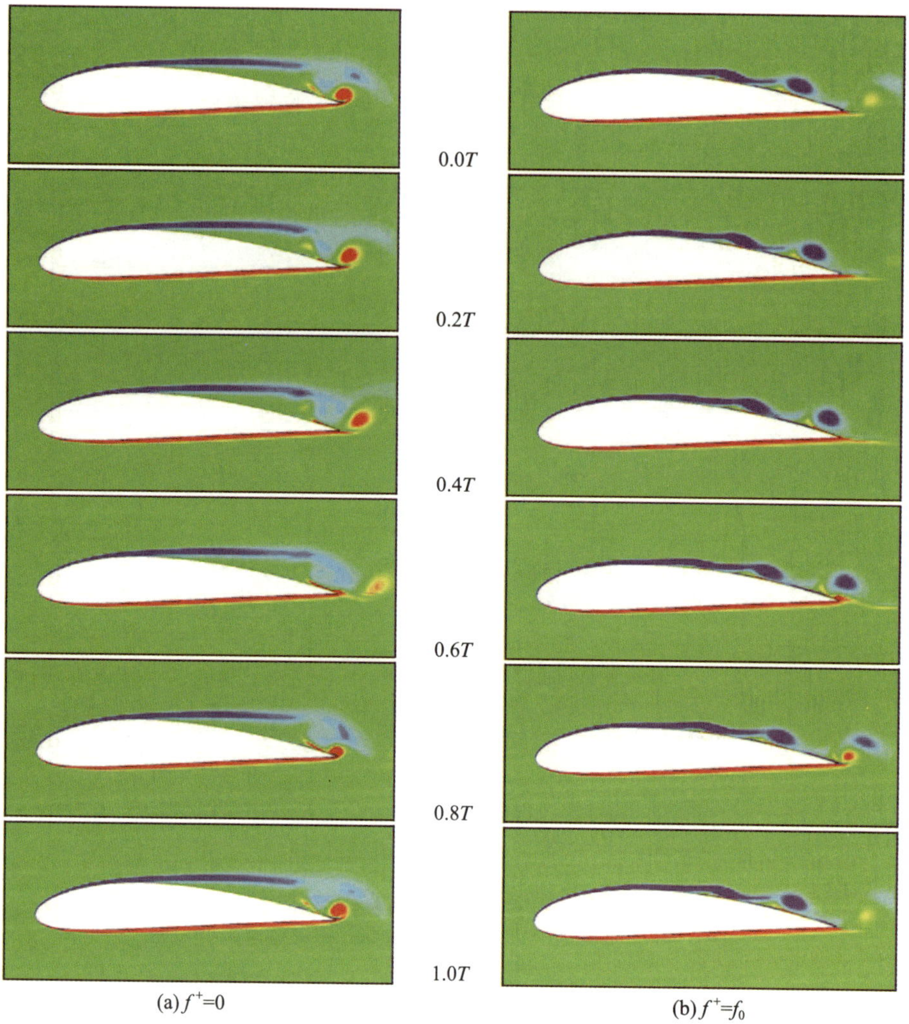

图 3-61　单周期内蒙皮固定与振动时非定常涡量云图

f_0 频率振动所造成的层流分离流动结构的变化，并没有导致流场和气动特性的波动频率变化，仍然保持 f_0，同图 3-24（a）中由于攻角变化触发的翼型上流动结构从后缘层流分离泡突变为经典层流分离泡所导致的 St 数降低约一半存在明显的不同。

3.7.3　振动频率的影响

3.7.1 节和 3.7.2 节对比分析了翼型上表面蒙皮以刚体翼型升力系数脉动频率，即旋涡脱落频率周期性振动，可以显著抑制流场大尺度层流分离，有效提高翼型低雷诺数下的气动特性。蒙皮振动前后时均化与非定常升阻力系数、分离涡流动结构、壁面压力系数分布特性均显著改变。那么一个重要的问题是这种显著的增升减阻效应对蒙皮的振动频率是否敏感呢？换句话说蒙皮振动频率对翼型低雷诺数条件下的流场结构和气动特性影响规律如何？这对于该类翼型或机翼的气动特性及相关的流动控制至关重要。

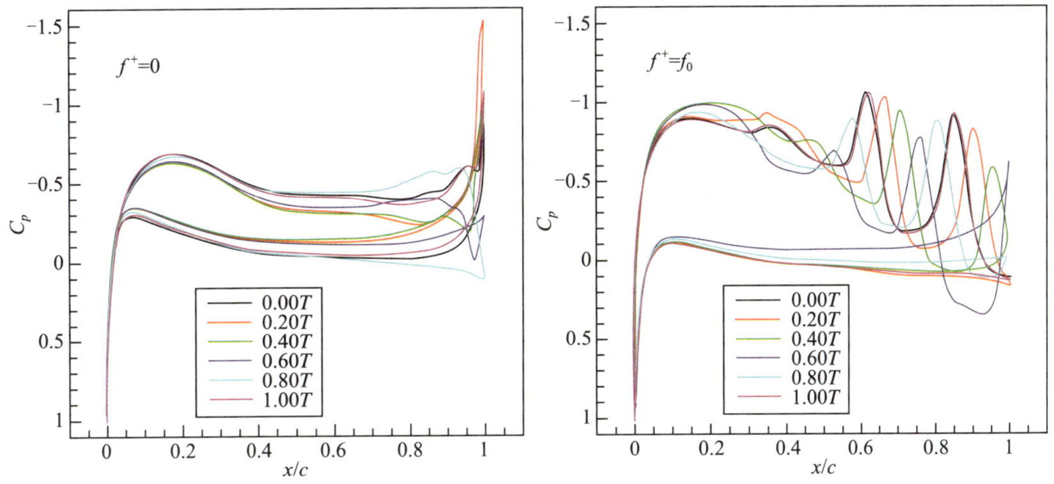

(a) f^+=0　(b) f^+=f_0

图 3-62　单周期内蒙皮固定与振动时非定常壁面压力系数

本小节仍然针对 NACA4415 翼型，Re＝2.5×10^4 条件下，数值模拟攻角为 0°，3°，6°时，气动力系数随着蒙皮振动频率的变化情况，如图 3-63 所示，以分析研究不同频率下升力系数和升阻比的变化趋势。其中振动频率范围为（0～2.5）f_0。结果显示并非任何振动频率都可以提高翼型低雷诺数的气动特性，不同攻角时能够起到增升减阻作用的振动频率区间不同。

0°攻角时［图 3-63（a）］，f_0＝23 Hz，当振动频率 f^+ 大致在（0.35～1.2）f_0（约 8～27 Hz）范围内，蒙皮振动后翼型表现出良好的气动性能。相比于刚体翼型，升力系数增大，升阻比提高，该频率区间为蒙皮振动的有效频率区间。0°攻角下随着振动频率增加，升力系数与升阻比迅速上升，在 f^+＝8～12 Hz 附近出现一个小平台后进一步提高，当频率到达 f_0 左右时，升力系数和升阻比达到最高，随后随着频率增加而迅速下降。振动频率过高（f^+＞30 Hz）或过低（f^+＜5 Hz）均不会对翼型升阻特性带来好的增益，甚至会起反作用。

攻角为 3°时［图 3-63（b）］，f_0＝17 Hz，翼型蒙皮振动的有效频率区间约为（0.5～1.5）f_0（8～25 Hz）。在该频率区间内的振动可显著提高翼型的气动特性，且气动力系数随着振动频率的变化基本保持稳定。该攻角下随频率增加，升力系数与升阻比略微下降后迅速升高。当振动频率 f^+ 增大至 1.5f_0 后，翼型升力系数、升阻比迅速下降，气动特性随之恶化。图 3-63（b）中可发现振动频率在 6 Hz 以下时，升力系数与升阻比并没有提高，反而下降，该频率下的蒙皮主动振动造成翼型气动特性变差。

攻角为 6°时［图 3-63（c）］，f_0＝14 Hz，蒙皮振动的有效频率区间为（0.65～1.6）f_0（9～22 Hz）。图 3-63（c）显示总体上随着频率增加，升力系数、升阻比先升高再降低。当频率到达 11 Hz 后升力系数开始下降，此时升阻比仍在上升。当振动频率到达 16 Hz 左右，升力系数出现一个小平台，而此时升阻比达到最高。

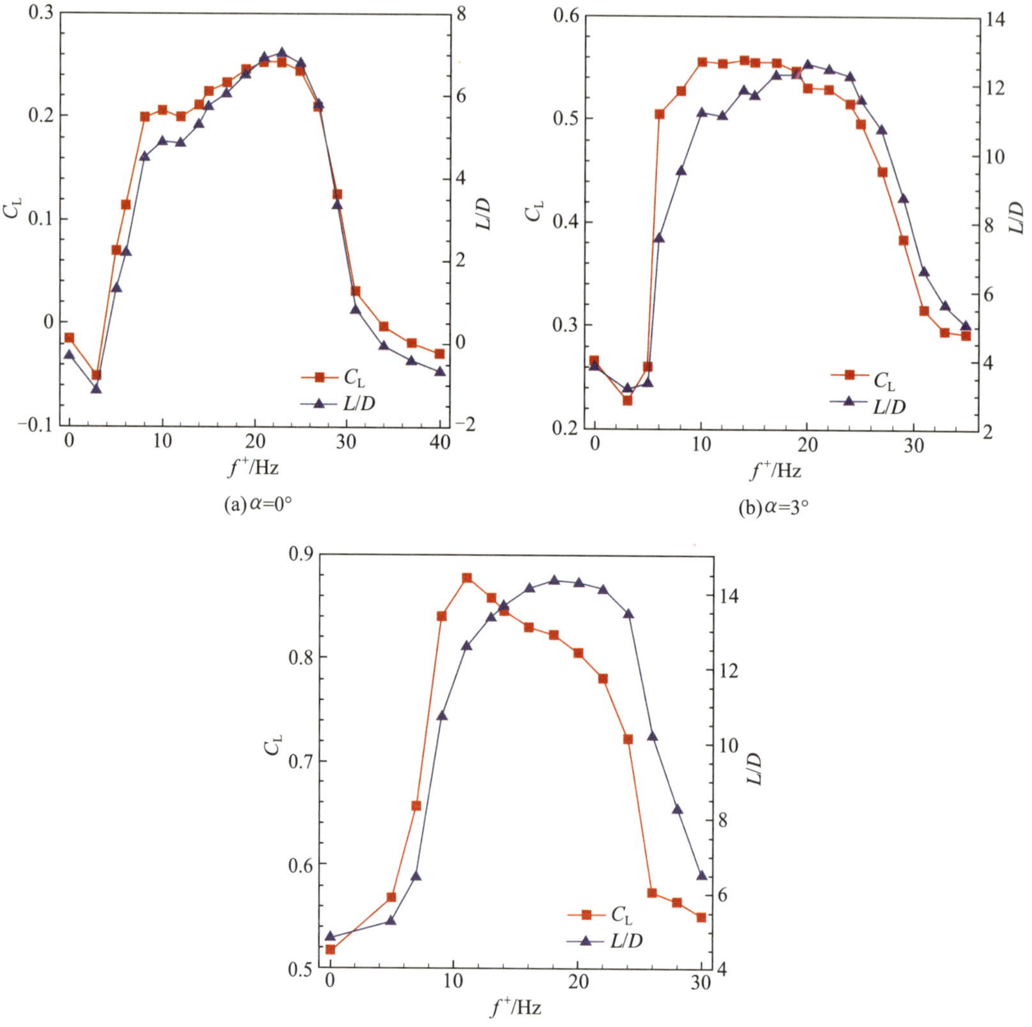

(a) α=0°　　(b) α=3°　　(c) α=6°

图 3-63　三种攻角在不同频率下平均气动力系数

为分析不同振动频率对升阻特性带来影响差异的原因，这里以 3°攻角为例，着重分析不同蒙皮振动频率对时均化流场结构造成的影响。通过时均化手段获得的不同频率下时均化流动结构见图 3-64，显示振动频率 f^+ 在 $(0.5 \sim 1.5)f_0$ 范围内（8～25 Hz）翼型上表面分离区范围较刚体翼型时的后缘层流分离泡明显缩小，并在机翼后部再附形成经典层流分离泡，流动结构得到改善。而频率 f^+ 在该范围外，流动结构仍表现为较大尺度的后缘层流分离。特别是当振动频率为 5 Hz 时，层流分离泡尺度较刚体翼型不仅没有减小，反而略有增大。该频率下的蒙皮振动使流动结构恶化，对气动特性产生负面影响，这与图 3-63（b）中的气动力系数变化相对应，表明正是由于不同蒙皮振动频率导致不同的流动结构，造成气动特性随频率的变化。

对于 $Re=2.5\times10^4$，不同攻角条件下，振动频率大致在 $(0.5 \sim 1.5)f_0$ 范围内，蒙皮

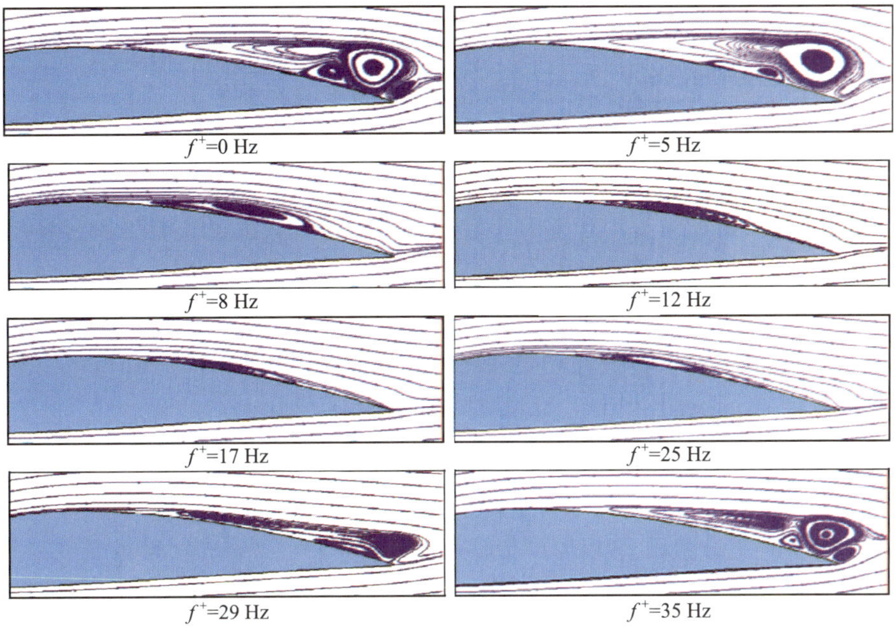

图 3-64 $\alpha=3°$，不同振动频率下时均化分离泡结构

振动可显著提高翼型低雷诺数的气动特性。尽管不同攻角时，f_0 不同，但对于本小节研究的三个攻角而言，存在一个共同的振动频率区间，约为 9～22 Hz，在这个频率范围的蒙皮振动可以显著提高翼型不同攻角下的升阻特性，这对流动控制很有价值。另外研究结果发现，虽然不同攻角或者不同雷诺数下 f_0 不同，但振动频率在 f_0 附近振动其增升减阻效果最好，而 f_0 正好是刚体翼型流场的脉动频率，这一点对现实应用很有价值。

$Re=2.5\times10^4$ 条件下，NACA4415 翼型上蒙皮振动增升减阻的机理在于适当的频率可以有效抑制后缘层流分离泡，将其转化为经典层流分离泡。那么对于更大雷诺数条件下，不出现后缘层流分离泡，仅存在经典层流分离泡的情况，蒙皮振动是否同样会带来显著增升减阻效果呢？作者针对 FX63-137 翼型的研究工作表明，此时适当的振动频率依然可以起到增升减阻的效果，其机理在于可以一定程度上减小经典层流分离泡的尺度。但对于更高雷诺数，蒙皮振动带来的增升减阻效果减弱。

此外，本小节研究的对象是蒙皮主动振动对气动特性和流场结构所造成的影响，那么对于柔性蒙皮的被动振动，会给气动特性和流动结构带来什么影响呢？假设翼型蒙皮质量很轻，跟随性很好，蒙皮将在固定翼型条件下所存在的非定常旋涡和非定常气动力的作用下以近似的频率发生振动，这也是前面围绕固定翼型非定常气动力的振动频率来研究蒙皮主动振动效应的出发点。研究已经表明这种频率的振动会有效改善低雷诺数下的气动特性，实现增升减阻。在雷诺数为 10^4 量级条件下，其流动结构会从大范围的后缘层流分离泡演变为较小尺寸的经典层流分离泡，同时在这个频率作用下所生成的经典层流分离泡的非定常气动力频率也保持一致。由此被动振动情况下不妨假设存在两种情况：

1）所生成的经典层流分离泡非定常特征频率与激励频率保持一致，产生以 f_0 为特征的自激振动。此时增升减阻效率最佳；

2）被动条件下所生成的经典层流分离泡非定常特征频率不是 f_0 。

3.3.3 节的研究已经表明攻角几乎不变的情况下，流动结构从后缘泡变为长泡频率大致下降了一半。那么较为合理的假设是被动条件下，非定常流动结构的特征频率介于 $(1 \sim 0.5)f_0$ 范围，而这个振动频率对于增升减阻也是有效的。这就给通过轻质柔性蒙皮的被动振动从而提升翼型低雷诺数气动特性提供了可能。但是真实条件下的柔性蒙皮具有相应的厚度、密度和刚度，在低雷诺数非定常气动力激励下会发生怎样运动，产生怎样的振幅、频率和振型？这些都需要开展进一步深入的研究工作，在这里仅做适当的探讨。

3.8 低雷诺数三维流动特性

3.8.1 翼段低雷诺数流动的三维效应

上述工作是基于非定常二维 RANS 方法和流动显示技术，针对二维翼型低雷诺数流动结构和气动特性开展了细致的模拟和分析，并由此揭示了经典层流分离泡和后缘层流分离泡两种时均化流动结构的典型特征和非定常气动特性。本小节将基于 LES 数值模拟方法针对具有一定展向宽度的 SD8020 翼型的翼段开展数值模拟，初步分析和探讨翼段低雷诺数流动的复杂三维效应。

大涡模拟计算采用可压缩非定常流动求解程序，为了在一定程度上规避可压缩方程求解不可压流动时所遇到的刚性问题，设定来流马赫数为 0.2。选择基于弦长的来流雷诺数为 4.0×10^4，来流温度取 288.15 K，物面条件设为绝热壁。对流项离散采用五阶优化 WENO 插值原始变量，数值通量采用通量差分分裂 Roe 格式，时间推进采用隐式亚迭代方法，无量纲时间步长设为 2.0×10^{-4}。计算网格选用 C 型网格，展向范围取 0.2 倍弦长，流向、法向和展向网格数分别为 1401、151、81，网格单元总量为 1.68×10^7。为了将通过 LES 求解的三维流场同前述的二维流场进行对比，将充分发展后的三维非定常流场进行时间统计平均后，再沿展向作平均。

图 3－65 给出了经过统计平均后获得的沿壁面压力系数分布。当攻角为 3°时，压力系数体现出典型的经典层流分离泡的特点；攻角为 2°时，压力系数分布表现为后缘层流分离泡的特征。再看对应的经过展向统计处理后的时均化二维流动结构，如图 3－66 所示，发现针对攻角 2°和 3°，时均化流动结构的确分别对应后缘层流分离泡和经典的长层流分离泡。

图 3－65 和图 3－66 的结果表明，通过对精细化 LES 方法的非定常三维低雷诺数流动数值模拟结果的展向统计平均和时均化处理，同样可以获得经典层流分离泡和后缘层流分离泡。尽管定量比较两种数值方法得到的结果，无论是再附点位置、压力系数分布，还是发生流动结构突变的临界攻角都存在一定的差异，但是所获得的层流分离泡时均化流动结

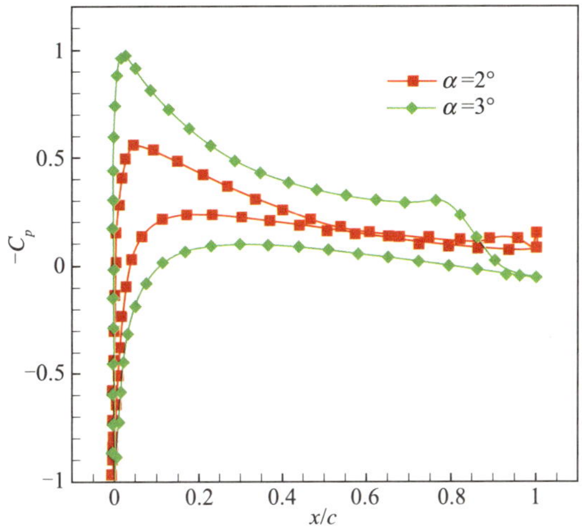

图 3-65　LES 模拟通过统计平均获得的时均化压力系数分布

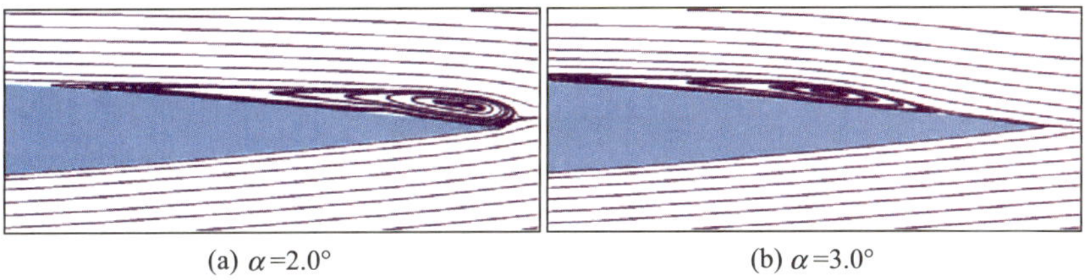

图 3-66　LES 非定常三维模拟结果通过展向统计平均和时间平均获得的层流分离泡结构

构特征保持了很好的一致性，这种一致性一方面进一步证明了两种时均化层流分离泡结构的存在和正确性，另一方面对于研究低雷诺数层流分离，分离诱导转捩及相关的流动三维效应的触发和演化机理，LES 方法无疑能够提供更为精细化的研究手段和更为丰富的流场信息。

图 3-67 给出了攻角为 3°时通过 LES 方法模拟得到的瞬时 Q 不变量的云图。Q 不变量的定义为

$$Q=\frac{1}{2}(|\Omega|^2-|S|^2) \tag{3-8}$$

其中

$$\Omega_{ij}=\frac{1}{2}(u_{i,j}-u_{j,i})\ ,\ S_{ij}=\frac{1}{2}(u_{i,j}+u_{j,i})$$

将 Q 作为识别涡的判据，用来描述拟序涡结构，通常选定一个正的阈值 Q_c，认为 $Q=Q_c$ 的等值面就是涡面。

由图 3-67 可以观察到翼段低雷诺数非定常分离流动中存在复杂的三维涡系结构。首先层流边界层在逆压梯度的作用下从分离点离开物面，并产生规则的非定常二维展向分离涡结构，这种规则的展向分离涡结构不断沿弦向向下游移动，期间依然近似保持较为规则的二维展向分离涡结构，直至到达时均化再附点位置附近，这种规则的大尺度二维展向层

流分离涡结构突然发生破碎演变成一系列复杂的较小尺度的三维涡系结构，包含一系列复杂的流向涡和发卡涡。但从流动结构看，这种复杂流动不是传统意义上的湍流边界层，其厚度要远大于湍流边界层，类似于湍流分离。

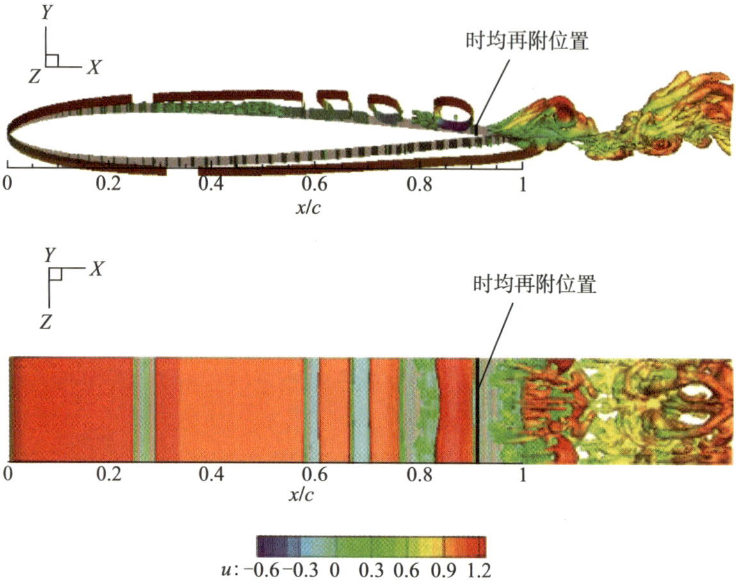

图 3-67　$Re=4.0\times10^4$、$\alpha=3.0°$ 时 LES 非定常三维模拟 Q 不变量的瞬态结果

与基于 RANS 方法模拟的二维非定常流动结构对比发现，在层流边界层分离直至时均化再附点之前的位置，两者所模拟的流动结果是比较一致的，流场基本由非定常大尺度二维展向分离涡结构主导。但两种方法获得的再附点位置附近的流动结构则表现出了明显的差异：RANS 方法的二维结果表明，再附点位置附近两个二维分离涡发生对并后成为一个更大的分离涡，随后这个非定常分离涡继续沿壁面向下游运动；基于 LES 方法的三维模拟结果表明，再附点附近规则的大尺度二维展向层流分离涡突然破碎成一系列复杂的小尺度三维非定常分离涡结构，其中既包括流向涡，也包括发卡涡，从流动结构作用的区域看并不是湍流边界层，而是表现为湍流分离。这同经典理论认为的层流分离泡引入空间能量使流动再附后形成湍流边界层的认识相去甚远，该结果在一定意义上颠覆了经典层流分离泡理论中关于转捩及形成湍流边界层的看法。

但目前基于 LES 方法开展的翼型低雷诺数流动结构和气动特性的研究工作还比较初步，相关的理论分析由于涉及到分离流动的稳定性问题、分离诱导转捩的问题，难度较大，国内外的工作还开展得很少，这方面更为深入系统的研究工作有待进一步展开和探讨。

这里需要针对基于二维 RANS 的数值模拟结果和基于 LES 的三维数值模拟结果之间的异同展开初步但有益的探讨。

1）从两者的数值模拟结果看均能有效捕获时均化的经典层流分离泡和后缘层流分离泡；

2）两种方法均能够有效捕获层流边界层分离、大尺度二维非定常分离涡及其沿流向运动的过程。

两种方法对于以大尺度二维层流分离涡占据主导的低雷诺数时均化层流分离泡均能够有效模拟。相对于 LES 方法而言，RANS 方法以其求解效率高，且能够大致捕获低雷诺数条件下气动特性的优势，非常适合关于低雷诺数气动特性和流动结构演化规律的研究。如前文所述，作者已经基于 RANS 方法针对翼型低雷诺数问题开展了富有成效的研究工作。但是 RANS 方法由于自身数学物理模型的限制，无法获取规则的二维展向分离涡向三维小尺度复杂的湍流分离涡演化的过程，无法针对复杂的层流分离诱导转捩这一过程开展深入的机理研究，分析其中所存在的深层次失稳机制。

3.8.2　大展弦比机翼低雷诺数气动特性

相对于小展弦比布局，大展弦比飞行器的低雷诺数气动特性与翼型低雷诺数气动特性的变化趋势更为接近。但对于真实的大展弦比飞行器来说，需要考虑的因素将会更为复杂，主要包括：表面粗糙度、来流湍流度、螺旋桨滑流、弹性变形等因素的影响。目前而言准确获取大展弦比低雷诺数飞行器的气动特性依然是非常困难的。这主要体现在如下几个方面：

1）在风洞中模拟真实飞行条件下的雷诺数范围、来流湍流度和表面粗糙度是困难的。主要原因包括：现有风洞试验段尺寸对大展弦比试验模型展长和弦长尺寸的限制。现有具备变湍流度能力的低湍流度风洞试验段尺寸为米量级，无法有效开展大展弦比模型试验，而具有较大口径的风洞试验段湍流度相对较高，且实现变湍流度都很困难。作者的研究工作表明，不同风洞低雷诺数试验获得的升阻力系数存在较大的偏差带，这给相应数值模拟工作的验证与确认也带来很大的困难。

2）针对各种可能带来重要影响的因素，还没有比较成熟的修正方法或者手段，特别是针对低雷诺数的情况。目前甚至于不知道临近空间真实飞行环境下来流湍流度到底是多少，而前面的研究表明湍流度对飞行器低雷诺数气动特性的影响很大。

3）大展弦比低雷诺数飞行器飞行试验的气动参数辨识受飞行器大尺度和结构变形效应的影响，造成相应的气动力建模、飞行环境和飞行姿态测量的系统性误差较常规飞行器影响更大，通过飞行试验获取气动辨识数据真实偏差量同样存在较大难度。

因此准确获取大展弦比低雷诺数飞行器的气动特性依然极具挑战性，目前只能多种手段共同开展，并进行较为系统的比对分析。

为了分析大展弦比飞行器低雷诺数条件下升阻特性，同时尽量减小支撑干扰，设计了大展弦比翼身组合体标模，如图 3－68 所示，采取尾撑方式。标模机翼展弦比为 25，展长 2.2 m，主翼翼型为 FX63－137，平尾和垂尾翼型为 NACA0012。

由于大展弦比机翼的翼尖涡作用的区域相对较小，所以其气动特性以翼型二维流动为主导。国内外针对翼型的研究结果表明，低雷诺数时的风洞试验结果存在较大的散布度。因此针对该标模的风洞试验，分别在中国航天空气动力技术研究院的 FD－09 风洞，中国

图 3-68　大展弦比翼身组合体标模及在风洞中的安装

航空气动研究院的 FL-51 风洞和南京航空航天大学的低速风洞 NH-2 中进行。选择来流风速$V=30\sim70$ m/s，相应的雷诺数范围为 $Re=1.8\times10^5\sim4.2\times10^5$。同时针对上述典型状态，分别采取湍流模型和转捩模型对标模的升阻特性进行了数值模拟预测。

图 3-69 给出雷诺数分别为 2.4×10^5 和 4.2×10^5 条件下，三个风洞试验的测试结果以及自然转捩和湍流模型数值预测结果的升阻比曲线。分析发现：

1）不同风洞获得的升阻比曲线之间存在显著的差异，相对偏差达到约 20%～30%。两种数值模拟模型预测的结果差异明显，转捩模型预测的升阻比比湍流模型预测结果显著增加，$Re=2.4\times10^5$ 时增加约 14%，$Re=4.2\times10^5$ 时增加约 23%。

2）不同预测模型获得的数值结果分别与不同的风洞测试结果接近。湍流模型数值预测结果与 FD-09 风洞和 NH-2 风洞结果更为接近，转捩模型预测结果则与 FL-51 风洞测试结果更为接近。

图 3-70 进一步给出了两个雷诺数下，阻力系数在两个风洞中的试验结果与湍流模型和转捩模型预测结果的对比曲线。结果进一步确认了在 2.4×10^5 和 4.2×10^5 两个雷诺数下，湍流模型的数值预测结果同 FD-09 风洞的试验结果接近，而转捩模型的数值预测结果同 FL-51 风洞的试验结果吻合较好。

综合考虑，产生这种大展弦比机翼低雷诺数下气动特性不同风洞间较大偏差的原因是多方面的。可能来源于不同风洞来流湍流度、噪声环境等的差异所导致的翼面层流分离和转捩的流态差异。而在工程性风洞中细致测量标定翼面低雷诺数下的流态本身就是费时费力成本高的工作。且不同风洞的标定测量方法存在差异，进一步增加了不同风洞间翼面低雷诺数流态差异对比和认定的困难。另一方面对于大展弦比高升阻比模型而言，由于升阻力系数之间的量级差异，也在相当程度上造成了不同风洞不同测试系统试验结果之间的较大差异。由此，低雷诺数条件下在雷诺数相似的同时，一方面需要了解真实飞行条件下的翼面流态，另一方面需要对测试精度和模拟条件加以精确的控制，这样才能获得飞行状态下较为准确的低雷诺数气动数据。

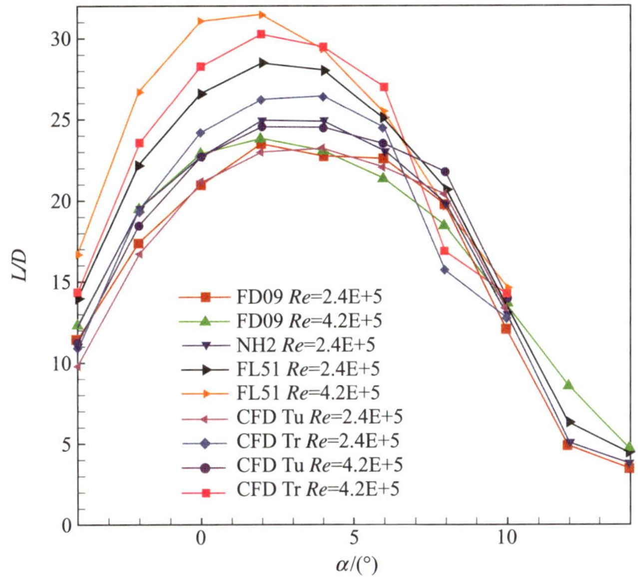

图 3-69　大展弦比翼身组合体标模风洞试验和数值模拟升阻比预测曲线

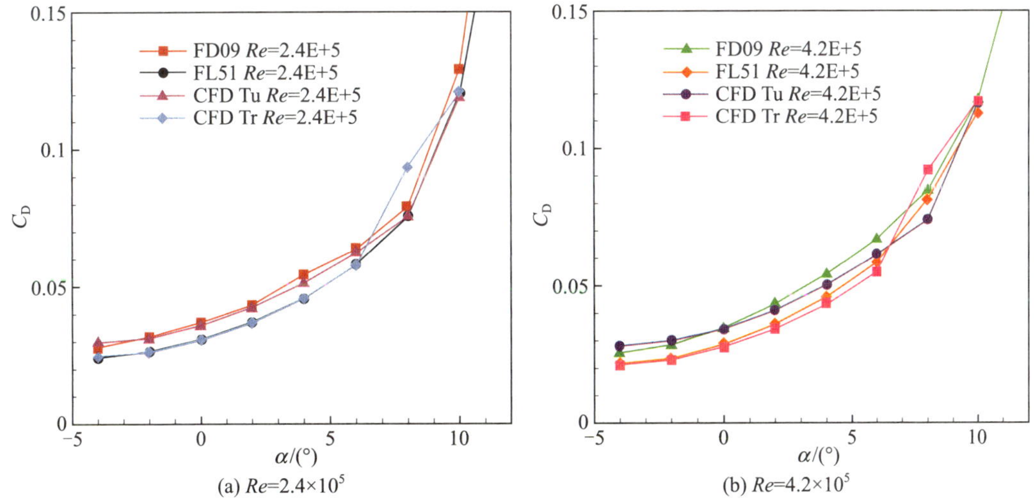

图 3-70　大展弦比翼身组合体标模风洞试验和数值模拟阻力系数预测

3.8.3　小展弦比机翼低雷诺数气动特性

受特征几何尺度的限制，为了尽量增加机翼面积增大载荷能力，固定翼微型飞行器（特征尺度小于 15 cm 的飞行器）往往采取小展弦比气动布局，其典型展弦比往往为 1.0～2.0 之间[1,24-25]。Gursul[26]等对小展弦比机翼进行了流场显示试验，发现在低雷诺数下前缘或翼尖涡系在流动结构中占据主导，之间相互作用对机翼的气动特性影响大，流场具有强烈的三维特征。Mueller[25]等通过对试验数据分析发现，小展弦比机翼的气动特性和常规机翼有很大的区别，随雷诺数降低，小展弦比机翼表现出更明显的非定常效应。针对小展弦比机翼低雷诺数气动问题的研究工作相对较多[27-30]，小展弦比低雷诺数气动特性主要可以归结为：三维效应显著并占据主导；升阻比随雷诺数降低逐渐变差，但相对于二维翼型，小展弦比机翼升阻比受低雷诺数效应的不利影响相对较小；流动结构易出现左右不对称，导致横侧稳定性变差。本小节结合前人的工作和作者所开展的工作仅对小展弦比机翼低雷诺数三维效应和气动特性进行简要的梳理和介绍。

小展弦比机翼的三维效应显著，特别是在中等至大攻角条件下三维涡占据主导。对于齐莫曼（Zimmerman）、反齐莫曼、椭圆机翼存在一对类似于三角翼的前缘分离涡；对于矩形翼而言，存在明显的翼尖涡。受三维效应的影响和干扰，对称面及附近区域也没有表现出明显的翼型低雷诺数二维层流分离流动的典型特征。

图 3-71 给出反齐莫曼翼攻角为 10°时，$Re=1.0\times10^5$，过前缘主分离涡涡核附近的三维流线和不同流向站位的二维截面流线。可以发现低雷诺数条件下，前缘分离涡覆盖的区域增加，前缘涡结构变得更为松散，对称面上前缘附近存在清晰的分离涡。这可能是随雷诺数降低，前缘层流分离涡的抗反压能力更差，流动结构更加不稳定，造成涡心处的低压，因此机翼前缘主分离涡横截面流线在小攻角条件下容易出现内部结构不稳定的极限环，使前缘主分离涡结构变得较为松散。低雷诺数时，对称面上由于层流的抗反压能力弱，可能出现层流分离现象，但受一对较强的前缘分离主涡影响，对称面附近的二维层流分离流动并不显著。

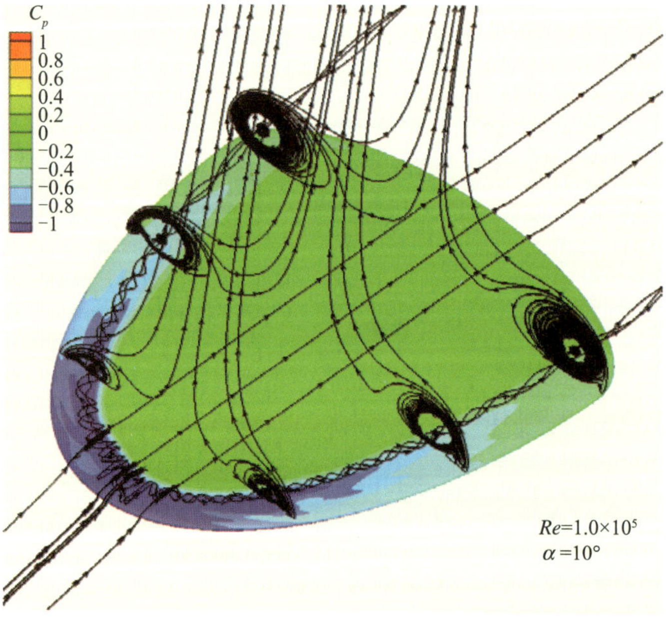

图 3-71　反齐莫曼翼前缘涡流线结构与表面压力云图

小展弦比机翼升阻比随雷诺数降低而下降的幅度有限，并没有出现类似于翼型那样随雷诺数降低而急剧恶化的现象。图 3－72 中 Mueller[25] 试验获得雷诺数分别为 7.0×10^4 和 1.0×10^5 时，小展弦比矩形翼的气动特性结果也表明了此特征。小展弦比机翼这种低雷诺数效应的机理在于流场结构中强三维分离涡占主导，大大弱化了低雷诺数二维层流分离效应。

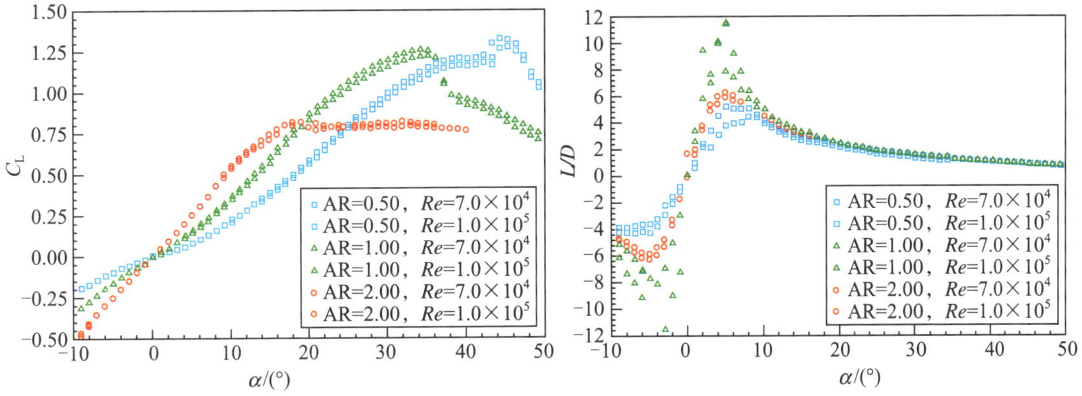

图 3－72　不同小展弦比矩形机翼 $Re=7.0\times10^4$、1.0×10^5 时升力系数和升阻比试验结果

随雷诺数下降，小展弦比机翼上的前缘层流分离涡尺度有所增加，距离更靠近，相互之间的干扰和诱导作用更为强烈。随攻角增加小展弦比机翼对称面附近流场表现为更加显著的非定常效应。这两个效应共同作用造成低雷诺数条件下小展弦比机翼更容易出现非对称效应。随着攻角的增加，一对主前缘层流分离涡的尺度增大，流动结构更加不稳定，更容易受到干扰造成小展弦比机翼低雷诺数条件下中等至大攻角时左右两侧的流动结构不对称。图 3－73 给出 $Re=1.0\times10^5$，小展弦比反齐莫曼机翼在 15°和 20°攻角下截面流线与表面压力云图。可见攻角达到 15°时，流场结构已经出现局部的不对称现象，随攻角增加这种不对称变得更为显著。

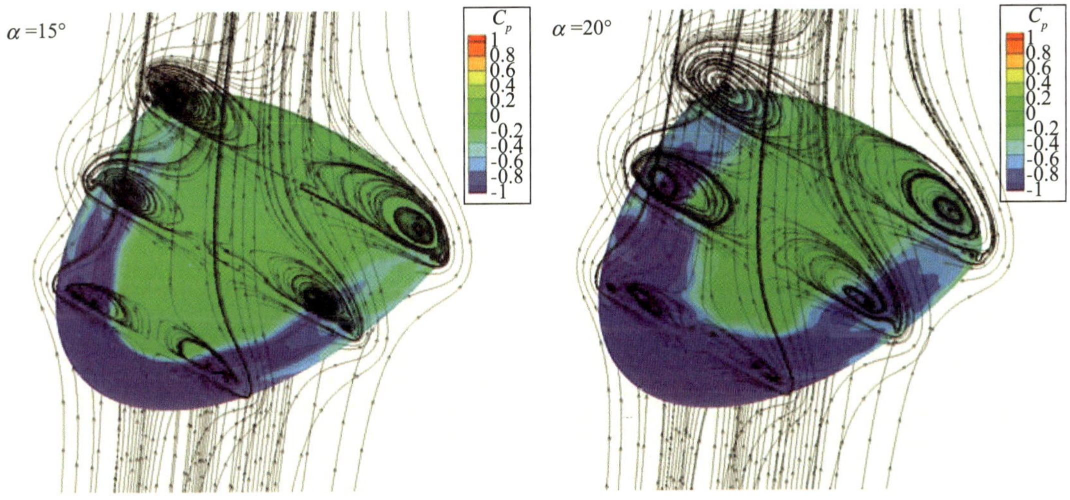

图 3－73　$Re=1.0\times10^5$，小展弦比反齐莫曼机翼不同攻角条件下截面流线与表面压力云图

低雷诺数小展弦比机翼流动结构中占据主导地位的是前缘分离涡及涡系之间的相互干扰，以及分离涡的不稳定造成机翼的气动力系数在一定的范围内振荡。表 3－9 是反齐莫曼机翼的升力系数均值与其均方差，显示反齐莫曼机翼在 15°攻角之前，其升力系数波动的均方差基本上保持不变，当攻角处于 15°～20°范围之间时均方差开始出现显著的非线性增长，升力系数的均方差值体现了气动特性的非定常效应。上述结果表明，当攻角大于 15°时，机翼上的非定常流动结构开始增强。这同样是由于随攻角增加前缘涡强度增强，分离区作用面积增加，两侧前缘涡距离靠近，相互干扰和诱导增强造成的。

表 3－9　反齐莫曼机翼的升力系数均值及相应均方差值

α	5°	10°	15°	20°	30°
C_L均值	0.146 3	0.332 2	0.537 7	0.733 2	1.061
C_L均方差	0.001 3	0.001 5	0.001 9	0.004 7	0.026 3

参考文献

[1] 李锋，白鹏，石文，等．微型飞行器低雷诺数空气动力学［J］．力学进展，2007，37（2）：257－268.

[2] GASTER M. The Structure and Behavior of Laminar Separation Bubbles [R]. AGARD CP－4，1966，813－854.

[3] HORTON H P. Laminar Separation Bubbles in Two－and Three－Dimensional Incompressible Flow [D]. Queen Mary，University of London，1968.

[4] MUELLER T J，BATILL S M. Experimental Studies of Separation on a Two－Dimensional Airfoil at Low Reynolds Numbers [J]. AIAA Journal，1982，20（4）：457－467.

[5] MUELLER T J. The Influence of Laminar Separation and Transition on Low Reynolds Number Airfoil Hysteresis [J]. Journal of Aircraft，1985，22（9）：763－770.

[6] BRENDEL M，MUELLER T J. Boundary－Layer Measurments on an Airfoil at Low Reynolds Numbers [J]. Journal of Aircraft 1988，25（7）：612－617.

[7] MCGHEE J，WALKER B S，MILLARD B F. Experimental Results for the Eppler 387 Airfoil at Low Reynolds Numbers in the Langley Low－Turbulence Pressure Tunnel [R]. NASA TM4062，Oct. 1988.

[8] BRILEY W R. A Numerical Study of Laminar Separation Bubbles Using the Navier－Stokes Equations [J]. Journal of Fluid Mech. 1971，47（4）：713－736.

[9] 乔志德，李洪军．低速粘性流动中翼型的气动特性计算［J］. 空气动力学学报，1986.4（3）：269－278.

[10] PAULEY L L，MOIN P，WILLIAM C. Reynolds，The Structure of Two－Dimensional Separation [J]. Journal of Fluid Mech. 1990，220（220）：397－411.

[11] LIN J C M，PAULEY L L. Low－Reynolds－Number Separation on an Airfoil [J]. AIAA Journal 1996，34（8）：1570－1577.

[12] RIST U，MAUCHER U. Direct Numerical Simuation of 2－D and 3－D Instability Waves in A Laminar Separation Bubble. Application of Direct and Large Eddy Simulation to Transition and Turbulence [R]. AGARD CP－551，1994.

[13] 白鹏，崔尔杰，周伟江，等．翼型低雷诺数层流分离泡数值研究［J］. 空气动力学学报，2006，24（4）：416－424.

[14] 白鹏，崔尔杰，李锋，等. 对称翼型低雷诺数小攻角升力系数非线性现象研究［J］. 力学学报，2006，38（1）：1－8.

[15] 白鹏，李锋，詹慧玲，等. 翼型低 *Re* 数小攻角非线性非定常层流分离现象研究［J］. 中国科学：物理学 力学 天文学，2015，45（2）：24703－1－12.

[16] BAI P，LI F，LIU Q，ZHAN H L. Evolution of the Non－linear and Unsteady Low Reynolds Number Laminar Separation Bubble around the Airfoil with Small angle of Attack [R]. AIAA Paper

2016 - 4337，2016.

[17] SELIG M S，GUGLIELMO J J，BROERN A P，ect. Experiments on Airfoils at Low Reynolds Numbers [R]. AIAA Paper 96 - 0062，1996.

[18] 白鹏，崔尔杰，李锋，等．等速上仰翼型动态失速现象研究 [J]．力学学报，2004，36 (5)：569 - 576.

[19] SELIG M S. The Design of Airfoils at Low Reynolds Numbers [R]. AIAA Paper 85 - 0074，1985.

[20] MITTAL S，SAXENA P. Hysteresis in Flow Past a NACA0012 Airfoil [J]. Comput. Methods Appl. Mech. Engrg. 2002，191 (19 - 20)：2207 - 2217.

[21] KATAM V，LEBEAU R P，JACOB J D. Experimental and Computational Investigation of a Modified NACA4415 in Low - Re Flows [R]. AIAA Paper 2004 - 4972，2004.

[22] MUNDAY D，JACOB J. Active Control of Separation on a Wing with Oscillating Camber [J]. Journal of Aircraft，2002，39 (1)：187 - 189.

[23] 刘强，刘周，白鹏，等. 低雷诺数翼型蒙皮主动振动气动特性及流场结构数值研究 [J]. 力学学报，2016，48 (2)：269 - 277.

[24] PELLETIER A，MUELLER T J. Low Reynolds Number Aerodynamics of Low - Aspect - Ratio，Thin/Flat/Cambered - platewings [J]. Journal of Aircraft，2000，37 (5)：825 - 832.

[25] MUELLER T J，TORRES G E. Aerodynamics of Low Aspect Ratio Wings at Low Reynolds Number With Applications to Micro Air Vehicle Design and Optimization [R]. N 00173 - 98 - C - 2025，2001.

[26] GURSUL I，TAYLOR G，WOODING C L. Vortex Flows Over Fixed - wing Micro Air Vehicles [R]. AIAA Paper 2002 - 0698，2002.

[27] 李建华，李锋. 机翼低雷诺数流动的数值模拟 [J]. 空气动力学学报，2007，25 (2)：220 - 225.

[28] 李建华，李锋. 低雷诺数反齐默曼机翼的气动特性 [J]. 气体物理，2007，24 (1)：49 - 53.

[29] 杨爱明，翁培奋. 微型飞行器小展弦比机翼的低雷诺数气动力特性分析 [J]. 空气动力学学报，2005，23 (1)：57 - 67.

[30] 陈志远，翁培奋，丁珏．微型飞行器齐默曼与反齐默曼机翼的气动力学特性分析 [J]. 上海大学学报（自然科学版)，2013，19 (1)：80 - 85.

第 4 章　临近空间飞行器螺旋桨技术

螺旋桨的气动效率很大程度上决定飞行器的性能。特别是对临近空间飞行器（太阳能飞机[1]和飞艇[2]）和火星飞行器[3]这类对能源利用要求苛刻的飞行器来说，提高螺旋桨气动效率尤为必要。对于传统的中低空飞机，其螺旋桨直径小，转速高，前进速度大，桨叶工作在较高的雷诺数下，气动效率较高。但是，对于在低雷诺数条件下工作的螺旋桨，其气动性能与传统飞机螺旋桨存在较大差别。根据尺寸大小和工作环境的不同，可以将低雷诺数螺旋桨分为两类：第一类主要是由于大气密度和前进速度较低而导致螺旋桨工作雷诺数较低，如临近空间飞艇、临近空间低速无人机及火星飞行器的螺旋桨；第二类主要是由于尺寸较小而导致螺旋桨工作雷诺数较低，如小型无人机、微型飞行器、遥控飞机等的螺旋桨[4]。本章主要以临近空间太阳能无人机为例论述第一类飞行器螺旋桨的相关问题。

临近空间低速无人机和火星飞行器螺旋桨处于低密度工作环境。对于同一螺旋桨，在来流速度和转速不变的条件下，桨叶雷诺数与大气密度成正比，所以在低的大气密度环境和飞行速度下，桨叶的工作雷诺数很低，约几万到几十万的量级，前面几章论述了低雷诺数下，翼型的升阻特性大幅下降，这也将导致低雷诺数螺旋桨气动效率降低。由于直径对螺旋桨的气动效率影响很大，为了保证螺旋桨效率，这类飞行器螺旋桨直径都设计得尽量大，比如临近空间飞艇的螺旋桨直径甚至可以达到 10 m 的量级。此外，在临近空间和火星大气环境中，声速均较小，使得桨叶的桨尖马赫数较高，甚至达到高亚声速。小型无人机、微型飞行器和遥控飞机的飞行高度和飞行速度均较低，其螺旋桨的尺寸较小（直径一般小于 0.6 m），尽管工作转速相对较高，但由于小的弦长分布和较低的前进速度，工作雷诺数大都低于 3×10^5（75%站位处当地弦长雷诺数范围为 $0.3\times10^5\sim3\times10^5$）。因此，这些飞行器都面临共同的低雷诺数效应问题。

本章主要讲述临近空间飞行器低雷诺数螺旋桨气动特性及分析方法、低雷诺数螺旋桨气动设计、推进系统多工况匹配设计和高空低雷诺数螺旋桨气动特性试验技术四部分内容。

4.1　低雷诺数螺旋桨气动特性及分析方法

4.1.1　低雷诺数螺旋桨流动结构与气动特性

临近空间低速飞行器螺旋桨处于高空低密度工作环境，在 20 km 高度，大气密度为 $0.088\,91\ \mathrm{kg/m^3}$，约为海平面的 1/14；在 30 km 高度，大气密度为 $0.018\,41\ \mathrm{kg/m^3}$，约为海平面的 1/68。在高空低密度环境下，临近空间螺旋桨最显著的特点是低雷诺数效应，绕螺旋桨的低雷诺数流动会出现层流分离，造成当地升阻比降低，导致螺旋桨气动效率严重下降。临近空间低速飞行器飞行高度高，跨度大，其飞行剖面涵盖起飞、低空爬升、高空巡航、下滑降落等复杂工况。大的密度变化范围和复杂的飞行工况，使得螺旋桨工况适应性变差。例如，美国的太阳神无人机通过 14 副直径 2 m 的螺旋桨驱动，最高飞行高度达到 29 400 m，基于长时间运行可靠性的考虑，其螺旋桨电推进系统采用定距直驱形式，从地面起飞爬升到临近空间高度，螺旋桨转速从 200 rpm 提高到 2 000 rpm。在地面及低空爬升阶段，螺旋桨前进速度和转速较低，绕桨叶的流动处于低速低雷诺数状态；在 29 000 m 高度，螺旋桨转速 2 000 rpm 时，桨尖马赫数达到 0.74，而桨叶最大当地雷诺数小于 5×10^4。此时，靠近桨根的区域处于低速低雷诺数流动状态，而靠近桨尖的区域处于高亚声速低雷诺数流动状态。桨尖附近压缩性的影响将不可忽略，特别是桨尖激波的出现会导致螺旋桨气动效率急剧下降。因此，除低雷诺数特征外，临近空间螺旋桨桨叶沿径向的速度可以分为三段，分别对应如下三个不同的速度范围：1）内段：$Ma=0.3$ 以下的低速段；2）中段：$Ma=0.3\sim0.6$ 的亚声速段；3）外段：$Ma=0.6$ 到激波出现之前的高亚声速段。

图 4-1 给出了某 2 m 直径临近空间低雷诺数螺旋桨弦长分布图，桨叶数为 2，桨叶翼型采用 Eppler 387 翼型。

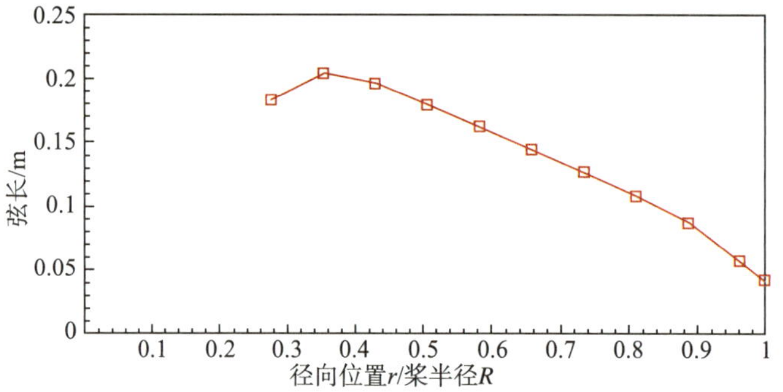

图 4-1　某 2 m 直径螺旋桨弦长分布

图 4-2、图 4-3 给出了该 2 m 直径螺旋桨在不同飞行高度巡航状态下桨叶剖面雷诺数和马赫数分布，由于该螺旋桨采用定距直驱形式，随着飞行高度和飞行速度的增加，螺旋桨转速也逐渐增高。可以看出，在 $H=0$ km 高度，桨叶 75%站位处雷诺数约 2.7×10^5，桨尖马赫数 $Ma_{tip}\approx0.17$，桨尖雷诺数约 1.3×10^5；在 $H=25$ km 高度处，桨叶 75%站位处雷诺数约下降至 0.7×10^5，桨尖马赫数 $Ma_{tip}\approx0.85$，桨尖雷诺数低于 0.6×10^5，桨尖处于高亚声速低雷诺数流动区域。

图 4-4 给出了该螺旋桨在不同飞行高度下的拉力（T）和效率（η）随转速（n_c）变化曲线，可以看出，在输出拉力相同的情况下，随着飞行高度增加，螺旋桨气动效率下降。图 4-5 为 $T=40$ N 时螺旋桨效率随高度变化曲线。可以看出，在 $H=0$ km 时，螺旋桨效率超过 82%；$H=25$ km 时，螺旋桨效率低于 70%。图 4-6 为 Eppler 387 翼型在 $C_L=0.6$ 时升阻比随雷诺数变化曲线，可以看出，随着雷诺数减小，翼型升阻比逐渐下降，结合图 4-2 不同高度下桨叶剖面雷诺数分布，说明随着雷诺数减小，桨叶翼型升阻

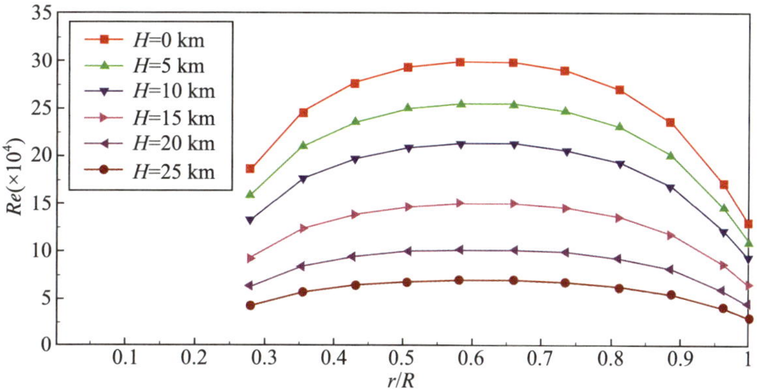

图 4-2　某 2 m 直径螺旋桨在不同高度巡航状态下剖面雷诺数分布

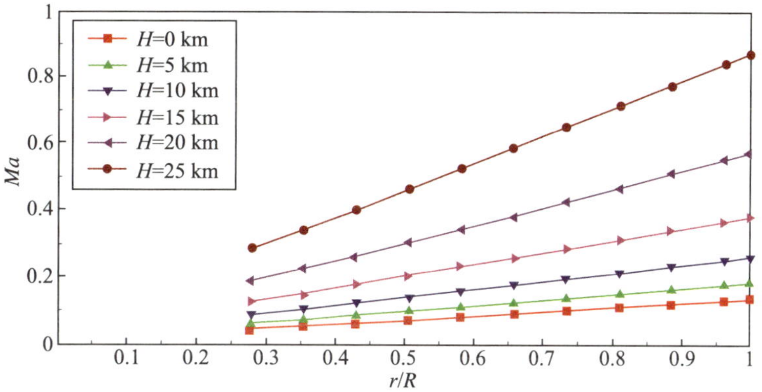

图 4-3　某 2 m 直径螺旋桨在不同高度巡航状态下剖面马赫数分布

特性恶化，螺旋桨气动效率降低。更为严重的是由于巡航雷诺数下降，飞行器自身升阻比降低，需用拉力增加，将导致螺旋桨效率进一步下降。

螺旋桨气动特性的研究一般分为二维翼型和三维螺旋桨两部分。对临近空间螺旋桨桨叶翼型的研究主要集中在绕翼型的低速低雷诺数和高亚声速低雷诺数流动机理和翼型的气动特性方面。对于低速低雷诺数翼型的绕流机理和气动特性，前面的章节已经进行了较为详细的研究，这里不再赘述。

目前，对于绕桨叶翼型的高亚声速低雷诺数流动问题研究较少。国外主要针对高空高亚声速飞行器机翼翼型展开了 CFD 计算、风洞试验和高空飞行试验研究。Drela[5] 和 Giles 采用 ISES 程序（Euler 方程加边界层修正和 e^N 湍流转捩预测的方法）预测到了跨声速翼型在低雷诺数条件下激波诱导的边界层分离。Liebeck[6] 采用 CFD 方法对翼型的高亚声速低雷诺数绕流分析发现，层流分离泡伴随着 λ 激波同时出现。Drela[7] 通过 CFD 研究发现，不可压条件下，影响层流分离泡转捩最主要的因素是雷诺数和来流湍流度，可压缩条件下，马赫数的影响不能忽略，特别是激波/边界层干扰对初始 T-S 波的扰动，对层流分离泡和转捩位置均产生影响，进而影响到翼型的气动特性。Drela 的 CFD 结果通过与 Ackeret 纹影图片对比，证实了翼型上翼面存在复杂的激波结构，如图 4-7 所示。

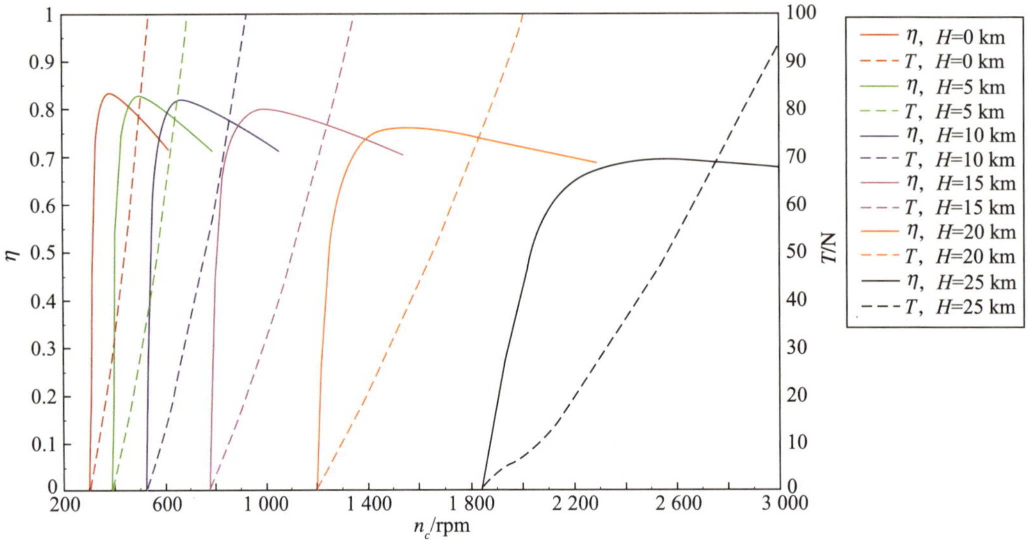

图 4-4　某 2 m 直径螺旋桨在不同高度下的拉力和效率随转速变化关系

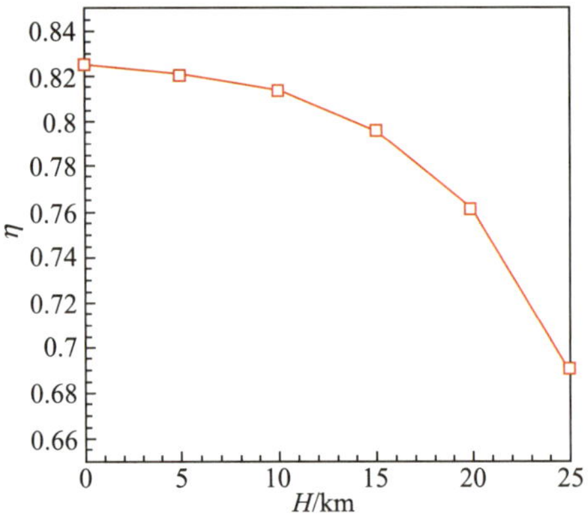

图 4-5　$T=40$ N 时螺旋桨效率随高度变化曲线

对于绕三维螺旋桨的流动，当气流通过螺旋桨旋转平面时，由于螺旋桨旋转的诱导作用，气流除了得到与飞行方向相反的轴向诱导速度外，还在旋转平面内产生周向（切向）诱导速度，气流会向着螺旋桨旋转方向扭转，拖出一个螺旋形涡系。因而，滑流的周向速度也常被称作气流旋转速度。由于滑流中涡系自身诱导的速度，尾涡发生形变并卷起，形成一个滑流管，其中的多个流动变量在流向和径向方向上都存在强梯度。

通过图 4-8 螺旋桨滑流中的涡量分布情况可以直观地分析螺旋桨滑流的流场结构。图 4-8（a）给出了某一时刻桨尖涡等值面图，图 4-8（b）为桨轴所在纵剖面上涡量分布图，涡量定义为 $\omega=\nabla\times V$。从图中可以清晰地看出，气流通过螺旋桨旋转平面发生旋转，滑流中桨尖涡和桨叶尾流呈螺旋型向下游发展。

与绕翼型的低雷诺数流动一样，在桨叶表面，也存在层流分离、转捩与湍流再附等流动现象。图 4-9 为参考文献［8］给出的螺旋桨试验模型桨叶表面典型低雷诺数流动结

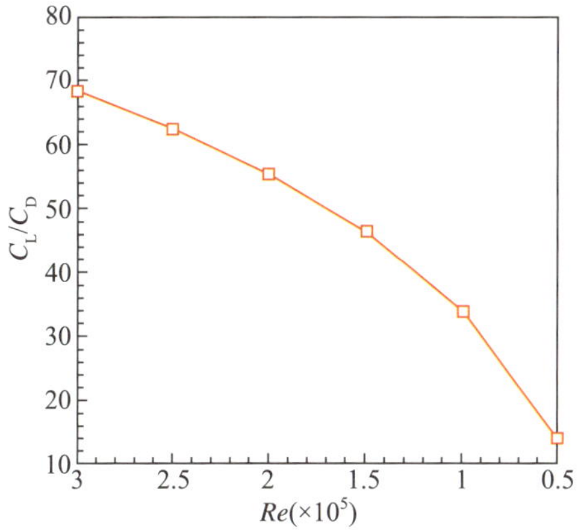

图 4-6　$C_L=0.6$ 时翼型升阻比随雷诺数变化曲线

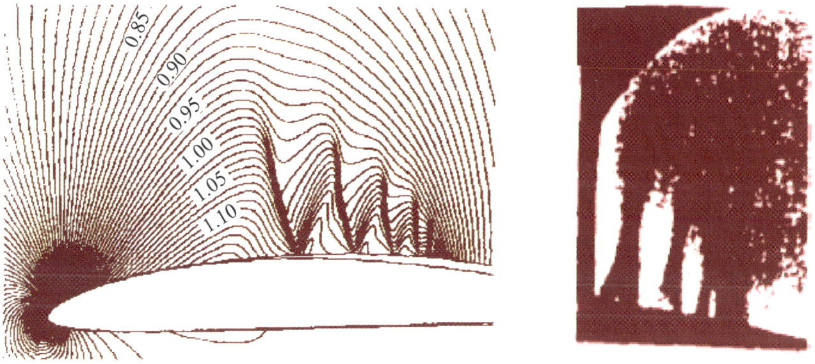

图 4-7　高亚声速低雷诺数条件下 Eppler 387 翼型上翼面激波结构与试验纹影图片对比[7]

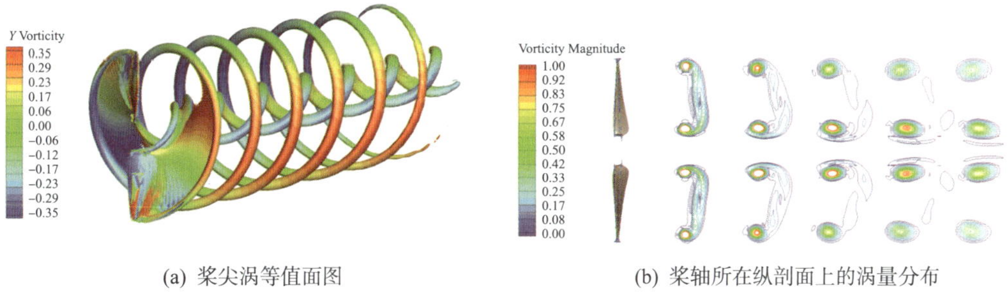

(a) 桨尖涡等值面图　　(b) 桨轴所在纵剖面上的涡量分布

图 4-8　螺旋桨滑流中的涡量分布

构，该螺旋桨模型直径 309 mm，试验自由来流速度范围为 30.3～70.5 m/s，转速范围为 5 061～14 434 rpm，基于桨叶 75%站位的当地弦长雷诺数范围为 0.6～1.5×10^5。可以看出，沿桨叶径向可以将流场分为三个区域：

1）桨根区域，主要为层流区，在桨叶后缘产生了层流分离泡；

2）中间区域，这一区域发生了前缘分离，在桨叶前缘出现了小的层流分离泡，并快速发生湍流再附；

3）桨尖区域，由于桨尖后掠的影响，在桨尖区域出现了三维锥型分离涡。

图 4－10 为前进比（λ）对桨叶表面流动拓扑结构的影响，当 $\lambda=1.20$ 时，桨叶上的流动均为层流，靠近后缘处出现层流分离泡；当 $\lambda=1.00$ 时，从桨尖区域开始出现前缘层流分离泡，然后湍流再附；随着前进比减小，前缘层流分离泡和湍流再附区从桨尖向桨根方向逐渐增大。

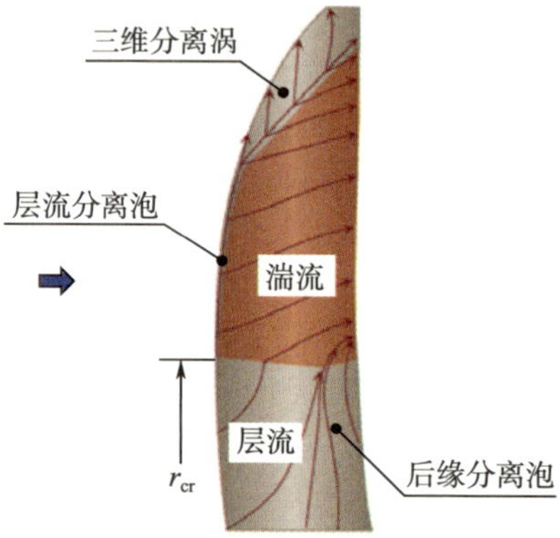

图 4－9　桨叶表面低雷诺数流动结构示意图[8]

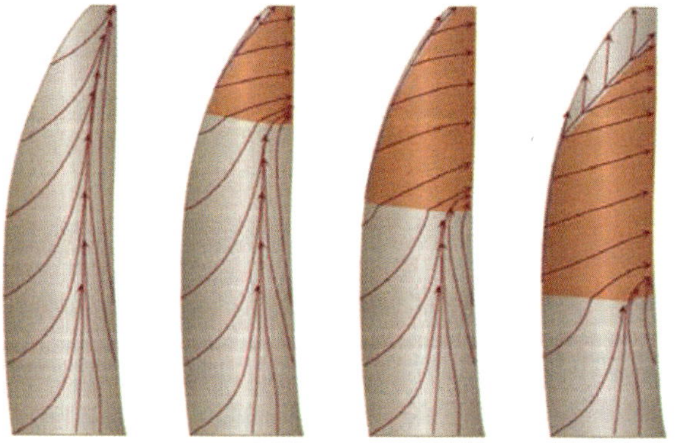

图 4－10　前进比对桨叶表面流动拓扑结构的影响[8]

图 4－11 为某太阳能无人机螺旋桨在 $H=20$ km 高度，不同前进比下桨叶表面摩擦阻力系数云图，基于桨叶当地弦长的雷诺数在 1.0×10^5 左右，该桨叶桨尖前缘后掠角小。通过与图 4－10 对比，可以看出，$\lambda=0.82$ 时，在径向方向上，桨叶内侧约 70％区域为层流区，靠近桨尖的外部区域先是在 40％弦向站位出现了层流分离，层流分离泡的长度约占 20％当地弦长，然后在约 60％弦向站位处发生湍流再附。这一流场结构与图 4－10（c）类似，不同之处在于，桨叶外侧的流场区域中，图 4－10（c）在桨叶前缘附近出现小的前缘层流分离泡，而图 4－11（a）的层流分离泡位于翼型中部。此外，还可以看出，随着前

进比减小，湍流区逐渐增大，与图 4－10 的规律一致。

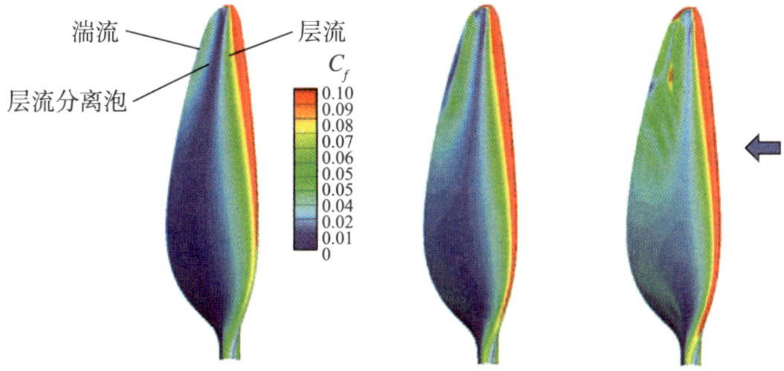

(a) λ=0.82　(b) λ=0.69　(c) λ=0.58

图 4－11　不同前进比下桨叶上表面摩擦阻力系数云图

4.1.2　低雷诺数螺旋桨气动特性分析方法

4.1.2.1　改进的螺旋桨片条理论

螺旋桨气动特性分析方法主要有动量理论、叶素理论、动量—叶素理论、儒科夫斯基涡流理论（片条理论）、升力线/升力面方法、N－S 方程数值方法等。本章主要采用片条理论和 N－S 方程数值方法分析低雷诺数螺旋桨气动特性[9]。H. Glauert 在 1926 年将 Prandel 的有限翼展理论应用于儒科夫斯基涡流模型中，提出了螺旋桨的片条理论。此后，片条理论经过 Betz，Goldstein，Theodorsen，Larrabee，Drela 等的发展逐步完善。对于传统飞行条件下的螺旋桨，片条理论已经可以计算出较为精确的结果，但是对于低雷诺数螺旋桨，特别是同时具有低雷诺数和高亚声速特征的螺旋桨气动特性，片条理论的验证工作相对较少。一个可行的方法是采用精度更高的数值分析方法计算二维翼型的升阻特性，或者将翼型气动力试验数据应用于片条理论，作为桨叶剖面翼型升阻特性数据，使其适用于低雷诺数螺旋桨气动特性计算。本书将低雷诺数翼型计算程序 Xfoil[10] 耦合入片条理论计算程序中，首先，根据飞行状态确定桨叶各个剖面翼型的来流速度和雷诺数，每个剖面翼型的升阻特性通过 Xfoil 计算得出，然后利用多项式拟合出翼型的升阻特性曲线，作为桨叶剖面翼型升阻特性数据，再通过片条理论计算出螺旋桨的推力、扭矩和效率等气动参数。

4.1.2.2　螺旋桨的 N－S 方程数值模拟方法

螺旋桨的工作状态分为轴流状态和侧流状态。轴流状态指来流风速方向垂直于桨叶旋转平面的状态，是旋转桨叶的主要工作状态，也是桨叶气动设计的主要设计点；侧流状态指来流风速方向不垂直于桨叶旋转平面的状态，螺旋桨在实际工作中，往往处于侧流状态。片条理论能够快速地计算螺旋桨轴流状态的气动特性并且具有较高的精度，但在计算螺旋桨侧流状态气动力的周期性变化时是相当困难的，桨叶之间复杂的相互干扰也难以准确预测。随着 CFD 技术和计算机能力的提高，出现了采用 N－S 方程直接求解螺旋桨绕流的方法。该方法计算精度高，能够用来模拟各种复杂的定常/非定常螺旋桨绕流，如今已经发展多种基于 CFD 技术的螺旋桨数值模拟方法。绕二维翼型的气动特性 CFD 计算结果也可以直接应用于片条理论，尽管高精度的桨叶翼型气动特性预测耗费时间，但可以明显提高片条理论的计算精度；三维分析可以获得更为详细的螺旋桨绕流流场，为螺旋桨性能进一步提高、螺旋桨安装方式选取、螺旋桨/机翼滑流流场干扰分析提供依据。

对于轴流状态，在固连于旋转桨叶的非惯性旋转坐标系下观察流体的绝对运动，桨叶流动是准定常的，将控制方程转换到旋转坐标系下可以简化复杂桨叶旋转流动的求解。流动控制方程建立在非惯性系下，控制方程的数值解法、湍流模型、转捩模型与第 2 章相同。

网格技术采用面搭接技术，面搭接网格是子区域的网格通过一个共同的面对接，不同子区域之间没有缝隙也没有重叠部分。由于在搭接面上不要求两侧的网格点分布一一对接，所以，同嵌套网格一样，面搭接网格计算也需要进行插值。不同子区域的流场信息通过插值在搭接面两侧实现耦合和交换。本书采用面搭接网格技术实现螺旋桨旋转带来的内外网格相对运动。图 4－12（a）为螺旋桨网格拓扑结构示意图，图 4－12（b）为内外网格分布结构，绿色区域为内部网格，黄色区域为外部网格，内外网格都采用 H－O 型拓扑结构。

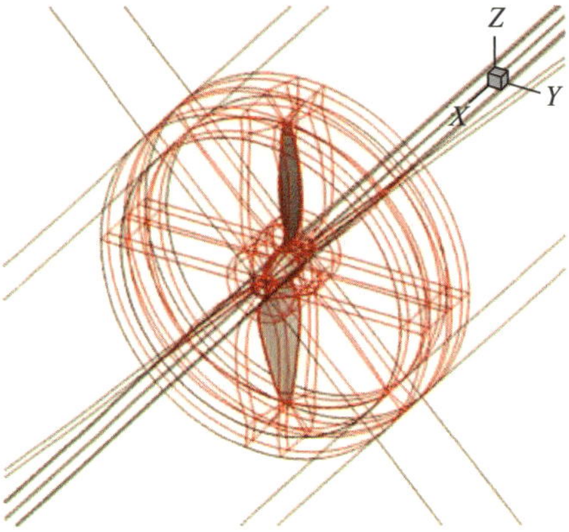

(a) 网格拓扑结构

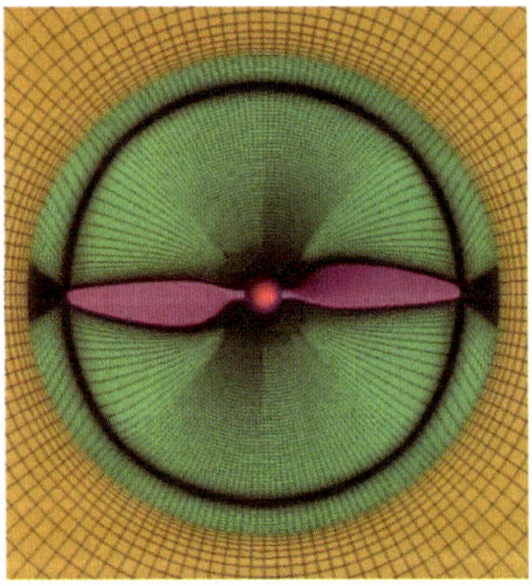

(b) 内外网格分布

图 4－12　网络拓朴结构及网格分布情况

4.1.3　高空螺旋桨算例验证

桨叶翼型的气动特性对螺旋桨气动性能有着重要影响，因此，螺旋桨气动性能计算一般分为二维桨叶翼型和三维螺旋桨性能计算两部分。这里采用上面给出的螺旋桨气动特性预测方法，对参考文献［11］的高空螺旋桨及其所用翼型流场和气动特性进行数值模拟，验证其在低雷诺数螺旋桨气动特性评估中的准确性。

这里选择参考文献［11］中直径 $D=4.6$ m 的三叶螺旋桨进行对比分析。图 4－13 给出了桨叶不同径向站位处当地雷诺数和马赫数的分布情况，75%站位处当地雷诺数约为

1.8×10^5，桨尖处雷诺数约为 5×10^4，桨尖马赫数达到了 0.8。可以看出，该螺旋桨工作状态呈典型的高亚声速低雷诺数特点。桨叶剖面翼型选用 Eppler 387 翼型。

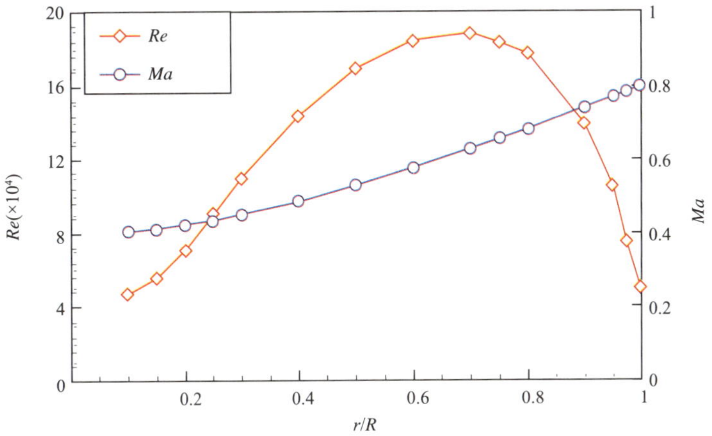

图 4-13　桨叶雷诺数和马赫数分布

该高空螺旋桨工作高度为 25.9 km，大气参数为：$\rho=0.0348\ \mathrm{kg/m^3}$，$a=298.99\ \mathrm{m/s}$，$\mu=1.453\times10^{-5}$（$\mathrm{N\cdot s/m^2}$）。设计状态为 $Ma=0.4$，转速 $n_c=860$ rpm，前进比 $\lambda=1.814$。

表 4-1 给出了本书和参考文献［11］的设计点处螺旋桨气动性能计算结果。参考文献［11］采用两种方法计算高空螺旋桨的气动性能，第一种采用片条理论计算螺旋桨气动特性，所用翼型气动特性数据利用 Eppler 翼型低速低雷诺数试验数据，再通过压缩性修正得到，即表 4-1 中的方法 1；第二种通过求解 RANS 方程（即 ADPAC 计算程序）得到，即表 4-1 中方法 2。通过对比可以看出，虽然本书改进的片条理论（表 4-1 中的方法 3）计算的拉力、功率和扭矩均偏大，但螺旋桨效率与参考文献［11］计算结果吻合良好。图 4-14（a）～（d）分别给出了 3 种方法下的拉力系数、功率系数、扭矩系数和效率随前进比变化结果的比较，结果表明本书改进的片条理论能够准确评估临近空间低雷诺数螺旋桨的气动特性。

表 4-1　螺旋桨气动性能不同方法计算结果对比

	方法 1	方法 2	方法 3
拉力/N	450.9	433.0	478.8
功率/kW	63.4	60.1	65.4
扭矩/(N·m)	703.7	667.0	725.8
效率	85.09%	86.24%	87.61%

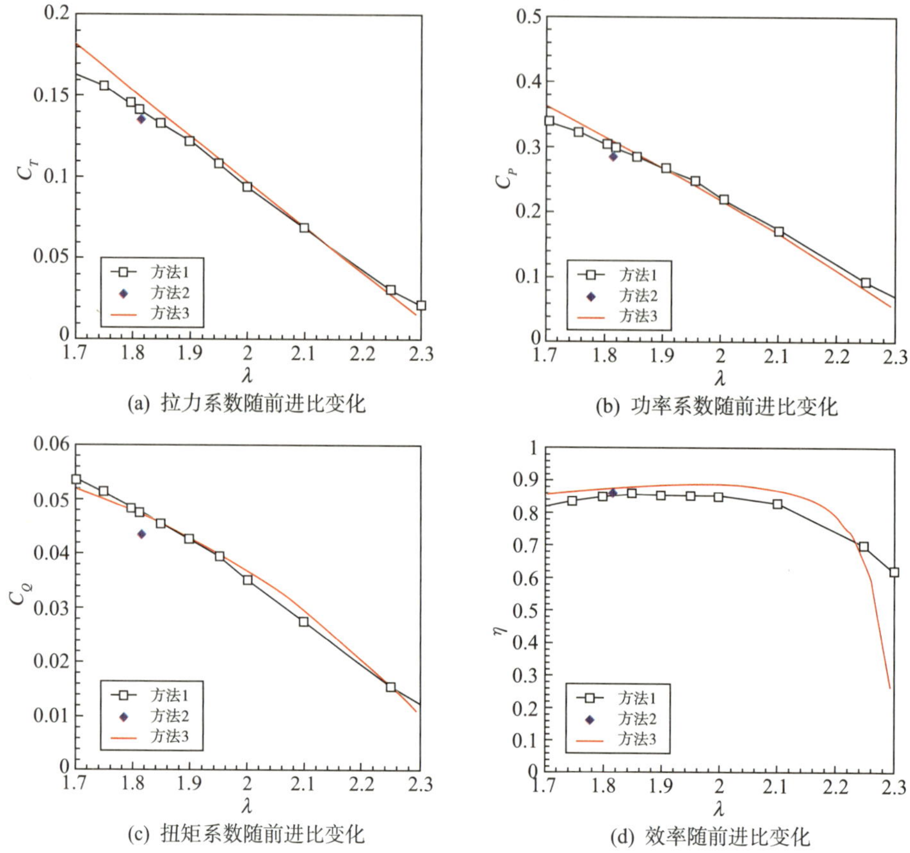

图 4-14　3 种方法计算结果比较

4.2　低雷诺数螺旋桨气动设计

临近空间太阳能无人机螺旋桨与传统飞机螺旋桨的工作特性存在较大差别，主要表现在三个方面[12-14]。

1）临近空间低速飞行器飞行高度高，在高空低密度环境下，绕螺旋桨的流动呈明显的低雷诺数特点，低雷诺数下的层流分离现象造成桨叶当地升阻特性变差，导致螺旋桨气动效率下降；

2）螺旋桨工作范围涵盖地面起飞、中低空爬升、高空巡航等复杂工况，飞行高度和飞行速度变化范围大，临近空间螺旋桨的设计面临着宽工况适应性的问题；

3）理论上来讲，临近空间太阳能无人机可以在空中停留无限长时间，对螺旋桨电推进系统提出了苛刻的长时间运行可靠性要求。

临近空间螺旋桨的气动设计需要在尽可能提高其气动效率的同时，使推进系统具有宽工况适应性和高可靠性的特点。螺旋桨电推进系统运行控制方式对工况适应性和可靠性有着较大影响，进而影响到螺旋桨的气动设计。比如：采用变桨距、变桨径或双螺旋桨（小螺旋桨适用于低空飞行、大螺旋桨适用于高空飞行）均可以拓宽螺旋桨的工况适应性，但控制机构相对复杂，可靠性难以保证，且增加结构质量；采用定距螺旋桨，结构形式简单，运动部件少、可靠性高，仅通过控制电机转速即可，但工况适应性较差。综合考虑以上因素，并结合国内外太阳能无人机螺旋桨控制方式，这里针对定距直驱形式的螺旋桨，通过选择合适的设计点，优化设计翼型和桨叶，最终设计出高效、宽工况适应性好的高空低雷诺数螺旋桨。

螺旋桨气动设计的主要目标是尽可能高效地将发动机的输出功率转换为螺旋桨拉力。在设计高度给定的情况下，除几何形状（翼型和桨叶弦长、扭转角）之外，直径和转速这两个参数对螺旋桨性能的影响最为明显。直径和转速受桨尖马赫数的限制，在螺旋桨设计时，通常将 $Ma \approx 0.75$ 作为桨尖马赫数的上限，这是为了避免在桨尖区域形成激波。因为，一方面激波的出现将使桨叶上的阻力明显增加，降低螺旋桨的气动效率；另一方面，现在大多数螺旋桨桨叶均为弹性结构，一旦形成激波，表面压力的变化会引起桨叶扭转，导致激波沿桨叶剖面来回运动，引发桨叶颤振，严重降低螺旋桨的气动性能，甚至造成结构破坏。在桨尖马赫数限制前提下，增大螺旋桨直径是提高螺旋桨效率最有效的方法，但相应的螺旋桨转速降低，增大了驱动电机的输出扭矩；提高螺旋桨转速，则螺旋桨直径减小，螺旋桨效率会下降。太阳能无人机飞行工况复杂，以全工况综合效率最高为原则，选择合适的飞行高度作为设计点高度。螺旋桨直径上限根据太阳能无人机螺旋桨离地安全距离和驱动电机性能要求确定，螺旋桨设计点处的转速则根据飞行升限和桨尖马赫数限制确定。此外，由于太阳能无人机螺旋桨为轻载桨，同时为了减轻结构质量，因此，一般选择2片桨叶。

在设计高度、设计点处转速、螺旋桨直径和桨叶数确定后，影响螺旋桨效率最主要的是翼型和桨叶弦长、扭转角分布。下面将采用作者发展的气动优化设计方法，针对具体实例，进行高空低雷诺数螺旋桨的气动优化设计。

4.2.1　基于粒子群算法的翼型和桨叶气动优化设计方法

目前应用最为广泛的螺旋桨气动设计方法是最小诱导损失理论以及随着计算机技术发展而迅速发展起来的基于 CFD 技术的气动优化设计方法。本节基于粒子群优化算法、几何外形参数化方法及气动特性计算方法构建成自动高效的气动优化设计平台。

4.2.1.1　优化算法

优化搜索算法的寻优能力直接决定着能否在设计空间内找到最优的外形设计方案，优化算法的效率影响整个设计系统的效率。对于多维、多峰值、高度非线性的气动外形优化设计来说，优化算法需要具有很强的全局搜索能力以及能快速收敛到全局最优解的能力。本章采用一种基于自然选择的粒子群优化算法，该优化算法将自然选择机理与粒子群优化算法相结合，能够改善标准粒子群算法易于陷入局部最优的缺点，提高群体的多样性及算法的全局收敛性和求解精度。基于自然选择的粒子群优化算法[15]是在每次迭代过程中将整个粒子群按照适应值排序，用群体中最好的一半粒子的速度和位置替换最差一半的速度和位置，提高最优粒子周围其他邻居的信息利用率，同时保留原来每个个体所记忆的历史最优值，提高对搜索区域的信息利用率，进而改善群体的多样性及算法的全局收敛性和求解精度。

在粒子群优化算法中，边界约束的处理是影响算法性能的一个重要因素[16]。一般来说，对边界约束的处理主要有以下 4 种基本方法：吸收（Absorbing）、反射（Reflecting）、减幅（Damping）和不可见（Invisible）。全局最优点在解空间的位置不同，会导致算法出现截然不同的结果，对于气动优化设计来说，一开始我们并不知道最优点位于给定设计空间的什么位置，因此必须选择一种合适的边界条件，使设计结果受最优点位置的影响最小，这里采用“不可见/减幅”的混合边界处理方式，如图 4-15 所示。图中 x 和 y 代表搜索空间的两个边界，P_{t-1} 表示将进行 t 次迭代前粒子的位置，t 次迭代时更新后的位置记为 $P_t=P_{t-1}+v_t$，P'_t 是经过边界约束处理后粒子的新位置。“不可见/减幅”方法是指粒子位置超出了边界 x 后，粒子更新的位置不加边界限制，但 x 方向的速度以幅值随机减小且方向相反的方式返回到边界内。

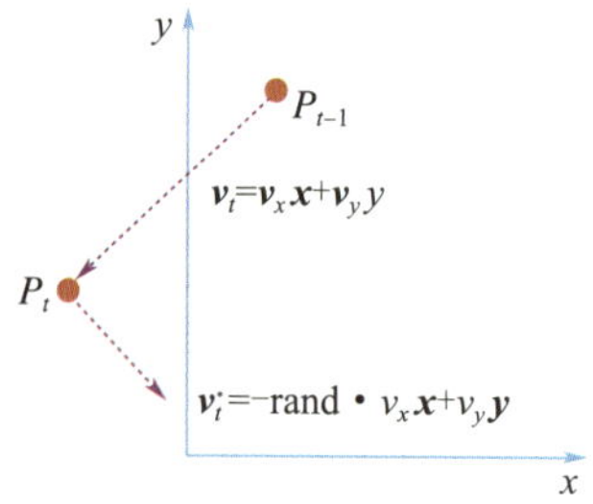

图 4-15　“不可见/减幅”边界处理方法

4.2.1.2　翼型和桨叶的参数化方法

参数化方法是优化设计的基础，也是优化设计的关键之一，它决定设计变量的个数，进而决定设计空间。因此，参数化方法的选取对优化结果有重要影响，针对具体问题选择合适的参数化方法有利于快速获得满足设计要求的可行解。CST 参数化方法[17]可以用很少的设计变量来精确描述复杂的外形。类函数定义了要描述的一般几何外形的类型，可以把类函数分为两种：一种为“机翼—翼型”类外形，另一种为“机身剖面”类外形。型函数主要用来描述给定类函数的特性。

(1) 翼型的 CST 参数化方法

采用 CST 方法对翼型进行参数化的表达式如下

$$y_u=C(x)\cdot S_u(x)+x\cdot y_{\text{TEu}}$$
$$y_l=C(x)\cdot S_l(x)+x\cdot y_{\text{TEl}} \tag{4-1}$$

式中　下标 u 和 l ——分别表示翼型的上下表面；

y_{TEu} 和 y_{TEl} ——分别为上下表面后缘的 y 坐标。

类函数 $C(x)$ 定义如下

$$C(x)=x^{N_1}\cdot(1-x)^{N_2} \tag{4-2}$$

型函数 S 的定义如下

$$S_u(x)=\sum_{i=0}^{N}A_{u_i}\cdot S_i(x)$$
$$S_l(x)=\sum_{i=0}^{N}A_{l_i}\cdot S_i(x) \tag{4-3}$$
$$S_i(x)=\frac{N!}{i!\ (N-i)!}x^i(1-x)^{N-i}$$

其中，N_1 和 N_2 为类函数的指数；A_{u_i} 和 A_{l_i} 为待定系数；$S_i(x)$ 为 Bernstein 多项式；N 为多项式阶数。

参考文献［17］经过推导指出，$S(0)$ 与翼型前缘半径 R_{LE} 有如下关系

$$S_u(0)=-S_l(0)=\sqrt{2R_{LE}} \tag{4-4}$$

$S(1)$ 与翼型后缘相切角和后缘厚度有如下关系

$$S_u(1)=\tan\beta_u+\Delta Z_{\mathrm{TEu}}$$
$$S_l(1)=\tan\beta_l+\Delta Z_{\mathrm{TEl}} \tag{4-5}$$

式中　β_u 和 β_l ——分别为后缘相切角。

通过上述分析可知，只要系数 A_{u_i} 和 A_{l_i} 确定了，整个翼型就能够确定。

假设上下表面的 Bernstein 多项式均取 N 阶，对于基本 CST 方法，N_1 和 N_2 取固定常数，整个翼型的设计变量数为 $2(N+1)-1=2N+1$。图 4－16 为 NACA0012 翼型与拟合结果比较，可以看出拟合精度很高。

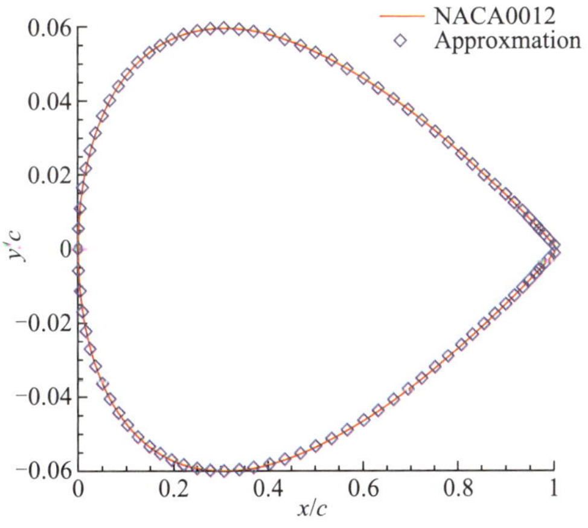

图 4－16　NACA0012 翼型与拟合结果比较

(2) 桨叶的 CST 参数化方法

对桨叶的参数化不直接进行几何坐标的参数化，而是保持桨叶的剖面翼型不变，通过 CST 方法拟合桨叶的弦长分布和扭转角分布。其实现方式与翼型几何外形参数化类似，这里不再详细讨论。

在 CST 方法的基础上，这里采用参考文献［18］的桨叶几何分布函数的拟合公式

$$C_R=C(x)\cdot S_c(x)+x\cdot C_R(1)+(1-x)\cdot C_R(0)$$
$$\beta_R=C(x)\cdot S_\beta(x)+x\cdot\beta_R(1)+(1-x)\cdot\beta_R(0) \tag{4-6}$$

其中

$$x=r/R$$

式中 C_R ——相对于桨叶半径的相对弦长；

β_R ——扭转角；

$S_c(x)$，$S_\beta(x)$ ——相应的型函数。

假设弦长分布的阶数为 N_c，扭转角分布的阶数为 N_β，将桨根与桨尖处的弦长与扭转角作为独立变量。这里将每条分布曲线的两个类函数指数作为设计变量，则桨叶参数化的设计变量总数为

$$N_v=(N_c+1+2+2)+(N_\beta+1+2+2) \tag{4-7}$$

这里的桨叶设计中，N_c 和 N_β 均取 2，因此总共有 14 个设计变量。

4.2.2 螺旋桨气动优化设计

4.2.2.1 低雷诺数翼型气动优化设计

翼型的气动特性直接关系着螺旋桨的气动效率，从 4.1 节可知，绕桨叶的流动主要可分为低速低雷诺数流动和高亚声速低雷诺数流动。在低速低雷诺数流动中，影响翼型气动特性的主要原因是层流边界层的转捩和分离特性，通过合理地设计压力分布或强制转捩让层流边界层提前转捩的方法，减弱或消除层流分离泡是低速低雷诺数翼型设计理论的核心思想。对于绕翼型的高亚声速低雷诺数流动，激波的出现会明显地改变上翼面的层流边界层特性，激波与层流边界层发生相互干扰，对层流分离泡和转捩位置产生影响，进而诱导出非定常气动力，直接影响到翼型的气动特性，因此，绕翼型的高亚声速低雷诺数流动机理比传统的超临界翼型和低速低雷诺数翼型绕流更为复杂，翼型的气动设计难度也更大。

（1）低速低雷诺数翼型

基于本节的优化设计平台，对初始翼型 Eppler 387 进行优化设计。设计状态为：$Ma_\infty=0.2$，$Re=1.0\times10^5$，湍流度为 0.16%，$C_L=0.62$。

根据设计状态，建立如下优化数学模型：

目标函数：最小化阻力系数 C_D；

约束：保持翼型最大厚度不减小；

优化过程中，翼型 CST 参数化的 Bernstein 多项式取 5 阶，共 11 个设计变量，每代采用 60 个粒子，进化 70 代。

图 4-17 为优化后的翼型和初始翼型 Eppler 387 翼型几何外形对比，可以看出，翼型前缘半径增大，最大厚度位置前移，相对弯度减小。图 4-18 为优化前后翼型压力系数分布对比，与初始翼型相比，由于翼型前缘半径增大，最大厚度位置前移，前缘吸力峰增大，但相对弯度减小，上翼面仍然保持了较长的逆压梯度。图 4-19 给出了初始翼型和优化翼型的流场结构，可以看出，优化后翼型上翼面的层流分离泡尺度减小，使得阻力系数减小。图 4-20 给出了 $Re=1.0\times10^5$时，优化前后翼型的升阻特性对比，可以看出，在较大的升力系数范围内，优化翼型的阻力系数均减小，具有较好的气动性能。表 4-2给出了优化前后设计点翼型气动性能比较。通过对比可以看出，阻力系数减小 0.003 1，升阻比增大 21.53%，低头力矩降低 20.51%，优化后翼型的升阻特性有了较大提高。

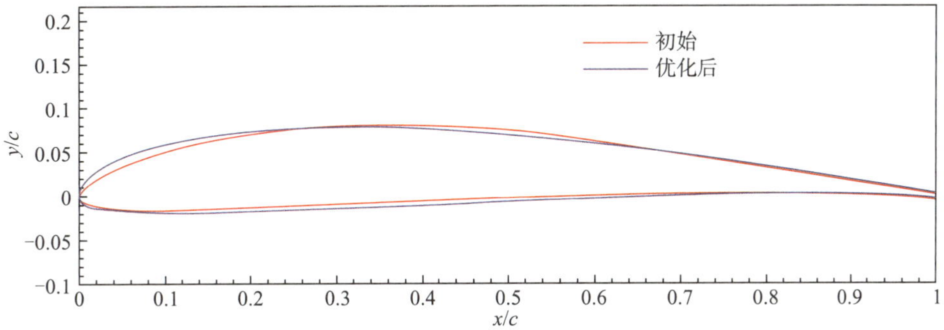

图 4-17　优化前后翼型几何外形对比

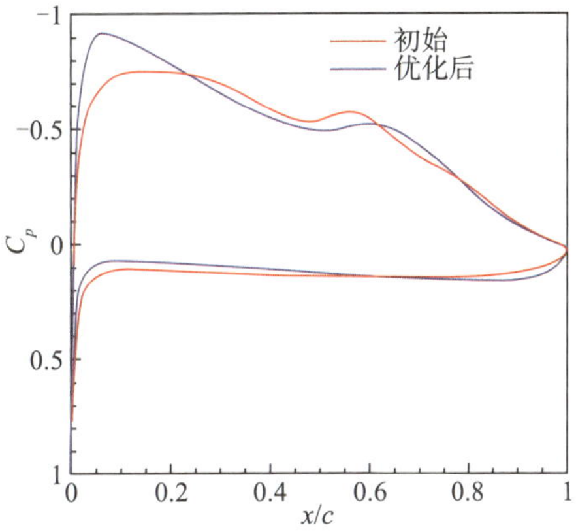

图 4-18　设计点压力系数分布对比

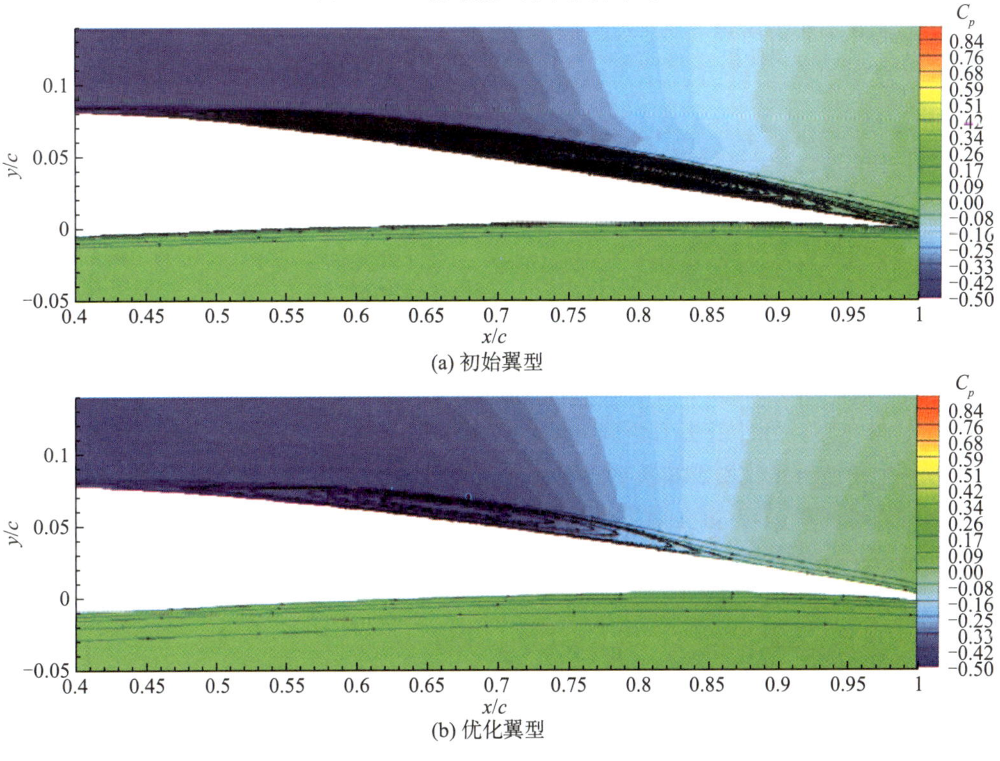

(a) 初始翼型

(b) 优化翼型

图 4-19　优化前后设计点处翼型流场结构对比

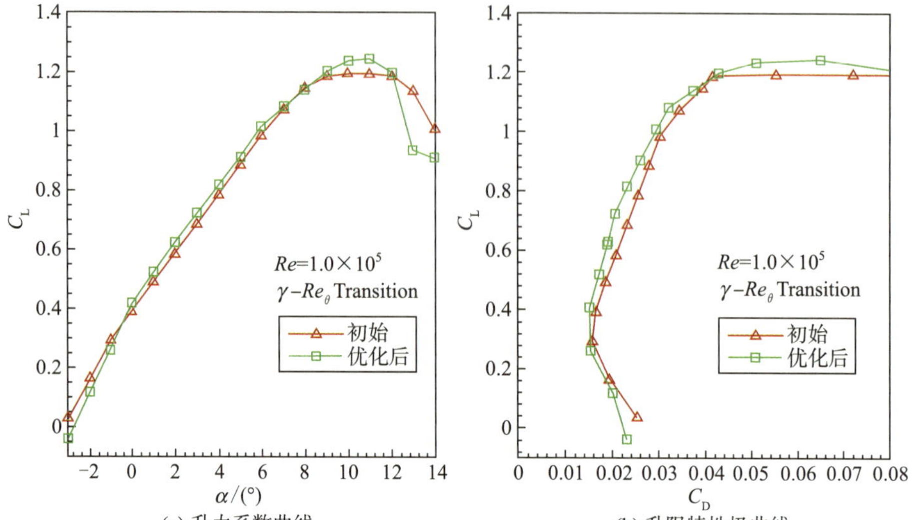

(a) 升力系数曲线　　(b) 升阻特性极曲线

图 4-20　优化前后翼型升阻特性对比

表 4-2　优化前后翼型设计点气动特性比较

	C_L	C_D	C_m	C_L/C_D
初始翼型	0.62	0.017 5	−0.097 5	35.35
优化翼型	0.62	0.014 4	−0.077 5	42.96
比较	—	减小 0.003 1	降低 20.51%	增大 21.53%

（2）高亚声速低雷诺数翼型

设计状态为：$Ma_\infty=0.72$，$Re=1.1\times10^5$，$C_L=0.5$，对初始翼型 SD8000-PT 进行优化设计。

根据设计状态，建立如下优化数学模型：

目标函数：最小化阻力系数 C_D；

约束：保持翼型最大厚度不减小。

优化过程中，翼型 CST 参数化的 Bernstein 多项式取 5 阶，共 11 个设计变量，每代采用 60 个粒子，进化 60 代。

表 4-3 为优化前后翼型设计点气动特性比较，优化后翼型的阻力系数减小了 0.004 2，升阻比增大 23.5%，另外低头力矩降低 24%，从优化结果可以看出，优化后的翼型在设计点气动特性较初始翼型有了很大的改善。

表 4-3　优化前后翼型设计点气动特性比较

	C_L	C_D	C_m	C_L/C_D
初始翼型	0.5	0.022 1	−0.077	22.6
优化翼型	0.5	0.017 9	−0.058	27.9
比较	—	减小 0.004 2	降低 24%	增大 23.5%

图 4-21 为优化前后翼型的比较，优化翼型弯度有所降低，翼型上表面变得平坦。图 4-22 为优化前后设计点压力分布比较，优化后的翼型前缘吸力峰值有所增加，增大了逆压梯度，因此分离泡开始的位置有所提前，从图 4-23 优化前后翼型流场结构对比也可以看出，与初始翼型相比，优化后翼型上翼面的分离泡位置提前，但湍流再附位置也提前，分离泡长度有所减小；此外，还可以明显地看出，层流分离泡的厚度大幅度减小。图 4-24 为优化前后翼型升力特性比较，可以看出，由于优化后翼型的弯度有所降低，因此要达到相同的升力系数，攻角相对要大一点，例如初始翼型在设计点的攻角为 1.47°，而优化翼型的攻角为 1.79°，因此升力曲线整个往右下方移动。图 4-25 为优化前后翼型升阻极曲线的比较，可以看出在大部分升力系数下，优化后翼型的阻力系数都要明显小于初始翼型，因此具有更高的升阻比，气动效率更高。

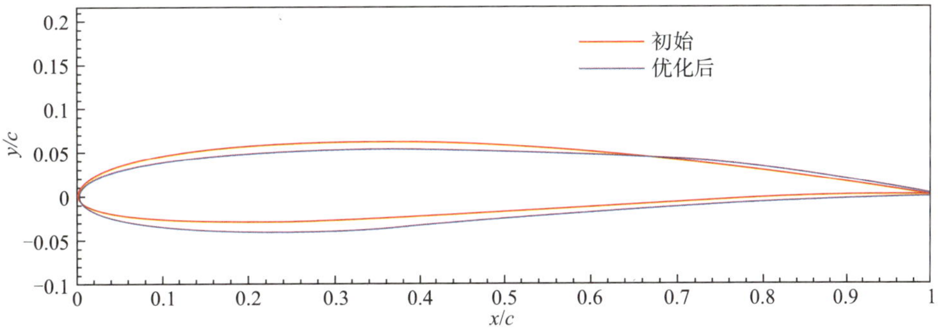

图 4-21　优化前后翼型比较

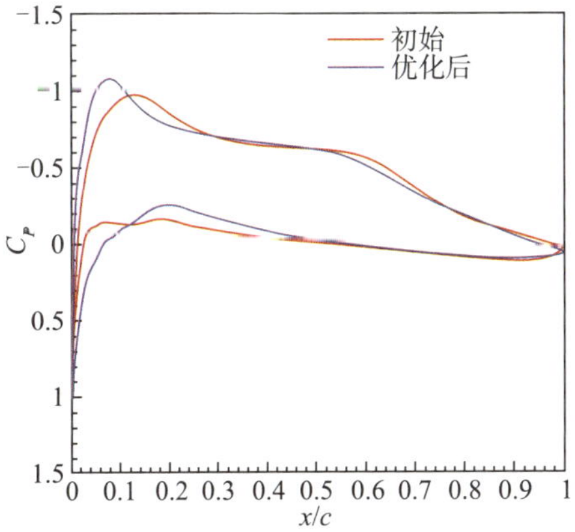

图 4-22　优化前后设计点压力分布比较图

4.2.2.2　临近空间太阳能无人机螺旋桨气动优化设计

根据某太阳能无人机的飞行升限及工作特点，设计点飞行高度选定为 $H=20$ km，来流速度 $V=30$ m/s，驱动电机额定转速 $n_c=1\ 300$ rpm，最大输出功率 $P=1\ 500$ W。要求螺旋桨输出拉力 $T=40$ N。

考虑螺旋桨安装位置及桨叶旋转时桨尖马赫数限制，初步确定螺旋桨直径为 2 m，桨

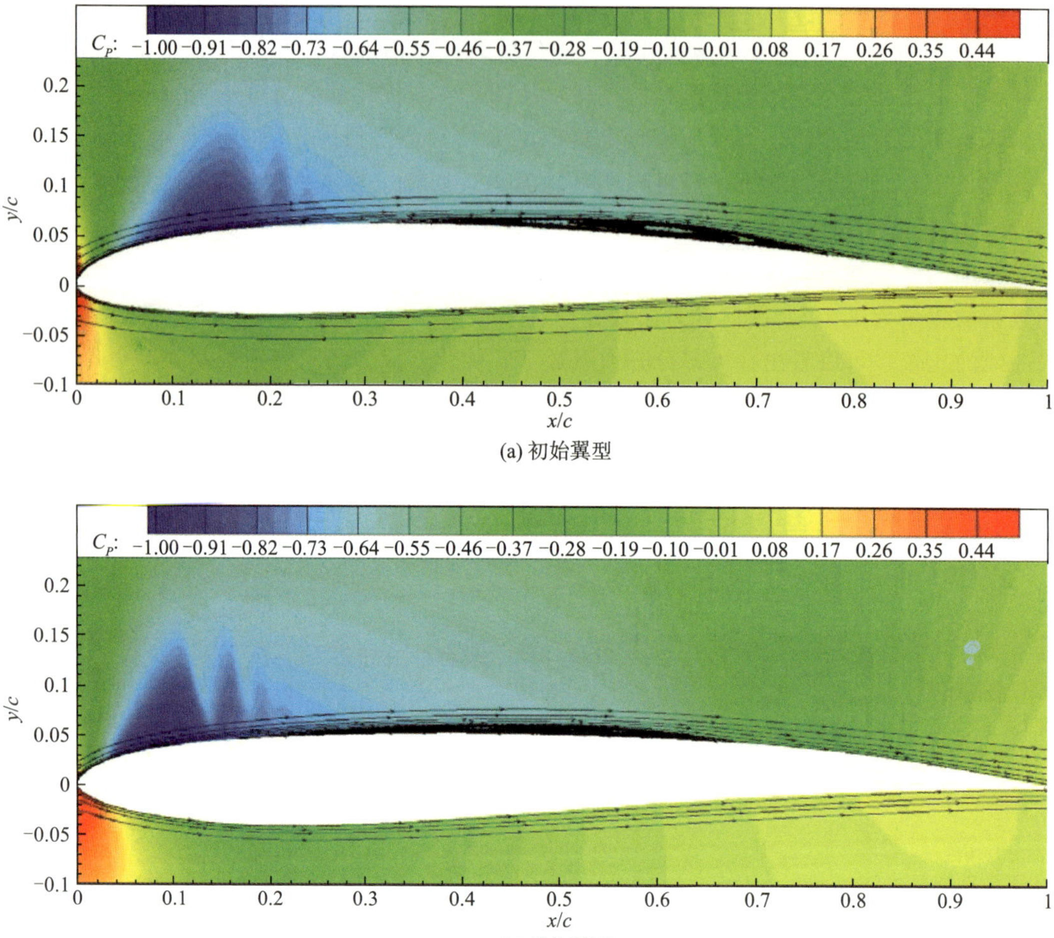

(a) 初始翼型

(b) 优化翼型

图 4-23　优化前后翼型设计点流场结构

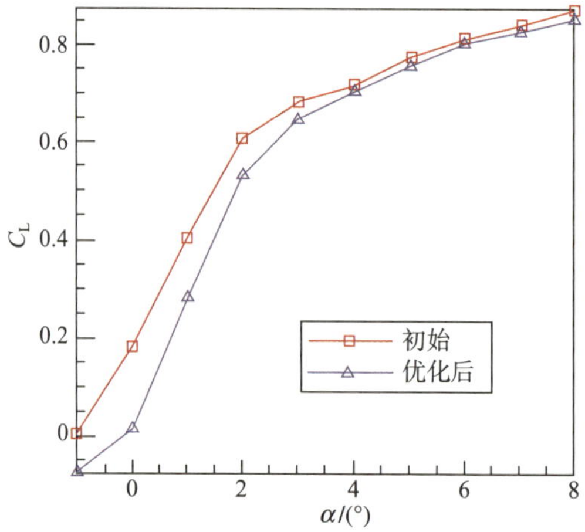

图 4-24　优化前后翼型升力特性比较

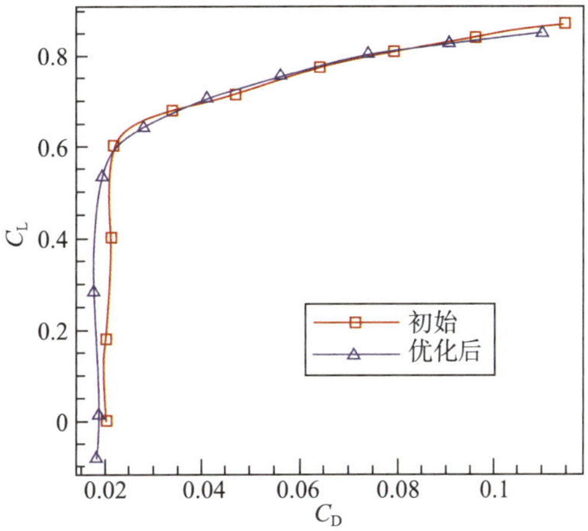

图 4－25　优化前后翼型升阻极曲线

叶数目为 2。桨叶剖面雷诺数在 $0.5\times10^5\sim1.5\times10^5$ 之间。由太阳能无人机飞行速度、巡航高度可知，高空巡航条件下螺旋桨剖面当地雷诺数较低，为了缓解螺旋桨低雷诺数效应，采用宽叶桨的设计思想，尽量提高桨叶当地雷诺数。桨叶剖面翼型选用 4.2.2.1 节设计的低速低雷诺数翼型，该翼型在较低雷诺数条件下具有良好的升阻特性和较宽的低阻区范围，有利于拓宽螺旋桨的工况适应性。

首先采用最小诱导损失理论设计了螺旋桨初始外形，如图 4－26 所示。设计点处螺旋桨效率为 78.7%。然后针对初始螺旋桨外形，采用基于粒子群算法的优化设计平台，对桨叶弦长（c）和扭转角（β）进行参数化，用改进片条理论作为螺旋桨气动性能评价方法，对初始螺旋桨外形进一步优化设计，以提高螺旋桨气动效率。

图 4－26　$D=2$ m 直径螺旋桨初始几何外形

设计状态为：$H=20$ km，$V=30$ m/s，$n_c=1\ 300$ rpm，$P=1\ 500$ W。对初始螺旋桨进行优化设计。

根据设计状态，建立如下优化数学模型：

目标函数：最大化螺旋桨效率 η；

约束：保持螺旋桨拉力不小于 $T=40$ N。

优化过程中，桨叶弦长和扭转角分布各采用 7 个设计变量，共 14 个设计变量，每代采用 70 个粒子，进化 100 代。

优化前后的桨叶弦长和扭转角分布比较见图 4－27。表 4－4 给出了优化前后螺旋桨设计点气动特性比较，可以看出在拉力要求约束下，优化后螺旋桨气动效率提高 1.32%，达到 80.02%。

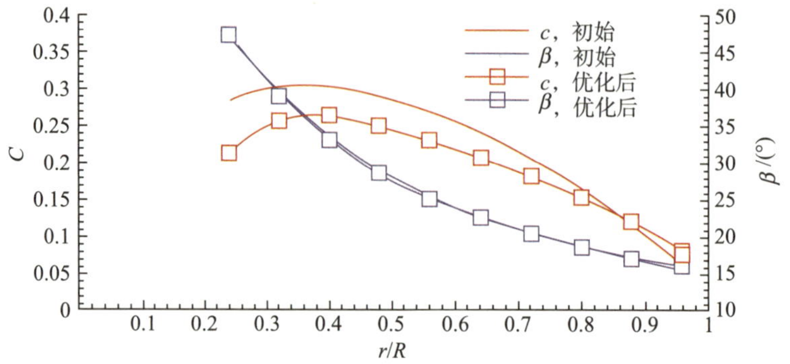

图 4-27　优化前后弦长和扭转角对比

表 4-4　优化前后螺旋桨设计点特性比较

	拉力 T/N	扭矩 Q/(N·m)	效率 η
初始桨叶	41.13	11.52	78.70%
优化桨叶	40.95	11.28	80.02%
比较	—	减小 0.24	增大 1.32%

4.2.3　临近空间太阳能无人机螺旋桨特性

4.2.3.1　数值模拟验证

为了验证设计螺旋桨的性能，通过求解非惯性坐标系下的 RANS 方程对该螺旋桨进行数值模拟。图 4-28 为优化设计的螺旋桨几何外形。采用 CFD 方法对不同高度、不同转速下螺旋桨的流场和性能进行了数值模拟，并与片条理论的计算结果进行对比。图 4-29为 H=20 km 下，V=30 m/s，n_c=1 320 rpm 时螺旋桨物面压力系数云图。

图 4-28　D=2 m 螺旋桨几何外形

图 4-30～图 4-32 分别为 H=0 km、H=10 km、H=20 km 高度下 CFD 方法和片条理论计算的螺旋桨特性对比。图 4-30～图 4-32 中的（a）～（d）分别为拉力、功率、扭矩和效率随转速变化曲线，可以看出，CFD 方法和片条理论计算结果吻合良好，表明采用的片条理论和 CFD 方法是可靠的。H=20 km 高度下的计算结果如图 4-32（a）～（d）所示，随着转速的增加，CFD 方法计算的拉力、功率和扭矩与片条理论的偏差稍微增大，而效率则越来越接近。

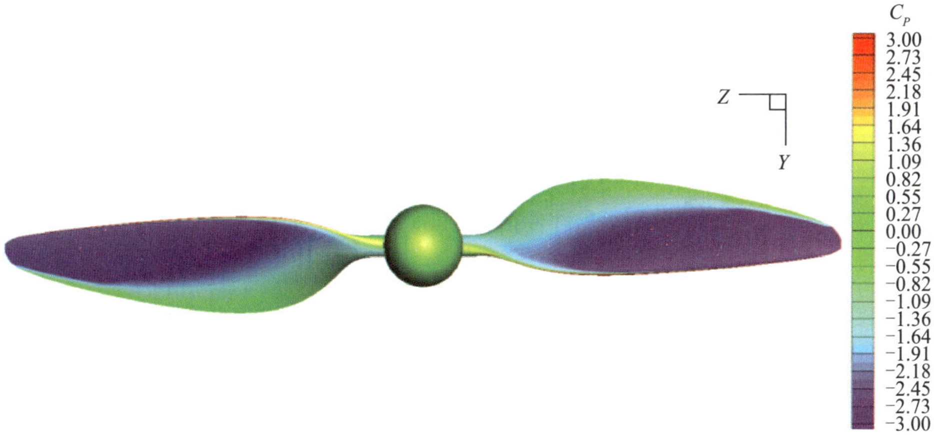

图 4-29　物面压力系数分布

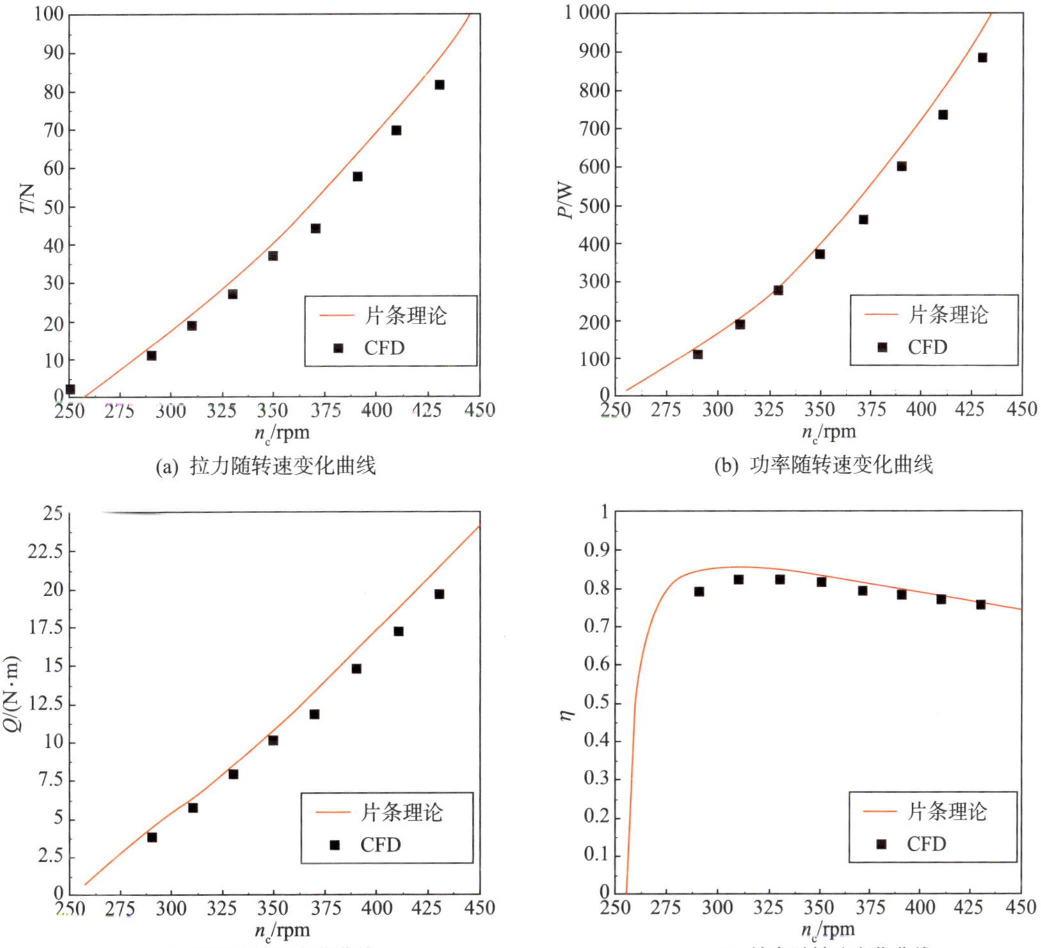

(a) 拉力随转速变化曲线　(b) 功率随转速变化曲线

(c) 扭矩随转速变化曲线　(d) 效率随转速变化曲线

图 4-30　$H=0$ km 高度螺旋桨特性

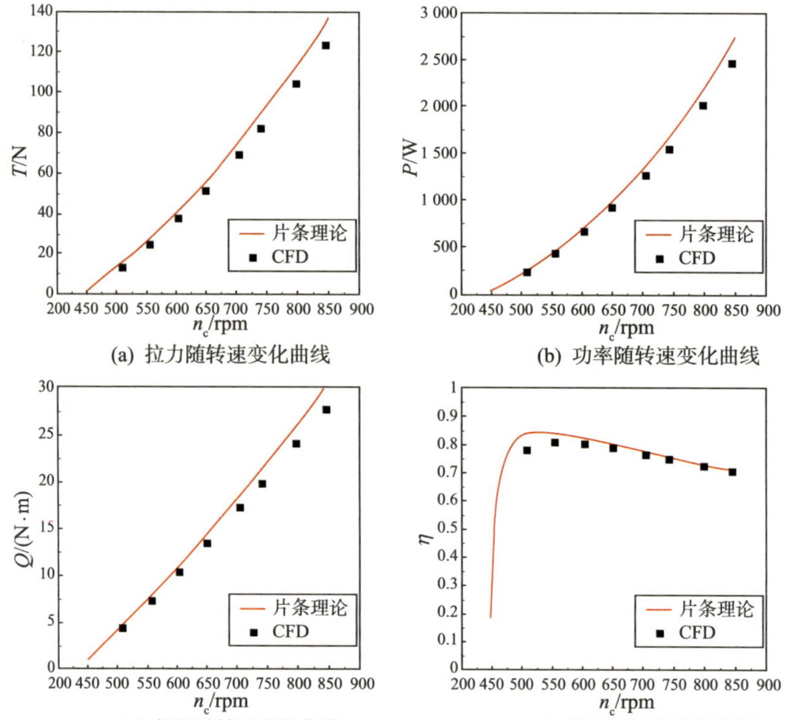

(a) 拉力随转速变化曲线　(b) 功率随转速变化曲线

(c) 扭矩随转速变化曲线　(d) 效率随转速变化曲线

图 4－31　H＝10 km 高度螺旋桨特性

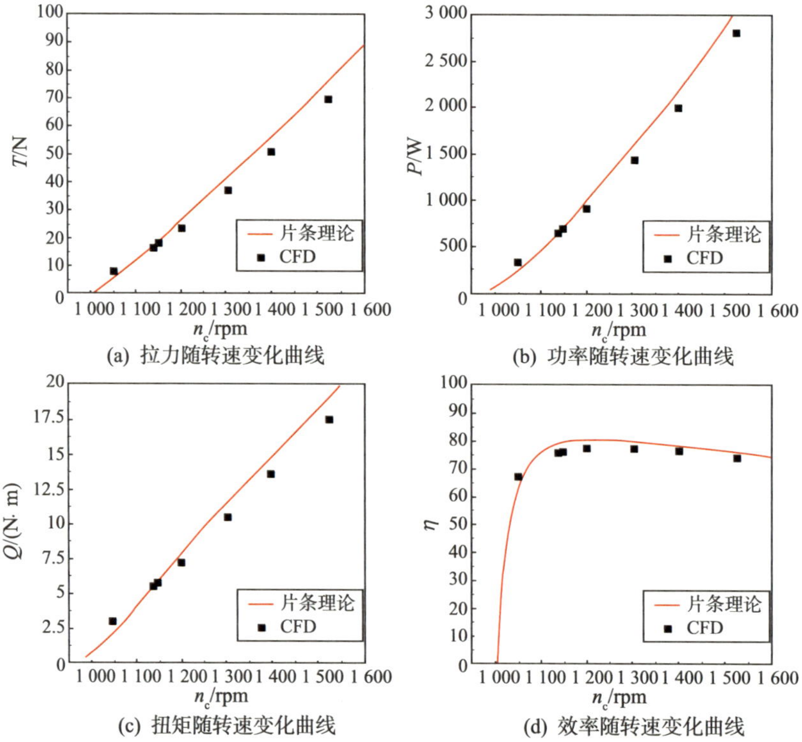

(a) 拉力随转速变化曲线　(b) 功率随转速变化曲线

(c) 扭矩随转速变化曲线　(d) 效率随转速变化曲线

图 4－32　H＝20 km 高度螺旋桨特性

4.2.3.2　工况适应性分析

图 4 - 33 为优化后 2 m 直径螺旋桨在不同高度下的特性曲线（自由来流速度为飞行剖面中对应高度下的飞行速度），图 4 - 33（a）～（b）分别为拉力、扭矩和效率随转速的变化曲线。从图 4 - 33 可以看出：

1）随着飞行高度的增加，桨叶当地雷诺数减小，螺旋桨最高效率逐渐减小，且减小的幅度逐渐变大。但是所有高度都具有较高效率，因此，螺旋桨工况适应性较好。

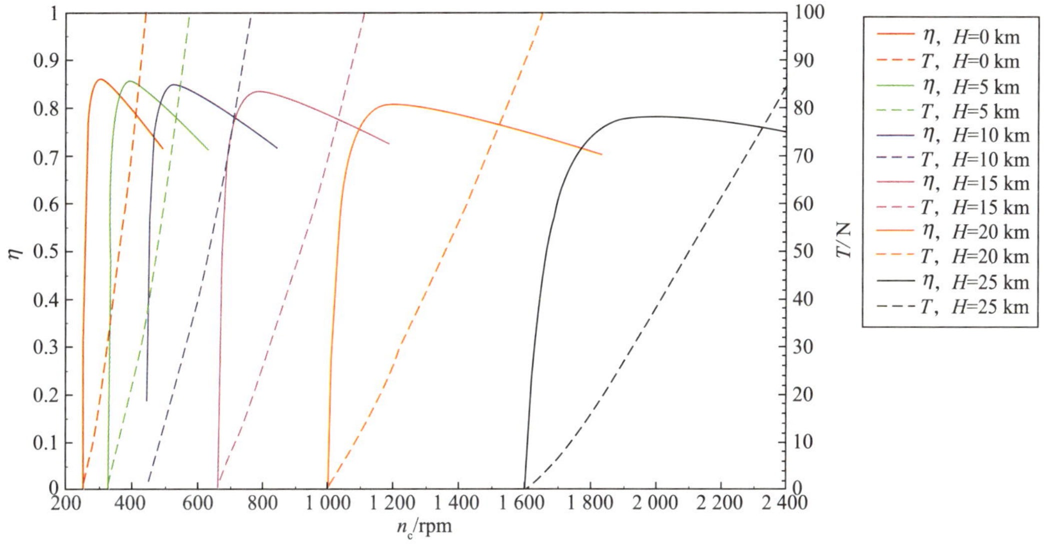

(a) 拉力和效率随转速变化曲线

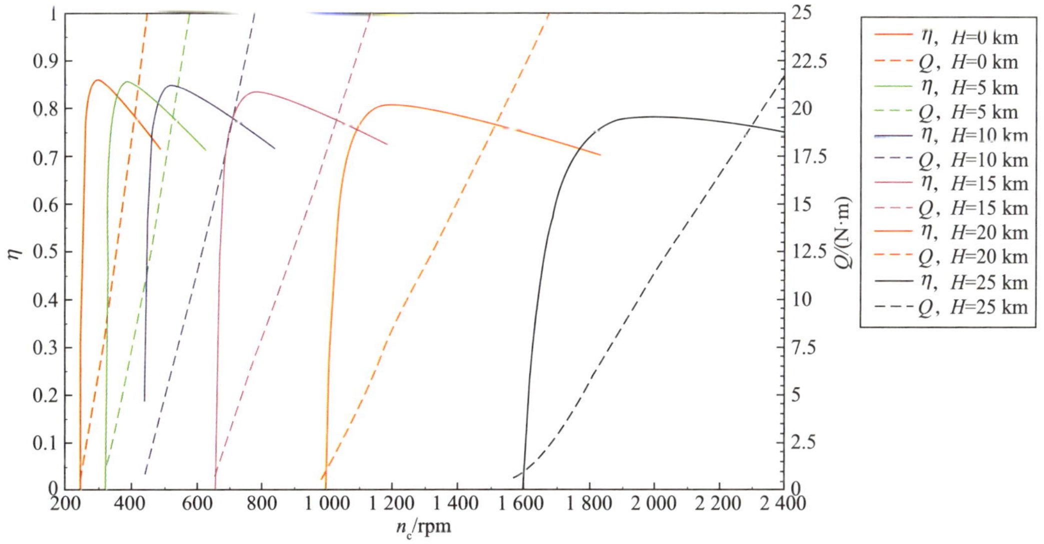

(b) 扭矩和效率随转速变化曲线

图 4 - 33　不同高度下螺旋桨特性曲线

2）随着飞行高度增加，螺旋桨的可用转速范围变宽，降低了其气动特性对转速的敏感性。表 4-5 给出了不同飞行状态下螺旋桨特性，在 $H=5\sim10$ km 高度附近爬升段，太阳能无人机需用拉力较大，偏离设计点较大，这一特殊工况制约着推进系统的设计。由于所设计的翼型具有较宽的低阻区，即使偏离设计点较多，螺旋桨效率下降仍然较少，表明所设计螺旋桨具有宽的工况适应性。

表 4-5　不同飞行状态下螺旋桨特性

飞行高度 H/km	飞行速度 V/(m/s)	拉力 T/N	转速 n_c/rpm	输入功率 P/W	扭矩 Q/(N·m)	效率 η/(%)
0	8.241	52.05	371	525	13.51	81.72
5	10.629	85.14	547	1177	20.54	76.88
10	14.184	83.11	725	1533	20.18	76.92
20	30.589	39.21	1288	1496	11.09	80.15
25	48.329	19.38	1830	1236	6.45	75.75

4.3　推进系统多工况匹配技术

目前，螺旋桨和电机组成的推进系统是临近空间低速超长航时飞行器最佳动力推进装置。由于太阳能无人机能源供给紧张、飞行工况多等因素，对推进系统多工况适应性要求和超长航时可靠性要求很高。

螺旋桨和电机的合理匹配（桨机匹配）是推进系统可靠运行的关键。推进系统与能源、结构、航迹规划等系统存在耦合，还需要较宽的运行区间以覆盖不同工况，螺旋桨与电机的匹配在不同工况下存在一定矛盾。因此，螺旋桨和电机的匹配设计工作十分重要。

太阳能无人机飞行跨越 0～20 km 高度，一个飞行周期内包含了爬升、巡航、下滑、夜间平飞等多个工况，推进系统设计需要满足飞行剖面各工况的正常使用，图 4-34 是临近空间太阳能无人机典型飞行剖面示意图。在初始爬升阶段，推进系统同时使用太阳能电池和储能电池的联合供电方式使飞行器快速爬升。穿过中低空紊流及 12～13 km 高度的大风层，在储能电源消耗至预定电量后，转为单独使用太阳能电池飞行。爬升至 20 km 高度后改为平飞，同时利用太阳能电池给储能电池充电。储能电池充满后，根据太阳能电池功率输出情况确定是否继续爬升，当太阳能电池输出功率不足时开始下滑，下滑至预定高度后转为夜间平飞，使用储能电池巡航。如此持续昼夜循环飞行，直到完成飞行任务返航着陆。

根据任务剖面分析飞行工况特点，分析螺旋桨和电机的工作特性并建立桨机匹配的数学模型。按照飞行高度、风场环境、能源输入特点等划分螺旋桨和电机的工作区间，然后分析各区间内电机的输出特性和螺旋桨的负载特性。针对典型飞行剖面各工况点（或工况区间），以能量传输和转换为主线，调整螺旋桨和电机参数以获得系统高效率为目标的桨机匹配关系。

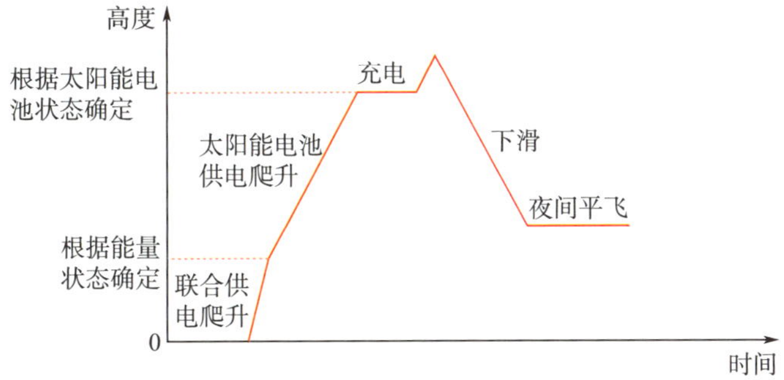

图 4－34　太阳能无人机典型飞行剖面示意图

临近空间低速无人机采用分布式“螺旋桨＋电机”的推进系统，电机驱动螺旋桨稳定运行的条件是必须同时满足电动机输出特性和螺旋桨负载特性匹配要求。能源、结构和螺旋桨推进系统之间耦合密切，关系模型复杂，而利用耦合较弱的航迹规划满足桨机匹配要求及扩大匹配安全裕度是简便可行的办法。一般而言，减小爬升率能够降低推进系统指标要求，可降低桨机匹配难度，但是，由于中低空风场紊流和 12～13 km 高度的大风层，飞行器需要以较大爬升率快速穿越到气流相对稳定的平流层，因此，从推进系统匹配设计的角度看，规划合适的航迹，建立基于航迹的桨机匹配策略是必要的。

综合考虑临近空间太阳能无人机夜航高度、爬升率、大气风场特性三个主要影响因素，给出飞行平台所需的功率、扭矩，设计满足特定工况下的螺旋桨，根据螺旋桨匹配关系设计电机，校核电机的扭矩、功率、质量等设计指标，最后分析螺旋桨推进系统性能，确定飞机在不同工况下的最佳性能。若桨机在多工况情况下，匹配效率不满足要求，可调整夜间飞行高度或爬升率，直至得到满意的结果。

推进系统夜间运行时间较长，此时只能采用能力有限的蓄电池供电方式，因此需要推进系统能耗达到最低，即系统效率最高，所以取夜间某一高度的巡航工况作为螺旋桨的额定设计点，选取其他几个典型高度的爬升或巡航状态为校核设计点，实现推进系统的多工况要求的桨机匹配。

推进系统满足多工况要求的目标是合理的桨机匹配，即电机输出扭矩和输出功率满足飞行包线各工况区间的螺旋桨扭矩和功率需求，并且二者都具有较高的效率。

图 4－35 为某太阳能无人机爬升、高空巡航、夜间降高度平飞（略）和下滑飞行剖面及对应推力需求曲线。可将飞行剖面分为 4 段，1）储能电池与太阳能电池联合供电爬升段，以储能电池供电为主；2）太阳能电池供电爬升段；3）高空飞行段；4）下滑段。螺旋桨在不同飞行高度下的特性曲线见图 4－33，图 4－36 给出了驱动电机在不同恒定扭矩下的功率特性曲线和效率曲线。根据飞行剖面中不同状态下的飞行速度和拉力需求，确定螺旋桨的工作转速和需用扭矩，调整驱动电机输出特性参数，使电机的输出特性与螺旋桨的负载特性相互匹配，完成整个飞行剖面的螺旋桨和电机匹配。

图 4－37（a）～（c）为针对图 4－35 飞行剖面进行了螺旋桨和驱动电机功率匹配和扭矩匹配分析结果。图 4－37（a）、（b）中的曲线为电机的特性曲线，带圆点曲线为匹配

特性曲线，可以看出，电机输出功率和最大扭矩满足整个飞行剖面需求。图 4－37（c）给出了在太阳能无人机飞行过程中，不同状态下螺旋桨、电机效率和推进系统综合效率曲线。在飞行高度最高点处，螺旋桨效率为 80.77%，电机效率为 90.6%，推进系统综合效率为 73.19%，匹配结果良好。

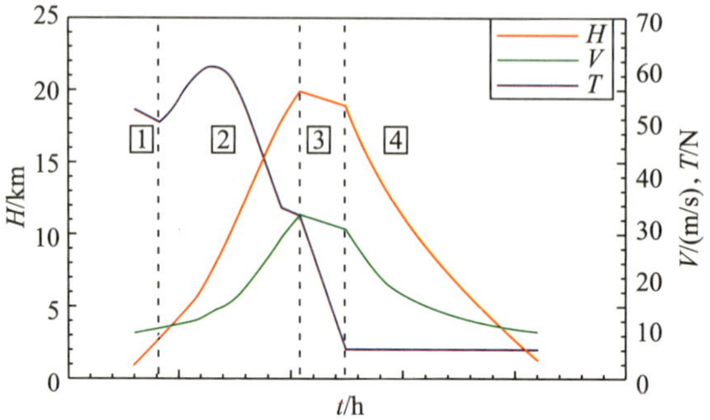

图 4－35　某太阳能无人机飞行剖面及对应推力需求

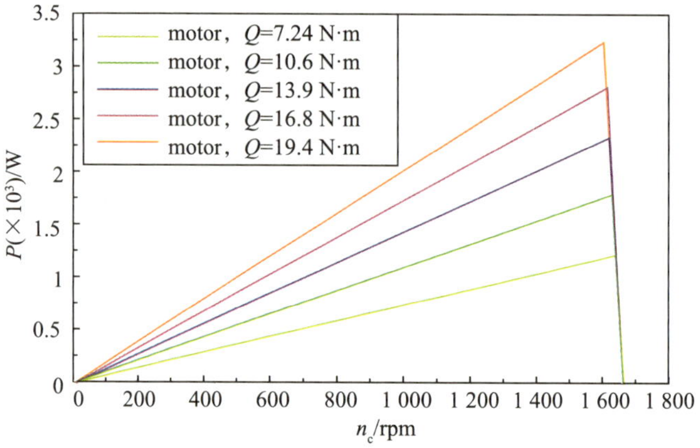

(a) 功率随转速变化关系曲线

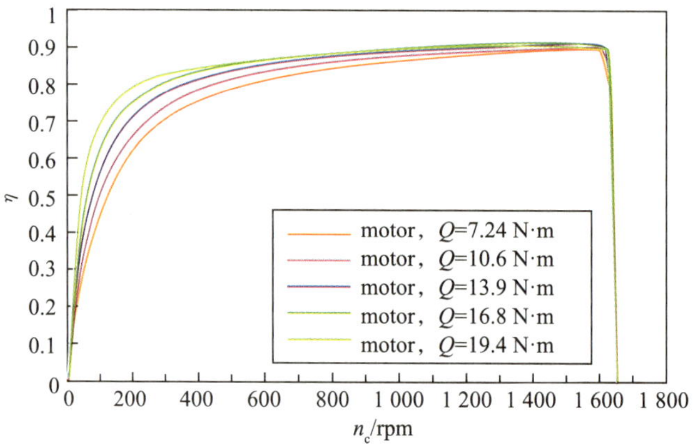

(b) 效率随转速变化关系曲线

图 4－36　驱动电机恒扭矩特性曲线

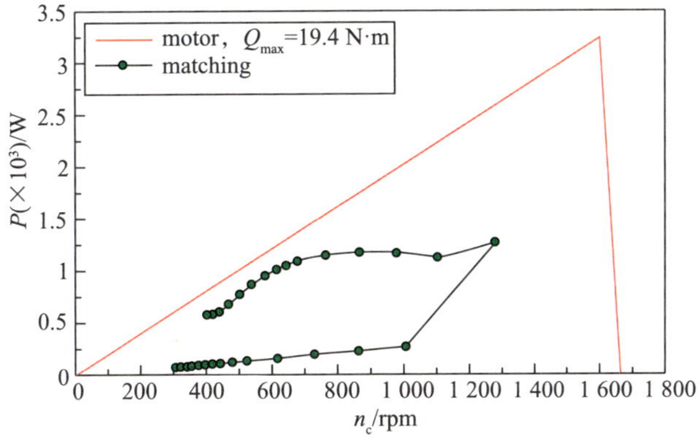

(a) 功率匹配

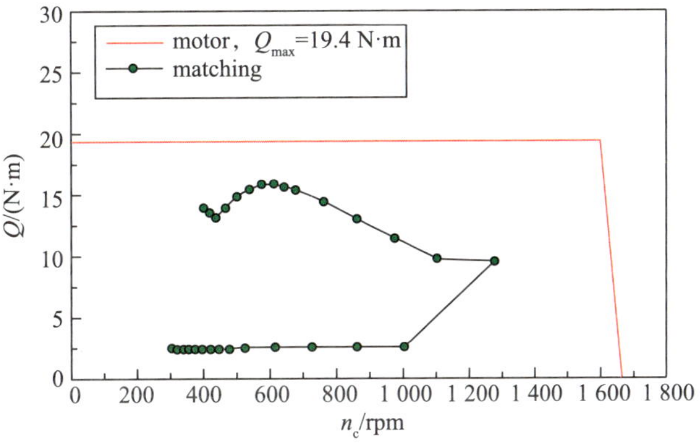

(b) 扭矩匹配

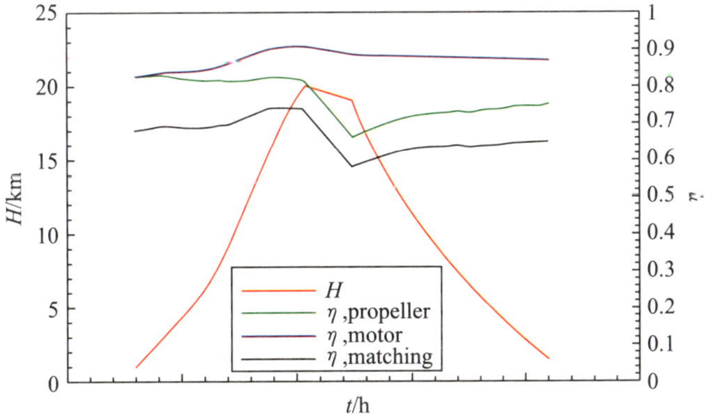

(c) 不同飞行状态下螺旋桨电推进系统综合匹配效率

图 4-37　螺旋桨和电机匹配结果

4.4　高空低雷诺数螺旋桨气动特性试验技术与验证

临近空间螺旋桨试验主要分为二维低雷诺数翼型和三维螺旋桨试验两部分[12]。低雷诺数翼型和螺旋桨试验主要用来获取翼型和螺旋桨的气动特性数据，以确认计算分析程序的准确度和设计结果的正确性。临近空间螺旋桨试验最大的困难在于获得稳定的低来流湍流度低雷诺数流场。在真实飞行条件下，绕桨叶的流动主要为层流，试验条件必须具备低的来流湍流度。由于在低雷诺数情况下，流动特性对来流湍流度比较敏感，湍流度高，将影响试验的精准度。这是因为层流流动在翼型表面易于发生分离，层流分离会明显地降低螺旋桨的气动性能，而湍流则容易附着于桨叶表面，使螺旋桨性能提高，所以，如果来流湍流度较高，测试的螺旋桨性能数据相对于实际情况就会偏于乐观，不能反映真实情况，因此，此类试验必须采用能够满足以上条件的特殊风洞，或者其他新的试验手段。

4.4.1 低雷诺数螺旋桨相似理论

所谓相似是指在对应点上对应瞬间所有表征现象的相应物理量保持各自固定的比例关系。螺旋桨相似理论主要研究两方面的问题：两个几何相似的螺旋桨在什么条件下工作状态是相似的，以及如何将螺旋桨的风洞缩比模型数据换算到原型上去。螺旋桨的相似性条件包括几何相似、运动相似和动力相似[19]。

在螺旋桨气动试验中，如果缩比模型和原型的绕流流场能够保证运动相似和动力相似，则模型的气动力特性就能正确反映实际流场的特性。几何相似及安装角相同的螺旋桨，如果绝对尺寸、转速或前进速度等参数不同，其拉力和功率就不会相同。但只要能保证相似参数（如 Re ，λ ，Ma 等）相同（严格来说，还有气流湍流度 ε 、螺旋桨表面粗糙度 h/d 等），则不同情况下螺旋桨的拉力和功率也相似[19]。这样就可根据模型桨的测试结果推算原型桨气动性能。对于低雷诺数螺旋桨同样需要满足这三个相似条件。

1）前进比相等

$$\lambda=\frac{V_1}{n_{s_1}D_1}=\frac{V_2}{n_{s_2}D_2} \tag{4-8}$$

式中 V ——来流速度；

D ——螺旋桨直径；

n_s ——转速（其单位为转/秒）。

2）雷诺数相等

$$Re=\frac{W_1c_1}{\nu_1}=\frac{W_2c_2}{\nu_2} \tag{4-9}$$

其中

$$\nu=\mu/\rho$$

式中 c_1，c_2——对应半径 r_1 和 r_2 上的叶素宽度；

W_1，W_2——该二叶素上的合成速度；

ν ——运动黏性系数。

对于几何相似的螺旋桨，$c_1/D_1=c_2/D_2$。在桨尖处，合成速度 W 同桨尖周向速度 πDn_s 成比例

$$W=\sqrt{V^2+(\pi Dn_s)^2}=\sqrt{(\lambda Dn_s)^2+(\pi Dn_s)^2}=n_s\left(D\sqrt{\lambda^2+\pi^2}\right) \tag{4-10}$$

因此

$$\frac{n_{s_1} D_1^2 \sqrt{\lambda_1^2 + \pi^2}}{\nu_1} = \frac{n_{s_2} D_2^2 \sqrt{\lambda_2^2 + \pi^2}}{\nu_2} \tag{4-11}$$

同样，桨叶每个叶素均满足雷诺数相等。

3）马赫数相等

$$Ma = \frac{W_1}{a_1} = \frac{W_2}{a_2} \tag{4-12}$$

将 $W = n_s\left(D\sqrt{\lambda^2 + \pi^2}\right)$ 代入得

$$\frac{n_{s_1}\left(D_1\sqrt{\lambda_1^2 + \pi^2}\right)}{a_1} = \frac{n_{s_2}\left(D_2\sqrt{\lambda_2^2 + \pi^2}\right)}{a_2} \tag{4-13}$$

联立方程（4-8）、方程（4-11）和方程（4-13），得

$$\begin{cases} \dfrac{n_{s_1} D_1^2 \sqrt{\lambda_1^2 + \pi^2}}{\nu_1} = \dfrac{n_{s_2} D_2^2 \sqrt{\lambda_2^2 + \pi^2}}{\nu_2} \\ \dfrac{V_1}{n_{s_1} D_1} = \dfrac{V_2}{n_{s_2} D_2} \\ \dfrac{n_{s_1}\left(D_1\sqrt{\lambda_1^2 + \pi^2}\right)}{a_1} = \dfrac{n_{s_2}\left(D_2\sqrt{\lambda_2^2 + \pi^2}\right)}{a_2} \end{cases} \tag{4-14}$$

因此，在螺旋桨地面试验时，需要保证 $Re_1 = Re_2$，$\lambda_1 = \lambda_2$ 和 $Ma_1 = Ma_2$，即可保证完全相似。联立方程（4-14）变为

$$\begin{cases} \dfrac{n_{s_1} D_1^2}{\nu_1} = \dfrac{n_{s_2} D_2^2}{\nu_2} \\ \dfrac{V_1}{n_{s_1} D_1} = \dfrac{V_2}{n_{s_2} D_2} \\ \dfrac{n_{s_1} D_1}{a_1} = \dfrac{n_{s_2} D_2}{a_2} \end{cases} \tag{4-15}$$

引入长度比 $\xi_L = D_1/D_2$，转速比 $\xi_N = n_{s_1}/n_{s_2}$，来流速度比 $\xi_V = V_1/V_2$，空气运动黏性系数比 $\xi_\nu = \nu_1/\nu_2$，声速比 $\xi_a = a_1/a_2$。可得

$$\begin{aligned} \xi_N &= \frac{\xi_\nu}{\xi_L^2} \\ \xi_V &= \frac{\xi_\nu}{\xi_L} \\ \xi_L &= \frac{\xi_a}{\xi_N} \end{aligned} \tag{4-16}$$

可以看出，转速比、速度比和长度比仅与空气运动黏性系数比和声速比有关，空气运动黏性系数和声速均为大气参数，仅与高度相关。因此，如果在地面模拟高空试验，地面试验高度确定，相似比即可确定。

4.4.2 高空低雷诺数螺旋桨试验方法

4.4.2.1 国外低雷诺数螺旋桨试验方法

为了给飞行器提供足够的推力以维持其在高空飞行，临近空间螺旋桨比常规飞行器螺旋桨尺度偏大，且工作雷诺数较低。由于螺旋桨尺寸较大，即使在相对低的转速下，桨尖马赫数也相对较高。此外，由于螺旋桨的大部分推力由桨叶外段提供，因此，在高亚声速低雷诺数区域的翼型和桨叶布局形式对螺旋桨的气动性能有着至关重要的影响[12]。

螺旋桨试验的目标是获得螺旋桨在设计状态和非设计状态的气动性能。确定螺旋桨气动性能的参数包括桨叶角、大气密度、来流速度和螺旋桨转速，这些参数的任意组合可以给出详细的螺旋桨气动性能图表。另外，通过对螺旋桨全工况范围数据的分析，可以发现存在的问题，并指导螺旋桨的改进设计。

螺旋桨在飞行条件下的推力可以根据不同的试验设备采用不同的方式测量。最简单和精确的方法是在螺旋桨的实际工作状态下通过应变测量元件直接测量。螺旋桨推力也可以通过测量其在工作状况下动压的变化得到。在桨叶从桨根到桨尖不同径向站位处，沿翼型剖面方向布置压力测量元件，测量桨叶上的压力分布数据可以记录由于流动分离引起的桨叶失速情况，能直接反映出在哪些情况下螺旋桨的气动特性发生变化及原因。同时还能够测量桨叶表面的应变和结构载荷信息，这些信息还能够指导桨叶结构设计，给出螺旋桨工况范围。

国外的低雷诺数螺旋桨试验方法主要有风洞试验和高空气球降落测试等。在地面开展螺旋桨气动试验，试验风洞或者测试平台需具备提供雷诺数低于 2×10^5 流场的能力，同时还要有低的来流湍流度。对于传统的非调压式风洞，基于周围的大气条件，必须通过缩比很大的模型以满足雷诺数相等，这就给模型的加工制造带来巨大困难。小尺寸模型的气动性能对湍流度更加敏感，对风洞的流场品质提出了更高的要求，因此，传统非调压式风洞不适宜于此类试验。

因此国外常采用地面调压式风洞进行螺旋桨气动试验[20-22]。美国国家航空航天局（NASA）兰利研究中心的跨声速风洞可以通过将气压降低到一个标准大气压的 1/40（2 413.8 Pa）来降低试验段空气密度，在这一低压环境下，全尺寸模型即可获得期望的雷诺数。NASA 艾姆斯研究中心 12 英尺（1 英尺＝0.304 8 米）调压风洞的工作压力范围为 13 793～620 690 Pa，对于低雷诺数试验，该风洞具备非常低的来流湍流度（0.05％～0.2％）。

螺旋桨风洞试验最大的困难之一在于对试验段尺寸的要求，风洞试验段最好能够容纳整个螺旋桨，但是高空低雷诺数螺旋桨尺寸都较大，所以，全尺寸螺旋桨试验是不现实的。利用 4.4.1 节的螺旋桨相似理论，根据试验段尺寸及试验状态，缩小螺旋桨试验模型尺寸，同时保证雷诺数和马赫数相等，可以实现试验状态与飞行状态完全相似，不过缩比模型同时引入了另外一个问题。高空螺旋桨一般采用轻质结构设计，在高空飞行时，受拉力和离心力作用会发生一定的变形。气动载荷与结构变形之间的关系是未知的，而缩比模型所受载荷与原型桨不同，所以很难保证结构变形相似。这一问题可以通过静变形等比例设计来减弱，但不能根本解决。

另一种低雷诺数螺旋桨气动试验方法是高空飞行试验[23-24]。德莱顿飞行研究中心的 APEX 飞行计划提供了一个飞行平台用于螺旋桨高空飞行测试。APEX 飞行试验机是一架无人滑翔机，如图 4-38 所示。无人滑翔机先通过搭载高空气球上升到高空，然后投放，达到预定高度和飞行速度后开展试验测试工作。

螺旋桨试验还可以采用高空气球降落试验来测试，如图 4-39 所示。试验平台包括螺旋桨、电机和供电电源。利用高空气球将全尺寸螺旋桨及试验平台带到 3 万米高空释放，当飞行速度和高度达到设计状态后，开启螺旋桨进行测试。

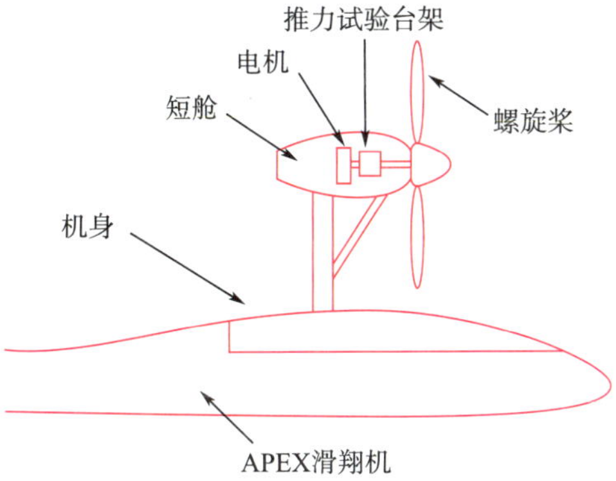

图 4-38　APEX 滑翔机搭载螺旋桨飞行试验

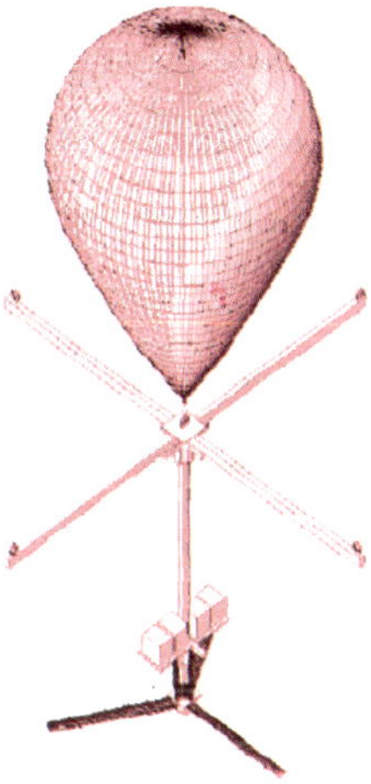

图 4-39　螺旋桨气球搭载试验

4.4.2.2　国内低雷诺数螺旋桨试验方法

4.4.2.1 节主要介绍了国外的低雷诺数螺旋桨试验方法，这些方法都具有较好的准确度，但投入成本高，周期长。国内暂不具备这样的试验条件。

在模型桨试验中，欲使这些相似参数与全尺寸情况下完全相同极为困难，有时甚至无法实现。根据多年实践经验，在螺旋桨试验中，保证主要相似参数，忽略次要相似参数，亦可获得良好的试验结果[25]。对于低雷诺数螺旋桨来说，在几何相似和运动相似的情况下，由于雷诺数对螺旋桨气动性能影响较大，因此，雷诺数是必须保证的主要相似参数；当桨尖马赫数较低时，可以不予严格保证马赫数这一相似参数（当桨尖马赫数接近或超过 0.9 时，需要严格保证桨尖马赫数这一相似条件），只需保证雷诺数和前进比相等即可[19]。下面介绍三种国内采用的试验方法。

（1）常规风洞试验方法

在常规低速风洞中，依据等雷诺数和等前进比相似准则，根据流场速度范围、流场品质和试验段尺寸，确定螺旋桨缩比模型尺寸，可以测试缩比模型螺旋桨性能[26-27]。在风洞试验段内，螺旋桨悬臂支撑固定于试验段底部，模型螺旋桨固连于电机输出轴端，螺旋桨电推进系统安装在悬臂支撑前端，如图 4-40 所示。螺旋桨轴心与试验段中心位置基本一致，二分量天平测量螺旋桨的拉力和扭矩。通过调整风速或者电动机转速，即可通过二分量天平测量不同高度下螺旋桨的气动性能。

常规风洞低雷诺数螺旋桨试验存在如下问题：

1）难以获得低湍流度的来流速度，流场品质难以保证；

2）受试验段尺寸限制，螺旋桨模型需要进行缩比，缩比模型与原尺寸螺旋桨存在结构变形不成比例的问题，难以完全保证几何相似；

3）洞壁和支架干扰难以排除。

图 4-40　高空螺旋桨常规风洞试验

（2）车载低雷诺数螺旋桨试验方法

利用车载试验技术，将螺旋桨模型及电机、电源、测控系统等安装在经过改装的运输车上，运输车以某一固定速度在平直路面上稳定运行，利用试验系统测量螺旋桨的拉力、扭矩、转速等参数[28]。通过改变车速、螺旋桨转速及海拔高度，可以得到高空低雷诺数螺旋桨不同高度、转速以及风速下的拉力、扭矩特性。

高空螺旋桨车载试验系统主要包括运载平台（运输车）、试验螺旋桨、电机系统（伺服电机及减速器）、供电系统（发电机和稳压电源）和测控系统。

车载试验存在的问题是对流场品质有较大的影响，使得测量结果不够准确，主要包括：

1）路面不平顺、车速精度难以控制；

2）运输车辆发动机和螺旋桨自身的振动无法消除；

3）外界自然风场条件的干扰；

4）试验台架及车辆对螺旋桨流场的干扰。

（3）高精度轨道拖车搭载试验方法

本书作者提出了一种采用轨道拖车搭载螺旋桨的临近空间螺旋桨地面试验方法[29-30]。

该方法针对不同海拔高度下的飞行状态，依据等雷诺数和等前进比相似准则，将其转换到地面高度状态后，利用高精度轨道拖车试验台搭载螺旋桨，其前进速度利用高精度轨道拖车模拟，转速通过电动机控制，在室内静止空气中，完成临近空间螺旋桨气动特性试验。相对于低速风洞，拖车速度可以精确控制，易于获得稳定的较低的螺旋桨前进速度，且试验段横截面积大，可直接测试真实螺旋桨。拖车工作行程长，可测量时间充裕；相对于常规车载试验，拖车搭载螺旋桨试验处于室内环境下，不受外界气象条件的干扰。

螺旋桨地面轨道拖车搭载试验系统如图 4－41 所示。系统组成包括：螺旋桨、高精度轨道拖车系统、悬臂支架、二分量天平、伺服电动机（稀土永磁电动机）、减速器、隔离电源、数据采集系统、封闭的实验室内环境。

图 4－41　螺旋桨轨道拖车试验系统

4.4.3　临近空间太阳能无人机螺旋桨地面试验

4.4.3.1　试验设备及速度修正

针对 4.2 节设计的高空太阳能无人机螺旋桨，采用高精度轨道拖车试验方法测试螺旋桨的高空低雷诺数气动性能，验证螺旋桨设计结果的准确性，并通过与计算结果的对比，验证该试验方法的可靠性。

高精度轨道拖车系统包括高精度平行双轨道、拖车、驱动电机、拖车控制系统、供电系统、实验室内环境。其主要技术指标为：试验段尺寸 510 m（长）×10 m（宽）×10 m（高）；拖车速度范围 0.1～22 m/s，车速稳定精度优于 0.2%。

采用轮辐式二分量天平测量螺旋桨的拉力和扭矩。轮辐式二分量天平同轴安装于电机后部，通过支座与试验台支架连接，测量电机输出扭矩的反作用扭矩和拉力值，并由采集系统采集到计算机。天平三维效果图和天平—电机—螺旋桨装配效果图分别见图 4－42 (a) 和 (b)。试验中不同车次采用同一套天平，同时要保留一定安全裕度，因此需要对天平的拉力和扭矩量程进行详细的设计。

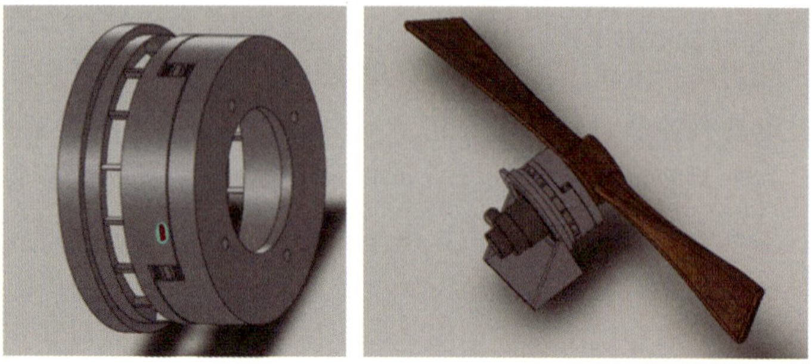

(a) R236A 天平三维效果图　　(b) 天平—电机—螺旋桨装配效果图

图 4 - 42　轮辐式二分量天平及与电机、螺旋桨装配图

螺旋桨采用伺服电机驱动，通过电机和减速器精确控制螺旋桨转速。螺旋桨和电机通过悬臂支架固定于拖车前端，高精度拖车带动螺旋桨模拟其前进速度。电机、天平、数据采集系统和供电电源与拖车试验台采取隔离措施，以避免电磁干扰的影响。图 4 - 43 为螺旋桨、伺服电机和二分量天平安装图。

图 4 - 43　螺旋桨、伺服电机、二分量天平安装图

测控设备包括计算机、电源、DSP 数据采集处理器。其中，计算机发送电机转速控制指令，接收并处理各测量模块所测数据，将数据以 Excel 表格形式存储在存储器；显示器实时显示测试数据；电源为整个测试系统供电，并且配备急停开关，在必要时可切断整个试验系统电源；DSP 数据采集处理器通过通信接口获取各测量模块所测数据，经过处理后传输到计算机；同时接收 PC 转速控制指令并输出 6 路 PWM 波信号。

为保证流场品质，整个试验在室内封闭环境下进行，实验室内空气保持静止，不受外界气象条件的影响。当轨道拖车加速到稳定车速后，螺旋桨桨盘位置附近气流速度（以拖车为参照物）要稍低于拖车速度。针对试验段和拖车系统对螺旋桨周围流场的干扰进行了数值模拟分析，并采用超声风速仪（安装位置如图 4 - 44 所示）测量了不同拖车前进速度下螺旋桨附近流场速度，经过综合分析，将螺旋桨安装于拖车前端 4 m 处，螺旋桨桨尖距底面高 1.79 m，流场均匀度满足试验要求。由于拖车车体的干扰作用，拖车速度和螺旋桨附近流场速度存在较小偏差，在试验数据处理时根据超声风速仪测量的流场速度，对螺旋桨前进速度做了相应修正，修正结果见表 4 - 6。

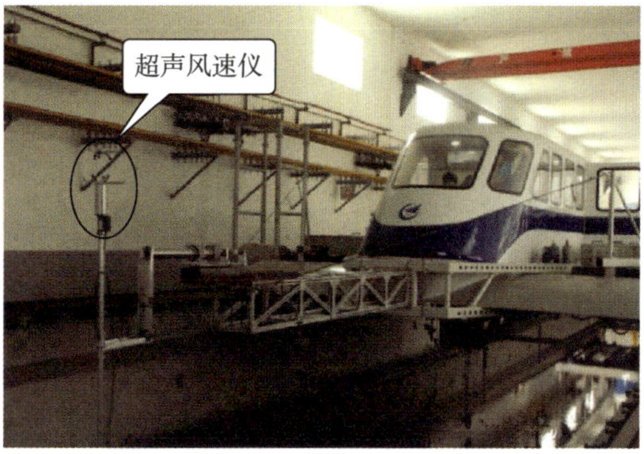

图 4-44　超声风速仪安装位置

表 4-6　来流速度修正结果

高度/km	相似转换至地面的来流速度/(m/s)	修正车速/(m/s)
0	8.24	8.50
10	5.84	6.00
20	2.74	2.80

4.4.3.2　高精度轨道拖车试验设计

本节研究的螺旋桨，由于桨尖马赫数较低，经数值试验验证，在几何相似和运动相似的条件下，可以不予严格保证马赫数这一相似参数，只是保证雷诺数和前进比相等。

根据高空太阳能无人机典型飞行轨迹，拖车试验对 1∶1 原型桨在 $H=0$ km，10 km 和 20 km 高度的飞行状态进行模拟。依据雷诺数和前进比相等的原则，以及试验系统的能力，确定试验状态，表 4-7 给出了部分试验状态与飞行状态对应关系。

表 4-7　试验状态与飞行状态对应关系

高度/km	前进比	飞行状态		试验状态	
		来流速度/(m/s)	转速/rpm	来流速度/(m/s)	转速/rpm
0	0.78	8.24	317	8.24	317
	0.68		364		364
	0.58		426		426
10	0.78	14.1	542	5.84	225
	0.68		622		258
	0.58		729		302
20	0.79	30	1 140	2.74	104
	0.69		1 304		119
	0.59		1 525		161

螺旋桨模型采用 T300 碳纤维复合材料制造，采用分体结构，两片碳纤维复合材料桨叶通过复合材料桨毂连接，桨距角可手动调节。试验模型如图 4-45 所示。

图 4-45 试验螺旋桨模型

在室内空气静止的情况下，开展轨道拖车搭载试验。先后启动螺旋桨驱动电机和拖车，待螺旋桨转速和拖车速度达到预定值后，持续测量一段时间，然后减速停车，关闭电机。图 4-46 为单次测量过程中，电机转速、车速、螺旋桨拉力和扭矩的测量数据，取稳定段数据，然后进行平均处理，即可得到该状态下螺旋桨的拉力和扭矩值。

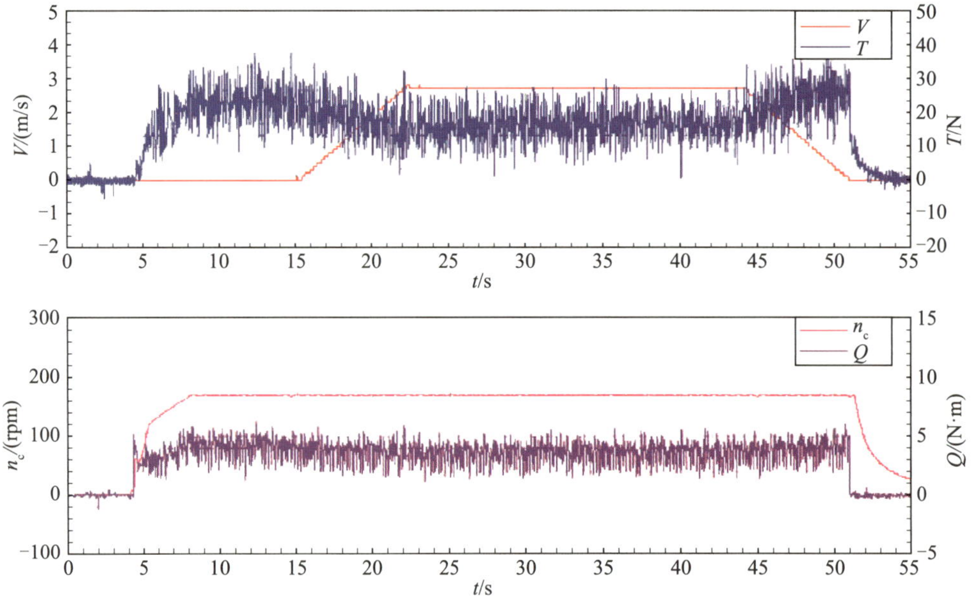

图 4-46 低雷诺数螺旋桨拖车搭载试验测试数据

4.4.3.3 试验结果分析

图 4-47～图 4-49 为 $H=0$ km，10 km，20 km 高度条件下临近空间螺旋桨特性试验结果，各图中（a）～（c）分别为拉力系数、功率系数和效率随前进比变化曲线，为了验证试验结果的准确性，与改进片条理论和 CFD 计算结果进行对比。

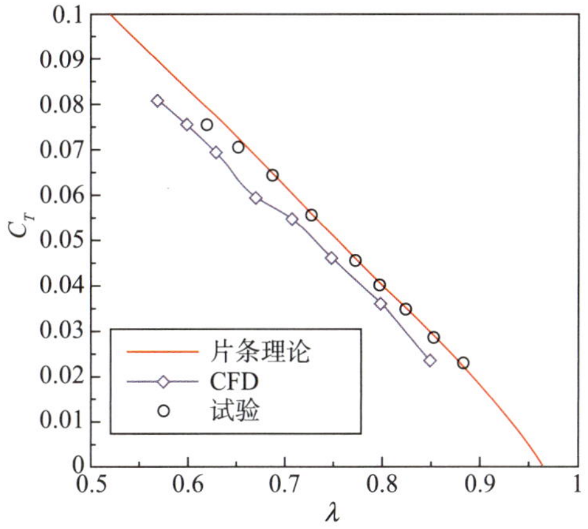

(a) 拉力系数随前进比变化曲线

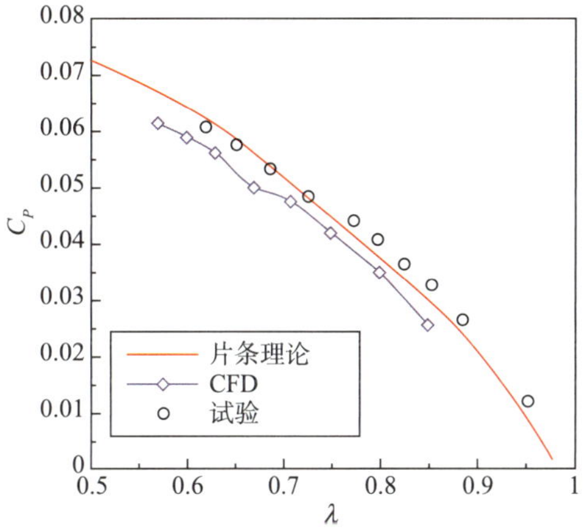

(b) 功率系数随前进比变化曲线

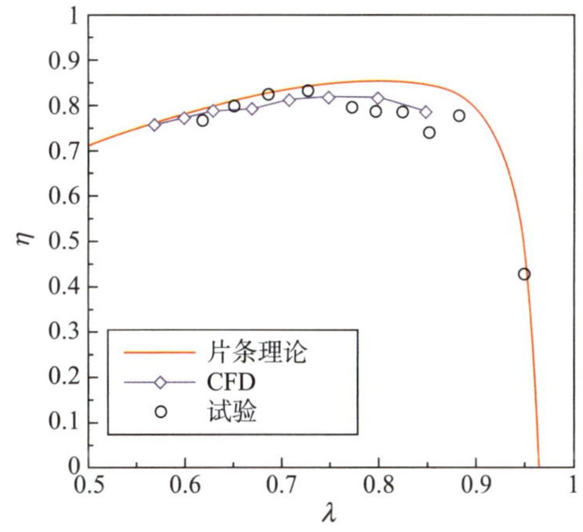

(c) 效率随前进比变化曲线

图 4-47　$H=0$ km 高度螺旋桨特性试验数据与计算结果比较

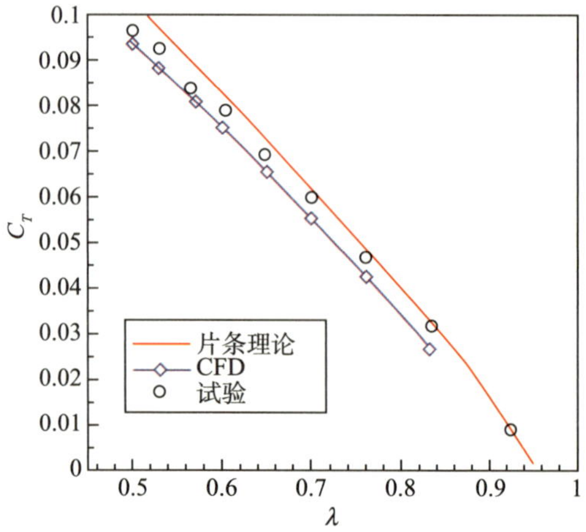

(a) 拉力系数随前进比变化曲线

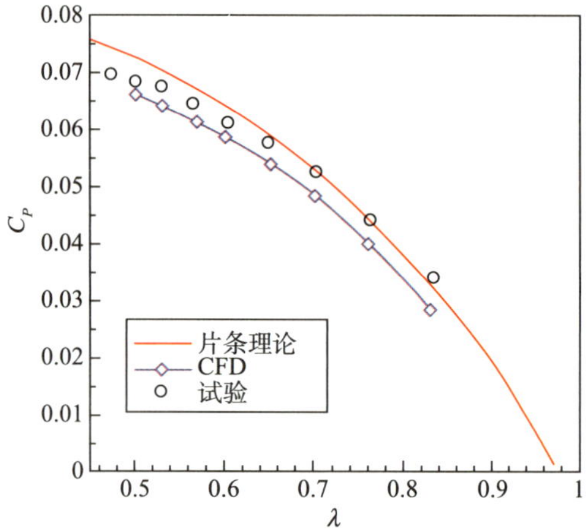

(b) 功率系数随前进比变化曲线

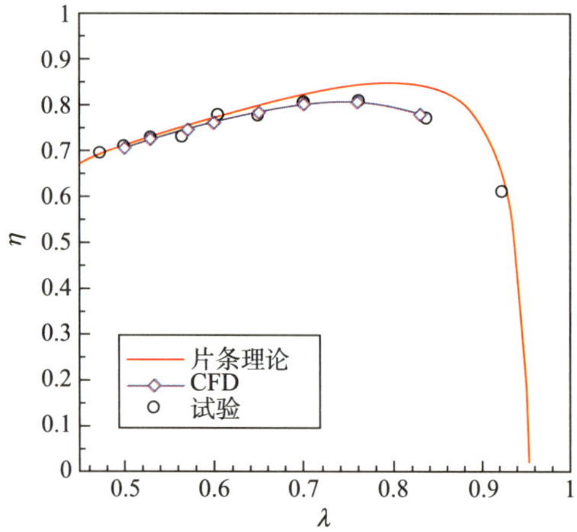

(c) 效率随前进比变化曲线

图 4-48　H=10 km 高度螺旋桨特性试验数据与计算结果比较

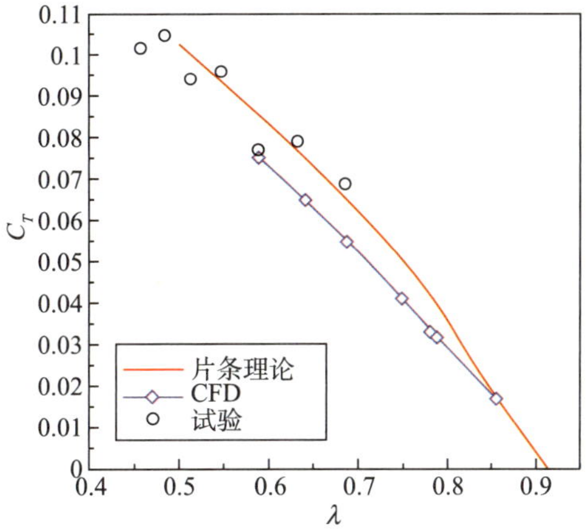

(a) 拉力系数随前进比变化曲线

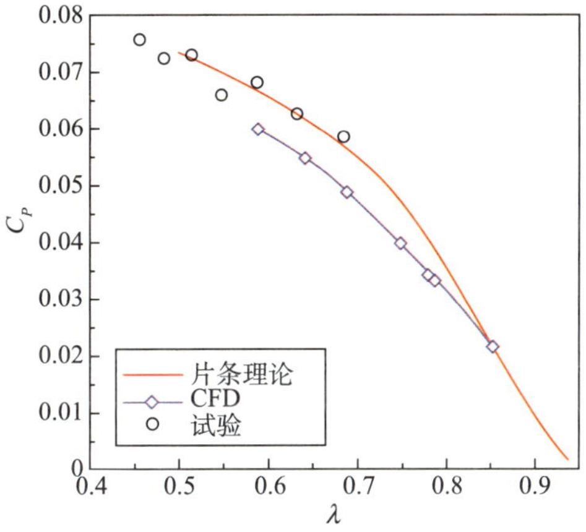

(b) 功率系数随前进比变化曲线

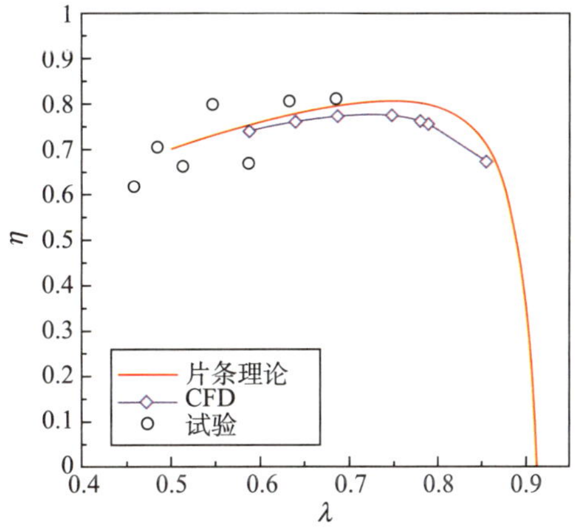

(c) 效率随前进比变化曲线

图 4-49　$H=20$ km 高度螺旋桨特性试验数据与计算结果比较

从图 4 - 47 (a) 可以看出，随着前进比增加，拉力系数逐渐减小，试验测得的拉力系数与改进片条理论计算结果符合良好，CFD 计算结果偏低。前进比较小时，试验数据稍小于改进片条理论的结果，随着前进比增加，试验数据逐渐接近改进片条理论结果。图 4 - 47 (b) 为功率系数随前进比变化曲线，试验数据、片条理论和 CFD 计算结果三条曲线相对关系均与图 4 - 47 (a) 一致。图 4 - 47 (c) 为效率随前进比变化曲线，随着前进比增加，试验测得的螺旋桨效率与计算结果偏差逐渐增大。这是因为当前进比小时，拉力和扭矩大，易于测量准确，因此，试验测得的效率与计算结果符合良好；当前进比较大时，螺旋桨的拉力和扭矩数值较小，测量误差较大。

图 4 - 48 为 H=10 km 海拔高度下螺旋桨特性试验数据与计算结果的比较。可以看出，拉力系数、功率系数的试验数据、改进片条理论和 CFD 计算结果三条曲线相对关系均与 H=0 km 情况基本一致。螺旋桨效率试验值在前进比较低时与计算值基本符合，但随着前进比增大，螺旋桨效率的试验值低于改进片条理论计算值，而与 CFD 计算值较为接近。

图 4 - 49 为 H=20 km 海拔高度下螺旋桨特性试验数据与计算结果的比较。因为经过相似转换到地面试验状态后，螺旋桨拉力及扭矩数值很小，所以难以测量准确。这里只给出了较小前进比状态下的测量数据，可以看出，试验测得的拉力系数和功率系数的散布度增大，但更接近于片条理论计算结果。还可以看出，前进比为 0.685 时（设计状态前进比为 0.692)，测得的螺旋桨效率为 80.8%，与设计结果一致。

参考文献

[1] 王豪杰，李杰，付炜佳，等．无人机螺旋桨气动设计［J］．应用力学学报，2012，29（4）：380－385.

[2] MA R，ZHONG B W，LIU P Q. Optimization Design Study of Low－Reynolds－Number High－lift Airfoils for the High－efficiency Propeller of Low－dynamic Vehicles in Stratosphere［J］. Sci China Tech Sci，2010，53：2792－2807，doi：10.1007/s11431－010－4087－0.

[3] KOJI F，HIROKI N，KEISUKE A. Conceptual Design of a Miniature，Propeller－driven Airplane for Mars［R］. AIAA Paper 2012－0847，2012.

[4] MONAL P M. Propeller Performance Measurement for Low Reynolds Number Unmanned Aerial Vehicle Applications［D］. Wichita State University，2004.

[5] DRELA M，NICHAEL B G. Viscous－inviscid Analysis of Transonic and Low Reynolds Number Airfoils［J］. AIAA Journal，1987，25（10）：1347－1355.

[6] LIEBECK R H. Low Reynolds Number Airfoil Design for Subsonic Compressible Flow［J］. Lecture Notes in Engineering，1989，54，314－330.

[7] DRELA M. Transonic Low Reynolds Number Airfoils［J］. Journal of Aircraft，1992，29（6）：1106－1113.

[8] SCHULEIN E，ROSEMANN H. Transition Detection and Skin Friction Measurements on Rotating Propeller Blades［R］. AIAA Paper 2012－3202，2012.

[9] 刘沛清．空气螺旋桨理论与应用［M］．北京：北京航空航天大学出版社，2006.

[10] DRELA M. Xfoil：An Analysis and Design System for Low Reynolds Number Airfoils［C］. Conference on Low Reynolds Number Aerodynamics. University of Notre Dame，1989.

[11] KOCH L D. Design and Performance Calculations of a Propeller for Very High Alititude Flight［R］. Lewis Research Center，Cleveland，Ohio. NASA/TM－1998－206637.

[12] COLOZZA A. High Altitude Propeller Design and Analysis Overview. Federal Data Systems［R］. Cleveland Ohio 44135，March 1998.

[13] COLOZZA A. APEX 3D Propeller Test Preliminary Design［R］. NACA－CR－2002－211866.

[14] GREER D，HAMORY P，EDWARDS C，et al. Design and Predictions for High－Altitude（Low Reynolds Number）Aerodynamic Flight Experiment［J］. Journal of Aircraft，2000，37（4）：684－689.

[15] 龚纯，王正林．精通 MATLAB 最优化算法-第 3 版［M］．北京：电子工业出版社，2014.

[16] 李静．高性能飞行器气动外形设计方法研究与应用［D］．西安：西北工业大学，2014.

[17] KULFAN B M，BUSSOLETTI J E. “Fundamental” Parametric Geometry Representations for Aircraft Component Shapes［R］. AIAA Paper 2006－6948，2006.

[18] 许建华．桨叶绕流高效高精度数值方法及气动设计研究［D］．西安：西北工业大学，2012.

[19] 周盛，顾高墀，潘杰元，等．航空螺旋桨与桨扇［M］．北京：国防工业出版社，1994.

[20] BRITCHER C P. Possibilities for Aerodynamic and Heat Transfer Testing of ERAST Components in

the NASA Langley Transonic Dynamics Tunnel [R]. Department of Aerospace Engineering, Old Dominion University.

[21] COLE S R, RIVERA J A. The New Heavy Gas Testing Capability in the NASA Langley Transonic Dynamics Tunnel [R]. Forum Paper No. 4, Royal Aeronautical Society, Wind Tunnels and Wing Tunnel Test Techniques Forum, 1997.

[22] Langley Working Paper. The Langley Transonic Dynamicw Tunnel [R]. NASA Langley Research Center Sept, 1969.

[23] GIEER J. APEX, Aerodynamic Research Objectives and Requirements Document [R]. NASA Dryden Flight Research Center.

[24] NSBF Information Package FY98. National Scientific Balloon Facility [R]. Palestine, Texas, 1998.

[25] 刘沛清，马利川，段中喆，等. 平流层飞艇螺旋桨相似准则分析与验证 [J]. 北京航空航天大学学报，2012，38 (7)：957-961.

[26] 刘沛清，马蓉，段中喆，等. 平流层飞艇螺旋桨地面风洞试验 [J]. 航空动力学报，2011，26 (8)：1775-1781.

[27] 聂营. 平流层飞艇高效螺旋桨设计与试验研究 [D]. 中国科学院研究生院，2008.

[28] 焦俊，宋笔锋，张玉刚等. 高空飞艇螺旋桨车载试验系统设计与验证 [J]. 西北工业大学学报，2015，33 (3)：369-374.

[29] 李喜乐，李广佳，周波等. 一种新的临近空间螺旋桨地面试验方法 [J]. 实验流体力学，2015，(29) 3：87-92.

[30] LI X L, LI G J, ZHOU B, et al. Study of Ground Test for Near Space Propeller [C]. //Asia-Pacific International Symposium on Aerodynamic Technology, Cairns, Queensland, Australia, Nov 25-27, 2015.

第5章　低雷诺数飞行器相关飞行力学特性

飞行器飞行雷诺数主要由飞行速度、飞行器特征尺寸和大气环境决定。在高空或临近空间低速飞行的飞行器由于速度慢和大气密度低，一般飞行雷诺数较低。这类飞行器必然具有特殊的属性或特征。主要体现在两个方面：1）大尺度轻质结构，即飞行翼载小；2）要求高升力和高升阻比，这导致此类飞行器一般采用高升力翼型和大展弦比气动布局。这些特征使飞行力学特性明显不同于常规低速飞行器。临近空间太阳能飞行器是这类飞行器的典型代表，具有大尺寸低翼载和大展弦比气动布局的明显特征。本章以临近空间太阳能飞行器为例讨论这类飞行器特有的飞行力学响应特性和机理。

临近空间太阳能飞行器的质量特性与常规飞行器存在显著差异。临近空间太阳能飞行器的翼载比常规飞行器小1～2数量级，相对密度比常规飞行器小1～2数量级，无因次俯仰、滚转、偏航转动惯量比常规飞行器小1～2数量级。飞行器在空中飞行受到气动力、惯性力和推力的作用，较小的相对密度和无因次转动惯量意味着惯性力的影响较小，气动力的影响较大。与常规飞行器相比，气动力对临近空间太阳能飞行器飞行动力学特性的影响更大。

飞行速度低、尺寸大、升力系数高等特点造成这类飞行器具有不同于常规飞行器的气动特性。低雷诺数下易发生层流分离、转捩和滞回等复杂流动现象，导致气动效率下降，增大了气动力预测的难度。飞行器质心处的速度较小，翼展大，较小的滚转或偏航角速度会在机翼外段产生相对较人的速度增量，这意味着刚体转动运动产生的气动力较大，动导数对气动力建模的影响较大。大展弦比的气动布局，较高的巡航升力系数导致临近空间太阳能飞行器的气动导数与常规低速飞行器存在显著差异。

临近空间太阳能飞行器具有特殊的质量和气动特性，导致其飞行动力学特性不同于常规飞行器。特殊的质量和气动特性使临近空间太阳能飞行器具有特殊的纵向、横航向模态特征根分布，纵向、横航向模态特征矢量也具有不同于常规飞行器的特点。

风场扰动对临近空间太阳能飞行器飞行控制的影响较大。同样的风场扰动，对于常规飞行器来说影响较小，但对临近空间太阳能飞行器则会产生较大影响。在相同的外界环境下，临近空间太阳能飞行器的姿态和航迹控制更加困难。因此，研究这类飞行器对风场扰动的响应对保证飞行安全具有重要意义。

5.1　飞行力学方程及假设

无论分析飞行器的稳定性还是分析操纵性，首先必须建立飞行器的运动方程。一般说来，飞行器运动特性会受到各种因素的影响，例如机体的弹性变形、飞行器上的旋转部件、质量随时间的变化、地球的曲率和自转、大气的运动等[1]。如果把所有这些因素都考虑进来，推导出来的方程必将非常复杂，而且很难进行解析处理。临近空间太阳能飞行器的速度低，可以忽略地球的曲率和自转，假设地球为平面大地，飞行器为刚体，不考虑机体弹性变形和旋转部件的影响。显然，风场对临近空间太阳能飞行器的飞行有着重要影响。本节介绍常规的不考虑风场影响的飞行力学方程，然后在5.5节推导考虑风场影响的飞行力学方程组，并利用推导的方程组研究临近空间太阳能飞行器对风场扰动的响应。

5.1.1 刚性飞行器动力学及运动学方程

根据刚体动力学理论，在运动坐标系上投影的6自由度动力学方程组[2]如下

$$\begin{cases} m(\dot{u}+qw-rv)=X \\ m(\dot{v}+ru-pw)=Y \\ m(\dot{w}+pv-qu)=Z \\ I_x\dot{p}+(I_z-I_y)qr-I_{zx}(pq+\dot{r})=L \\ I_y\dot{q}+(I_x-I_z)rp+I_{zx}(p^2-r^2)=M \\ I_z\dot{r}+(I_y-I_x)pq+I_{zx}(qr-\dot{p})=N \end{cases} \tag{5-1}$$

式中 X，Y，Z，L，M，N—— 分别为力和力矩在运动坐标系上的投影；

u，v，w，p，q，r—— 分别为速度和角速度在运动坐标系上的投影；

m—— 质量；

I_x，I_y 和 I_z—— 分别为对 x，y 和 z 轴的惯性矩；

I_{zx}—— 惯性积。

绕重心转动的运动学方程组[2]为

$$\begin{cases} \dot{\phi}=p+\tan\theta(q\sin\phi+r\cos\phi) \\ \dot{\theta}=q\cos\phi-r\sin\phi \\ \dot{\psi}=\sec\theta(q\sin\phi+r\cos\phi) \end{cases} \tag{5-2}$$

式中 ϕ，θ 和 ψ ——分别为滚转角、俯仰角和偏航角。

5.1.2 运动方程线性化

5.1.1节导出的运动方程是变系数、非线性的方程，很难得到解析解，只能用数值方法求解。这样不容易找出带有普遍意义的一般规律。为便于研究飞行器的稳定性和操纵性，最常用的方法是利用“小扰动”假设将非线性微分方程线性化[2]。

研究飞行器的稳定性和操纵性问题时，一般把飞行器的运动分为基准运动和扰动运动。基准运动是指在理想条件下，飞行器不受任何外界干扰，按预定规律进行运动，如定直平飞、定常盘旋。由于各种干扰因素，使飞行器的运动参数偏离了基准运动参数，因而运动不按预定的规律进行，这种运动称为扰动运动。在扰动运动中，飞行器运动参数变化

与外界干扰有直接关系，干扰越大则运动参数偏离基准运动越大。

与基准运动差别甚小的扰动运动称为小扰动运动。“差别甚小”只能从相对的意义上理解，绝对量值的范围应视具体情况而定。根据已有的经验，对小扰动的限制往往不很严格。采用小扰动假设简化后的方程，在大多数情况下均能给出足够满意的结果：首先，在大多数飞行情况下，各主要气动参数的变化与扰动量成线性关系；其次，飞行中即使遇到相当强烈的扰动，在有限的时间内飞行器的运动参数也往往只有很小的变化量，所以小扰动法是有客观实践依据的。基于以上分析，虽然临近空间太阳能飞行器的飞行速度低，在实际飞行中不可避免地会遭遇较强的扰动，但小扰动法仍然可以使用。

利用小扰动假设就能将描述飞行器运动的非线性微分方程线性化。为了便于将线性扰动运动方程组分为纵向和横航向彼此独立的两组方程组，以减少方程组阶次，还需要作下列假设：飞行器具有对称平面（气动外形和质量分布均对称），略去机体内转动部件的陀螺力矩效应；在基准运动中，对称平面处于铅垂位置，且运动所在平面与飞行器对称平面相重合。

采用上述假设后，可以推论出纵向气动力和力矩对横航向运动参数在基准运动状态下的导数均等于 0，横航向气动力和力矩对纵向运动参数在基准运动状态的导数也均等于 0。由此可以认为，在扰动运动中纵向气动力和力矩只与纵向运动参数有关，横航向气动力和力矩只与横航向运动参数有关。这样就可以将扰动运动方程分离为彼此独立的两组。

飞行器的任何一个运动方程可以表示成如下的一般形式

$$f(x_1, x_2, \cdots, x_n) = 0 \tag{5-3}$$

式中，变量 x_i（$i=1, 2, \cdots, n$）可以是运动参数或它们的导数。利用泰勒级数展开，并根据小扰动假设，可以将式（5－3）线性化，得到

$$\left(\frac{\partial f}{\partial x_1}\right)_0 \Delta x_1 + \left(\frac{\partial f}{\partial x_2}\right)_0 \Delta x_2 + \cdots + \left(\frac{\partial f}{\partial x_n}\right)_0 \Delta x_n = 0 \tag{5-4}$$

式中　Δx_1，Δx_2，…，Δx_n ——变量的偏移量；

$\left(\frac{\partial f}{\partial x_i}\right)_0$（$i=1, 2, \cdots, n$）——由基准运动状态确定的导数，一般是通过理论和试验的方法已经确定的物理量；

下标“0”——表示基准运动状态。

在将运动方程线性化的过程中，会遇到扰动运动相对基准运动的力和力矩偏量。这些偏量可根据其与飞行器运动参数的关系，在小扰动条件下，用线性关系来表示。

设某个力或力矩 A 是若干变量的函数，即

$$A = A(x_1, x_2, \cdots, x_n)$$

一般说来，A 的偏量应为

$$\Delta A = A_{x_1} \Delta x_1 + A_{x_2} \Delta x_2 + \cdots + A_{x_n} \Delta x_n \tag{5-5}$$

式中　$A_{x_1} \cdots$ ——偏导数，均由基准运动状态确定。

飞行器受到的外力和外力矩主要包括重力、发动机推力、气动力和力矩，气动力和力矩包括升力、阻力、侧力、俯仰力矩、滚转力矩和偏航力矩。以升力为例，升力 L 可表示为

$$L = L(V, H, \alpha, \dot{\alpha}, q, \delta_e) \tag{5-6}$$

升力的偏量可表示为

$$\Delta L = L_V \Delta V + L_H \Delta H + L_\alpha \Delta\alpha + L_{\dot{\alpha}} \Delta\dot{\alpha} + L_q \Delta q + L_{\delta_e} \Delta\delta_e \tag{5-7}$$

式（5-6）和式（5-7）以及 5.1.3 节中的公式详细推导过程以及符号定义参见参考文献[2]中的第 6 章。

5.1.3　小扰动运动方程组

利用小扰动假设将动力学、运动方程组线性化，并根据基准状态的条件进行简化，得到小扰动方程组。在基准运动为铅垂平面内对称定常直线飞行的条件下，小扰动方程组可以分为纵向、横航向两组。

忽略高度变化对外力和外力矩的影响，并假设基准运动为水平直线飞行，得到简化的纵向小扰动方程组[2]

$$\frac{\mathrm{d}}{\mathrm{d}t}\begin{bmatrix}\Delta V\\ \Delta\alpha\\ \Delta q\\ \Delta\theta\end{bmatrix} = \begin{bmatrix} X_V & X_\alpha + g & 0 & -g\\ -Z_V & -Z_\alpha & 1 & 0\\ \overline{M}_V - \overline{M}_{\dot{\alpha}} Z_V & \overline{M}_\alpha - \overline{M}_{\dot{\alpha}} Z_\alpha & \overline{M}_q + \overline{M}_{\dot{\alpha}} & 0\\ 0 & 0 & 1 & 0 \end{bmatrix}\begin{bmatrix}\Delta V\\ \Delta\alpha\\ \Delta q\\ \Delta\theta\end{bmatrix} - \begin{bmatrix} X_{\delta_e} & X_{\delta_p}\\ -Z_{\delta_e} & -Z_{\delta_p}\\ \overline{M}_{\delta_e} - \overline{M}_{\dot{\alpha}} Z_{\delta_e} & \overline{M}_{\delta_p} - \overline{M}_{\dot{\alpha}} Z_{\delta_p}\\ 0 & 0 \end{bmatrix}\begin{bmatrix}\Delta\delta_e\\ \Delta\delta_p\end{bmatrix} \tag{5-8}$$

横航向小扰动方程组[2]为

$$\frac{\mathrm{d}}{\mathrm{d}t}\begin{bmatrix}\Delta\beta\\ \Delta p\\ \Delta r\\ \Delta\phi\end{bmatrix} = \begin{bmatrix} \overline{Y}_\beta & \alpha_0 + \overline{Y}_p & \overline{Y}_r - 1 & g\cos\theta_0 / V_0\\ \overline{L}_\beta & \overline{L}_p & \overline{L}_r & 0\\ \overline{N}_\beta & \overline{N}_p & \overline{N}_r & 0\\ 0 & 1 & \tan\theta_0 & 0 \end{bmatrix}\begin{bmatrix}\Delta\beta\\ \Delta p\\ \Delta r\\ \Delta\phi\end{bmatrix} - \begin{bmatrix} 0 & \overline{Y}_{\delta_\mathrm{r}}\\ \overline{L}_{\delta_\mathrm{a}} & \overline{L}_{\delta_\mathrm{r}}\\ \overline{N}_{\delta_\mathrm{a}} & \overline{N}_{\delta_\mathrm{r}}\\ 0 & 0 \end{bmatrix}\begin{bmatrix}\Delta\delta_\mathrm{a}\\ \Delta\delta_\mathrm{r}\end{bmatrix} \tag{5-9}$$

5.2　飞行器质量和气动特征

高空临近空间低速飞行器由于飞行动压低，同时要求尽量提高载荷能力，一般采用轻质结构和高升力及高升阻比大展弦比气动布局，如图 5-1 所示。这两个特点是导致此类飞行器的飞行力学特性不同于常规飞行器的主要因素。

5.2.1　质量特性

纵向质量特性主要是相对密度 μ 和无因次俯仰转动惯量 $\hat{I}_y$ 。相对密度 μ 的定义为

图 5-1　临近空间太阳能飞行器外形

$$\mu = \frac{m}{\rho S\left(\frac{c}{2}\right)} \tag{5-10}$$

式中　m ——质量；

ρ ——大气密度；

S ——参考面积；

c ——参考弦长。

无因次俯仰转动惯量 $\hat{I}_y$ 的定义为

$$\hat{I}_y = \frac{I_y}{\rho S\left(\frac{c}{2}\right)^3} \tag{5-11}$$

不同飞行器的质量和俯仰转动惯量相差很大，同类飞行器的相对密度 μ 和无因次俯仰转动惯量 $\hat{I}_y$ 一般相差不大，相对密度 μ 和无因次俯仰转动惯量 $\hat{I}_y$ 可以表征某类飞行器的纵向质量特性。

临近空间太阳能飞行器和通用飞机海平面平飞状态的纵向质量特性比较见表 5-1 所示。与通用飞机相比，临近空间太阳能飞行器的相对密度和无因次俯仰转动惯量小了 1 个数量级。由于临近空间太阳能飞行器翼载低，机体采用轻质结构，与同等尺寸的常规飞行器相比，临近空间太阳能飞行器的相对密度、俯仰转动惯量小得多。

表 5-1　太阳能飞行器和通用飞机纵向质量特性比较

	μ	$\hat{I}_y$
临近空间太阳能飞行器	3.67	22.14
通用飞机	68.44	294.87

横航向质量特性包括无因次滚转转动惯量 $\hat{I}_x$ 和无因次偏航转动惯量 $\hat{I}_z$ 。

无因次滚转转动惯量 $\hat{I}_x$ 的定义为

$$\hat{I}_x = \frac{I_x}{\rho S \left(\frac{b}{2}\right)^3} \tag{5-12}$$

式中 b——展长。

无因次偏航转动惯量 $\hat{I}_z$ 的定义为

$$\hat{I}_z = \frac{I_z}{\rho S \left(\frac{b}{2}\right)^3} \tag{5-13}$$

与纵向的相对密度 μ 和无因次俯仰转动惯量 $\hat{I}_y$ 类似，无因次滚转转动惯量 $\hat{I}_x$ 和无因次偏航转动惯量 $\hat{I}_z$ 可以表征某类飞行器的横航向质量特性。

临近空间太阳能飞行器和通用飞机海平面平飞状态的横航向质量特性比较见表 5-2。与通用飞机相比，临近空间太阳能飞行器的无因次滚转转动惯量小了 1 个数量级，无因次偏航转动惯量小了 2 个数量级。

表 5-2　太阳能飞行器和通用飞机滚转和偏航转动惯量比较

	$\hat{I}_x$	$\hat{I}_y$
临近空间太阳能飞行器	0.029 1	0.032 0
通用飞机	0.514 4	1.732 6

5.2.2 气动特性

临近空间太阳能飞行器在气动上的显著特点是高升力系数、高升阻比和大展弦比。与常规低速飞行器相比，临近空间太阳能飞行器的纵向气动导数虽然存在一定差异，但差别并不大。临近空间太阳能飞行器的平尾力臂较短，但由于机翼展弦比大，机翼弦长较短，因而平尾力臂和弦长的比值并不小，平尾尾容量也不小[3]。

临近空间太阳能飞行器的横航向气动导数与其总体气动特性直接相关。机翼外翼段上反加上过载 1 状态挠度变形的影响使临近空间太阳能飞行器具有较强的横向静稳定性。受到结构刚度的限制，尾撑长度与翼展之比较小，垂尾力臂与翼展之比较小，垂尾尾容量较小，导致航向静稳定性较弱，偏航阻尼导数也较小。机翼展弦比大，机翼升力线斜率较大，故滚转阻尼导数较大。巡航升力系数较大，导致滚转交感力矩导数较大[3]。

临近空间太阳能飞行器和某通用飞机横航向气动导数的比较见表 5-3，其中临近空间太阳能飞行器横航向气动导数考虑了静气弹变形（过载 1 状态）的影响。临近空间太阳能飞行器横向静稳定性导数绝对值较大，大约是通用飞机的 2 倍，航向静稳定性导数较小，大约是通用飞机的 1/3。临近空间长航时太阳能飞行器滚转阻尼导数和偏航交感力矩导数较大，大约是通用飞机的 2 倍，偏航阻尼导数较小，大约为通用飞机的 1/5，滚转交感力矩导数较大，大约为通用飞机的 3 倍。

表 5-3　临近空间长航时太阳能飞行器与通用飞机横航向气动导数比较

气动导数	太阳能飞行器	通用飞机
C_{l_β} (rad^{-1})	−0.151	−0.074
C_{n_β} (rad^{-1})	0.024	0.071
C_{l_p}	−0.818	−0.410
C_{n_p}	−0.115	−0.058
C_{l_r}	0.324	0.107
C_{n_r}	−0.028	−0.125

5.3　气动导数计算方法及机理分析

5.2.2 节的分析表明，临近空间太阳能飞行器的气动导数与常规低速飞行器存在一定差异，横航向气动导数的差异较明显。有必要清楚了解临近空间太阳能飞行器动导数的机理，作为计算或风洞试验结果的支撑。

在动导数计算方法方面，除了常规经验公式、涡格法和面元法之外，求解 N-S 方程的 CFD 方法计算飞行器动导数的有效性[4]已得到验证。但现有的这些计算方法都不容易找出决定动导数计算结果的主要总体气动参数，不适用于动导数的机理研究。常规经验公式计算动导数精度较差，需要输入大量几何及气动参数，还需要结合图表进行插值计算。涡格法、面元法和求解 N-S 方程的 CFD 方法只能找出对力贡献较大的部件，很难分析影响计算结果的机理。因此，需要通过理论分析来研究临近空间长航时太阳能飞行器动导数的机理，从理论上说明计算结果的合理性。

5.3.1　俯仰动导数

与常规低速飞行器类似，临近空间长航时太阳能飞行器的俯仰动导数主要由平尾产生，全机的俯仰阻尼导数近似等于平尾产生的俯仰阻尼导数。在攻角不太大的情况下，俯仰角速度在平尾处造成的攻角增量可近似表示为

$$\Delta\alpha_{\mathrm{h}}=\frac{ql_{\mathrm{h}}\cos\alpha_0}{\sqrt{k_{\mathrm{h}}}V_\infty}=\frac{2l_{\mathrm{h}}\cos\alpha_0}{\sqrt{k_{\mathrm{h}}}c}\bar{q} \tag{5-14}$$

式中　q——俯仰角速度；

l_{h}——平尾力臂；

α_0——基准状态攻角；

k_{h}——平尾处的速度阻滞系数；

V_∞——来流速度；

$\bar{q}$——无因次俯仰角速度。

$\bar{q}$ 的表达式为

$$\bar{q} = \frac{qc}{2V_\infty} \tag{5-15}$$

平尾产生的俯仰阻尼导数为

$$C_{mq,\mathrm{h}} = -2\sqrt{k_\mathrm{h}}\left(\frac{S_\mathrm{h}}{S}\frac{l_\mathrm{h}}{c}\right)\frac{l_\mathrm{h}}{c}C_{L_{\alpha,\mathrm{h}}}\cos^2\alpha_0 \tag{5-16}$$

式中 S_h——平尾面积；

$C_{L_{\alpha,\mathrm{h}}}$——平尾升力系数对攻角的导数。

式（5-16）右边括号内为平尾尾容量表达式。俯仰力矩系数的参考面积为机翼面积 S，参考长度为弦长 c。

由式（5-16）可见，平尾产生的俯仰阻尼由平尾尾容量、无量纲平尾力臂和平尾升力系数对攻角的导数决定。临近空间长航时太阳能飞行器平尾尾容量、无量纲平尾力臂和平尾升力系数对攻角的导数都比较大，因而平尾产生的俯仰阻尼较大。

5.3.2 滚转动导数

临近空间长航时太阳能飞行器机翼的面积和展长远大于平尾和垂尾，滚转角速度造成的滚转和偏航力矩主要由机翼产生，平尾和垂尾的贡献较小。向一侧滚转时，一侧机翼攻角增大，升力矢量向前倾斜，另一侧机翼攻角减小，升力矢量向后倾斜，两侧机翼不对称的升力、阻力产生滚转力矩和偏航力矩。

推导理论公式不宜采用积分方法，沿翼展方向滚转角速度引起的攻角增量，以及产生滚转力矩和偏航力矩的力臂都是变化的，因而沿展向积分推导出来的公式十分复杂。为了简化理论推导，假设滚转角速度引起的升力和阻力增量作用在左右机翼中点处，以左右两侧机翼中点处的攻角、流速增量和力臂作为左右两侧机翼的攻角、流速增量和力臂，忽略滚转角速度造成的来流速度变化。

5.3.2.1 滚转阻尼导数

在攻角较小的情况下，由滚转角速度导致的右侧机翼中点处的攻角增量可近似表示为

$$\Delta\alpha_{\mathrm{rw}} = \frac{pb\cos\alpha_0}{4V_\infty} = \frac{1}{2}\bar{p}\cos\alpha_0 \tag{5-17}$$

其中

$$\bar{p} = \frac{pb}{2V_\infty} \tag{5-18}$$

式中 b——机翼展长；

p——滚转角速度；

$\bar{p}$——无因次滚转角速度。

左侧机翼攻角增量与右侧机翼大小相等，符号相反。

右侧机翼升力、阻力大小分别为

$$L_{rw}=\frac{1}{2}\rho V_{\infty}^{2}\left(\frac{S}{2}\right)\left(C_{L_{0,w}}+C_{L_{\alpha,w}}\ \frac{1}{2}\bar{p}\cos\alpha_{0}\right)\tag{5-19}$$

$$D_{rw}=\frac{1}{2}\rho V_{\infty}^{2}\left(\frac{S}{2}\right)\left(C_{D_{0,w}}+C_{D_{\alpha,w}}\ \frac{1}{2}\bar{p}\cos\alpha_{0}\right)\tag{5-20}$$

式中　ρ——空气密度；

S——机翼面积；

$C_{L_{0,\mathrm{w}}}$——基准状态的机翼升力系数；

$C_{D_{0,\mathrm{w}}}$——基准状态的机翼阻力系数。

类似地，可得到左侧机翼的升力、阻力。

气动力增量作用在两侧机翼中点处，将气动力沿机体坐标系轴线方向投影，整个机翼气动力产生的滚转力矩增量为

$$\Delta L_{w}=(Z_{L,rw}+Z_{D,rw})\frac{b}{4}-(Z_{L,lw}+Z_{D,lw})\frac{b}{4}\tag{5-21}$$

式中　$Z_{L,\mathrm{rw}}$，$Z_{D,\mathrm{rw}}$——分别为右侧机翼升力、阻力在机体坐标系垂向轴线上的投影；

$Z_{L,\mathrm{lw}}$，$Z_{D,\mathrm{lw}}$——分别为左侧机翼升力、阻力在机体坐标系垂向轴线上的投影。

当 $\Delta\alpha$ 趋近于 0 时，有

$$\sin\Delta\alpha\approx\Delta\alpha=\frac{1}{2}\bar{p}\cos\alpha_{0}\tag{5-22}$$

$$\cos\Delta\alpha\approx 1\tag{5-23}$$

利用式（5-21）～式（5-23），可得到机翼产生的滚转阻尼导数为

$$C_{l_{p,w}}=-\frac{1}{8}(C_{L_{\alpha,w}}\cos^{2}\alpha_{0}-C_{L_{0,w}}\sin\alpha_{0}\cos\alpha_{0})-\frac{1}{8}(C_{D_{0,w}}\cos^{2}\alpha_{0}+C_{D_{\alpha,w}}\sin\alpha_{0}\cos\alpha_{0})\tag{5-24}$$

滚转力矩系数的参考面积为机翼面积 S，参考长度为展长 b。

在攻角较小的状态，式（5-24）可简化为

$$C_{l_{p,w}}=-\frac{1}{8}C_{L_{\alpha,w}}-\frac{1}{8}C_{D_{0,w}}\tag{5-25}$$

可见，攻角较小时机翼滚转阻尼导数由机翼升力系数对攻角的导数和阻力系数决定。

全机滚转阻尼导数主要由机翼提供，全机滚转阻尼导数近似等于机翼滚转阻尼导数。

5.3.2.2　偏航交感力矩导数

与滚转力矩类似，机翼气动力产生的偏航力矩为

$$\Delta N_{w}=-(X_{L,rw}+X_{D,rw})\frac{b}{4}+(X_{L,lw}+X_{D,lw})\frac{b}{4}\tag{5-26}$$

式中　$X_{L,\mathrm{rw}}$，$X_{D,\mathrm{rw}}$——分别为右侧机翼升力、阻力在机体坐标系纵向轴线上的投影；

$X_{L,\mathrm{lw}}$，$X_{D,\mathrm{lw}}$——分别为左侧机翼升力、阻力在机体坐标系纵向轴线上的投影。

整理式（5－26）得到机翼产生的偏航交感力矩导数为

$$C_{n_{p,\mathrm{w}}}=-\frac{1}{8}(C_{L_{0,\mathrm{w}}}\cos^2\alpha_0+C_{L_{\alpha,\mathrm{w}}}\sin\alpha_0\cos\alpha_0)-\frac{1}{8}(C_{D_{0,\mathrm{w}}}\sin\alpha_0\cos\alpha_0-C_{D_{\alpha,\mathrm{w}}}\cos^2\alpha_0) \tag{5-27}$$

在攻角较小的状态，式（5－27）可简化为

$$C_{n_{p,\mathrm{w}}}=-\frac{1}{8}C_{L_{0,\mathrm{w}}}+\frac{1}{8}C_{D_{\alpha,\mathrm{w}}} \tag{5-28}$$

可见，机翼偏航交感力矩导数由机翼升力系数和机翼阻力系数对攻角的导数决定。

全机偏航交感力矩导数主要由机翼提供，全机偏航交感力矩导数近似等于机翼的偏航交感力矩导数。

5.3.3 航向动导数

5.3.3.1 偏航阻尼导数

临近空间长航时太阳能飞行器的偏航阻尼导数由垂尾和机翼产生。在攻角较小情况下，有偏航角速度时垂尾处的侧滑角增量为

$$\Delta\beta_{\mathrm{v}}=\frac{rl_{\mathrm{v}}}{\sqrt{k_{\mathrm{v}}}V_\infty}=\frac{2\bar{r}l_{\mathrm{v}}}{\sqrt{k_{\mathrm{v}}}b} \tag{5-29}$$

其中

$$\bar{r}=\frac{rb}{2V_\infty} \tag{5-30}$$

式中 r ——偏航角速度；

l_{v} ——垂尾力臂；

k_{v} ——垂尾处的速度阻滞系数；

$\bar{r}$ ——无因次偏航角速度。

垂尾产生的偏航阻尼导数为

$$C_{n_{r,\mathrm{v}}}=-2\sqrt{k_{\mathrm{v}}}\left(\frac{S_{\mathrm{v}}}{S}\frac{l_{\mathrm{v}}}{b}\right)\frac{l_{\mathrm{v}}}{b}C_{y_{\beta,\mathrm{v}}} \tag{5-31}$$

式中 S_{v}——垂尾面积；

$C_{y_{\beta,\mathrm{v}}}$ ——垂尾横向力系数对侧滑角的导数。

偏航力矩系数的参考面积为机翼面积 S ，参考长度为展长 b 。

由式（5－31）可见（括号内为垂尾尾容量表达式），垂尾产生的偏航阻尼由垂尾尾容量、无量纲垂尾力臂和垂尾横向力系数对侧滑角的导数决定。由于结构刚度的限制，临近空间长航时太阳能飞行器尾撑长度相对机翼展长较短，无量纲垂尾力臂较短。

有偏航角速度时，来流速度大的一侧机翼的阻力较大，来流速度小的一侧机翼的阻力较小，从而产生一个偏航阻尼力矩。同样以左右两侧机翼中点处的速度增量和力臂作为左右两侧机翼的速度增量和力臂，忽略偏航角速度造成的攻角变化。

由向右的偏航角速度导致的右侧机翼中点处的来流速度增量为

$$\Delta V_{\mathrm{rw}} = -\frac{rb}{4}\cos\alpha_0 = -\frac{\bar{r}V_\infty}{2}\cos\alpha_0 \tag{5-32}$$

左侧机翼中点处的来流速度增量与右侧机翼大小相等，符号相反。

右侧机翼升力、阻力大小分别为

$$L_{\mathrm{rw}} = \frac{1}{2}\rho\ (V_\infty + \Delta V_{\mathrm{rw}})^2\left(\frac{S}{2}\right)C_{L_{0,\mathrm{w}}} \tag{5-33}$$

$$D_{\mathrm{rw}} = \frac{1}{2}\rho\ (V_\infty + \Delta V_{\mathrm{rw}})^2\left(\frac{S}{2}\right)C_{D_{0,\mathrm{w}}} \tag{5-34}$$

与右侧机翼类似，可得到左侧机翼的升力、阻力。

气动力增量作用在两侧机翼中点处，将气动力沿机体坐标系轴线方向投影，整个机翼气动力产生的偏航力矩增量为

$$\Delta N_{\mathrm{w}} = -\ (X_{L,\mathrm{rw}} + X_{D,\mathrm{rw}})\ \frac{b}{4} + (X_{L,\mathrm{lw}} + X_{D,\mathrm{lw}})\ \frac{b}{4} \tag{5-35}$$

整理得到机翼产生的偏航阻尼导数为

$$C_{n_{r,\mathrm{w}}} = -\frac{1}{4}C_{D_{0,\mathrm{w}}}\cos^2\alpha_0 + \frac{1}{4}C_{L_{0,\mathrm{w}}}\sin\alpha_0\cos\alpha_0 \tag{5-36}$$

在攻角较小的状态，式（5-36）可简化为

$$C_{n_{r,\mathrm{w}}} = -\frac{1}{4}C_{D_{0,\mathrm{w}}} \tag{5-37}$$

可见，机翼产生的偏航阻尼由机翼的阻力系数直接决定。

全机的偏航阻尼由垂尾偏航阻尼和机翼偏航阻尼相加得到

$$C_{n_r} = C_{n_{r,\mathrm{v}}} + C_{n_{r,\mathrm{w}}} \tag{5-38}$$

5.3.3.2　滚转交感力矩导数

垂尾产生滚转力矩的力臂较短，滚转交感力矩导数可以忽略垂尾的贡献。平尾的面积和展长比机翼小很多，对滚转交感力矩导数的贡献比机翼小很多。滚转交感力矩导数主要考虑机翼的贡献。

有偏航角速度时，左右两侧机翼因升力差异而产生的滚转力矩为

$$\Delta L_{\mathrm{w}} = (Z_{L,\mathrm{rw}} + Z_{D,\mathrm{rw}})\ \frac{b}{4} - (Z_{L,\mathrm{lw}} + Z_{D,\mathrm{lw}})\ \frac{b}{4} \tag{5-39}$$

式（5-39）整理得到机翼产生的滚转交感力矩导数为

$$C_{l_{r,\mathrm{w}}} = \frac{1}{4}C_{L_{0,\mathrm{w}}}\cos\alpha_0 + \frac{1}{4}C_{D_{0,\mathrm{w}}}\sin\alpha_0 \tag{5-40}$$

当攻角较小时，式（5-40）可简化为

$$C_{l_{r,\mathrm{w}}} = \frac{1}{4}C_{L_{0,\mathrm{w}}} \tag{5-41}$$

可见，机翼滚转交感力矩导数由机翼的升力系数直接决定。

全机滚转交感力矩导数主要由机翼提供，全机滚转交感力矩导数近似等于机翼滚转交感力矩导数。

5.3.4 计算公式验证

通过风洞试验得到了临近空间长航时太阳能飞行器攻角−4°至4°的升力、阻力系数。近似地用风洞试验得到的全机升力、阻力系数作为机翼的升力、阻力系数，代入到上面得到的动导数计算公式中，可得到不同攻角下的横航向动导数。

计算公式和CFD方法计算得到的0°攻角状态的横航向动导数计算结果比较见表5－4。表5－4中CFD方法计算结果部分采用旋转坐标系方法计算数据，部分采用动网格方法计算数据。由表中数据可见，计算公式与CFD方法计算结果符合较好。

表5－4　计算公式与CFD方法计算结果比较

动导数	计算公式	CFD方法
C_{l_p}	−0.717 2	−0.818 0
C_{n_p}	−0.109 8	−0.115 4
C_{n_r}	−0.024 7	−0.027 6
C_{l_r}	0.279 6	0.323 5

5.3.5 动导数机理分析

利用推导得到的动导数计算公式可以方便地解释表5－3中临近空间长航时太阳能飞行器与通用飞机横航向动导数差异较大的原因。

根据5.3.2.1节对式（5－25）的分析，滚转阻尼导数主要由机翼升力系数对攻角的导数决定。临近空间长航时太阳能飞行器展弦比为20，机翼升力系数对攻角的导数较大。而通用飞机的展弦比为6，机翼升力系数对攻角的导数较小。因此临近空间长航时太阳能飞行器的滚转阻尼导数较大。

由式（5－28）可见，偏航交感力矩导数主要由阻力系数对攻角的导数和升力系数决定。与通用飞机相比，临近空间长航时太阳能飞行器巡航升力系数较大，阻力系数对攻角的导数较小，因而偏航交感力矩导数大于通用飞机。

偏航阻尼导数由垂尾和机翼提供。根据式（5－31），垂尾提供的偏航阻尼导数与无量纲垂尾力臂、垂尾尾容量成正比。根据式（5－37），机翼提供的偏航阻尼导数由阻力系数决定。临近空间长航时太阳能飞行器阻力系数为0.041 2，通用飞机阻力系数为0.05，二者机翼产生的偏航阻尼差别不大。但通用飞机的无量纲垂尾力臂较大，垂尾尾容量较大，通用飞机垂尾产生的偏航阻尼远大于临近空间长航时太阳能飞行器。因此临近空间长航时太阳能飞行器的偏航阻尼仅约为通用飞机的1/5。

由式（5－41）可见，滚转交感力矩导数主要由升力系数决定。临近空间长航时太阳能飞行器升力系数是通用飞机的2.7倍，其滚转交感力矩导数大约是通用飞机的3倍。

5.4　临近空间太阳能飞行器在静止大气中的稳定性

5.4.1　纵向稳定性

5.4.1.1　纵向模态特征根和特征矢量

临近空间太阳能飞行器和通用飞机海平面平飞状态纵向模态特征根的比较见表 5－5。通用飞机短周期、长周期模态特征根比较典型，都为共轭复根，短周期模态周期短，长周期模态周期长。临近空间太阳能飞行器短周期模态特征根为两个较大的负实根，长周期模态为一对共轭复根。

表 5－5　太阳能飞行器和通用飞机纵向模态特征根比较

纵向模态	太阳能飞行器	通用飞机
短周期模态	－8.021 0，－5.013 5	－2.520±2.597i
长周期模态	－0.238 6±0.386 1i	－0.017±0.213i

临近空间太阳能飞行器纵向模态特征矢量见表 5－6。与常规飞行器类似，短周期模态中速度的变化较小，攻角和俯仰角的变化较大。常规飞行器长周期模态中攻角几乎不变，但临近空间太阳能飞行器长周期模态中攻角与俯仰角的振幅接近。

表 5－6　太阳能飞行器纵向模态特征矢量（长周期模态对应于虚部为＋iω 的特征根）

状态变量	短周期模态特征矢量		长周期模态特征矢量
$\Delta V/V_0$	0.002 4	－0.099 8	0.122 7
$\Delta\alpha$	0.137 1	0.420 6	－0.047 3＋0.003 3i
Δq	－0.982 8	0.397 6	0.019 4＋0.000 3i
$\Delta\theta$	0.122 5	－0.079 3	－0.0219－0.036 7i

5.4.1.2　短周期模态分析

与常规飞行器不同，临近空间太阳能飞行器短周期模态特征根为两个负实根，短周期模态的阻尼比大于 1。在短周期模态中速度大体上保持不变，于是可以令速度增量等于 0，并且去掉小扰动方程组中的切向力方程和俯仰角运动学方程，得到主要体现短周期模态特性的简化方程组。简化后得到的纵向短周期模态特征方程为

$$\lambda^2 + c_1\lambda + c_2 = 0 \tag{5-42}$$

特征方程的系数分别为

$$c_1 = \left(\frac{2V_\infty}{c\hat{I}_y}\right)\left[(C_{m_q} + C_{m_{\dot{\alpha}}}) - \frac{k}{2}(C_{L_\alpha} + C_D) - \frac{kC_{m_{\dot{\alpha}}}C_{L_q}}{2\hat{I}_y}\right] \tag{5-43}$$

$$c_2 = -\left(\frac{2V_\infty}{c\hat{I}_y}\right)^2\left[\frac{k}{2}C_{m_q}(C_{L_\alpha} + C_D) + \hat{I}_y C_{m_\alpha} - \frac{k}{2}C_{m_\alpha}C_{L_q}\right] \tag{5-44}$$

式中　C_{m_q}，$C_{m_{\dot{\alpha}}}$——分别为俯仰力矩系数对俯仰角速度和攻角变化率的导数；

C_{L_α}，C_{L_q}——分别为升力系数对攻角和仰角速度的导数；

$k=\hat{I}_y/\mu$——无因次俯仰转动惯量和相对密度的比值，不随高度变化；

C_D——阻力系数；

λ——特征根。

短周期模态阻尼比为

$$\varepsilon_{sp}=-\frac{c_1}{2\sqrt{c_2}} \tag{5-45}$$

将 c_1、c_2 的表达式代入短周期模态阻尼比表达式，有

$$\varepsilon_{sp}=\frac{-(C_{m_q}+C_{m_{\dot{\alpha}}})+\frac{k}{2}(C_{L_\alpha}+C_D)+\frac{kC_{m_{\dot{\alpha}}}C_{L_q}}{2\hat{I}_y}}{2\sqrt{-\frac{k}{2}C_{m_q}(C_{L_\alpha}+C_D)-\hat{I}_yC_{m_\alpha}+\frac{k}{2}C_{m_\alpha}C_{L_q}}} \tag{5-46}$$

由于 $C_{m_{\dot{\alpha}}}$ 较小，分子中第三项比前两项小 1 个数量级以上，可以忽略分子中第三项。分母中第三项比前两项小 1 个数量级以上，可以忽略分母中第三项。于是短周期模态阻尼比的近似表达式为

$$\varepsilon_{sp}\approx\frac{-(C_{m_q}+C_{m_{\dot{\alpha}}})+\frac{k}{2}(C_{L_\alpha}+C_D)}{2\sqrt{-\frac{k}{2}C_{m_q}(C_{L_\alpha}+C_D)-\hat{I}_yC_{m_\alpha}}} \tag{5-47}$$

式（5-47）中 $C_{m_{\dot{\alpha}}}$ 比 C_{m_q} 小 1 个数量级以上，C_D 比 C_{L_α} 小 1 个数量级以上，于是可进一步简化为

$$\varepsilon_{sp}\approx\frac{-C_{m_q}+\frac{k}{2}C_{L_\alpha}}{2\sqrt{-\frac{k}{2}C_{m_q}C_{L_\alpha}-\hat{I}_yC_{m_\alpha}}} \tag{5-48}$$

临近空间太阳能飞行器的无因次俯仰转动惯量 $\hat{I}_y$ 较小，$\hat{I}_y$ 和 C_{m_q} 为同一量级。由于 C_{m_α} 数值较小，式（5-48）分母中第二项比第一项小 1 个数量级。对于临近空间太阳能飞行器，短周期模态阻尼比表达式可进一步简化为

$$\varepsilon_{sp}\approx\frac{-C_{m_q}+\frac{k}{2}C_{L_\alpha}}{2\sqrt{-\frac{k}{2}C_{m_q}C_{L_\alpha}}} \tag{5-49}$$

显然，式（5-49）中分子、分母都为正，且分子大于分母，即短周期模态阻尼比大于等于 1。

对于通用飞机，无因次俯仰转动惯量 $\hat{I}_y$ 较大，$\hat{I}_y$ 比 C_{m_q} 大 1 个数量级，式（5-48）分母中第二项与第一项量级相同，短周期模态阻尼比较小。

短周期模态是纵向受到扰动后俯仰力矩恢复平衡的过程，在短周期模态中攻角和俯仰角速度的变化起主要作用。从物理意义上讲，无量纲俯仰转动惯量和俯仰阻尼导数之比，与惯性力矩和气动阻尼力矩之比成正比。临近空间太阳能飞行器无量纲俯仰转动惯量和俯仰阻尼导数的比值比常规飞行器小 1 个数量级，表明惯性力矩与气动阻尼力矩相比影响较小。在攻角和俯仰角振荡过程中，由于气动阻尼力矩的影响较大，就出现了短周期模态阻尼比较大，甚至超过 1 的情况。

5.4.1.3　长周期模态分析

常规飞行器的长周期模态阻尼比与升阻比成反比。临近空间太阳能飞行器的升阻比在 20 以上，但长周期模态阻尼比并不低。临近空间太阳能飞行器长周期模态中攻角的变化较大，不能忽略，不能采用常规飞行器长周期模态简化方程组来分析其长周期模态特性[5]。

基准状态的爬升角为 0°，纵向小扰动方程组系数矩阵为

$$\mathbf{A}=\begin{bmatrix} A_{11} & A_{12} & 0 & -g \\ A_{21} & A_{22} & A_{23} & 0 \\ A_{31} & A_{32} & A_{33} & 0 \\ 0 & 0 & 1 & 0 \end{bmatrix} \tag{5-50}$$

特征方程为

$$\lambda^4+(-A_{11}-A_{22}-A_{33})\lambda^3+(A_{11}A_{33}+A_{22}A_{33}-A_{21}A_{12}+A_{11}A_{22}-A_{32}A_{23})\lambda^2+(A_{31}g+A_{21}A_{12}A_{33}-A_{31}A_{12}A_{23}+A_{11}A_{32}A_{23}-A_{11}A_{22}A_{33})\lambda+(A_{21}A_{32}g-A_{31}A_{22}g)=0 \tag{5-51}$$

去掉特征方程各阶系数中较小的项，得到简化的特征方程为

$$\lambda^4+(-A_{11}-A_{22}-A_{33})\lambda^3+A_{22}A_{33}\lambda^2+(A_{21}A_{12}A_{33}-A_{11}A_{22}A_{33})\lambda+(A_{21}A_{32}g-A_{31}A_{22}g)=0 \tag{5-52}$$

长周期模态特征根的模比短周期模态特征根小一个数量级，因此特征方程高阶项对长周期模态特征根的影响较小。忽略特征方程中的四阶和三阶项，得到长周期模态特性的近似特征方程

$$A_{22}A_{33}\lambda^2+(A_{21}A_{12}A_{33}-A_{11}A_{22}A_{33})\lambda+(A_{21}A_{32}g-A_{31}A_{22}g)=0 \tag{5-53}$$

长周期模态特征根阻尼比为

$$\varepsilon_p=-\frac{A_{21}A_{12}A_{33}-A_{11}A_{22}A_{33}}{2\sqrt{A_{22}A_{33}(A_{21}A_{32}g-A_{31}A_{22}g)}} \tag{5-54}$$

如果将系数矩阵每个元素的表达式代入长周期阻尼比表达式，阻尼比表达式必将十分复杂。在此采用类似量纲分析的方法，例如 A_{11} 可表示为

$$A_{11}=\frac{a_{11}\rho V_\infty S}{m} \tag{5-55}$$

式中　a_{11} ——无量纲参数；

ρ ——大气密度；

S ——参考面积；

m ——质量。

采用这种方法将系数矩阵每个元素的表达式代入式（5－54），得到

$$\varepsilon_{p} = -\frac{a_{21}a_{12}a_{33} - a_{11}a_{22}a_{33}}{2\sqrt{a_{22}a_{33}(a_{21}a_{32}g - a_{31}a_{22}g)}} \times \sqrt{\frac{1}{(mg/\rho V_{\infty}^{2}S)}\frac{1}{(m/\rho Sc)}} \tag{5-56}$$

式中　a_{21}，a_{12}，a_{33}，a_{22}，a_{32}，a_{31}——分别为 A_{21}、A_{12}、A_{33}、A_{22}、A_{32}、A_{31} 对应的无量纲参数。

整理得到

$$\varepsilon_{p} = -\frac{a_{21}a_{12}a_{33} - a_{11}a_{22}a_{33}}{2\sqrt{a_{22}a_{33}(a_{21}a_{32}g - a_{31}a_{22}g)}} \sqrt{\frac{1}{C_{L}\mu}} \tag{5-57}$$

式中，a_{11} 等无量纲参数都是气动系数或气动导数。临近空间太阳能飞行器和通用飞机的纵向气动系数、气动导数差别并不大，造成二者长周期模态阻尼比相差较大的主要原因是二者的相对密度相差较大。通用飞机的相对密度大约是临近空间太阳能飞行器的 19 倍，从式（5－57）可见，相对密度增大时长周期阻尼比减小。从物理意义上讲，相对密度与惯性力和气动力之比成正比。相对密度越小，表明气动力的影响越大。而在长周期模态振荡过程中，气动力起阻尼作用。因而相对密度越小，长周期模态阻尼比越大。

5.4.1.4　纵向模态特征根随飞行高度的变化

临近空间太阳能飞行器纵向模态特征根随高度的变化见表 5－7。随着飞行高度升高，短周期和长周期模态的阻尼比下降，短周期模态特征根从两个负实根变为一对共轭复根。此外，短周期和长周期模态的振荡频率也随着飞行高度升高而下降。随着飞行高度升高大气密度减小，无因次俯仰转动惯量和相对密度都增大，无因次气动力和惯性力比值减小，因而短周期和长周期模态的阻尼比下降。

表 5－7　太阳能飞行器不同高度下纵向模态特征根

高度/km	短周期模态特征根	长周期模态特征根
0	−8.021 0，−5.013 5	−0.238 6±0.386 1i
5	−6.308 9，−4.214 1	−0.161 5±0.409 5i
10	−4.063 1±0.645 5i	−0.095 1±0.407 0i
15	−2.857 2±1.332 0i	−0.038 4±0.374 7i
20	−1.957 8±1.577 9i	−0.010 1±0.319 5i
25	−1.330 7±1.677 7i	−0.002 1±0.253 7i
30	−0.893 1±1.722 9i	−0.001 8±0.187 8i

5.4.2　横航向稳定性

5.4.2.1　横航向模态特征根和特征矢量

利用常规的横航向小扰动方程组计算了临近空间太阳能飞行器和通用飞机海平面平飞

状态的横航向模态特征根，见表 5－8，此通用飞机具有典型的横航向模态特征根和特征矢量。临近空间太阳能飞行器滚转收敛模态特征根为一较大的负实根，绝对值比通用飞机稍大，时间常数稍小于通用飞机。与通用飞机相比，临近空间太阳能飞行器荷兰滚模态阻尼比 ε_{dr} 较大，为 0.827 6，无阻尼自振频率 $\omega_{n,dr}$ 较低，为 0.870 5（rad^{-1}）。临近空间太阳能飞行器螺旋模态发散，螺旋模态倍幅时间 t_2 为 18.78 s，通用飞机螺旋模态轻微发散。

表 5－8　太阳能飞行器和通用飞机横航向模态特征根比较

横航向模态	太阳能飞行器	通用飞机
滚转收敛模态	－10.724 0	－8.407 4
荷兰滚模态	－0.720 5±0.488 6i	－0.608 7±2.403 7i
螺旋模态	0.036 9	0.006 8

临近空间太阳能飞行器海平面平飞状态的横航向模态特征矢量见表 5－9 所示。临近空间太阳能飞行器的滚转收敛模态特征矢量与常规飞行器类似，主要是滚转角速度的变化。临近空间太阳能飞行器的荷兰滚模态特征矢量与常规飞行器类似，侧滑角与滚转角同量级，滚转角速度与偏航角速度同量级。常规飞行器螺旋模态中侧滑角的量级较小，但临近空间太阳能飞行器螺旋模态特征矢量中侧滑角的模最大，表示临近空间太阳能飞行器的螺旋模态中伴随着较大的侧滑。

表 5－9　太阳能飞行器横航向模态特征矢量（荷兰滚模态对应于虚部为＋iω 的特征根）

状态变量	滚转收敛模态特征矢量	荷兰滚模态特征矢量	螺旋模态特征矢量
$\Delta\beta$	－1.609 1	－0.092 8＋0.154 8i	0.000 6
Δp	－20.466 4	0.026 5 ＋ 0.015 7i	0.000 0
Δr	－2.931 5	0.043 7 ＋ 0.069 2i	0.000 1
$\Delta\varphi$	1.908 5	－0.015 1 － 0.032 0i	0.000 3

5.4.2.2　滚转收敛模态分析

滚转角速度在临近空间太阳能飞行器滚转收敛模态中起主导作用，这与常规低速飞行器是相同的。体现滚转收敛模态特性的单自由度滚转近似方程[2]为

$$\dot{p}=\overline{L}_p p \tag{5-58}$$

式中　$\overline{L}_p$——修正的滚转力矩对滚转角速度的导数。

临近空间太阳能飞行器惯性积相对滚转、偏航转动惯量很小，可忽略惯性积的影响，滚转收敛模态特征根为

$$\lambda_r=\overline{L}_p\approx\frac{qSb}{I_x}\frac{b}{2V_\infty}C_{l_p}=\frac{1}{\hat{I}_x}\frac{2V_\infty}{b}C_{l_p} \tag{5-59}$$

式中　q——动压。

虽然临近空间太阳能飞行器的无因次滚转转动惯量较小，但速度和翼展的比值也较小，这两方面的影响互相抵消，故其滚转收敛模态特征根只稍大于通用飞机。

5.4.2.3 螺旋模态分析

忽略惯性积的影响，螺旋模态特征根近似估计式[2]为

$$\lambda_{s}=-\frac{g\left(L_{\beta}N_{r}-L_{r}N_{\beta}\right)}{V_{\infty}\left(L_{\beta}N_{p}-L_{p}N_{\beta}\right)-gL_{\beta}} \tag{5-60}$$

式中 g——重力加速度；

L_{β}，L_{r}，L_{p}——分别为滚转力矩对侧滑角、偏航角速度和滚转角速度的导数；

N_{β}，N_{r}，N_{p}——分别为偏航力矩对侧滑角、偏航角速度和滚转角速度的导数。

上式分母一般大于 0，但分子可正可负。螺旋模态收敛判据为

$$\frac{C_{l_{\beta}}C_{n_{r}}}{C_{n_{\beta}}C_{l_{r}}}>1 \tag{5-61}$$

由螺旋模态收敛判据可见，要改善螺旋模态稳定性，需要增大横向静稳定性导数和偏航阻尼导数，减小航向静稳定性导数和滚转交感力矩导数。临近空间太阳能飞行器横向静稳定性较强，航向静稳定性较弱，$C_{l_{\beta}}$与$C_{n_{\beta}}$绝对值之比较大，大于常规低速飞行器二者的比值。但临近空间太阳能飞行器滚转交感力矩导数较大，偏航阻尼导数较小，$C_{n_{r}}$与$C_{l_{r}}$绝对值之比更小，故临近空间太阳能飞行器不满足螺旋模态收敛判据[6]。

5.4.2.4 荷兰滚模态分析

根据常规低速飞行器横航向气动导数匹配原则[7]，航向静稳定性导数$C_{n_{\beta}}$绝对值应该大约是横向静稳定性导数$C_{l_{\beta}}$绝对值的 2 倍，若$C_{n_{\beta}}$与$C_{l_{\beta}}$的比值过小容易产生荷兰滚不稳定。临近空间太阳能飞行器航向静稳定性导数$C_{n_{\beta}}$绝对值只有横向静稳定性导数$C_{l_{\beta}}$的约 1/7，但荷兰滚模态稳定且阻尼比较大。

临近空间太阳能飞行器的荷兰滚模态运动与常规低速飞行器类似，虽然横向和航向运动明显耦合，但其首要特征仍是偏航/侧滑振荡，可以去掉横航向小扰动方程组中的滚转力矩方程和滚转角运动方程，得到主要反映荷兰滚模态特性的简化方程组。根据简化方程组得到荷兰滚模态频率和阻尼比近似表达式分别为

$$\omega_{n,dr}=\sqrt{\bar{N}_{\beta}-\bar{N}_{\beta}\bar{Y}_{r}+\bar{N}_{r}\bar{Y}_{\beta}} \tag{5-62}$$

$$\xi_{dr}=-\frac{\bar{N}_{r}+\bar{Y}_{\beta}}{2\omega_{n,dr}} \tag{5-63}$$

式中 $\bar{N}_{\beta}$，$\bar{N}_{r}$——分别为修正的偏航力矩对侧滑角、偏航角速度的导数；

$\bar{Y}_{\beta}$，$\bar{Y}_{r}$——分别为修正的横向力对侧滑角、偏航角速度的导数。

忽略惯性积的影响，式（5-63）整理得到

$$\xi_{dr}=\frac{-\dfrac{C_{n_{r}}}{\sqrt{\hat{I}_{z}}}-\dfrac{C_{y_{\beta}}qS}{mV_{\infty}}\left(\dfrac{b}{2V_{\infty}}\right)\sqrt{\hat{I}_{z}}}{2\sqrt{C_{n_{\beta}}-C_{n_{\beta}}\dfrac{C_{y_{r}}qS}{mV_{\infty}}\left(\dfrac{b}{2V_{\infty}}\right)+C_{n_{r}}\dfrac{C_{y_{\beta}}qS}{mV_{\infty}}\left(\dfrac{b}{2V_{\infty}}\right)}} \tag{5-64}$$

仿照纵向相对密度的定义方式，定义航向相对密度为

$$\mu_z = \frac{m}{\rho S(b/2)} \tag{5-65}$$

定义航向无因次偏航转动惯量与相对密度之比为

$$k_z = \frac{\hat{I}_z}{\mu_z} \tag{5-66}$$

式中　k_z——不随密度变化的常值。

于是式（5-64）可写为

$$\xi_{dr} = \frac{-2C_{n_r} - C_{y_\beta} k_z}{\sqrt{16C_{n_\beta}\hat{I}_z - 8C_{n_\beta}C_{y_r}k_z + 8C_{n_r}C_{y_\beta}k_z}} \tag{5-67}$$

式（5-67）右边分子中两项都为正，分母中第一项、第三项为正，第二项为负。临近空间太阳能飞行器和通用飞机航向质量特性比较见表5—2。与通用飞机相比，临近空间太阳能飞行器无因次偏航转动惯量小了两个量级，偏航转动惯量与相对密度之比 k_z 接近。通用飞机荷兰滚模态阻尼比表达式分子中两项并不小，由于通用飞机无因次偏航转动惯量较大，分母中第一项比第二项、第三项要大 1 个数量级，分母中三项之和较大，造成荷兰滚模态阻尼比较小。临近空间太阳能飞行器荷兰滚模态阻尼比表达式分子中两项较小，但分母中第一项比通用飞机小很多，分母中三项都比较小，造成临近空间太阳能飞行器荷兰滚模态阻尼比较大。

从物理意义上讲，惯性力矩和气动阻尼力矩的比值与无因次偏航转动惯量和偏航阻尼导数的比值成正比。虽然临近空间太阳能飞行器的偏航阻尼导数较小，但其无因次偏航转动惯量远小于常规飞行器，因而偏航惯性力矩和气动阻尼力矩的比值较小。在偏航振荡过程中，气动阻尼力矩的影响相对较大，造成荷兰滚模态阻尼比较大。

5.4.2.5　横航向模态特征根随飞行高度的变化

临近空间太阳能飞行器在不同飞行高度保持攻角和动压不变，当飞行高度从 0 km 升高至 30 km 时，空速从 8 m/s 增大至 66 m/s。利用常规的横航向小扰动方程组计算了临近空间太阳能飞行器不同高度下的横航向模态特征根，见表 5-10。由表 5-10 可见，随着飞行高度升高，滚转收敛、螺旋模态特征根绝对值减小。随着飞行高度升高，荷兰滚模态无阻尼自振频率减小，阻尼比显著减小。

表 5-10　太阳能飞行器不同高度下横航向模态特征根

高度/km	滚转收敛模态	荷兰滚模态	螺旋模态
0	−10.724	−0.720 5±0.488 6i	0.036 9
5	−8.325 1	−0.556 2±0.537 3i	0.036 2
10	−6.251 1	−0.410 7±0.564 5i	0.033 2
15	−4.312 4	−0.268 4±0.578 5i	0.027
20	−2.950 8	−0.160 2±0.580 1i	0.020 2

续表

高度/km	滚转收敛模态	荷兰滚模态	螺旋模态
25	−2.048 6	−0.079 8±0.572 7i	0.014 3
30	−1.444 2	−0.018 1±0.556 6i	0.009 8

根据式（5－59），当动压保持不变时，滚转收敛模态特征根与空速成反比。因此，滚转收敛模态特征根随着高度升高而减小。由式（5－60）可见，当空速增大时分母增大，螺旋模态特征根减小。当飞行高度升高时，无因次偏航转动惯量增大，偏航方向气动力矩与惯性力矩比减小。根据式（5－67），无因次偏航转动惯量增大时荷兰滚模态阻尼比降低。

5.5 临近空间太阳能飞行器在风场中的稳定性

本章 5.1 节推导的小扰动方程组都忽略了风场的影响，从本节开始着重研究风场对临近空间太阳能飞行器飞行动力学特性的影响。考虑风场影响时同样采取小扰动假设方法，即认为风场由基准状态的风场以及相对基准状态的偏移组成，风场相对基准状态的偏移是小量。基准状态的风场是持续性的稳定风场，持续性的稳定风场会导致飞行器的地速（也称为航迹速度）发生变化，地速与飞行器飞行航迹直接相关。风场相对基准状态的偏移则对飞行产生扰动。

临近空间太阳能飞行器飞行速度慢，风速相对空速不再是个小量。此类飞行器需长时间在相对较强的风场中飞行，遭遇与空速相当甚至大于空速的持续性风场都是完全可能的，地速会减小为 0 甚至出现后退飞行情况。因此，需建立以在稳定风场中飞行状态作为基准状态的动力学模型，并且动力学模型还需适用于地速为 0 或后退飞行的状态。常规线性化小扰动动力学模型以无风对称定直平飞状态作为基准状态，显然是不适用的。目前国内外对风场影响的研究大多是利用非线性模型进行飞行器在风场中的运动仿真[8]，这些模型既无法用于分析飞行器本体的稳定性，也很难用于飞控系统的设计。肖业伦等[9]给出了纵向以爬升角作为状态变量，横航向以航迹速度侧滑角作为状态变量的线性化动力学模型，但仍使用了基准状态风速远小于空速的假设条件，此外，爬升角和航迹速度侧滑角这两个变量并不适用于地速为 0 的状态。

风场扰动对临近空间太阳能飞行器的飞行安全影响较大，在建立考虑风场影响的动力学模型之后，可利用此模型研究临近空间太阳能飞行器各种典型风场扰动的响应和飞行控制问题。

5.5.1 考虑风场影响的横航向运动方程

以地速在机体坐标系侧向的投影作为状态变量，根据机体坐标系和地面坐标系之间的转换关系，建立了基准状态考虑风场影响且适用于地速为 0 状态的横航向动力学方程组。

有风条件下，有

$$\alpha=\alpha_k+\alpha_w \tag{5-68}$$

$$\beta=\beta_k+\beta_w \tag{5-69}$$

式中　α——攻角；

α_k——航迹速度攻角；

α_w——风速攻角；

β_k——航迹速度侧滑角；

β_w——风速侧滑角。

选择对称定常直线飞行状态作为基准状态，并假设基准状态存在顺逆风和垂直风，不存在侧风。即基准状态风速攻角不为 0，航迹速度侧滑角和风速侧滑角都为 0

$$\alpha_{w_0}\neq 0\ ,\ \beta_{k_0}=\beta_{w_0}=0$$

基准状态的其他条件为

$$\beta_0=0\ ,\ \psi_0=0\ ,\ \phi_0=0\ ,\ \mu_0=0$$

$$q_0=0\ ,\ p_0=0\ ,\ r_0=0$$

式中　β_0——基准状态的侧滑角；

ψ_0——基准状态的偏航角；

ϕ_0——基准状态的滚转角；

μ_0——基准状态的航迹速度滚转角；

q_0，p_0，r_0——分别为基准状态的俯仰角速度、滚转角速度和偏航角速度。

横航向小扰动方程组包括机体坐标系中的侧力方程、滚转力矩、偏航力矩方程以及滚转角运动学方程。

机体坐标系中的侧力方程为

$$m\frac{\mathrm{d}v_{k_b}}{\mathrm{d}t}=m(pw_{k_b}-ru_{k_b})-D\sin\beta+C\cos\beta+mg\cos\theta_0\phi \tag{5-70}$$

式中　v_{k_b}，w_{k_b}，u_{k_b}——分别为地速在机体坐标系侧向、垂向和纵向轴线上的投影；

D——阻力；

C——侧力；

θ_0——基准状态的俯仰角。

根据小扰动假设对侧力方程进行线性化，侧力方程变为

$$m\frac{\mathrm{d}\Delta v_{k_b}}{\mathrm{d}t}=m(\Delta pw_{k_{b_0}}-\Delta ru_{k_{b_0}})-D_0\Delta\beta+\Delta C+mg\cos\theta_0\Delta\phi \tag{5-71}$$

侧力小扰动线性化表达式为

$$\Delta C=C_\beta\Delta\beta+C_p\Delta p+C_r\Delta r \tag{5-72}$$

式中　C_β，C_r，C_p——分别为侧力对侧滑角、偏航角速度和滚转角速度的导数。

将式（5-72）代入式（5-71），整理得到

$$m\frac{\mathrm{d}\Delta v_{k_b}}{\mathrm{d}t}=(C_\beta-D_0)\Delta\beta+(mw_{k_{b_0}}+C_p)\Delta p+(C_r-mu_{k_{b_0}})\Delta r+mg\cos\theta_0\Delta\phi \tag{5-73}$$

现在需要将式（5－73）右边的侧滑角 $\Delta\beta$ 写成侧向速度 v_{k_b} 的表达式。地速为空速和风速的矢量和，地速在机体坐标系侧向投影为空速和风速在机体坐标系侧向投影之和。即

$$v_{k_b} = v_{a_b} + v_{w_b} \tag{5-74}$$

式中 v_{a_b} ——空速在机体坐标系侧向轴线投影；

v_{w_b} ——风速在机体坐标系侧向轴线投影。

将式（5－74）两边同时除以空速 V_a ，得到

$$\frac{v_{k_b}}{V_a} = \frac{v_{a_b}}{V_a} + \frac{v_{w_b}}{V_a} \tag{5-75}$$

$v_{a_b}/V_a \approx \beta$ ，于是有

$$\beta = \frac{v_{k_b}}{V_a} - \frac{v_{w_b}}{V_a} \tag{5-76}$$

对式（5－76）进行小扰动线性变换，有

$$\Delta\beta = -\frac{v_{k_{b_0}}}{V_{a_0}^2}\Delta V_a + \frac{\Delta v_{k_b}}{V_{a_0}} + \frac{v_{w_{b_0}}}{V_{a_0}^2}\Delta V_a - \frac{\Delta v_{w_b}}{V_{a_0}} \tag{5-77}$$

$v_{k_{b_0}} = v_{w_{b_0}} = 0$，于是式（5－77）简化为

$$\Delta\beta = \frac{\Delta v_{k_b}}{V_{a_0}} - \frac{\Delta v_{w_b}}{V_{a_0}} \tag{5-78}$$

将式（5－78）代入式（5－73）中，有

$$\frac{\mathrm{d}\Delta v_{k_b}}{\mathrm{d}t} = \frac{C_\beta - D_0}{mV_{a_0}}\Delta v_{k_b} - \frac{C_\beta - D_0}{mV_{a_0}}\Delta v_{w_b} + \left(w_{k_{b_0}} + \frac{C_p}{m}\right)\Delta p + \left(\frac{C_r}{m} - u_{k_{b_0}}\right)\Delta r + g\cos\theta_0\Delta\phi \tag{5-79}$$

线性化的滚转力矩方程和偏航力矩方程为

$$\frac{\mathrm{d}\Delta p}{\mathrm{d}t} = \bar{L}_\beta\Delta\beta + \bar{L}_p\Delta p + \bar{L}_r\Delta r \tag{5-80}$$

$$\frac{\mathrm{d}\Delta r}{\mathrm{d}t} = \bar{N}_\beta\Delta\beta + \bar{N}_p\Delta p + \bar{N}_r\Delta r \tag{5-81}$$

式中 $\bar{L}_\beta$ ，$\bar{L}_p$ ，$\bar{L}_r$ ——分别为修正的滚转力矩对侧滑角、滚转角速度和偏航角速度的导数；

$\bar{N}_p$ ——修正的偏航力矩对滚转角速度的导数。

将式（5－78）代入式（5－80）、式（5－81），得到

$$\frac{\mathrm{d}\Delta p}{\mathrm{d}t} = \bar{L}_\beta\frac{\Delta v_{k_b}}{V_{a_0}} - \bar{L}_\beta\frac{\Delta v_{w_b}}{V_{a_0}} + \bar{L}_p\Delta p + \bar{L}_r\Delta r \tag{5-82}$$

$$\frac{\mathrm{d}\Delta r}{\mathrm{d}t} = \bar{L}_\beta\frac{\Delta v_{k_b}}{V_{a_0}} - \bar{L}_\beta\frac{\Delta v_{w_b}}{V_{a_0}} + \bar{L}_p\Delta p + \bar{L}_r\Delta r \tag{5-83}$$

线性化的滚转角运动学方程为

$$\frac{\mathrm{d}\Delta\phi}{\mathrm{d}t} = \Delta p + \tan\theta_0\Delta r \tag{5-84}$$

式（5-84）与风速无关。

横航向经常使用的运动学小扰动方程有

$$\mathrm{d}\psi/\mathrm{d}t=(1/\cos\theta_0)\Delta r \tag{5-85}$$

$$\Delta\chi=\Delta\psi+(\Delta\beta_k-\alpha_0\Delta\phi)/\cos\gamma_0 \tag{5-86}$$

$$\mathrm{d}\Delta y_g/\mathrm{d}t=V_{k_0}\cos\gamma_0\Delta\chi \tag{5-87}$$

式中　χ——航迹偏角；

y_g——侧偏距离；

γ_0——基准状态的爬升角；

V_{k_0}——基准状态的地速。

式（5-85）为偏航角运动学方程，与风速无关，在地速为 0 的情况下仍可使用。式（5-86）、式（5-87）分别为航迹偏角和侧偏速度方程。航迹偏角在地速为 0 的情况下没有意义，式（5-86）在地速为 0 的情况下不可用。式（5-87）是侧偏速度方程，方程右边有 γ 和 χ，在地速为 0 的情况下不可用。侧偏速度方程在小地速或地速为 0 的情况下仍是需要的，需要通过其他方法推导适用于地速为 0 状态的侧偏速度方程。

根据机体坐标系和地面坐标系之间的转换关系，有

$$v_{k_b}=(\sin\phi\sin\theta\cos\psi-\cos\phi\sin\psi)u_{k_g}+(\sin\phi\sin\theta\sin\psi+\cos\phi\cos\psi)v_{k_g}+\sin\phi\cos\theta w_{k_g} \tag{5-88}$$

式中　u_{k_g}，v_{k_g} 和 w_{k_g}——分别为地速在地面坐标系纵向、侧向和垂向轴线的投影。

对式（5-88）进行小扰动线性化处理，并根据基准状态条件进行简化，得到

$$\Delta v_{k_b}=w_{k_{b_0}}\Delta\phi-u_{k_{g_0}}\Delta\psi+\Delta v_{k_g} \tag{5-89}$$

将式（5-89）右边的 Δv_{k_g} 移至左边，得到

$$\frac{\mathrm{d}\Delta y_g}{\mathrm{d}t}=\Delta v_{k_g}=\Delta v_{k_b}+u_{k_{g_0}}\Delta\psi-w_{k_{b_0}}\Delta\phi \tag{5-90}$$

式（5-90）在小地速，直至地速为 0 的情况下仍然适用。

Δv_{w_b} 是风速在机体坐标系中的投影，但一般在地面坐标系中描述风场，需要将 Δv_{w_b} 改写为风速在地面坐标系中投影的形式。

根据机体坐标系和地面坐标系之间的转换关系，有

$$v_{w_b}=(\sin\phi\sin\theta\cos\psi-\cos\phi\sin\psi)u_{w_g}+(\sin\phi\sin\theta\sin\psi+\cos\phi\cos\psi)v_{w_g}+\sin\phi\cos\theta w_{w_g} \tag{5-91}$$

对式（5-91）进行小扰动线性变换，得到

$$\Delta v_{w_b}=(u_{w_{g_0}}\sin\theta_0+w_{w_{g_0}}\cos\theta_0)\Delta\phi-u_{w_{g_0}}\Delta\psi+\Delta v_{w_g}=w_{w_{b_0}}\Delta\phi-u_{w_{g_0}}\Delta\psi+\Delta v_{w_g} \tag{5-92}$$

综合式（5-79）、式（5-82）～式（5-85）和式（5-90），并用式（5-92）右边的表达式代替 Δv_{w_b}，得到横航向动力学方程组为

$$\frac{\mathrm{d}}{\mathrm{d}t}\begin{bmatrix}\Delta v_{k_b}\\ \Delta p\\ \Delta r\\ \Delta\phi\\ \Delta\psi\\ \Delta y_g\end{bmatrix}=\begin{bmatrix}\dfrac{(C_\beta-D_0)}{mV_{a_0}} & w_{k_{b_0}}+\dfrac{C_p}{m} & \dfrac{C_r}{m}-u_{k_{b_0}} & g\cos\theta_0-\dfrac{(C_\beta-D_0)\,w_{w_{b_0}}}{mV_{a_0}} & \dfrac{(C_\beta-D_0)\,u_{w_{g_0}}}{mV_{a_0}} & 0\\ \dfrac{\bar{L}_\beta}{V_{a_0}} & \bar{L}_p & \bar{L}_r & -\bar{L}_\beta\dfrac{w_{w_{b_0}}}{V_{a_0}} & \bar{L}_\beta\dfrac{u_{w_{g_0}}}{V_{a_0}} & 0\\ \dfrac{\bar{N}_\beta}{V_{a_0}} & \bar{N}_p & \bar{N}_r & -\bar{N}_\beta\dfrac{w_{w_{b_0}}}{V_{a_0}} & \bar{N}_\beta\dfrac{u_{w_{g_0}}}{V_{a_0}} & 0\\ 0 & 1 & \tan\theta_0 & 0 & 0 & 0\\ 0 & 0 & 1/\cos\theta_0 & 0 & 0 & 0\\ 1 & 0 & 0 & -w_{k_{b_0}} & u_{k_{g_0}} & 0\end{bmatrix}$$

$$\begin{bmatrix}\Delta v_{k_b}\\ \Delta p\\ \Delta r\\ \Delta\phi\\ \Delta\psi\\ \Delta y_g\end{bmatrix}-\begin{bmatrix}\dfrac{C_\beta-D_0}{mV_{a_0}}\\ \dfrac{\bar{L}_\beta}{V_{a_0}}\\ \dfrac{\bar{N}_\beta}{V_{a_0}}\\ 0\\ 0\\ 0\end{bmatrix}\Delta v_{w_g} \tag{5-93}$$

要分析飞行器在不同风场中的稳定性，计算式（5－93）右边的特征矩阵的特征根即可。

5.5.2 定常水平风和垂直风对横航向稳定性的影响

5.5.2.1 对横航向模态特征根的影响

从式（5－93）右边特征矩阵的形式来看，特征矩阵中的一些元素与基准状态的地速和风速有关。计算临近空间太阳能飞行器在不同水平风、垂直风中的横航向模态特征根，虽然水平风、垂直风造成地速发生变化，但横航向模态特征根与无风状态完全相同。

将式（5－93）的特征行列式的第一列乘以 $w_{w_{b_0}}$ 加到第四列上，第一列乘以 $-u_{w_{g_0}}$ 加到第五列上，再将第五行乘以 $u_{w_{g_0}}$ ，第四行乘以 $-w_{w_{b_0}}$ 加到第一行上，得到

$$\begin{vmatrix}\dfrac{(C_\beta-D_0)}{mV_{a_0}}-\lambda & w_{k_{b_0}}+\dfrac{C_p}{m}-w_{w_{b_0}} & \dfrac{C_r}{m}-u_{k_{b_0}}+u_{w_{g_0}}/\cos\theta_0-w_{w_{b_0}}\tan\theta_0 & g\cos\theta_0 & 0 & 0\\ \dfrac{\bar{L}_\beta}{V_{a_0}} & \bar{L}_p-\lambda & \bar{L}_r & 0 & 0 & 0\\ \dfrac{\bar{N}_\beta}{V_{a_0}} & \bar{N}_p & \bar{N}_r-\lambda & 0 & 0 & 0\\ 0 & 1 & \tan\theta_0 & -\lambda & 0 & 0\\ 0 & 0 & 1/\cos\theta_0 & 0 & -\lambda & 0\\ 1 & 0 & 0 & -w_{k_{b_0}}+w_{w_{b_0}} & u_{k_{g_0}}-u_{w_{g_0}} & -\lambda\end{vmatrix}=0 \tag{5-94}$$

特征行列式中有些元素看起来似乎与风速有关，但实际上只剩下与空速有关的量。

第一行第二列元素

$$w_{k_{b_0}} - w_{w_{b_0}} = w_{a_{b_0}} \tag{5-95}$$

第一行第三列元素

$$-u_{k_{b_0}} + u_{w_{g_0}}/\cos\theta_0 - w_{w_{b_0}}\tan\theta_0 = -u_{a_{b_0}} \tag{5-96}$$

第六行第四列元素

$$-w_{k_{b_0}} + w_{w_{b_0}} = -w_{a_{b_0}} \tag{5-97}$$

第六行第五列元素

$$u_{k_{g_0}} - u_{w_{g_0}} = u_{a_{g_0}} \tag{5-98}$$

以上元素都是基准状态空速在机体坐标系或地面坐标系的投影，只与空速有关，因此特征根与风速无关。从物理意义上讲，飞机的运动由气动力、重力和推力决定，这些外力与风速无关。

5.5.2.2　对横航向模态特征矢量的影响

临近空间太阳能飞行器海平面平飞状态，在地速 8 m/s（风速为 0）和地速为 0（逆风 8 m/s）两种情况下的横航向模态特征矢量分别如表 5－11、表 5－12 所示。由表 5－11 和表 5－12 的比较可见，两种状态横航向模态特征矢量除 v_{k_b} 对应的元素不同之外，其他横航向运动变量对应的元素完全相同。结合之前稳定风场对特征根无影响的结论，可以推断受到扰动之后除 v_{k_b} 之外其他横航向运动变量的响应将完全相同。

表 5－11　太阳能飞行器无风状态横航向模态特征矢量（荷兰滚模态对应于虚部为＋iω 的特征根）

状态变量	滚转收敛模态	荷兰滚模态	螺旋模态
Δv_{k_b}	－12.918 6	－0.745 2 ＋ 1.242 5i	0.005 0
Δp	－20.466 4	0.0265 ＋ 0.015 7i	0.000 0
Δr	－2.931 5	0.0437 ＋ 0.069 2i	0.000 1
$\Delta \phi$	1.908 5	－0.0151 － 0.032 0i	0.000 3
$\Delta \psi$	0.273 4	0.0031 － 0.093 9i	0.004 0
Δy_g	1.000 0	1.000 0	1.000 0

表 5－12　太阳能飞行器地速为 0 状态横航向模态特征矢量（荷兰滚模态对应于虚部为＋iω 的特征根）

状态变量	滚转收敛模态	荷兰滚模态	螺旋模态
Δv_{k_b}	－10.724 0	－0.720 5 ＋ 0.488 6i	0.036 9
Δp	－20.466 4	0.026 5＋0.015 7i	0.000 0
Δr	－2.931 5	0.043 7＋0.069 2i	0.000 1
$\Delta \phi$	1.908 5	－0.015 1－0.032 0i	0.000 3
$\Delta \psi$	0.273 4	0.003 1－0.093 9i	0.004 0
Δy_g	1.000 0	1.000 0	1.000 0

地速 8 m/s 和地速为 0 两种情况下施加相同的 1°滚转角的初始扰动量，侧向速度、偏航角和侧偏距离受扰后的响应如图 5－2 所示。受到扰动后的初始阶段主要体现滚转收敛模态和荷兰滚模态的影响。地速 8 m/s 和地速为 0 两种状态相比，侧向速度对应的滚转收敛模态和荷兰滚模态特征矢量中的元素相差较小，因而这两种状态受扰后的初始阶段侧向速度的响应差别较小。随着时间延长，螺旋模态的影响体现出来。在地速为 0 状态侧向速度对应的螺旋模态特征矢量中的元素比地速 8 m/s 状态大很多，因而经过一段时间之后，地速为 0 状态的侧向速度比地速 8 m/s 状态大很多。

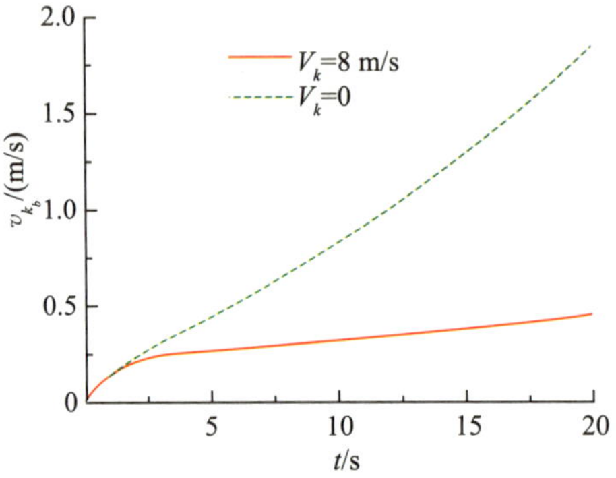

(a) 不同地速下侧向速度受扰后的响应

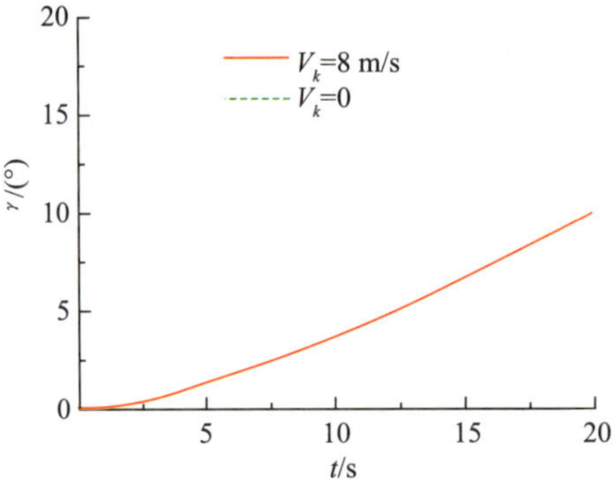

(b) 不同地速下偏航角受扰后的响应

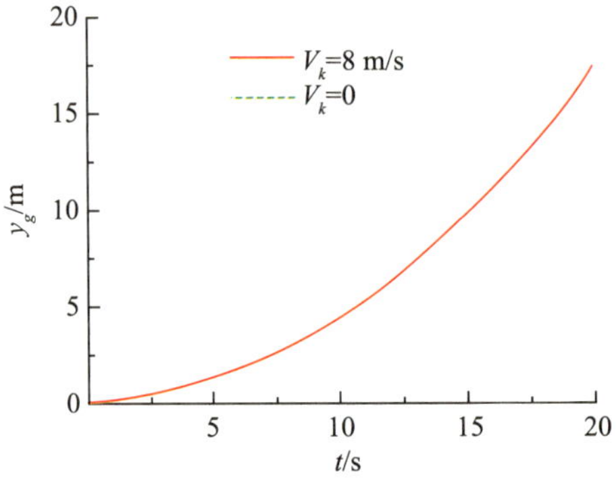

(c) 不同地速下侧偏距离受扰后的响应

图 5－2　不同地速下横航向运动参数受扰后的响应

基准状态地速对侧向速度受扰后响应的影响如图 5－3 所示。两种不同地速状态下偏航角、侧偏距离的响应完全相同，侧偏距离响应相同意味着侧偏速度的响应也完全相同。受到扰动后偏航角发生变化，机体坐标系相对地面坐标系的位置发生变化。基准状态地速和侧偏速度合成为地速矢量，侧向速度（地速矢量在机体侧向的投影）既受到侧偏速度的影响，也受基准状态地速的影响。由图 5－3 还可以看出，基准状态的地速影响着受扰后地速矢量方向的变化。

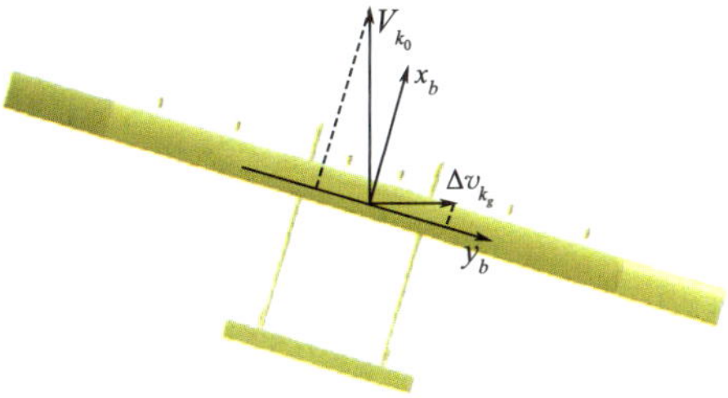

图 5－3　基准状态地速对侧向速度受扰后响应的影响

5.5.3　横航向运动参数对风场扰动的响应

5.5.3.1　横航向风场扰动运动方程组

式（5－93）右边的 Δv_{w_g} 表示侧风扰动，利用式（5－93）即可对受到侧风扰动后的响应进行仿真和分析。除了侧风之外，垂直风沿展向的梯度、侧风沿纵向的梯度对横航向气动力（矩）影响较大。临近空间太阳能飞行器飞行速度慢，尺度大，垂直风沿展向的梯度和侧风沿纵向的梯度对飞行的影响较大。

垂直风沿展向的梯度对气动力的影响与滚转角速度类似，可以将垂直风沿展向的梯度近似为滚转角速度。同理，侧风沿纵向的梯度对气动力的影响与偏航角速度类似，也可将侧风沿纵向的梯度近似为偏航角速度。考虑垂直风沿展向的梯度和侧风沿纵向的梯度后，横航向小扰动方程组为

$$\frac{\mathrm{d}}{\mathrm{d}t}\begin{bmatrix}\Delta v_{k_b}\\ \Delta p\\ \Delta r\\ \Delta\phi\\ \Delta\psi\\ \Delta y_g\end{bmatrix}=\begin{bmatrix}(C_\beta-D_0)/mV_{a_0} & w_{k_{b_0}}+\dfrac{C_p}{m} & \dfrac{C_r}{m}-u_{k_{b_0}} & g\cos\theta_0-\dfrac{(C_\beta-D_0)w_{w_{b_0}}}{mV_{a_0}} & \dfrac{(C_\beta-D_0)u_{w_{g_0}}}{mV_{a_0}} & 0\\ \bar{L}_\beta/V_{a_0} & \bar{L}_p & \bar{L}_r & -\bar{L}_\beta\dfrac{w_{w_{b_0}}}{V_{a_0}} & \bar{L}_\beta\dfrac{u_{w_{g_0}}}{V_{a_0}} & 0\\ \bar{N}_\beta/V_{a_0} & \bar{N}_p & \bar{N}_r & -\bar{N}_\beta\dfrac{w_{w_{b_0}}}{V_{a_0}} & \bar{N}_\beta\dfrac{u_{w_{g_0}}}{V_{a_0}} & 0\\ 0 & 1 & \tan\theta_0 & 0 & 0 & 0\\ 0 & 0 & 1/\cos\theta_0 & 0 & 0 & 0\\ 1 & 0 & 0 & -(u_{k_{g_0}}\sin\theta_0+w_{k_{g_0}}\cos\theta_0) & u_{k_{g_0}} & 0\end{bmatrix}$$

$$\begin{bmatrix}\Delta v_{k_b}\\ \Delta p\\ \Delta r\\ \Delta\phi\\ \Delta\psi\\ \Delta y_g\end{bmatrix}+\begin{bmatrix}-(C_\beta-D_0)/mV_{a_0} & -C_p/m & -C_r/m\\ -\bar{L}_\beta/V_{a_0} & -\bar{L}_p & -\bar{L}_r\\ -\bar{N}_\beta/V_{a_0} & -\bar{N}_p & -\bar{N}_r\\ 0 & 0 & 0\\ 0 & 0 & 0\\ 0 & 0 & 0\end{bmatrix}\begin{bmatrix}v_{w_g}\\ w_{w_y}\\ v_{w_x}\end{bmatrix}$$

（5－99）

式中　w_{w_y} ——垂直风沿展向的梯度；

v_{w_x} ——侧风沿纵向的梯度。

可利用推导得到的横航向小扰动方程组（5－99）对遭遇侧风、垂直风沿展向梯度以及侧风沿纵向梯度的情况进行仿真和分析。

5.5.3.2　横航向风场扰动影响

施加的侧风扰动如图 5－4 所示，前 3 s 侧风为 3 m/s，从第 3 s 时刻开始以斜坡形式下降，至第 5 s 减弱为 0，之后一直保持为 0。

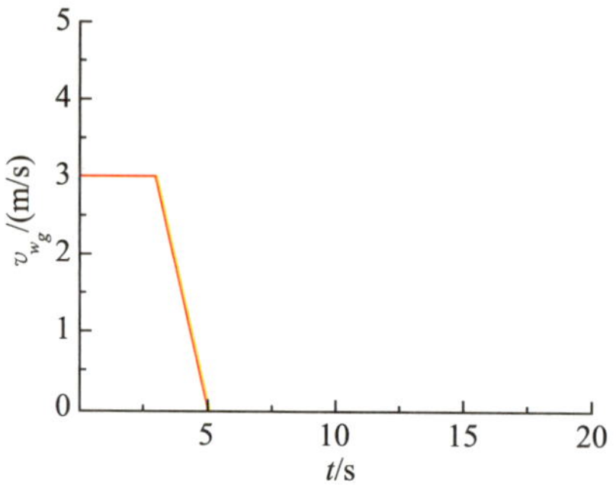

图 5－4　施加的侧风扰动

施加侧风扰动后横航向运动参数的响应如图 5－5 所示。横航向运动参数遭受侧风扰动后发生振荡，然后出现发散现象。侧向速度、滚转角速度、偏航角速度、滚转角、偏航角和侧滑角的发散速度较慢，侧偏距离的发散速度较快。侧风扰动激发飞机的滚转收敛模态和荷兰滚模态。遭受左侧风扰动后飞机先向右滚转，向左偏航。由于荷兰滚模态收敛，且阻尼比较大，因而横航向运动参数受到扰动后的振荡次数较少，且经过振荡后都有收敛的趋势。在较长的时间尺度内主要体现螺旋模态的影响。临近空间太阳能飞行器螺旋模态发散，因而横航向运动参数经过初期的振荡后都出现发散现象。由表 5－11 中的螺旋模态特征矢量可见，螺旋模态中侧偏距离的变化最明显，其他横航向运动参数的变化相对较小。由侧风扰动仿真结果可见，受到左侧风扰动后最终会进入左侧滑、左偏航、左滚转以及左侧偏不断增大的发散状态。

施加的垂直风沿展向的梯度如图 5－6 所示，前 3 s 垂直风沿展向的梯度为 1（°）/s，从第 3 s 时刻开始以斜坡形式下降，至第 5 s 减弱为 0，之后一直保持为 0。

施加垂直风沿展向的梯度后横航向运动参数的响应如图 5－7 所示。侧向速度、滚转角速度、偏航角速度、滚转角和侧滑角受到扰动后出现振荡，然后逐渐发散。偏航角和侧偏距离则表现出单调的发散。受到垂直风沿展向梯度的扰动后，滚转角和侧滑角迅速增大。由于很快出现较大的向右的滚转角，飞机的航迹迅速向右侧偏移，右侧偏迅速增大。同理，出现较大的右侧滑之后，航向静稳定性的影响导致飞机航向迅速向右偏转。由垂直风沿展向的梯度扰动仿真可见，垂直风沿展向的梯度对飞行的影响是比较明显的，在开环情况遭遇较小的垂直风沿展向的梯度扰动之后横航向运动参数就会迅速发散。

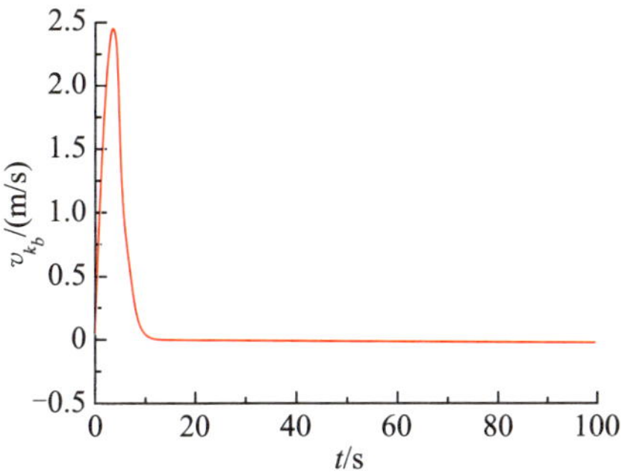

(a) 侧向速度的响应

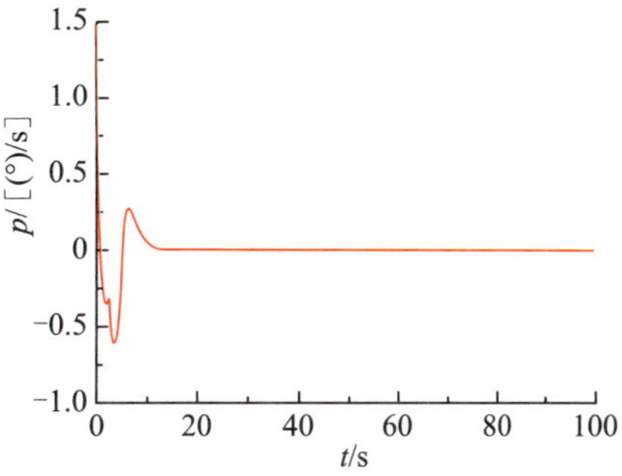

(b) 滚转角速度的响应

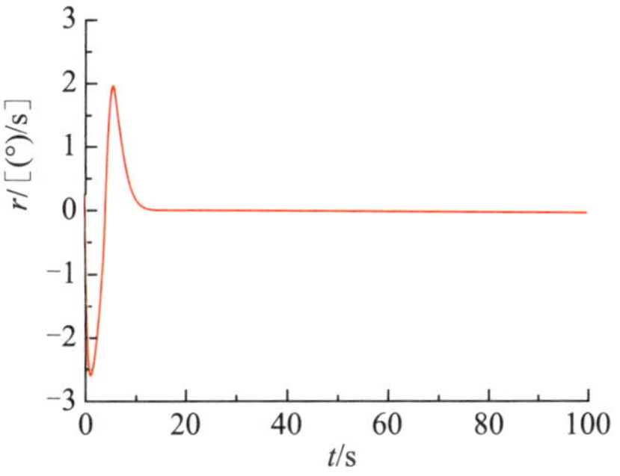

(c) 偏航角速度的响应

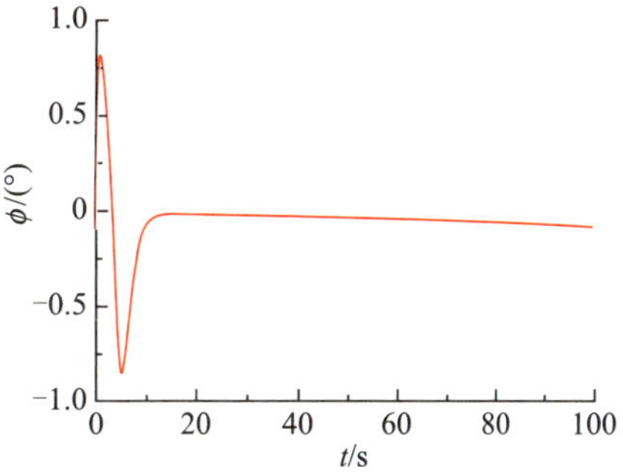

(d) 滚转角的响应

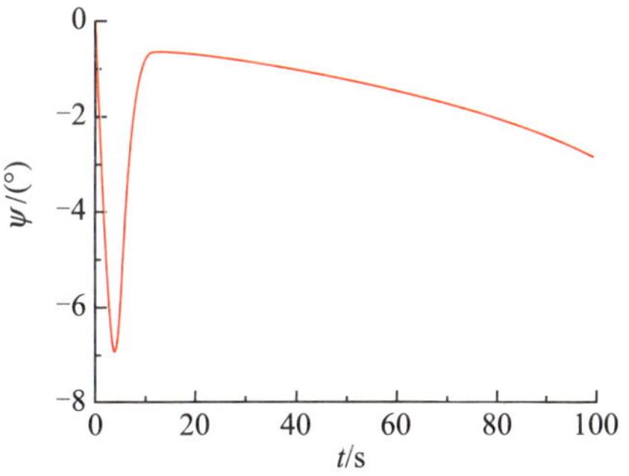

(e) 偏航角的响应

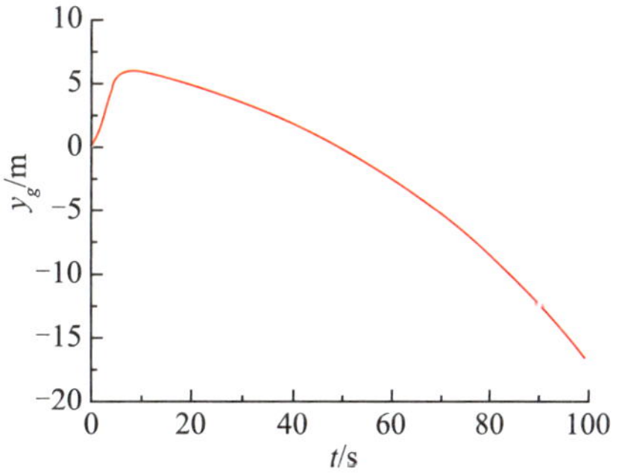

(f) 侧偏距离的响应

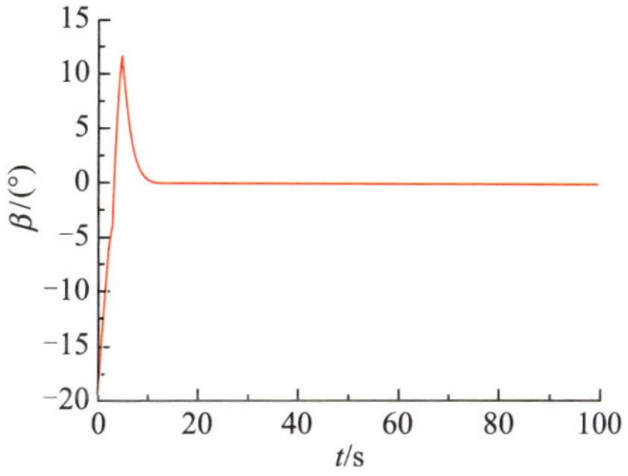

(g) 侧滑角的响应

图 5－5　受到侧风扰动后横航向运动参数的响应

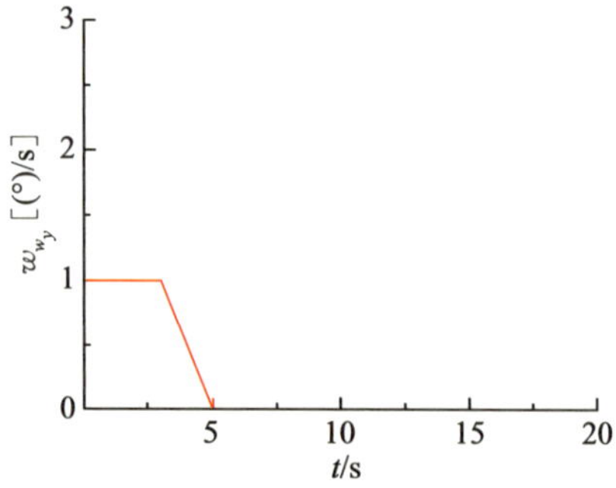

图 5-6　垂直风沿展向的梯度

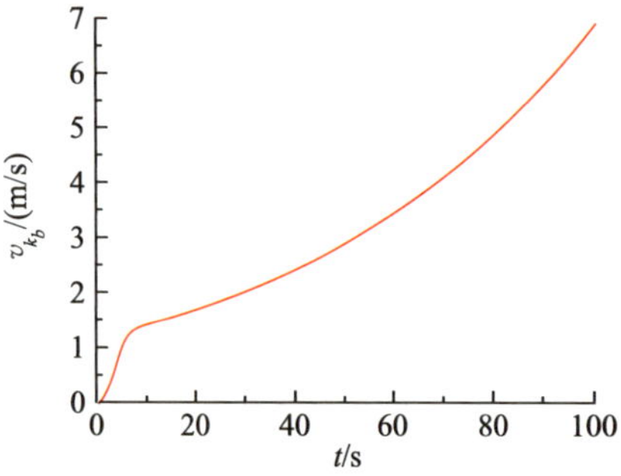

(a) 侧向速度的响应

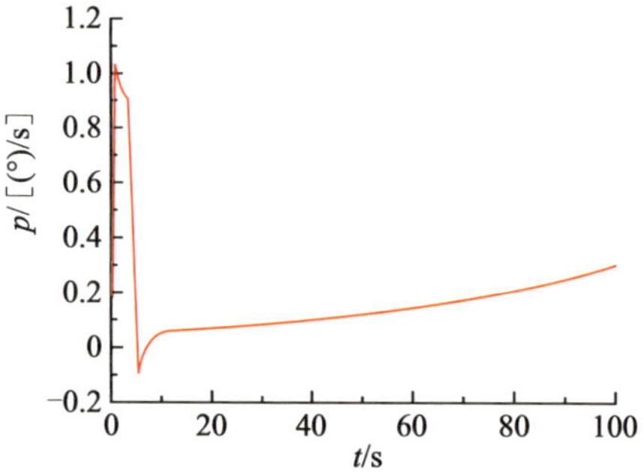

(b) 滚转角速度的响应

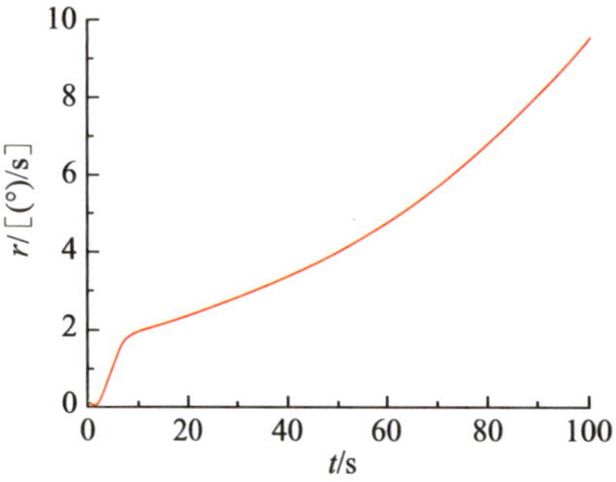

(c) 偏航角速度的响应

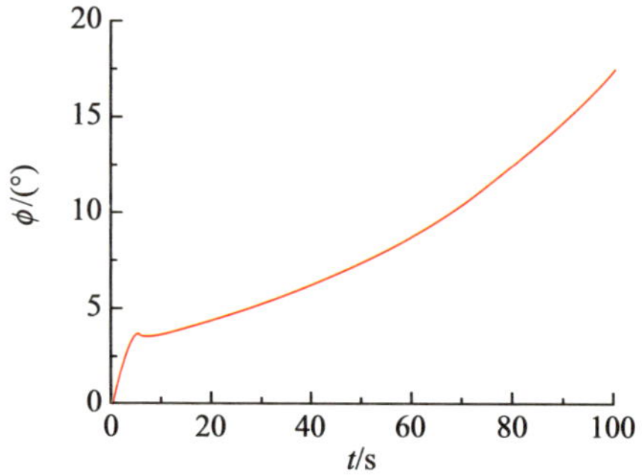

(d) 滚转角的响应

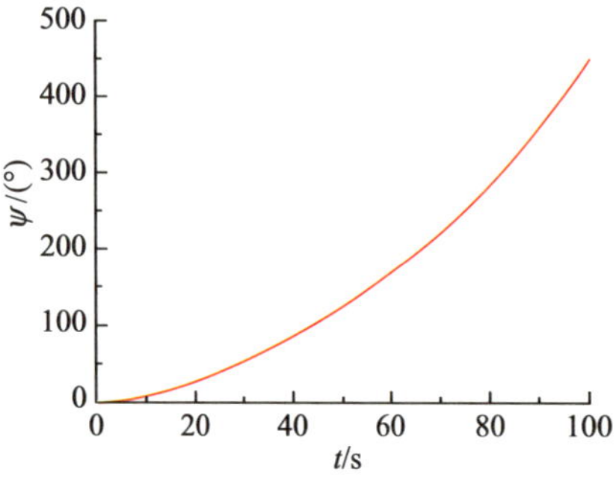

(e) 偏航角的响应

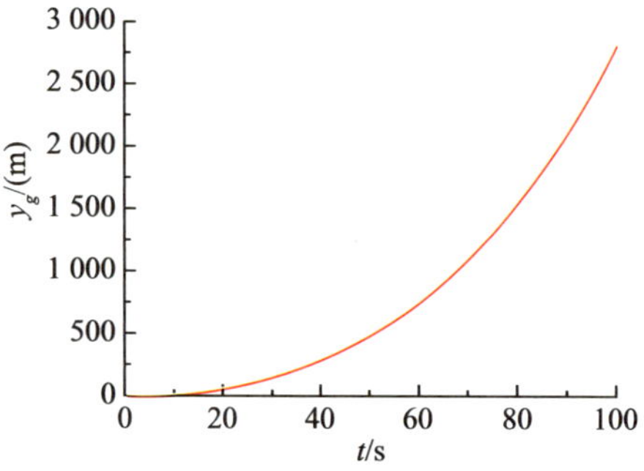

(f) 侧偏距离的响应

图 5-7　受到垂直风沿展向的梯度扰动后横航向运动参数的响应

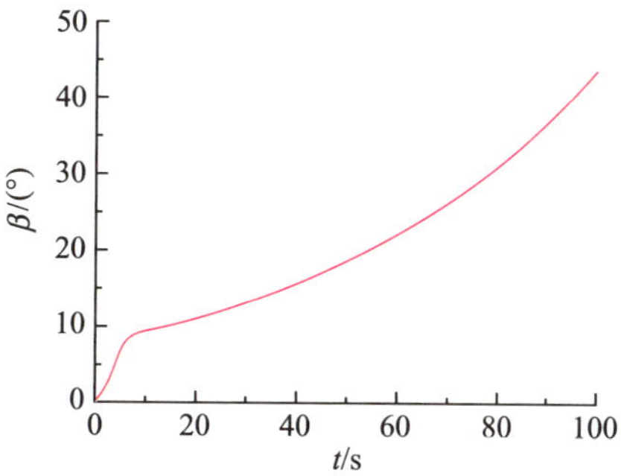

(g) 侧滑角的响应

图 5－7　受到垂直风沿展向的梯度扰动后横航向运动参数的响应（续）

施加的侧风沿纵向的梯度如图 5－8 所示，前 3 s 侧风沿纵向的梯度为 1（°）/s，从第 3 s 时刻开始以斜坡形式下降，至第 5 s 减弱为 0，之后一直保持为 0。

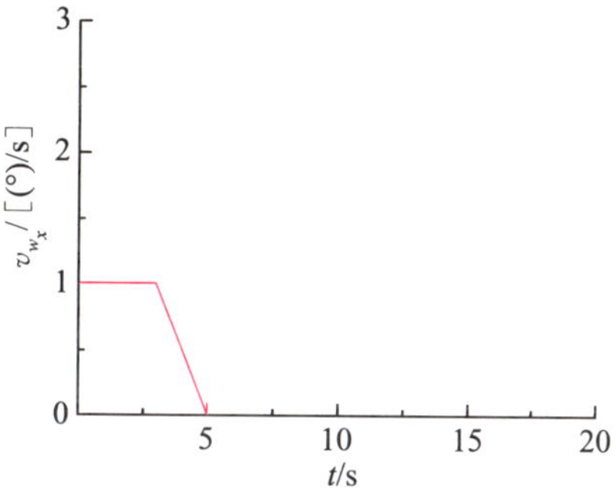

图 5－8　侧风沿纵向的梯度

施加侧风沿纵向的梯度后横航向运动参数的响应如图 5－9 所示。受到侧风沿纵向的梯度扰动后，横航向运动参数经过振荡后发散。与垂直风沿展向的梯度相比，侧风沿纵向的梯度对横航向运动参数的影响较小。

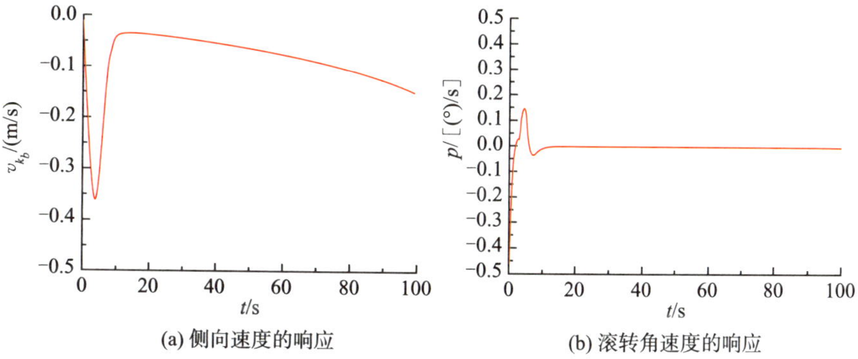

图 5－9　受到侧风沿纵向的梯度扰动后横航向运动参数的响应

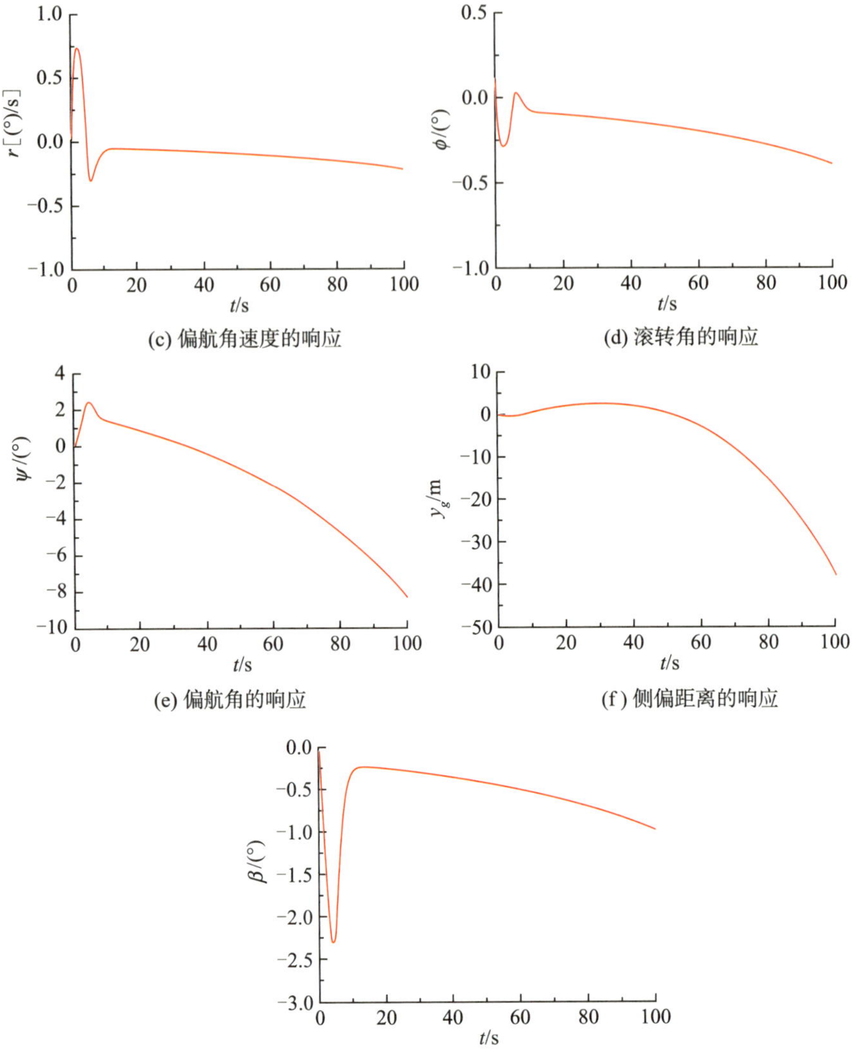

(c) 偏航角速度的响应　(d) 滚转角的响应

(e) 偏航角的响应　(f) 侧偏距离的响应

(g) 侧滑角的响应

图 5-9　受到侧风沿纵向的梯度扰动后横航向运动参数的响应（续）

5.6　飞行控制技术

5.6.1　纵向飞行控制

临近空间太阳能飞行器飞行速度很低，巡航时保持在最大升阻比状态可减少飞行能量消耗。需要根据临近空间太阳能飞行器的这些特点选择合适的纵向控制策略。在临近空间太阳能飞行器飞行试验过程中对多种纵向控制策略进行了对比分析，并通过飞行试验进行了验证。

升降舵控制俯仰角，不控高度的方案可以避免升降舵对高度的反操纵问题，但高度模态不稳定，呈现缓慢的发散趋势，且由于高度回路开环，无法对高度进行准确控制，着陆时无法对落点进行准确控制，对跑道长度的要求更高。升降舵控制俯仰角和高度方案存在升降舵对高度反操纵的风险，但高度模态稳定，可以对高度进行准确控制，可以对着陆点进行准确控制，对跑道长度的要求较低。升降舵控制俯仰角和攻角方案与升降舵控制俯仰角、高度开环方案类似，但闭环长周期模态的阻尼比较低。升降舵控制俯仰角、转速控制真空速方案可以避免升降舵对高度的反操纵问题，高度模态稳定，且长周期模态阻尼比较高。该方案的主要问题是无法对高度进行准确控制。升降舵控制俯仰角、转速控制高度方案除了具有升降舵控制俯仰角、转速控制真空速方案的优势外，还可以对高度、着陆点进行准确控制，对跑道长度的要求较低。

综合来看，升降舵控制俯仰角、转速控制高度方案是比较合适的。

巡航段纵向控制律形式如下

$$\begin{cases}\delta_e = \delta_{e,trim} + K_e^q q + K_e^\theta(\theta - \theta_c) \\ \delta_n = \delta_{n,trim} + K_n^H(H - H_c)\end{cases} \tag{5-100}$$

式中　δ_e——升降舵舵偏角；

$\delta_{e,trim}$——配平升降舵舵偏角；

K_e^q——升降舵对俯仰角速率的反馈增益；

q——俯仰角速率；

K_e^θ——升降舵对俯仰角的反馈增益；

θ——俯仰角；

θ_c——俯仰角指令；

δ_n——电机转速；

$\delta_{n,trim}$——电机巡航转速；

K_n^H——电机转速对高度的反馈增益；

H——飞行高度；

H_c——高度指令。

从飞行力学的角度来看，升降舵对俯仰角速率的反馈相当于俯仰阻尼导数，可以改善短周期模态。升降舵对俯仰角的反馈则主要改善长周期模态。

根据 5.4.1.2 节的分析，临近空间太阳能飞行器在海平面高度短周期模态过阻尼，因此在中低空升降舵对俯仰角速率的反馈增益可以取得小一些。随着高度升高，大气密度减小，气动惯性比降低，短周期模态阻尼比下降，需要增大升降舵对俯仰角速率的反馈增益来改善短周期模态。

5.6.2　横航向飞行控制

临近空间太阳能飞行器横航向模态稳定性的主要问题是螺旋模态发散，此外在高空飞行时荷兰滚模态的阻尼比较小。需要通过内回路的设计来改善螺旋模态稳定性，并提高高空状态的荷兰滚模态阻尼。根据 5.4.2.3 节的分析，临近空间太阳能飞行器螺旋模态发散的重要原因是滚转交感力矩导数较大，而偏航阻尼导数较小。可以通过飞控的手段来改变这种特性。在控制律中设计副翼对偏航角速率的反馈，当飞机具有向右的偏航角速率时，副翼出正舵，抑制飞机向右滚转的趋势，相当于减小了滚转交感力矩导数。设计方向舵对偏航角速率的反馈，当飞机具有向右的偏航角速率时，方向舵出正舵，抑制飞机向右偏航的趋势，相当于增大了偏航阻尼导数。此外，还可以在横向增加副翼对滚转角的反馈，对改善螺旋模态和荷兰滚模态稳定性都有好处。

除了改善内回路稳定性，横航向控制策略还需要解决航迹控制的问题。临近空间太阳能飞行器飞行速度慢，如何保证在存在侧风的情况下控制航迹是必须考虑的重要问题。与侧滑法抗侧风不同，侧航法抗侧风不需要通过偏转方向舵和副翼来抵抗侧滑，比较适合飞行速度很低的临近空间太阳能飞行器。采用侧航法抗侧风时，只控制地速矢量的方向，不控制机头指向，存在侧风时飞机的机头会向侧风方向偏转，最终达到无侧滑的平衡状态。

横航向控制律形式如下

$$\begin{cases}\delta_{\mathrm{a}} = K_{\mathrm{a}}^{r} r + K_{\mathrm{a}}^{\phi}(\phi - \phi_{\mathrm{c}}) \\ \delta_{\mathrm{r}} = K_{\mathrm{r}}^{r} r + K_{\mathrm{r}}^{V_y}(V_y - V_{y,\mathrm{c}}) + K_{\mathrm{r}}^{y}(y - y_{\mathrm{c}})\end{cases} \tag{5-101}$$

式中　δ_{a}——副翼舵偏角；

K_{a}^{r}——副翼对偏航角速率的反馈增益；

K_{a}^{ϕ}——副翼对滚转角的反馈增益；

ϕ——滚转角；

ϕ_{c}——滚转角指令；

δ_r——方向舵舵偏角；

K_{r}^{r}——方向舵对偏航角速率的反馈增益；

$K_{\mathrm{r}}^{V_y}$——方向舵对侧偏速度的反馈增益；

V_y——侧偏速度；

$V_{y,\mathrm{c}}$——侧偏速度指令；

K_{r}^{y}——方向舵对侧偏的反馈增益；

y——侧偏；

y_{c}——侧偏指令。

副翼对偏航角速率的反馈增益的主要作用是改善螺旋模态，但同时对荷兰滚模态稳定性有不利影响。方向舵对偏航角速率的反馈增益可同时改善螺旋模态和荷兰滚模态的稳定性。随着飞行高度升高，螺旋模态稳定性改善，荷兰滚模态稳定性下降。因此，随着飞行高度升高，需要减小副翼对偏航角速率的反馈增益，增大方向舵对偏航角速率的反馈增益。在外回路的控制增益上，随着飞行高度升高，需要减小方向舵对侧偏速度以及侧偏距离的反馈增益。不同飞行高度下特征根的分布有所不同，采取随飞行高度改变控制增益的措施后，在所有飞行高度都具有较好的闭环稳定性。

5.6.3　在风场中的横航向控制策略

临近空间太阳能飞行器的横航向控制策略需要着重考虑风场的影响。除了控侧偏速度和侧偏距离的控制策略，常规无人机控制航迹时经常采用控制航迹偏角和侧偏距离的策略，另外一种经常采用的横航向控制策略是控真航向。本节主要对这三种控制策略在强风场环境下的适用性进行分析，主要从两个方面进行比较。

1）分析这三种控制策略的闭环稳定性是否受风场环境影响。若闭环稳定性受基准状态的风场影响较大，即使通过调整控制增益可保证不同状态下的闭环稳定性，这种控制策略应用起来也是相当繁琐的。

2）分析这三种控制策略在逆风后退飞行状态下的控制指令问题。在这种状态下飞行航迹方向受到限制，控制指令以及航迹规划需要考虑这个因素。

5.6.3.1　控侧偏速度闭环稳定性

横航向采用形式如（5－101）的控侧偏速度和侧偏距离的控制律时，不同水平风场下（海平面平飞状态）的闭环特征根见表 5－13，表中顺风为正，逆风为负。由计算结果可见，顺风、逆风对横航向闭环稳定性无影响。

表 5－13　不同水平风场下的横航向闭环特征根（控侧偏速度和侧偏距离）

水平风速/(m/s)	滚转收敛模态	荷兰滚模态	螺旋模态	偏航侧偏模态
15	−8.5534	−0.680 3，−0.426 4	−0.192 7	−0.045 1，−0.041 5
0	−8.5534	−0.680 3，−0.426 4	−0.192 7	−0.045 1，−0.041 5
−9	−8.5534	−0.680 3，−0.426 4	−0.192 7	−0.045 1，−0.041 5
−15	−8.5534	−0.680 3，−0.426 4	−0.192 7	−0.045 1，−0.041 5

从物理意义上讲，在不同的水平风速下，偏转舵面造成的气动力增量是相同的，侧偏加速度是一样的，侧偏速度对舵面操纵的响应，即传递函数是相同的，横航向闭环稳定性不受水平风速影响。

5.6.3.2　控航迹偏角闭环稳定性

控航迹偏角的控制律为

$$\begin{cases}\delta_a = K_a^r r + K_a^{\phi}(\phi - \phi_c) \\ \delta_r = K_r^r r + K_r^{\chi}(\chi - \chi_c) + K_r^y (y - y_c)\end{cases} \tag{5-102}$$

式中　K_r^{χ}——方向舵对航迹偏角的反馈增益；

χ_c——航迹偏角指令。

之前已经提到，航迹偏角这个概念在地速为 0 的情况下并不适用。除此之外，当临近空间太阳能飞行器遭遇较强风场时这种控制策略还存在一些别的问题。

根据式（5－87）可得到

$$\Delta\chi = \frac{\mathrm{d}\Delta y_g}{\mathrm{d}t} / (V_{k_0}\cos\gamma_0\cos\chi_0) \tag{5-103}$$

在求出侧偏速度的传递函数之后，利用式（5－103）可得到航迹偏角的传递函数。

由式（5－103）可见，当基准状态地速朝前时，$\chi_0 = 0$，$\Delta\chi$ 与 $\frac{\mathrm{d}\Delta y_g}{\mathrm{d}t}$ 符号相同，而当基

准状态地速朝后时，$\chi_0 = 180°$，$\Delta\chi$ 与 $\frac{\mathrm{d}\Delta y_g}{\mathrm{d}t}$ 符号相反。

根据之前的计算结果，在逆风后退飞行情况下，向右偏转方向舵时侧偏速度向右增大，航迹偏角沿逆时针方向增大，即在逆风后退飞行情况下航迹偏角对方向舵的响应与无风情况下趋势相反，如图 5-10 所示。显然，在逆风后退飞行情况下方向舵对航迹偏角的反馈增益需要变号。

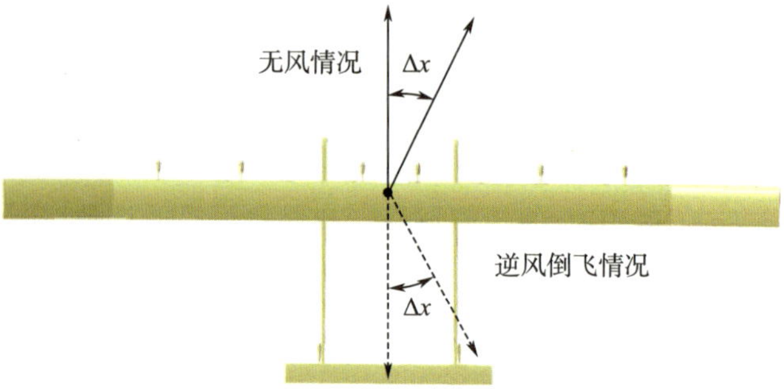

图 5-10　无风及逆风后退飞行情况下航迹偏角的变化

根据无风状态确定采用控航迹偏角策略的各项控制增益。采用控航迹偏角策略下不同水平风场下横航向闭环特征根见表 5-14。当地速变化时，横航向闭环特征根发生变化，遭遇较强逆风时出现发散情况。即使不考虑传感器的误差因素，采用控航迹偏角的策略的情况下，横航向闭环稳定性对地速变化是比较敏感的。

表 5-14　不同水平风场下的横航向闭环特征根（控航迹偏角和侧偏距离）

水平风速/(m/s)	滚转收敛模态	荷兰滚模态	螺旋模态	偏航侧偏模态
15	−8.554 1	−0.697 8	−0.342 7±0.022 1i	−0.009 4±0.034 4i
0	−8.553 4	−0.680 3,−0.426 4	−0.192 7	−0.045 1,−0.041 5
−9	−8.494 6	−0.536 4±0.182 1i	0.640 2±0.815 3i	−0.000 3
−15	−8.556 4	−0.749 2	−0.387 8±0.140 7i	0.057 5,0.014 3

在 5.6.3.1 节已经提到，侧偏速度对舵面操纵的开环传递函数与水平风速无关。由式(5-103) 可见，航迹偏角与侧偏速度的比值为 $1/(V_{k_0}\cos\gamma_0\cos\chi_0)$，这是一个与基准状态地速相关的常值，航迹偏角对舵面操纵的开环传递函数也应是侧偏速度的传递函数乘以这个常值，这个常值直接影响根轨迹增益。闭环稳定性是与根轨迹增益有关的，因而控航迹偏角策略的闭环稳定性受基准状态地速变化影响。

5.6.3.3　控真航向闭环稳定性

控真航向的控制律为

$$\begin{cases}\delta_a = K_a^r r + K_a^\phi(\phi - \phi_c)\\ \delta_r = K_r^r r + K_r^\psi(\psi - \psi_c)\end{cases} \tag{5-104}$$

式中　K_r^ψ ——方向舵对真航向的反馈增益；

ψ_c ——真航向指令。

式（5－104）中没有对侧偏距离的反馈项。对侧偏距离的控制是对航迹的控制，临近空间太阳能飞行器不适合采用侧滑法来抵抗侧风，在存在侧风的情况下不可能同时控制真航向和航迹。如果要控制真航向，则航迹方向由真航向和风速矢量决定。如果要控制航迹，则要放开真航向控制，真航向由航迹方向和风速矢量决定。

采用控真航向的控制策略时，不同水平风场下（海平面平飞状态）的闭环特征根见表 5－15。采用控真航向的控制策略时，横航向闭环稳定性不受稳定风场的影响。控真航向的主要缺点是无法精确控制航迹。

表 5－15　不同水平风场下的横航向闭环特征根（控真航向）

水平风速/(m/s)	滚转收敛模态	荷兰滚模态	螺旋模态	偏航侧偏模态
15	−8.554 8	−0.595 9±0.152 2i	−0.114 4	−0.105 7,0
0	−8.554 8	−0.595 9±0.152 2i	−0.114 4	−0.105 7,0
−9	−8.554 8	−0.595 9±0.152 2i	−0.114 4	−0.105 7,0
−15	−8.554 8	−0.595 9±0.152 2i	−0.114 4	−0.105 7,0

5.6.3.4　大风情况下的控制指令问题

在一定高度飞行时空速基本保持不变，当风速大于空速时，地速的方向会受到限制。当风速大于空速时，空速、风速和地速三者之间的矢量关系如图 5－11 所示。

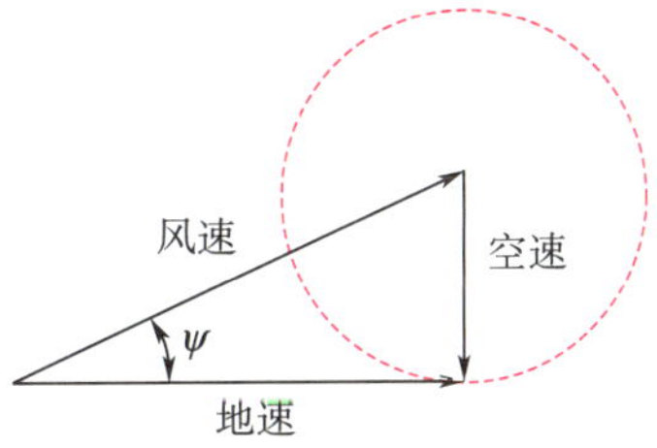

图 5－11　大风情况下的风速、空速和地速

由图 5—11 可见，当风速大于空速时，地速与风速的夹角不能大于某个角度。这个角度为

$$\psi = \arcsin\left(\frac{V_a}{V_w}\right) \qquad (5-105)$$

式中　ψ——地速与风速的夹角。

在风速等于空速的极限情况下，地速与风速的夹角不超过 90°。

当风速大于空速时，地速的方向是受到限制的，只能是顺风方向。在这种情况下，无人机的航迹、航迹偏角和侧偏速度都是受限的，不能随意指定。发送遥调指令、规划航迹时都需要考虑到这个限制。但即使风速大于空速，真航向仍然是在 0 至 360°范围内可随意指定的。

当风速大于空速时，无论是控侧偏速度还是航迹偏角都存在另外一个问题。控航迹偏角只能保证地速在某一方向，但无法区分无人机是处于逆风后退飞行还是顺风飞行。例如，当遭遇风速大于空速的西风时，无人机机头向西，处于后退飞行状态，地速向东。在这种情况下想调转机头，将无人机改为顺风飞行状态，这时如果采用控航迹偏角的策略，发送向东的航迹偏角指令，无人机是不会响应的，因为航迹偏角已经是向东的了。控侧偏速度也存在类似的问题。显然，这种情况下控制真航向是比较方便的，发送向东的真航向指令就可以让无人机掉头。

控侧偏速度和侧偏距离方案的优点是可精确控制航迹，而且闭环稳定性不受稳定风场影响。缺点是只能保证无人机沿直线飞行，无法区分无人机逆风后退和顺风飞行这两种状态。并且风速较大时，无人机飞行航迹受能力限制，侧偏速度和侧偏距离不能随意给定。

控航迹偏角和侧偏距离方案的优点是可精确控制航迹。缺点是闭环稳定性对地速变化较敏感，另一个缺点与控侧偏速度和侧偏距方案相同。

控真航向方案的优点是闭环稳定性不受稳定风场影响，而且无论风速大小，真航向指令可在 0 至 360°范围内根据要求指定，可以区分逆风后退和顺风飞行两种状态。缺点是无法精确控制航迹。

参考文献

［1］ 埃特肯 B. 大气飞行动力学［M］．何植岱，译．北京：科学出版社，1979.

［2］ 方振平，陈万春，张曙光．航空飞行器飞行动力学［M］．北京：北京航空航天大学出版社，2005.

［3］ 叶川，李锋，付义伟．临近空间太阳能飞行器动导数特性及机理［J］．宇航学报，2015，36（11）：1219－1225.

［4］ 叶川，马东立．利用 CFD 技术计算飞行器动导数［J］．北京航空天大学报，2013，39（2）：196－200.

［5］ 李锋，白鹏，叶川．临近空间太阳能飞行器关键基础力学问题研究［J］．中国科学：物理学力学天文学，2015，45（12），124708－1－12.

［6］ 李锋，叶川，李广佳．临近空间太阳能飞行器横航向稳定性［J］．航空学报，2016，37（4）：1148－1158.

［7］ D. P. 雷曼尔．现代飞机设计［M］．钟定逵，俞敦信，译．北京：国防工业出版社，1992：321.

［8］ 程路，姜长生，都延丽等．变化风场下近空间飞行器机体/发动机一体化飞行力学建模与分析［J］．宇航学报，2012，33（5）：547－555.

［9］ 肖业伦，金长江．大气扰动中的飞行原理［M］．北京：国防工业出版社，1993.

第 6 章　低雷诺数流动相关的气动弹性力学

气动弹性是飞行器设计中传统的重要研究内容，解决工程实际中遇到的气动、结构、控制等多系统耦合问题。研究目的是：预示飞行器的气动弹性品质，通过改进系统设计，降低诸如结构失效、飞行失控等事故的可能性，提高各分系统效率；深入研究相关飞行事故机理，进行故障再现分析、试验并提供改进对策。

由此形成的现代气动弹性力学大致研究两类问题及相关技术：

气动弹性分析，包括稳定性分析和响应分析。稳定性分析又包括静气动弹性（如发散、操纵安定品质等）和动气动弹性（如翼面、操纵舵面颤振、跨声速嗡鸣、高超声速热颤振等）；响应分析包括静变形响应，以及突风、抖振等结构对非定常气动力的响应问题。

气动弹性综合，指采用被动、主动控制技术进行颤振主动抑制、阵风响应减缓等综合技术，以及以气动弹性性能为优化目标的多学科优化设计技术，如对结构、外形、控制律进行的优化设计等。

气动弹性力学的发展是贯穿整个飞行器发展历史的。从最早的 1903 年 S. Langley 单翼机因扭转发散而坠毁开始，随着气动布局创新、飞行速度提高、新型材料结构应用以及控制系统参与，各种气动弹性问题不断出现而困扰着新型飞行器的研发。时至今日，对早期飞行历史上出现过的各种气动弹性问题，已经有了较为清楚的认识，建立了较为成熟的分析和试验预示方法，在工程实践有了可以基本遵循的研究流程，较好地保证了常规飞行器的顺利研发和安全飞行。

但飞行技术仍处在高速发展中，在飞行速度空域范围上不断拓展。特别是无人机的快速发展，与传统飞机在使用环境、气动和结构布局、动力配置、性能指标等各个方面出现明显的差别，对气动弹性技术发展提出了新的挑战。气动弹性现象对飞行器性能、效率、安全性、飞行品质、可靠性等的影响进一步加深，除克服气动弹性不良影响的基本设计要求外，对在更高层次上掌握气动弹性效应而提高飞行器设计水平和飞行器性能也提出了要求。实际上，气动弹性力学也是飞行器研制历史上第一次有意识进行的多学科协同设计，即以最小的结构质量代价赢得最佳的飞行器性能的成功尝试。综合材料、结构、气动和控制等多学科设计工具，追求系统综合性能极限，也是目前气动弹性力学研究的重点方向。

在具有低雷诺数流动条件的几类飞行器中，高空、低速、低翼载、大展弦比机翼、超长航时无人机的气动弹性问题最为突出。在气动弹性分析、试验技术，气动弹性与飞行耦合，阵风响应和载荷减缓，多学科协同设计等方面，都有着飞行器研制和气动弹性力学发展历史上前所未有的科学、技术研究发展内容。本章主要针对此类飞行器的气动弹性力学研究展开，对其他类别的低雷诺数飞行器，如微小型及仿生无人机中的气动弹性现象基本上不直接涉及。

6.1　气动弹性力学的发展和挑战

6.1.1　低雷诺数飞行器气动弹性的特征

如前文所述，高空超长航时无人机由于动力限制，飞行速度低，单位面积升力面所能提供的升力（翼载）小，为承载最大质量的有效载荷，而采用了大尺度、大展弦比气动布局，对承载结构的质量提出了苛刻的要求，形成大柔性结构的基本特征。所谓大柔性结构是与常规弹性飞行结构相比而言，标志性参数通常为：在设计载荷条件下，结构的变形位移大，超出了常规结构线性假设的范围；结构的振动频率低，低至与刚体飞行特征模态频率接近而可能发生耦合效应。

结构的这一特点，使得原有的线性系统方法不再适用，在进行气动弹性分析及飞行力学分析时，可能必须考虑两者的耦合效应：1）在进行结构的气动弹性分析时，需要考虑刚体运动自由度的影响；2）在研究飞行器性能，特别是操稳特性时，必须考虑结构柔性变形的影响。这是因为大柔度结构在外载荷作用下，会产生较大几何变形，使得结构刚度随载荷而改变，必须计及变形影响。同时较大的变形对重心位置、气动力分布、推力矢量等都会产生显著影响，从而引起飞行稳定、操纵特性的变化。

此类飞行器气动弹性问题的另一特征来自大展弦比气动外形的低雷诺数流动特性。低雷诺数流动除对飞行器常规气动特性产生影响外，同样影响飞行器的气动弹性特性，最突出之处可能在于其对非定常气动力的影响。其中，低雷诺数条件下极易发生的局部分离流动、沿机翼展向流动结构的变化等现象，超出了常规气动弹性分析所采用的一般流动理论通常的应用范围。

第三个特征是由于此类飞行器的特殊性：飞行速度低、翼载低、机翼柔性大、机体操纵响应慢，螺旋桨—电机转速调节的稳定周期长等，使得飞机对各种扰动敏感。大气紊流、阵风、气动面作动、推力变化等的扰动，都可能对结构乃至飞行姿态和航迹产生重大影响，甚至改变其飞行稳定性。因此，在设计过程中各分系统耦合严重，分系统设计参数间容易出现耦联严重、互相牵制，甚至尖锐冲突的情况，传统的飞行器设计流程和方法受到挑战。气动弹性力学也必须处理多系统、多学科协同设计这一综合性问题，提供包含多系统、多学科的动力学模型，对其特性进行综合的一体化分析和预示。

阵风响应和载荷减缓工程化应用是低雷诺数飞行器气动弹性研究的重要领域。虽然采用各种主、被动方式进行阵风响应和载荷减缓的概念早已有之，但由于低速大柔性结构无人机的特点，使这一技术最有可能获得较大的收益，并率先得到广泛应用。

以上特征使气动弹性力学在这一领域具备了广阔的发展空间，设计所需的分析、试验和综合技术工具不足，理论和模型需要进行深入研究和验证确认，新的设计流程和规范也有待探索和实践。

6.1.2　非定常气动力

空气动力学的发展，特别是计算流体力学技术的广泛应用，使得常规飞行器的定常气动力预示精准度大为提高。与此相关的静气动弹性特性分析，由于只涉及气动—结构独立系统的简单迭代，也较少发生困难。在与低雷诺数流动相关的气动力计算，本书也有专门叙述。但实质上，流动的本质是非定常的，而复杂气动弹性现象的发生，根本上是由于非定常气动力的作用，精准的气动弹性特性预示必然建立在对非定常气动力的深入理解和精确计算基础上[1]。

非定常气动力是指空气作用在物体上的随时间变化的气动力。虽然当前 CFD 已经可以给出较为可靠的非定常气动力时间历程结果，但由于与结构运动之间会发生动力学耦合，流体—结构系统的特性描述需要遍历广阔的状态空间，与 CFD 相关的气动力时域方法不能很好地高效使用，在涉及其他分系统时这一问题更为突出。因此非定常气动力模型方法仍作为主流方法在气动弹性分析中广泛采用。

最简单的非定常气动力计算方法是准定常方法。准定常气动力是在任意时刻的定常流动气动力的基础上，叠加以此刻物体运动的瞬时速度稳定运动（洗流）所产生的气动力增量，而忽略了流动的变化和历史效应。由于物体的运动速度，包括变形运动速度是一个瞬时的状态量，故准定常气动力可视为对定常气动力的运动修正。事实上，如果不做这种修正而将定常气动力直接用于涉及时间过程的计算，由于完全没有时间效应，时滞等非定常流动的基本现象就无从谈起，只能用于与时间过程无关的静气动弹性问题的计算。另外，准定常气动力只将物体运动速度等作为状态量，而没有与振动频率建立关联。

早期的准定常气动力理论包括：基于儒柯夫斯基（Joukowsky N E）升力理论建立的薄翼格罗斯曼理论（Grossman E P，1935），Lighthill M J 首先提出的活塞理论（piston theory，1953），Miles J W 建立的细长体（slender bodies）理论（1959）等。

在飞行力学领域，古典系数方法被广泛采用。古典系数方法也可归类为准定常气动力模型。早在 1911 年 Byran G H 就给出了动导数较为完整和严格的定义，用以计算非定常气动力。但在气动弹性领域，古典系数方法的使用还有其他限制，主要由于结构变形运动的多自由度特性，很难对所有自由度给出繁复的气动系数和导数。因此在应用上需要辅助以片条假设方法、伽辽金方法等。尽管如此，由于古典系数方法可以直接从实验中获得数据支持，在很多情况下不失为一种可靠的基础方法。

尽管准定常方法相对简单和便于理解，但历史上，非定常气动力的研究是从小振幅简谐振动下的非定常气动力开始的。这一方面是由于在颤振临界点附近，结构振动通常表现为简谐振动的形式；另一方面是由于可以将任意振动表示成傅里叶级数的形式；而小振幅保证了线性可叠加性。

最早的非定常气动力计算是由 Birnbaum W 和 Ackerman W，依据普朗特（Prandtl L）的附着涡理论（1906），采用奇点法，针对简谐振动平板完成的（1924）。沿此途径至 1940 年，由 Küssner H G 和 Schwarz L 等人最终建立了简谐振动翼型非定常气动力的完整理论和一般解。西奥道生（Theodorsen T）则采用保角变换法，于 1934 年得到同样问题的解析解。奇点法和保角变换法对平面不可压势流问题是等效的，但奇点法可以进一步推广至三维问题。

在西奥道生的非定常气动力表达式中，气动力在准定常气动力的基础上增加了一个与振动减缩频率相关的，称为西奥道生函数的乘子，另外增加了运动加速度导数项。其中加速度导数项在不可压势流非定常气动力中普遍存在，经常被称作附加质量效应。西奥道生函数可以计及非定常气动力对不同振动频率的依赖性。这些增项是由于考虑了附着涡和尾涡的变化，部分地涉及了流动的历史效应。

早在 1925 年，Wagner H 提出利用物体阶跃运动的气动力响应表征非定常气动力的思想。气动力对物体阶跃运动的响应函数称作瓦格纳函数（Wagner function），或更一般的称作指示函数（Indicial function）。通过傅里叶变换，与频域非定常气动力理论是等效的。根据叠加原理，利用杜哈梅积分（Duhamel），可以由此得到任意运动下的非定常气动力。Garrick I E，Jones R T，Jones W P 等给出了瓦格纳函数的半经验公式（1940）。在简谐振动非定常气动力理论基础上，可以导出精确的瓦格纳函数[2-5]。

需要指出，指示函数法、古典系数法和其他经验-半经验方法等，实际上是“黑箱”方法，可以绕过对流体系统内部属性的了解，不必求解流体力学方程，而将非定常气动力视为流体系统对外部激励（物体运动）的响应。

在这里不再继续讨论一般的非定常气动力理论，特别是涉及高速流动的非定常气动力理论。对于本书关注的低雷诺数流动，出现的升阻比下降、层流分离效应、小攻角条件下升力系数非线性效应、中等到大攻角条件下的静态滞回效应、低雷诺数三维流动效应等，带来的非线性、非定常效应可能会更明显。历史上很少专门涉及，只能借鉴一般的低速流动非定常气动力理论，对于其适用性必须逐步深入研究。

6.1.3　柔性结构动力学

柔性结构在外载荷作用下会产生显著的几何变形，应变和位移已不再遵循线性关系，但应变依然是小量，材料的应力-应变关系仍处于线弹性范围内。这种大变形、小应变效应，即几何非线性，对静态和动态结构系统都同样存在。特别是对于动态系统，常用的模态方法不再严格成立。

自 20 世纪 70 年代，才开始针对大变形结构的静、动态问题进行深入研究。研究路线主要分为两种：等效线性化方法和非线性有限元方法。等效线性化方法假定柔性结构在静态大变形平衡位置发生小幅振动，继而可沿用线性化的模态方法，进一步用于气动弹性稳定性分析。早期进行的大柔性飞机气动弹性工程分析多采用这种方法。相关试验研究也证实了其具有一定的可靠性。但这种方法无法预示大振幅条件下出现的结构振动及与飞行耦合的气动弹性现象。

非线性有限元方法则直接建立非线性有限元模型。对常用的梁结构，主流方法包括以下三种：

1）非线性欧拉梁单元方法；

2）非线性运动梁模型；

3）几何精确梁模型。

非线性欧拉梁单元方法沿用经典的欧拉梁模型，而对非线性项增量进行特殊处理。一般在应变、应力的计算中，通过直接修改非线性变量而计及其影响。目前在商业软件中多采用此方法。除方法本身固有的几何-运动、应力-应变关系的不足之外，该方法与准模态方法结合能较好地处理稳定性问题；对响应问题则仍显得比较棘手，尚未见到此方法与飞行响应耦合的研究算例。

非线性运动梁单元方法由 Hodges 和 Dowell 于 1974 年提出，因此也称为 H－D 模型，最早用于直升机桨叶弯-扭耦合变形的运动方程。方程以位移为变量，含有二阶非线性量。这种模型在柔性气动弹性分析早期研究中应用较多，随着问题研究的深入，发现 H - D 模型仅能适用于中等变形情况，对于更大变形则出现较为显著的差异。

几何精确梁模型则根据自变量的不同有 3 种方法：

1）内载荷本征梁模型（Hodges 梁）；

2）应变梁模型（Cesnik 梁）；

3）位移梁模型（Palacios 梁）。

后两种模型具有非线性方程阶次较低的优点，但是存在诸多缺点，如方程维数高、变量不直观等。第一种模型的物理意义明确，方便与飞行力学耦合建模，但是也有转换矩阵多且求解量大等缺点。

6.1.4 气动弹性耦合

柔性结构气动弹性耦合分析可大致分为线化频域特征法和直接时域积分法。

线化频域特征法，采用各种线化方法构造特征值问题，遍寻不稳定状态。对于几何非线性结构，采用等效线化方法，可获得静平衡位置附近小振幅振动的线化模态，称为“准模态法”，一般忽略气动力的非线性影响。

直接时域积分法直接求解系统动力学微分方程，根据不同的分系统方程复杂程度，对各种复杂动力学行为进行分析。可对大振幅运动及动态失速等非线性因素，以及失稳后的运动给出数值分析解。

在常规飞机的飞行力学和气动弹性建模分析中，一般采用刚/弹解耦假设，即飞机整体（刚体）运动特征频率与结构弹性振动频率之间存在显著差别，理论上相差一个数量级而工程上相差 3 倍以上。此时，气动弹性分析主要关注结构弹性振动频率，特别是低频振动频率范围内的系统特性，普遍采用结构小变形和气动小扰动的线化假设。而当飞行器刚体运动频率与结构弹性振动频率接近时，刚/弹解耦前提条件不再成立。

针对刚/弹弱耦合情况，可以采用基于平均轴系的线化运动方程，假定弹性变形幅度小而忽略惯量变化的影响，并且认为结构刚度与弹性变形幅度无关，系统方程仅通过非定常气动力发生耦合[6]。

2003 年太阳神（Helios HP - 03）无人机空中解体事故为解耦和弱耦合处理方式敲响了警钟。事故分析报告明确提出要充分探究其气动力耦合与惯性耦合特点。由于柔性结构飞行器气动弹性效应和飞行力学可能发生深度耦合，需要建立有效、实用的分析模型进行现象预测、行为修正及辅助飞行控制设计。

已有研究结果表明，柔性结构复杂气动弹性现象可以由结构和气动等非线性因素引起，超过临界速度将出现极限环振荡。柔性结构振动与飞行器整体飞行运动容易发生耦合，以致出现不可控的失稳状态。柔性结构振动与飞控系统、动力系统的耦合关系也有待深入研究。

6.2　低雷诺数非定常气动力

6.2.1　非定常气动力的一般特性

非定常空气动力学研究非定常气动力及其与物体的相互作用。非定常指随时间变化，按照引起非定常的原因可进行以下分类：

1）流动自身不稳定性，如分离流动（涡流）、湍流……

2）外界扰动，如机动飞行、阵风……

3）耦合振动，固体与流体之间发生相互影响。

也可以按照频率范围和问题的对象大致分为三类：

1）低频段：研究解决飞行器整体振动问题，即空气动力学与飞行动力学耦合问题，可能与飞行控制系统相关；

2）中频段：研究解决飞行器结构振动问题，即空气动力学与结构动力学耦合，或称气动弹性问题；

3）高频段：研究解决飞行器声频振动问题，包括声环境及非定常流体运动和固体的声-振耦合问题。

非定常气动力问题具有传统飞行器设计流程不能涵盖、难以预示，往往只能事后采取补救措施的特点，给飞行器顺利研制带来巨大困扰，限制飞行器的性能，受到飞行器设计人员持续增强的关注。早期历史上，相关技术大多处于“可有可无”的校核地位，但随着飞行器设计不断追求极限性能的发展过程，非定常气动力相关问题日渐突出。在目前和今后一段时期，在设计流程、多学科综合设计、评估与验证等方面，将非定常气动力问题纳入设计工作流程，成为今后国内外技术发展的大趋势。

与定常气动力不同，描述非定常气动力需要引入时域特性，可能是频率或其他特征时间参数。经常以周期变化的气动力来表示非定常气动力。借助数学变换，可以将任意的时域变化过程，分解为不同频率简谐振动分量的线性叠加。但在一些流动的强非线性过程中，这些分解会失效。

非定常气动力和流（气）—固耦合系统中最重要的无量纲参数是减缩频率或称斯特劳哈尔数（St），表示绕流特征时间与物体运动的特征时间的比值。常用的绕流特征时间如自由流质点流过物体特征长度的时间，物体运动特征时间如周期或频率倒数。

一般而言，流体的本质属性使得气动力对物体运动不能做出即时反应，非定常气动力往往呈现对于物体运动相位的“时滞”。这种气动力对物体运动滞后的跟随特性，使得减缩频率对非定常气动力特性有十分重要的影响。当减缩频率接近 1 时，表明物体运动的周期与流动形态刚来得及变化的时间相当，这种情况下容易发生最强烈的耦合效应，即物体运动对流动产生影响，同时气动力对物体运动也产生最强烈的影响。

当减缩频率远小于 1 时，表明流动状态发生变化所需时间，远小于物体运动的特征时间。流动对物体的运动产生的绕流状态变化有足够的反应时间，使气动力趋于“定常”或稳定（非定常但统计值稳定）的数值。在这种情况下，可能用一系列定常的状态气动力，代替非定常气动力，并满足精度要求，称之为“准定常”气动力。当不存在定常气动力时，则可以将具有稳定统计特征的非定常气动力用于计算。

当减缩频率远大于 1 时，即物体运动与流动状态变化相比非常迅速，流动变化来不及跟随物体的运动。此时物体运动会对流体产生一种“整流”效应，流体产生时均意义的定常流；气动力往往会发生整体的偏移，而局部和瞬时气动力特性与可压缩性和振幅有关。

由于真实流体和流场中存在着能量、动量的耗散机制，一些特征流动如旋涡运动的过程是不可逆的。当物体做往复运动时，随运动的不同方向，非定常气动力会有所不同，即“滞回”现象。因此在一些问题中，非定常气动力的计算必须考虑过程的历史效应。

如前文所述，低雷诺数、大展弦比机翼绕流中，气动力会由于层流、湍流转捩、局部流动的非定常分离、展向三维流动等原因，呈现特有的变化和特殊性。可以推测，这些效应对于涉及时间演变的非定常气动力仍然会发挥影响。对这些现象带来的气动弹性效应，特别是非定常效应，必须进行深入考察，并对分析预示方法进行重新审视。

6.2.2 非定常数值计算技术

N-S 方程［式（2-1）～式（2-8）］仍可作为非定常气动力计算的出发方程，同时又是一系列简化方程的演绎出发点。这些简化方程包括：忽略黏性作用的 Euler 方程，正压、无旋、等熵假设的势流方程，进一步引入小扰动假设的线化势流方程等。这些简化方程在传统气动弹性理论和方法中占据了十分重要的基础地位。特别是各种线化方程，由于存在多种基本解和叠加原理，可以不对流场区域离散，而采用在物体上布置基本解的方法，使求解阶次大为降低，并可在频域进行求解，获得一定精度的非定常结果，而得到最广泛的应用。感兴趣的读者可进一步参阅本章所列参考文献中管德先生的著作[7]。

对 N-S 方程及各简化方程，采用数值方法进行求解，是很自然的想法，特别是对于一些不能进行方程线化的流动情况，数值方法成为一种必然的选择。这里所说的数值方法，特指需要对流动区域进行离散化处理的计算方法。

尽管可以将方程中的时间导数项采用谐振荡假设转化到频域进行数值计算，但这种方法并没有得到广泛的应用。这是由于这样做实际上假设了非定常流动现象的小扰动特性，即非定常流态是定常流态上的小振幅可叠加扰动。实践证明对最主要的非线性流动、跨声速和分离流动，这种假定都是不能普遍成立的，而对于可线化的流动，已经建立了较为成熟的小扰动方法。因此，非定常气动力数值方法一般也特指时域的计算方法。

在定常气动力计算中，经常作为迭代松弛项的时间导数项，在非定常计算中具有了时间演变的物理意义。因此非定常计算对时间方向的精度有要求，在数值方法中为保证时间精度和计算效率，经常添加额外的伪时间项作为迭代松弛项。

与定常气动力计算相比，非定常气动力数值计算的特殊性还在于其涉及动网格和流-固边界的耦合计算问题。在数值格式上，非定常气动力计算并没有太多的要求，普遍采用显式-双时间步方法，在精度和效率之间取得平衡。而一些不具有时间精度的隐式格式不能采用。

对于气动弹性问题，由于物体发生变形，较为简单的与物体固连的整体刚性动网格方法一般不适用，计算网格要发生局部乃至整体、尺寸或拓扑的变形。在动网格方法选择上，为了计算的快捷，最好是显式的代数方法。从策略上可分为平滑法和重构法[8-9]。其中，平滑法不改变网格的整体结构，而仅靠调整网格几何尺度来平滑适应物面-流体边界的变化。重构法则依据网格生成法则，在迭代中重新生成新的网格。这里介绍两种常用的平滑法：弹簧法和径向基函数法。

弹簧法将网格的边当作线弹簧，而弹簧系数由某种法则计算，如边长的某种范数的倒数 $k_{ij}=1/\|r\|$，以保证网格不退化。假设这样的弹簧系统处于静力平衡状态，即任意网格节点 i 所受邻近 n 个边的弹簧合力为 0

$$\sum\nolimits_{j=1}^{n} k_{ij}\Delta r_{ij}=0 \tag{6-1a}$$

当物面网格变化时，则可对 Δr_i 进行松弛迭代求解

$$\Delta r_i=\sum\nolimits_{j=1}^{n} k_{ij}\Delta r_j \Big/ \sum\nolimits_{j=1}^{n} k_{ij} \tag{6-1b}$$

为避免动网格的边角退化，还可对网格边角施加扭弹簧控制。

径向基函数法（RBF，Radial Basis Function）通过构造多点插值函数将物面节点位移光滑地分散到整个求解区域。插值函数形如

$$I(x)=\sum\nolimits_{j=1}^{n} w_j\varphi(\|x-x_j\|) \tag{6-2}$$

式中　I——网格点 x 的位移，求和符号对所有相关（临近的）网格点进行；

　　w——对应点的权重系数；

　　φ——以相关点距离为基础的各种形式的基函数。

当物面节点发生位移时，首先通过适当的规则选点，并迭代求解域中各点的加权系数，再通过插值函数计算各点平滑化的位移。

比较式（6-1）与式（6-2）可以发现，弹簧法其实可看作径向基函数法的一种特例。同样，广泛采用的跨限插值法（TFI，Trans-Finite Interpolation）也可以看作一种特殊基函数下的径向基函数法。此类方法由于变形中网格拓扑不变，一般无需对方程变量插值，有利于保证计算精度，同时适用于结构和非结构网格，对平衡位置附近的小幅振动适用。另外，径向基函数法也可以用来进行固体计算网格节点与流体边界网格节点间的近似关联计算，虽然这种关联不一定满足固体中严格的应变协调关系，但对很多情况是够用的，可以作为流-固边界耦合计算的一种备选方法。

如果不考虑计算代价，一些椭圆型微分方程方法也可以用作网格平滑。在此不再赘述。

对物体变形较大的情况，平滑法生成的动网格可能发生严重的畸变，使网格质量变差，发生严重扭曲甚至退化。特别当这一问题发生在流场计算推进过程中，会导致计算无法继续。在流场推进计算中，可定义表征网格质量的参数，以及时暂停流场计算，对动网格采取措施。

对非结构网格，网格重构是合理的选择，但重构后需要在新旧网格间对各守恒量进行插值，使计算精度受到很大影响，特别是对于包含强间断的流场。对低雷诺数流动和气动弹性计算，目前这种方法采用不多，而类似插值方法在重叠网格法中经常使用。对结构网格，更多采用分区网格的策略，使分区内的网格畸变不致过大，以避免网格重构。

文献中也有采用固定网格，计算中物面穿越流体网格的方法，在此不作更多介绍。有时由于离散格式的选择，还会出现所谓动网格的几何守恒律问题，影响到计算精度，需要采取数值措施。

非定常气动力数值计算还需要特别面对流-固边界耦合计算问题。需要在流体-结构计算程序间完成几何和载荷数据以及解算信息的传递。一般来讲，流体和结构在边界处的离散形式是不同的。在常用的适定的松耦合问题求解中，固体单元需要流体解算提供荷载，而流体计算需要固体（结构）解算提供位移和速度边界条件。这些数据的传输要通过不同解算网格间的耦合计算完成，为简化计算，耦合计算一般采用代数方法，在满足精度要求的前提下，可以采用一些近似方法，例如径向基函数法。在网格面-节点的耦合计算中，应注意保持守恒物理量的守恒关系，如功-能、力-动量。

通用的耦合计算过程包括以下要点：

1）网格关联：在固体计算网格与流体边界网格间建立动态关联；

2）载荷传递：沿流体边界按照虚功原理，计算离散的面力矢量；

3）固体加载：加载流体面力矢量至固体单元；

4）流体边界：计算流体边界网格的位移和速度，施加流体解算边界条件。

6.2.3 低雷诺数非定常气动力模型方法

由于问题本身以及历史发展和认识规律的原因，气动弹性采用的非定常气动力方法形成一个庞杂的混合体。从理论认识方法上可以分为演绎、归纳和假说三个类别。演绎类方法的出发点都可以溯源至 N－S 方程或其修正和简化，早期理论工作和数值类方法大多属于此类，由于其基础坚实而最受重视。假说类方法是基于对物理现象和规律的认识提出假说，再直接导出非定常气动力计算方法，有些假说类方法最终得到了演绎性的证明。而归纳类方法或称经验方法、模型方法，包括黑箱（black box）类方法、系数方法（各种基函数展开）等。

从求解方法上可分为解析、数值以及半解析数值方法，线性和非线性方法，准定常和非定常方法等。从求解域角度大致可分为时域、频域和拉普拉斯域方法。历史上，频域和拉氏域方法占据主导地位，原因是理论、方法和计算能力限制，以及颤振计算、响应分析和基于经典控制理论的伺服气动弹性分析等应用的要求。各种非定常气动力理论和方法都是在一些基本假设的前提下完成的。特定方法的出发点和假设是该方法适用性的基础，而方法的适用性和计算结果的精准度需要大量算例的验证和确认。

针对所关心的低雷诺数流动特性，这里重点介绍非定常气动力模型方法中的古典系数方法及修正方法，而其他相关的广泛采用的数值方法、面元类方法、指示函数法等，由于内容和篇幅限制不做深入的讨论。

古典系数方法假设气动力可以表示为乘以系数或导数的系统状态量之和形式，是基于解析函数的泰勒级数展开理论的经验方法。在实际应用中，某些系数可能对所关心的非定常气动力有特别的影响。在考虑各种系数组合和高阶导数的情况下，通过繁复的数据表格形式，甚至可以涵盖十分复杂的情况。系数和导数表格则依赖经验性的试验或计算获得。由于气动弹性分析中结构变形运动的多自由度特性，对所有运动自由度给出气动力系数和导数将非常繁复而难以实现。因此需要辅助以片条假设，即假设沿大展弦比机翼展向流动的二维性，沿展向划分片条，必要时再加以三维修正。

依据结构求解和飞行力学求解的不同要求，非定常气动力模型可以有不同的表达形式。为了与成熟的飞行力学特性分析方法衔接，将气动力分解成刚性运动和弹性运动两部分，在一些场合是方便的。以升力为例，翼剖面升力系数可展开为攻角、俯仰速率等所有各阶相关状态量级数形式。结构弹性运动产生翼剖面额外的状态变化，并由此产生附加的升力。整体气动力可由各片条积分得到。由此，可以将结构求解与飞行力学求解耦合，进行时域仿真和频域分析。耦合计算的一些具体问题将在本章 6.4 节中进一步讨论。

理论上，对于谐振状态的非定常气动力，其时滞效应可以由系数和导数完整表达。问题是这些系数和导数随振动频率变化的规律如何体现？这正是准定常气动力理论的不足之处。而其他如滞回、三维效应、尾迹效应等复杂非线性特性如何表达，更有待深入研究解决。而在一般工程应用范围，更多的是关心所采用的非定常气动力模型，是否能够反映特定的飞行和气动弹性现象。这里介绍两种适用于低雷诺数流动，且应用较为广泛的非定常气动力 ONERA（Office National d'Etudes et de Recherches Aerospatiales，ONERA）模型和有限状态入流模型[10-12]。

ONERA 模型是由 Petot D，Tran C T 和 Dat D 等人于 20 世纪 80 年代，针对失速分离流动（并认为可包括低雷诺数流动）提出的，用于旋翼失速颤振问题分析的半经验模型。这里不失一般性，以升力为例，说明 ONERA 模型的构造。

升力 f 可以写成只与瞬时攻角 α 相关，失速前、后升力两项和的形式（6－3a），分别满足一、二阶常微分方程（6－3b）和（6－3c）

$$f = f_1 + f_2 \tag{6-3a}$$

$$\dot{f}_1 + \lambda f_1 = \lambda f_l + (\lambda s + \sigma)\dot{\alpha} + s\ddot{\alpha} \tag{6-3b}$$

$$\ddot{f}_2 + a\dot{f}_2 + r f_2 = -r(\Delta + e\dot{\Delta}) \tag{6-3c}$$

引入的一、二阶常微分方程，可以分别反映失速前、后升力的时滞和滞回特性。本质上，这些特性来源于流场中非定常涡运动的特性。方程中 f_l 与 Δ 的和是包含过失速攻角范围的静态升力。积分求解微分方程时，计入了右端强迫项的历史效应，并通过攻角导数将非定常气动力与频率相关联。s，a，r，e 及 λ，σ 都是需要经验性获得（动态试验或计算数据的拟合或辨识）的系数和导数。这样的方程构造还使得在瞬时攻角 α 的谐振状态下，当频率趋于 0 时，非定常升力回归静态升力。

ONERA 模型假定了非定常气动力的小扰动特性，即非定常气动力在静态气动力附近的小幅振荡特性，并忽略了高频脉动特性。已知在计算平均升力时会产生误差，引入除瞬时攻角外的新的自变量可构造更精确的模型。

有限状态入流模型 1995 年由 Peters D A 等人导出。模型从平板翼型势流方程出发，并考虑了尾迹的诱导流动效应。与传统的西奥道生方法不同，该模型通过系数展开，将非定常气动力用（有限的）系统状态量表达以便于应用。最后的结果中，在经典的准定常气动力系数表达基础上，增加了近似等效于西奥道生函数的非定常项 λ_a 的状态量表达。

$$\dot{\lambda}_a - \frac{1}{2}\lambda_2 + \lambda_1 = 2\dot{\Gamma} \tag{6-4a}$$

$$\lambda_a \approx \frac{1}{2}\sum_{n=1}^{N} b_n \lambda_n \tag{6-4b}$$

$$\frac{1}{2n}(\dot{\lambda}_{n-1} - \lambda_{n+1}) + \lambda_n = \frac{2}{n}\dot{\Gamma} \qquad n = 2,3,4\cdots \tag{6-4c}$$

$$\Gamma = w_a - \lambda_a + \frac{1}{2}(w_1 - \lambda_1) \tag{6-4d}$$

$$b_n = (-1)^{n-1}\frac{n!}{N!\ (N-n)!}, \quad \sum n b_n = 0 \tag{6-4e}$$

其中 $w_a + \frac{1}{2}w_1$ 是已知的准定常项。经验证明，展开式中 N 取 6 即可获得较好的结果。

图 6-1 分别给出了有限状态入流模型和 ONERA 模型计算的平板翼型 $-5°\sim+5°$（L-1）和 $0°\sim20°$（L-2）攻角范围作简单俯仰运动时，由初始瞬态到稳态振动的非定常升力系数计算结果，此时横坐标表示瞬时攻角，算例中振动的减缩频率为 0.1。图 6-1（a）是有限状态入流模型的结果，qs 代表准定常，us 表示非定常。图 6-1（b）是 ONERA 模型的结果，图中单独给出了是否计及非定常项和失速项计算结果的比较。

事实上，比较式（6-4a）与式（6-3b）可以发现两者的相似性。在未出现失速流动前，有限状态入流模型与西奥道生理论是等效的，是一个“严格的”平板位势流非定常理论结果。这进一步说明了 ONERA 模型形式的合理性。两种模型在形式上都并不排斥准定常气动力以及失速后定常气动力表达的引入，状态量表达使模型在非谐振态和时域求解时使用方便。而传统的西奥道生理论是谐振状态下的频域气动力模型，通过有理函数拟合（RFA，Rational Function Approximation）等方法，可获得时域气动力的表达。

面元法，特别是偶极子格网法，同样出发于线性速度势方程而采用了离散形式的压力偶极子基本解叠加的方法求解。在所描述的流动本质上与以上两种模型方法是一致的。在增加非定常尾迹自由涡和曲面偶极子分布后，可能得到更趋于准确的结果。但针对低雷诺数流动，这些方法在出发点已做出了重大简化。在取得对低雷诺数流动深入认识的基础上，非定常气动力的计算方法也有待进一步的深入研究。

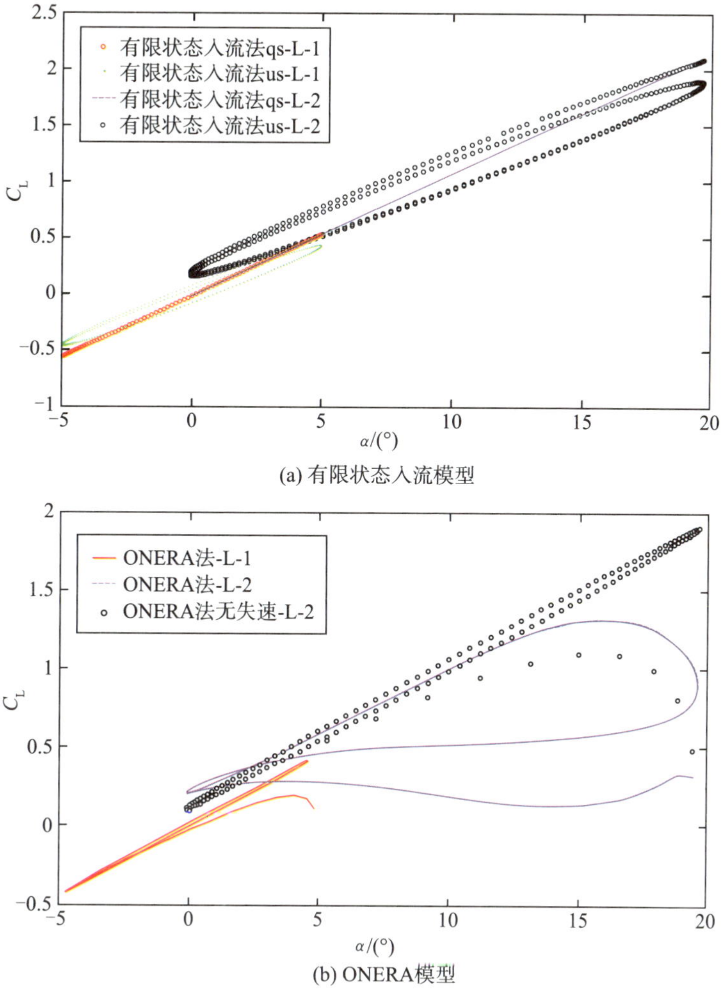

图 6-1　有限状态入流模型和 ONERA 模型计算的气动力迟滞

6.3　柔性结构

6.3.1　柔性结构的描述方法

柔性结构在外载荷作用下，变形位移会超出常规结构线性假设的范围，振动频率与振幅有关，常用的模态方法不再严格成立。对于所关注的低雷诺数飞行器柔性结构及气动弹性问题，主要涉及梁结构的描述。

虽然各种复杂的结构特性最终会归结于连续介质或材料细微结构的本构属性，但实际上并不需要也很难对所有的实际结构，进行三维实体的连续介质力学分析，而经常采用抽象和简化的基本结构构件组合的方式。梁是最基本和最常用的结构形式之一。Bernoulli 和 Euler 假定梁的横截面在变形前后保持平面并垂直于轴线，并且变形位移很小，此时的应力-应变状态可由此截面上梁的曲率描述。

$$\frac{1}{R}=\frac{M}{EI} \tag{6-5}$$

式中 R——曲率半径。

为考虑剪力影响，Timoshenko 假设平均剪力引起梁截面转动，而沿用平截面假定。做这些假定是因为严格求解梁的弹性力学方程较困难而采取的简化手段。对一般工程中的梁结构，可以得到足够精确的结果。但复合材料的各向异性特性、复杂构型和受载条件，以及大变形位移等诸多情况，会破坏这些基本假定。具体对于柔性结构的大变形情况，需要考虑由于变形引起的位移；在计算应变时，也要计及位移的高阶项；这将在方程中引入非线性项。

为简化求解非线性梁，协调截面上几何-运动、应力-应变关系，近几十年来发展了很多高阶（非线性）梁理论。针对柔性几何非线性问题，除前述非线性欧拉梁单元方法（6.1.3 节）之外，在此介绍非线性运动梁（Hodges—Dowell，H—D 梁）单元方法和几何精确本征梁模型方法，其中，本征梁模型因对多种非线性情况适用，求解相对方便而被广泛应用[13]。

H－D 梁模型保留了变形的二阶非线性项，可处理非均匀分布质量、偏心质量分布，以及刚性截面、截面翘曲和预先扭转变形等情况，但不考虑旋转惯量和剪切变形。H－D 梁模型方程如下

$$EI_z v'''' + [(EI_z - EI_y)\phi \cdot w'']'' + m\ddot{v} + C_v\dot{v} = L_v \tag{6-6a}$$

$$EI_y w'''' + [(EI_z - EI_y)\phi \cdot v'']'' + m\ddot{w} + me\ddot{\phi} + C_w\dot{w} = L_w \tag{6-6b}$$

$$-GJ\phi'' + (EI_z - EI_y)w''v'' + mk_m^2\ddot{\phi} + C_\phi\dot{\phi} + me\ddot{w} = M_\phi \tag{6-6c}$$

式中 v，w，ϕ——分别表示横方向位移和扭转角；

EI_z，EI_y，GJ——表示对应的弯曲刚度和扭转刚度；

m，e，k_m——分别表示梁的线密度、重心到刚心偏心距和回转半径；

C_v，C_w，C_ϕ——三个维度的阻尼；

L_v，L_w，M_ϕ——外力。

较之经典梁，在对变形-应变的几何关系转换过程中，轴向应变除了传统的线位移作用外，还考虑了扭转变形的效应。严格来说，H－D 梁模型只适用于中等变形梁。

考虑梁的柔性几何大变形位移，以及拉伸、扭转、弯曲、横剪等各种变形和运动情况，本征梁模型把柔性梁结构简化为一维梁和二维剖面模型，以截面内载和梁运动速度为变量，Hodges 给出的本征梁单元运动学方程为

$$V' + (k+\kappa)V + (\boldsymbol{e}+\gamma)\Omega = \dot{\gamma} \tag{6-7a}$$

$$\Omega' + (k+\kappa)\Omega = \dot{\kappa} \tag{6-7b}$$

式中 V，Ω——分别为线速度和角速度，偏导数为对轴向坐标的求导；

k，κ——变形前后曲率；

e——轴向单位矢量；

γ——应变。

与只考虑曲率变化的简单梁相比，方程增加了很多表征几何运动的未知量，但仍然保持了只是截面位置函数的梁结构特征。

梁单元的动力学方程为

$$F' + (k + \kappa)F + f = \dot{P} + \Omega P \tag{6-7c}$$

$$M' + (k + \kappa)M + (e_1 + \gamma)F + m = \dot{H} + \Omega H + VP \tag{6-7d}$$

式中　F , M ——分别为内力和力矩；

P , H ——动量和角动量；

f , m ——表示外力及外力矩。

在补充本构方程和剖面广义应变-位移、速度-位移关系后，方程封闭。在 6.3.2 节中将对此进一步给出描述。

Cesnik 和 Palacios 等，还分别给出了基于应变和位移变量描述的几何精确的低阶非线性梁模型。

针对柔性结构飞行器的气动弹性分析应用，这些柔性结构模型方法最后将应用于结构大变形下的气动弹性与飞行力学耦合效应的研究。因此，模型必须能够方便地同时描述飞行器体轴系的大幅机动和结构大变形的弹性运动。Cesnik 应变梁和 Hodges 内载荷本征梁，都将刚体运动的描述变量直接引入，方便了整体运动自由度与弹性自由度间的耦合计算。

6.3.2　本征梁模型参数

本征梁模型适用于柔性结构整体运动自由度与弹性自由度间的耦合计算，可应用于气动弹性与飞行力学的耦合分析。本小节对本征梁模型做更进一步的描述。

本征梁模型参数包括梁结构的线密度、剖面刚度特性的展向分布，剖面的质心、刚心位置，惯性主轴到刚心轴线的偏置矢量，以及结构预弯、预扭、后掠角的度量等。注意到本征梁模型并未对梁剖面应变张量进行高阶非线性展开，但对其耦合效应引入了线性系数表达。

剖面应力、力矩-应变关系通过梁剖面的刚度/柔度特性关联

$$\begin{bmatrix} \gamma \\ \kappa \end{bmatrix} = \begin{bmatrix} \boldsymbol{R} & \boldsymbol{S} \\ \boldsymbol{S}^{\mathrm{T}} & \boldsymbol{T} \end{bmatrix} \begin{bmatrix} F \\ M \end{bmatrix} = [\boldsymbol{D}] \begin{bmatrix} F \\ M \end{bmatrix} \tag{6-7e}$$

式中，$\boldsymbol{R}$，$\boldsymbol{S}$，$\boldsymbol{T}$ 均为梁剖面的 3×3 子柔度矩阵，构成 $\boldsymbol{D}$ 的 6×6 柔度矩阵，为相应刚度矩阵的逆矩阵，分别表示拉伸、剪切、扭转和弯曲运动对应的柔度项。

剖面动量-动量矩与速度-角速度的动力学关系式

$$\begin{bmatrix} P \\ H \end{bmatrix} = \begin{bmatrix} \mu\boldsymbol{\Delta} & -\mu\tilde{\boldsymbol{\xi}} \\ \mu\tilde{\boldsymbol{\xi}} & \boldsymbol{I} \end{bmatrix} \begin{bmatrix} V \\ \Omega \end{bmatrix} = \begin{bmatrix} \boldsymbol{G} & -\boldsymbol{K} \\ \boldsymbol{K} & \boldsymbol{I} \end{bmatrix} \begin{bmatrix} V \\ \Omega \end{bmatrix} \tag{6-7f}$$

式中　μ ——线密度；

ξ ——剖面惯性主轴与刚心的偏置矢量；

$\boldsymbol{\Delta}$ ——3×3 单位矩阵；

I ——3×3 单位长度质量惯性矩矩阵。

因此，剖面上刚度矩阵中的耦合参数是本征梁模型建模中需要的特殊参数。目前对柔性梁剖面特性，广泛使用 Hodges 等人基于渐近变分法建立的 VABS 方法，并应用于实际的复合材料结构，可对梁结构的面外/面内/扭转/拉伸复合运动进行全耦合计算。

由于实际梁结构构成复杂，在气动弹性分析和优化过程中一般采用低阶简化模型，以避免复杂的详细有限元计算。对规则截面梁，经典方法可准确给出截面刚度；对不规则的复杂截面，如经典的机翼结构一般简化为单闭室盒段结构计算。对传统工程梁，利用有限元模型，剖面刚度可根据经验/半经验公式计算得到。

在本征梁模型中，对各向同性材料的小应变梁，方程（6－7e）中的刚度矩阵只存在对角线项，而耦合项可忽略不计。利用材料和截面属性即可获得。对于变截面、预变形较大、各项异性材料等复杂情况，某些非对角线耦合项不可忽略。VABS 方法可求解复合材料梁的横截面弹性常数和翘曲场，获得复杂剖面的刚度参数。复合材料结构的剖面刚度等参数与铺层角、剖面长宽比及预弯、预扭有很大关联性，会引入耦合项。VABS 方法依据能量法，用容易求解的一维应变能近似代替三维梁的应变能，将一般的三维非线性弹性问题的求解转化为二维的线性横截面分析和一维的非线性分析两部分。

下面用简单悬臂梁机翼结构的例子，说明本征梁模型的有效性以及大柔性梁的静、动态基本特性。

钢质柔性悬臂梁模型参数为：长 $L=1.5$ m，矩形截面宽 $b=20.19$ mm、厚 $t=4.55$ mm，钢的密度为 7 800 kg/m^3，弹性模量为 196 GPa。线密度、刚度、质量沿长度均匀分布，主要导出参数为：线密度 $m=0.716\ 5$ kg/m，截面偏置矢量 $\boldsymbol{\xi}=[0;\ 0;\ 0]$，截面积 $A=9.186\text{e}^{-5}$ m^2，截面惯性矩 $I_y=1.584\text{e}^{-10}$ m^4，$I_z=3.121\text{e}^{-10}$ m^4；面外弯曲刚度 $EI_y=31.063$ N·m^2，面内弯曲刚度 $EI_z=611.639$ N·m^2，扭转刚度 $GJ=41.006$ N·m^2，没有耦合刚度项，刚心和重心位置重合，位于截面中心处。

在梁端部（翼尖）粘结集中质量块以调节法向静变形。分别采用线性方法、MSC. Marc 软件的欧拉梁法、等效线化方法和本征梁模型方法，进行静力变形分析。法向变形位移的计算结果如图 6－2 所示。

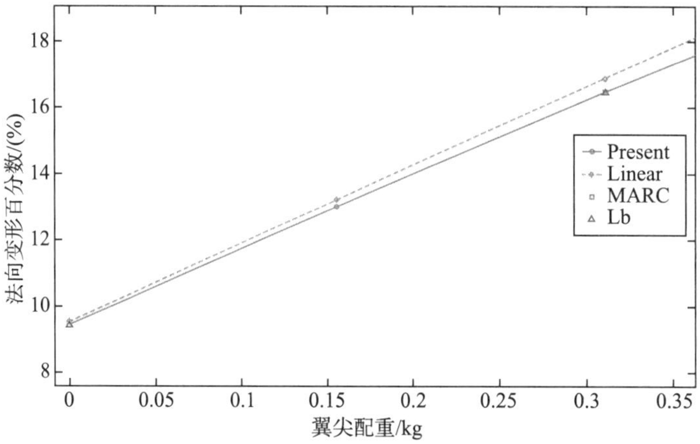

图 6－2　钢质悬臂梁的法向变形位移

随着配重增加，变形的几何非线性计算结果明显小于线性模型（刚化效应）。本征梁模型结果与有限元软件 MSC. Marc 和等效线化方法的非线性结果相吻合。非线性模型能够考虑轴向变形，而线性模型通常不予考虑。

在静力分析基础上，再进行小振幅准模态分析和实验。振动实验利用后文所述的电磁激振器进行加载。通过定幅、定频的稳态激励法，获取振动频率和振型。试验和分析结果见表 6-1。表中无变形表示悬臂梁竖直安装、有变形表示水平安装情况的结果。

表 6-1　前 3 阶固有频率计算与试验结果对比

翼尖附加质量/kg	试验值		计算值-等效线化		计算值-本征梁	
	无变形/Hz	有变形/Hz	无变形/Hz	有变形/Hz	无变形/Hz	有变形/Hz
0	1.63 10.06 28.19	1.63 10.25 28.65	1.63 10.19 28.53	1.63 10.19 28.53	1.64 10.27 28.76	1.65 10.26 28.7
0.311	1.125 8.25 24.56	1.125 8.25 24.50	1.11 8.20 24.53	1.12 8.21 24.53	1.11 8.21 24.57	1.13 8.17 24.34

由结果可见，随配重的增加，翼尖变形增大，振动频率减小。配重相同的情况下，线性方法的振动频率与非线性方法结果相近，表明静态变形因素对前 3 阶弯曲固有频率影响很小。等效线化和本征梁模型的计算结果与实验结果吻合都很好，相对误差不超过 2%。

对钢质悬臂梁模型，施加初始位移条件，进行无阻尼响应计算。结果表明，对自由状态的无阻尼振动情况，频率的非线性效应不明显。

6.3.3　柔性梁结构特性和模型验证

柔性结构通常具有轻质、低频和大变形特点，在受到静态、动态载荷作用时，表现出与传统线性结构不同的特性。

一般而言，几何非线性效应使得变形量小于线性结构。同时，沿结构轴向也产生不可忽略的变形，在线性结构模型中这是不予考虑的。工程经验表明，变形量小于 5%时，仍可按照线性结构处理，大于 10%几何非线性效应开始显著。

由于变形较大，柔性结构计算时，除几何非线性因素之外，外载荷的跟随特性也必须考虑。在进行气动弹性分析时，气动力即具有跟随力特性，如升力始终垂直作用于变形前后的机翼表面。气动力的这种特点对柔性结构静、动力加载的地面实验技术提出了挑战。

常规机翼结构模型试验或全尺寸试验中，通常利用分布加载，通过砂袋、杠杆等装置实施，等效为有限离散节点上的集中载荷。这种方法原理简单易行，但由于从小变形假定出发而不考虑外载荷的跟随性。当考虑动态模型，特别是大振幅特性的验证时，这种方法就变得难以实施。

地面颤振模拟试验则是通过模拟动态非定常气动力，重现颤振现象的地面试验。目前通常采用机械激振器加载到结构上的方式，对于小变形结构是可行。但对于柔性结构试验，则存在激振器行程、激振力跟随性、附加刚度等问题。因此，机械激振器加载不适用于大变形下柔性大展弦比试验。

一种电磁干风洞试验方法可用于此目的（图 6-3）。方法原理是利用磁场安培力模拟气动力，在建立的均匀磁场中，通过控制电流的大小、频率和相位实现气动载荷的静动态加载，使非接触式静、动态跟随加载成为可能。安培力具有优良的动响应特性和方向跟随性，达到机械加载无法达到的效果，尤其适合于大变形柔性结构。目前已利用此装置，对柔性结构模型进行了初步的静、动态实验，用于柔性机翼结构模型的校验[14]。利用该装置还可进一步开展柔性结构大变形、大振幅下的动力学特性、静动响应特性的实验研究。

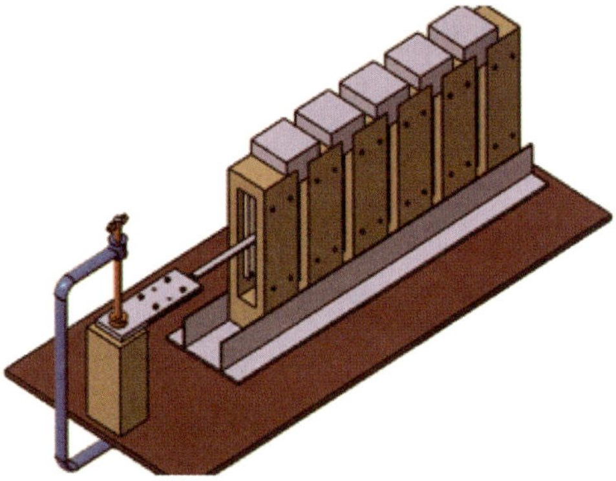

图 6-3　电磁加载装置原理示意

6.4　低雷诺数柔性结构气动弹性技术

6.4.1　颤振分析和预示

在完成柔性结构的模型描述和低雷诺数流动的静态气动力求解基础上，静气动弹性问题没有了理论本质上的难度。但对于动态问题，柔性结构气动弹性技术仍有诸多难点和疑点，需要进行深入研究。工程上首先需要面对的是颤振边界的预示问题。

例如对于机翼，若沿用传统方法，可以得到机翼结构安装状态的颤振边界。事实上，此时机翼结构处于零载荷状态，平衡时外形一般处于未变形的平直状态，在小振幅假设前提下，可采用经典的模态方法；非定常气动力可采用常规方法，也可采用适用于低雷诺数流动的特殊方法，可以得到线性结构的颤振边界。

首先分析飞行配平状态的静气动弹性变形，在发生柔性变形的条件下，应该采用可以描述几何非线性的结构计算方法，得到结构的配平状态。严格来讲，结构的变形会影响到飞行配平条件，但在初步的分析中可以忽略其影响。在结构配平时的载荷和应力条件下，再进行模态分析，则方法回归至传统方法，得到静态非线性、动态小振幅线性的颤振边界，一般即称为非线性颤振边界。这种方法称为“准模态”方法。更一般地可称为线化频域特征法，指采用各种线化方法构造特征值问题，以便得到颤振边界。图 6-4 给出了不同刚度比条件下的线性和非线性颤振速度变化的算例结果。

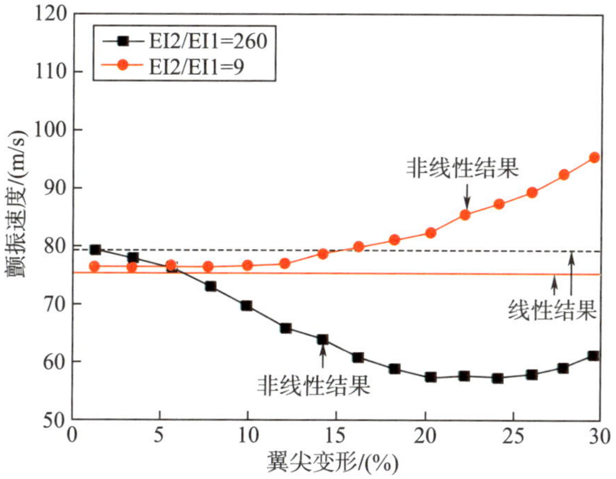

图 6-4　机翼的线性和非线性颤振边界

对柔性结构飞行器，在工程设计中，应该首先进行这种“准模态”分析，对各种工况遍寻不稳定状态。在此基础上，再对最危险状态进行深入分析。一般而言，在越过颤振边界后，由于结构和气动的非线性效应，不会发生快速的振动发散，而可能进入极限环振动状态。对于这种情况，由于随着振幅逐渐增大，可能破坏准模态方法的小振幅前提条件，必须采用完全的柔性结构几何非线性分析方法。

实践表明，对于柔性结构的低速大展弦比机翼飞行器，结构的振动频率可低至与整体飞行特征模态频率接近，而可能发生耦合效应。其中飞行器整体运动自由度参与的颤振称为“体颤振”（BFF，Body Freedom Flutter）。

在结构准模态方法的基础上，加入整体（刚体）运动自由度，可以得到“平均轴系”（Mean Axes Frame）意义下的体颤振边界。所谓“平均轴系”是直接联立传统飞行力学方程与结构动力学方程［式（6-8）］，所需的统一坐标系的一种注释，是指这样的坐标系：坐标系原点固连于弹性机体的瞬时质心；并假定弹性变形很小，使飞机整体的惯量变化可以忽略；且弹性变形引起的动量和角动量变化在任意时刻均为零。在平均轴系下，飞行力学方程与结构动力学方程（通常可采用准模态方法）只通过气动力耦合。系统方程如下

$$\begin{cases} M[\dot{U} - rV + qW + g\sin\theta] = Q_X \\ M[\dot{V} - pW + rU + g\sin\phi\cos\theta] = Q_Y \\ M[\dot{W} - qU + pV + g\cos\phi\sin\theta] = Q_Z \\ I_{xx}\dot{p} - (I_{xy}\dot{q} + I_{xz}\dot{r}) + (I_{zz} - I_{yy})qr + (I_{xy}r - I_{xz}q)p + (r^2 - q^2)I_{yz} = Q_\phi \\ I_{yy}\dot{q} - (I_{xy}\dot{p} + I_{yz}\dot{r}) + (I_{xx} - I_{zz})pr + (I_{yz}p - I_{xy}r)q + (p^2 - r^2)I_{xz} = Q_\theta \\ I_{zz}\dot{r} - (I_{xz}\dot{p} + I_{yz}\dot{q}) + (I_{yy} - I_{xx})pq + (I_{xz}q - I_{yz}p)r + (q^2 - p^2)I_{xy} = Q_\psi \\ \ddot{\eta}_i + 2\xi_i\omega_i\dot{\eta}_i + \omega_i^2\eta_i = Q_{\eta i}/M_i\,(i = 1,2,\cdots,n) \end{cases} \tag{6-8}$$

式（6－8）中，前 6 个方程是传统的 6 自由度刚体动力学方程，只是符号采用了与后 n 个方程一致的表达。从方程中可以看出，平均轴系方法将弹性模态与刚体运动进行了部分解耦，从而简化了方程求解，是在传统方法基础上的修正。更初级的方法是只考虑弹性变形引起气动力特性的变化。这样的耦合方法的好处是方便与刚体飞行力学分析的衔接。通常情况下，刚体短周期模态最容易与弹性模态发生耦合，平均轴系方法可以方便地处理这种情况。在颤振分析时，需要将飞行力学方程进行线化处理，并注意处理气动力在不同坐标系下的表达形式。

但是，在平均轴系意义下，刚体和弹性运动方程间所有的惯性耦合均被忽略，同时，对一般飞行器结构，平均轴系方法的动量、角动量假定也并不严格成立。研究表明，随着柔性的增加，平均轴系方法的误差逐渐增大。与准模态方法类似，平均轴系方法可作为初步颤振分析方法使用。

除采用准模态方法外，6.2、6.3 节所描述的非定常气动力和柔性结构方法，组合后可以在状态空间进行时域和频域（拉氏域）求解，采用根轨迹法可以找到不稳定的模态分支，但计算量明显增大。并且，采用时域求解可以研究过临界后的系统特性，以及大振幅振动特性。这部分内容将在 6.4.3 节中进一步讨论。

6.4.2 突风载荷及响应分析

传统的飞机结构设计以强度设计为基础。在充分评估使用载荷的前提下，保证最大结构应力均匀接近材料和结构的应力极限。由于动载荷与刚度和质量分布相关，载荷评估需要同时考虑其影响，并避免气动弹性不稳定的情况发生。

研究表明，低翼载、大柔性结构飞机的设计载荷包线很大部分由突风载荷构成。突风及紊流载荷-响应对飞行、操纵品质，结构强度设计和疲劳寿命等，都有重要影响。由于与结构刚度、质量分布、突风特性等多种因素有关，结构设计由此与总体、气动、推进、控制、能源、有效载荷等系统发生强耦合。

在飞机设计规范和标准中，要求进行连续紊流和离散突风两种情况下的载荷分析。其中连续紊流由大气紊流功率谱密度的经验公式描述，再在设计飞行包线和特殊任务状态下，计算统计意义下的载荷和响应特性。连续紊流响应一般不涉及极端载荷状况，只应用于飞行品质和疲劳寿命的设计评估[15]。

对离散突风载荷分析，早期采用陡沿突风模型［式 6－9（a）］，并假定飞行器是刚体而不考虑结构弹性的影响，得到陡沿阵风条件下，以法向过载为标志的增量载荷［式 6－9（b）］。

$$w_g(x_g)=\begin{cases}0 & x_g<0\\ w_{g0} & x_g\geqslant 0\end{cases} \tag{6-9a}$$

$$\Delta n = a\rho VU/(\frac{2W}{S}) \tag{6-9b}$$

式中 w_{g0} ——标称阵风强度（速度）；

x_g ——飞行轨迹位置；

a ——升力线斜率；

ρ ——气流密度；

S——机翼参考面积；

W ——飞行器所受重力；

V——飞行器飞行速度；

U——最大阵风速度；

Δn ——阵风引起的法向过载系数。

考虑到实际阵风的特性、非定常气动力的滞后特性和飞行响应等因素，在过载中引入了阵风削减系数以防止突风载荷过于保守的估算。

Pratt K G 和 Walker W G 在 1955 年提出了修正方法并大体上沿用至今。离散阵风采用“1－cos”剖面形式

$$w_g(x_g)=\frac{w_{g0}}{2}\left(1-\cos\frac{2\pi x_g}{L_g}\right),0\leqslant x_g\leqslant L_g \tag{6-10}$$

式中　w_{g0} ——标称阵风强度（速度）；

L_g ——标称阵风尺度；

x_g ——飞行轨迹位置。

适航标准中给定了必须考核的工况参数。在“1－cos”阵风条件下，可以采用瞬态时域法分析，考虑结构弹性的影响，得到较为准确的结果。在考虑结构的弹性效应后，阵风削减系数成为翼载的函数。在此基础上，Pratt 和 Walker 给出了更为合理的阵风削减系数。

因此，对于柔性飞行器低速、低翼载的极端情况，Pratt - Walker 方法基础上的瞬态时域分析非常必要。根据前面几节的描述，对柔性飞行器，在整合结构动力学和非定常气动力方法后，突风载荷及响应的时域分析技术可以有多种方法组合的选择，以得到足够精度的载荷响应历程。

瞬态时域方法需要进行多种工况的多次计算，以尝试找到最恶劣的阵风载荷工况，用于载荷设计。对任意尺度、分布形式的阵风计算载荷是不现实的，一般只在一定的阵风尺度、强度范围内计算，以确定载荷作为极端设计条件。一个特定的柔性结构，可能对某种阵风尺度和强度响应最为敏感。图 6 - 5 是一个柔性飞翼结构，在要求的阵风强度范围内，不同阵风尺度的响应（翼根弯矩）的试算结果，计算采用了模态法和有限状态入流气动力模型。

事实上除低速、低翼载之外，大柔性结构飞机的突风载荷和响应特性，还与结构大振幅响应、展向不对称阵风以及飞行响应等因素有关。虽然目前这些因素对载荷的影响规律并不完全清楚，但传统设计规范中的建议的方法、参数和结论确实需要重新审视。初步研究表明，传统方法对于当前情况在不同条件下，特别是对低速、大尺度、阵风尺度等条件，存在载荷低估或高估的复杂情况，普通飞机的设计规范要求的工况条件、给出的载荷包线，甚至不能涵盖最恶劣的载荷情况。换言之，低速柔性飞机不能期待与普通飞机具有同等的抗突风能力。

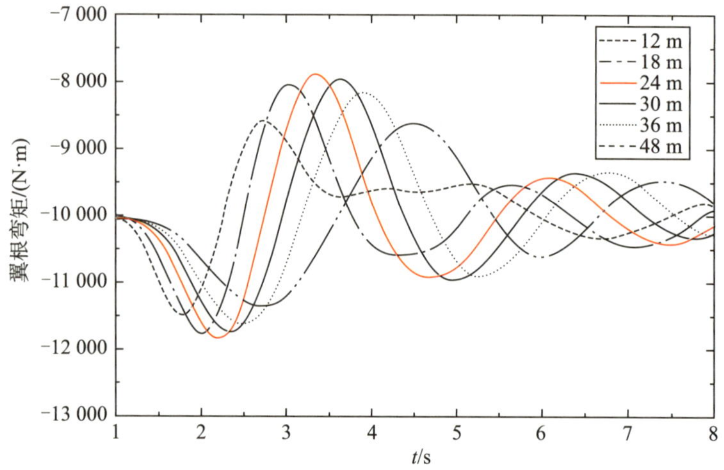

图 6-5　飞翼结构不同阵风尺度下的翼根法向弯矩响应

6.4.3 节中，在考虑与飞行力学耦合的气动弹性方法后，可以给出接近实际飞行条件下的载荷及响应过程仿真。

6.4.3　气动弹性与飞行力学耦合

在 6.4.1 节的式（6-8)，已经给出了一种考虑与飞行耦合的气动弹性分析方法。除用于求解体颤振类的稳定性边界问题之外，这种方法也可以进行时域仿真分析。但正如文中所述，这只是一种在平均轴系意义下，人为解耦的小振幅近似方法。而事实上，低速柔性飞机飞行中难免出现较大幅度的变形振动情况。在这种情况下的稳定性问题不能等同于小振幅情况。载荷及响应评估，伺服-控制系统耦合等，也都对与飞行耦合的气动弹性分析提出了新的、更高的要求[16,17]。

显见对此问题，在飞行动力学、结构动力学、空气动力学各系统模型方面，有各种组合和选择的可能。根据前文中所作的研究和讨论，本节直接描述一种认为较好的组合情况，用于与飞行耦合的气动弹性全耦合分析。其他组合情况不作更深入的讨论。

方法的组合选择考虑了以下几点：

1）飞行配平状态下机翼变形大，几何非线性明显，方法应能够处理结构几何非线性；

2）应能够对低雷诺数流动条件下的静、动态及失速条件下气动力进行较为精确的描述；

3）应采用能够反映机体结构动态大变形的飞行力学方程；

4）模型阶次低、计算量小且稳定性较好，能够满足多种工况的模拟要求。

综合近期研究结果，采用几何非线性本征梁模型式（6-7)、ONERA 动失速气动力模型式（6-3）是较为合理的结构和气动模型选择。考虑动态大变形情况，可推导出可描述柔性结构的飞行动力学方程。以下，式（6-11a）和式（6-11b）分别是按结构单元离散形式的全机平动和转动的动力学方程。

$$\left(\frac{\mathrm{d}}{\mathrm{d}t}+\tilde{\omega}_a\right)\int_0^l C^{aB}P_B\,\mathrm{d}s=\int_0^l f_a\,\mathrm{d}s \tag{6-11a}$$

$$\left(\frac{\mathrm{d}}{\mathrm{d}t}+\tilde{\omega}_a\right)\int_0^l (C^{aB}H_B+\tilde{R}_aC^{aB}P_B)\,\mathrm{d}s=\int_0^l (\tilde{R}_af_a+m_a)\,\mathrm{d}s \tag{6-11b}$$

式中，左端积分是全机的动量和角动量，需要将各梁单元的动量及角动量代入计算。方程右端项是外力和外力矩，将包括重力、气动力、挂载惯性力、发动机推力、控制力等作为外力集中力，施加至各对应结构单元。机身参考系和惯性系之间的关系可以使用欧拉角或四元数表达。

对式（6－3）、式（6－7）和式（6－11），可以采用松耦合方式，进行时域的联立求解，此时式（6－11）可采用经典 Runge－Kutta 方法进行求解。更好的方法是对联立方程进行统一的全耦合求解，采用 Newton－Raphson 算法即可进行稳定、高效的时域求解。这实际上是耦合了结构、气动和飞行等多个系统要素的高精度仿真。

利用以上系统方程的时域仿真和特征分析方法，可针对低速大柔性飞行器进行以下类别的特性研究。

（1）非线性结构的静气动弹性特性

给定配平状态条件，进行飞行和结构配平，研究柔性结构静气动弹性变形特性及气动力变化特性，如图 6－6 所示。在此基础上可以给出准模态和高精度分析所需的柔度矩阵。还可分析给出舵效、静发散特性等[18]。

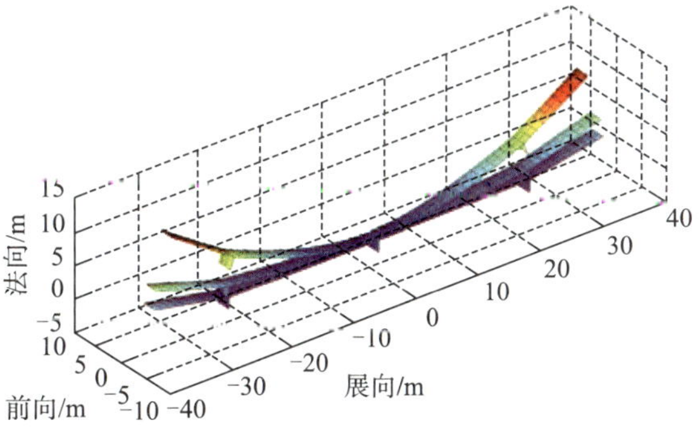

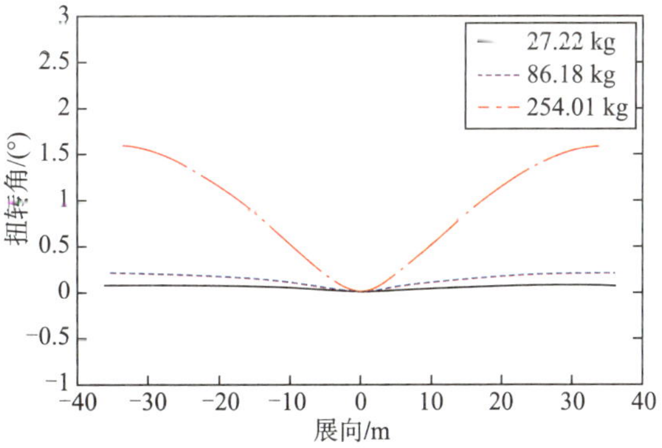

图 6－6　飞翼布局不同中央吊舱质量配平状态和展向扭角变化

（2）非线性结构的颤振特性

在增加了气动力变量的增广状态空间，在配平状态下对小振幅扰动进行线化，采用根轨迹法，对上述系统方程在拉氏域求解特征值问题，实质上回答了包括体颤振在内的气动弹性-飞行耦合稳定性问题。准模态方法和平均轴系方法都可以看作这种方法的特例和近似。

图 6－7 中对 16 m 半展长的 HALE 机翼颤振计算表明，非线性颤振分析与线性结果有着明显的差异。其中攻角对颤振速度影响明显，在 2°～5°的攻角范围内，非线性颤振速度有超过 25％的变化，这与对常规颤振的认识明显不同。

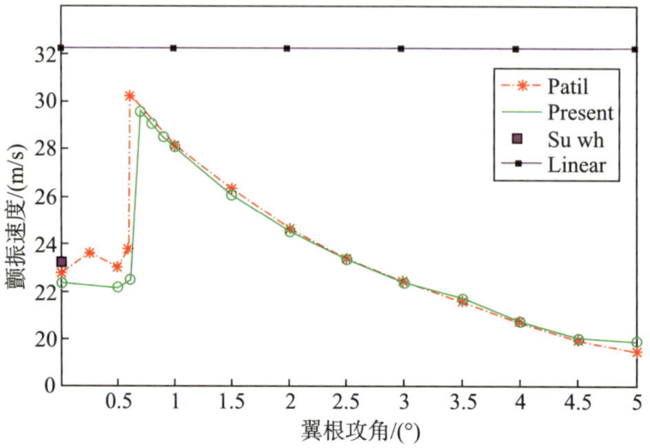

图 6－7　16 m 半展长机翼的线性和非线性颤振边界

(3) 突风响应和载荷特性

大柔性结构飞机的突风载荷和响应特性，与结构大振幅响应、展向不对称阵风以及飞行响应等因素有关。上述考虑与飞行力学耦合的气动弹性方法，可以给出接近实际飞行条件的，并考虑以上因素的载荷及响应过程仿真[19]。

图 6－8 给出了不同突风尺度下，柔性飞机相对飞行高度的响应历程，其中 frozen 表示配平状态下变形的冻结状态（刚体）结构。将冻结刚体与柔性变形的结果进行比较，算例中弹性结构响应大于刚性外形。

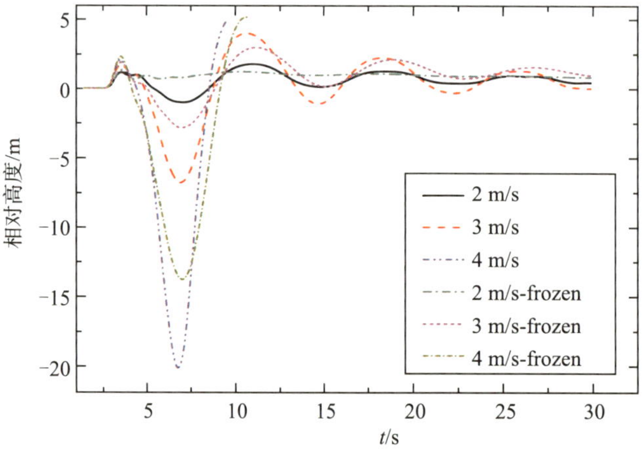

图 6－8　不同突风尺度下柔性飞机相对飞行高度的响应历程

为考察不对称阵风条件下的突风响应和载荷，在 1－cos 阵风模型基础上，构造如下函数

$$w_g(x_g, y_g) = \frac{w_{g0}}{2}\left[1 - \cos\frac{2\pi x_g}{L_g}\right]\cos\frac{2\pi(y_g - \lambda_{gy})}{L_{gy}} \tag{6-12}$$

式中　L_{gy} ——展向的阵风尺度；

λ_{gy} ——标示阵风中心面与飞行计划路线间的偏移。

有限的算例已表明，展向非均匀阵风导致的响应幅值远大于同等强度的展向均匀阵风。

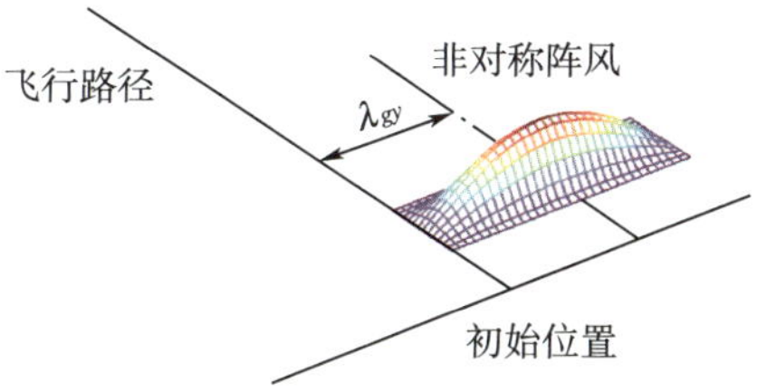

图 6-9　非均匀阵风模型

(4) 过临界振动特性

在完成颤振分析后，对容易发生耦合不稳定振动的条件已有所了解。但由于结构和气动的非线性特性，过临界后振动并不发散，而一般会趋于极限环振动。采用上述方法，可计算不同条件的响应以研究亚临界，特别是过临界条件下的大振幅振动特性[20]。

对 Goland 机翼（半模）进行的典型计算结果如图 6-10 所示，过临界条件下，机翼振动表现为典型的极限环振动。随来流速度和振幅的提高，响应振动的频率不断发生着变化，经历了衰减、单频简谐、单频发散和多频极限环等振动过程。

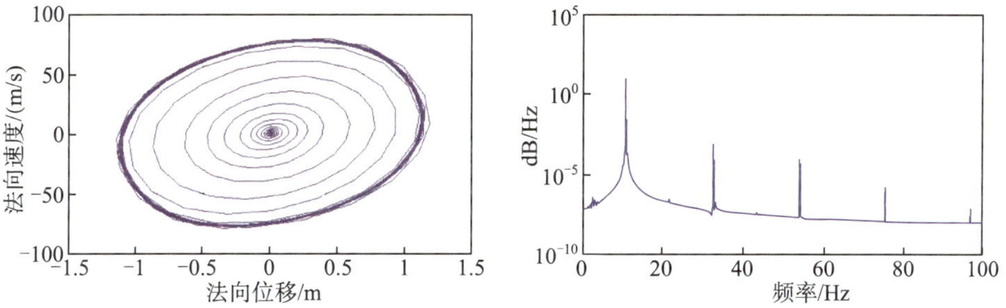

图 6-10　过临界条件下 Goland 机翼面外振动相和频谱

(5) 柔性结构飞行特性

随着结构变形的增大，弹性因素对飞机整体飞行特性和飞行品质的影响也逐步增大。从刚体到静弹性修正再到动态时域飞行仿真，从小扰动稳定性分析到大扰动下的响应分析，柔性结构飞行器的飞行特性乃至飞行理论，仍有很多不甚清楚之处，有待进一步的深入研究。对此类问题，上述非线性方法提供了有效的分析手段。

针对柔性飞翼的纵向飞行，采用频域分析进行稳定性分析，初步算例表明，一些状态的飞行模态与刚性结果发生显著变化，如短周期模态消失，长周期变成不稳定，时域仿真也可以得到一致的结论。说明可以采用上述系统方程对这一问题开展深入的研究。

(6) 控制及伺服特性

在附加控制-伺服系统模型后，可以进行考虑气动-结构参与的控制-伺服特性研究。除传统的伺服气动弹性研究内容之外，还可以对涉及飞行的控制-伺服特性进行分析和仿真。图 6-11 给出柔性结构飞翼在俯仰角和速度有控和无控状态下的阵风响应（最下图）输入下的仿真结果。结果表明，在有控状态下，飞行轨迹、结构载荷响应得到较大改善[20]。

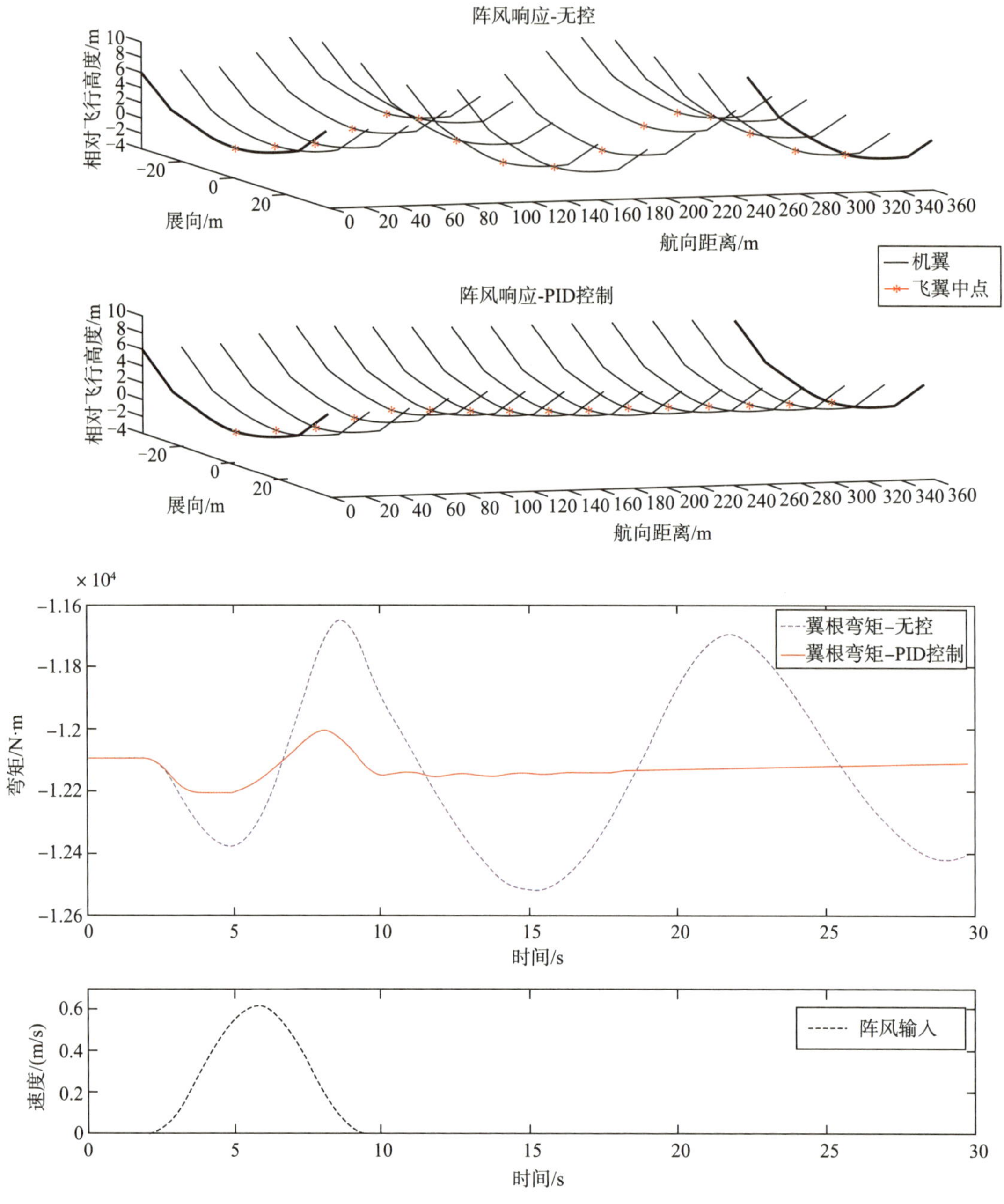

图 6-11　柔性结构飞翼俯仰角和速度控制下的阵风响应

6.4.4　主动气动弹性技术

主动气动弹性技术是指在飞机设计过程中，采用气动、结构的特殊设计，以及通过伺服气动面等控制手段，对涉及气动弹性相关的飞行、结构的不稳定和过响应进行控制的技术。这一技术显然有着非常广泛的研究范围，本文只限于针对低速柔性结构飞机的阵风减缓进行初级的讨论。

采用主动控制技术进行阵风载荷（GLA，Gust Loads Alleviation）和响应减缓（GRA，Gust Response Alleviation）一直是飞行器设计领域的研究热点。在军用和民用大型飞机已有较为成功的应用。近年来在微传感和微作动器件快速发展的推动下，在新概念、新技术多方面出现突破性、颠覆性发展态势。

阵风载荷减缓主动控制系统，一般由传感器、计算机、作动器、气动力、结构等部分构成闭环，而飞行响应减缓则需要飞行控制系统参与更大的控制权限。从总体考虑选定传感器、作动器类型和大致布置后，开展以下工作：

1）系统建模：包括结构、气动、气动弹性及伺服控制系统的建模、验模等，这样的系统一般称为气动伺服弹性（ASE，Aero - Servo - Elasticity）系统。针对极限使用状态，一般采用时域状态空间模型方法。

2）阵风模型：根据规范、标准，以及实际情况，给出需要考虑的飞行环境和使用要求。

3）控制器设计：以翼根弯矩、翼尖位移等作为控制指标，仿真计算给出相关控制参数。

4）仿真验证：在更广阔的飞行条件范围和更多系统参与下，对控制系统效能和负作用给出全面评估。

5）试验验证：在风洞、地面跑车等环境条件下，采用实体或模型对关键点进行数学模型验证和综合效能验证。

6）飞行试验：在受控或自然干扰条件下，对系统进行验证。

PID，LQG，H_∞，滑模控制等多种原理都曾被尝试用作阵风减缓。经典的 PID 控制器虽然难以获得最优解，但方法直观、结构简单、响应快速。针对柔性结构低速飞行器的实际验证结果可以接受。

图 6 - 12 给出了一个飞翼布局的研究算例。以翼尖加速度作为反馈，以 4 个后缘气动舵作为控制面，采用 PID 控制。时域仿真表明，在给定的舵偏限制内，载荷和响应的减缓效果明显。翼根弯矩、扭矩和剪力峰值最大可减小 60%。对各种阵风尺度都具有正面效果和功能。频域分析表明，对连续阵风谱也都具有减缓效果。

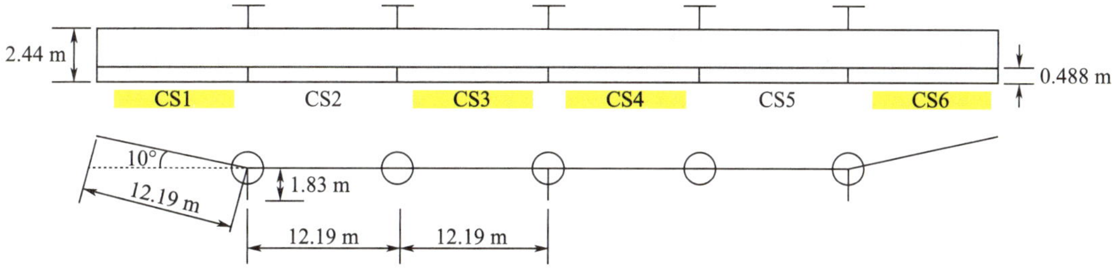

图 6 - 12　飞翼布局算例和阵风减缓控制面

采用前述气动弹性-飞行耦合系统时域仿真方法，在考虑了螺旋桨推力后，对不同工况下的阵风减缓进行仿真研究。结果表明，在施加控制后（图 6 - 11），飞行响应变得平缓，载荷（翼根弯矩）也得到了良好的减缓效果。上述时域仿真方法也可以用于涉及阵风载荷和响应的飞行控制策略研究。已开展了阵风载荷及响应减缓的飞行试验研究[18]，图 6-13 给出了一组人工操纵的大柔性模型飞行器控制输入，获取的传感数据可用于模型修正和验证，以进一步改进减缓技术。

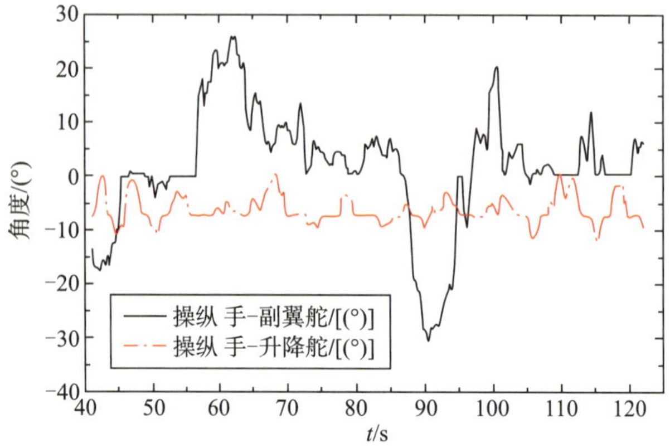

图 6-13　飞行试验操纵输入记录

在 6.4.2 节中已说明，柔性结构低速飞行器强度和飞行的抗突风能力低于普通飞机，因此，在飞行策略上采取规避措施是十分必要的。因此必须深入研究真实飞行状态下的阵风载荷和响应减缓技术。由于阵风载荷与结构刚度-质量分布高度相关，在设计早期，针对刚度-质量分布进行迭代设计，就显得格外重要。

采用适当的传感器、作动器选型、布置，以及前馈控制、流动控制、连续变形气动面等新技术应用，也有待进一步的探索。

本章所述内容针对低雷诺数流动条件下的柔性结构飞行器，对相关的部分气动弹性问题、方法、技术、特性等，进行了简要的描述。但即使如此也并未涵盖此类飞机研制面临的所有气动弹性问题，例如螺旋桨振动、蒙皮振动、风洞试验技术等，也未能对很多方法选项进行深入讨论，可能仍有很多方法的选择和搭配，具有很好的发展前景。

本章内容是基于目前为止的研究工作的总结和认识。在完成对结构、气动较为合理的系统描述后，对飞机主体结构的各种稳定性及响应特性问题，即可以开展工程和机理上的分析和研究。本章内容主要根据这一主线设置和叙述，而不排除对相关方法的持续改进。

在与低雷诺数空气动力学相关的气动弹性的数值计算和非定常气动力模型方法方面，明显需要开展进一步的基础研究工作；对各种方法模型进行实验验证，确定其精准度范围，建立工程应用的基础，也有待进行。对各类试验技术，本章并未过多涉及，并不代表其不重要，也不代表技术状态的成熟与否。

最后一节所述内容，特别是关于刚度设计和综合设计方法，仍需要开展深入的研究工作。可用的分析工具只是开始，对原理的深入理解和坚持实践，才能导致高性能目标的最终实现。

参考文献

［1］ 童秉纲，张炳暄，崔尔杰，主编．非定常流与涡运动［M］．北京：国防工业出版社，1993.

［2］ 冯元桢，著．空气弹性力学引论［M］．冯钟越，管德，译. 北京：国防工业出版社，1963.

［3］ BISPLINGHOFF R L，ASHLEY H，HALFMAN R L. Aeroelasticity［M］. Corrected Republication. Dover Publications，Inc.，1996.

［4］ ［西德］H・W・伏欣，著．气动弹性力学原理［M］．沈克扬，译．上海：上海科学技术文献出版社，1982.

［5］ E・H・道尔，H・C・小柯蒂斯，R・H・斯坎伦，F・西斯托，著．气动弹性力学现代教程［M］. 陈文俊，尹传家，译. 崔尔杰审校．北京：宇航出版社，1991.

［6］ MARTIN R W，DAVID K S. Flight Dynamics of Aeroelastic Vehicles［J］. Journal of Aircraft，June. 1988，25（6）：563－571.

［7］ 管德．非定常空气动力计算［M］．北京：北京航空航天大学出版社，1991.

［8］ 王刚，雷博琪，叶正寅．一种基于径向基函数的非结构混合网格变形技术［J］．西北工业大学学报，2011. 29（5）：783－788.

［9］ 张来平，邓小刚，张涵信．动网格生成技术及非定常计算方法进展综述［J］．力学进展：2010. 40（4）：424－447.

［10］ MCALISTER K W，LAMBER O，PETOT D. Application of the ONERA Model of Dynamic Stall［R］. NASA Technical Paper 2399，1984.

［11］ PETERS D A，KARUNAMOORTHY S，CAO W M. Finite State Induced Flow Models，Part I：Two－Dimensional Thin Airfoil［J］. Journal of Aircraft，1995，32（2）：313－322.

［12］ ROGER K L. Airplane Math Modeling Methods for Active Control Design. Structural Aspects of Active Controls［R］. AGARD－CP－228，Aug. 1977.

［13］ HODGES D H. Nonlinear Composite Beam Theory［R］. Progress in Astronautics and Aeronautics，AIAA Inc.，2005.

［14］ HOU Y Y，FU Z C，ZHU J，et al. An Unsteady Aerodynamic Simulation Test Based on Ground Electromagnetic Dry Tunnel［C］. The Sixth International Symposium on Physics of Fluids（ISPF2015），2015，Xining，China.

［15］ FULLER J R. Evolution and Future Development of Airplane Gust Loads Design Requirements［C］. AIAA and SAE，1997 World Aviation Congress，Anaheim，CA，Oct. 13－16，1997.

［16］ PATIL M J. Nonlinear Gust Response of Highly Flexible Aircraft［R］. AIAA Paper 2007－2103，April 2007.

［17］ SHEARER C M，CESNIK C E S. Nonlinear Flight Dynamics of Very Flexible Aircraft［J］. Journal of Aircraft，2007，44（5）：1528－1545.

［18］ CHEN Z J，FU Z C，LV J N，et al. Flight Dynamic Analysis of Very Flexible Aircraft［C］. 7th Asia－Pacific International Symposium on Aerospace Technology（APISAT），2015，Hilton Cairns，

Queensland, Australia.

[19] CHEN Z J, FU Z C, LV J N, et al. Gust Response Analysis of High Altitude, Long Endurance Aircraft [C] . IFASD - 2015 - 086, 2015, Saint Petersburg, Russia.

[20] FU Z C, LV J N, LIU Z Q. Nonlinear Aeroelastic Analysis of Flexible Wings With High - Aspect - Ratio Considering Large Deflection [C] . The Sixth International Conference of Nonlinear Mechanics (ICNM6), June, 2013, Shanghai.